Die Garnisonkirche Potsdam

ANDREAS KITSCHKE

DIE GARNISONKIRCHE POTSDAM

Krone der Stadt und Schauplatz der Geschichte

Herausgegeben von der Fördergesellschaft
für den Wiederaufbau der Garnisonkirche Potsdam e.V.

edition q im
be.bra verlag

Bibliografische Information der Deutschen Nationalbibliothek
Die Deutsche Nationalbibliothek verzeichnet diese Publikation in der Deutschen Nationalbibliografie; detaillierte bibliografische Daten sind im Internet über http://dnb.d-nb.de abrufbar.

KulturBrauerei Haus 2
Schönhauser Allee 37, 10435 Berlin
post@bebraverlag.de
Lektorat: Matthias Zimmermann, Berlin
Umschlag und Satz: typegerecht, Berlin
Schrift: PT Serif 9/13,5 pt
Druck: Finidr, Český Těšín
ISBN 978-3-86124-694-7

www.bebraverlag.de

Inhalt

Vorwort

Die Sprengung der Garnisonkirche in meiner Heimatstadt habe ich als 13-Jähriger nur nebenher mitbekommen. Doch als mich in den Sommerferien 1968 in der Magdeburger Börde eine alte Dame darauf ansprach, erinnerte ich mich, dass meine Großeltern immer von dieser Kirche geschwärmt hatten. Mein Interesse wuchs, als ich später Plattenkamera-Aufnahmen der Garnisonkirche im Nachlass meines Großvaters fand.

Aus Anlass des zehnten Jahrestages der Sprengung erschien 1978 in den »Brandenburgischen Neuesten Nachrichten« mein erster Artikel über die Geschichte der Garnisonkirche.[1] Just in dieser Zeit begann sich eine neue Sichtweise auf die preußische Geschichte in der DDR zu entwickeln. So hatte Heinz Kathe 1976 eine Biografie »Der ›Soldatenkönig‹ Friedrich Wilhelm I.« herausgebracht. Ein Jahr darauf erschien die vielbeachtete Biografie Friedrichs II. von Ingrid Mittenzwei.[2]

Das durch den Direktor der Staatlichen Schlösser und Gärten Potsdam-Sanssouci, Professor Willy Kurth, vor dem Einschmelzen gerettete Denkmal Friedrichs des Großen vom berühmten Bildhauer Christian Daniel Rauch, über Jahrzehnte im Park Sanssouci, und zwar im Hippodrom bei Schloss Charlottenhof, versteckt aufgestellt, kehrte 1981 nach Berlin auf seinen angestammten Platz Unter den Linden zurück.

So konnte ich trotz des »real sozialistischen« Umfeldes in meinem 1983 in Ost-Berlin erschienenen Buch »Kirchen in Potsdam« die Geschichte der Garnisonkirche ebenso behandeln wie jene der 1974 gesprengten Heiligengeistkirche und der beiden damals im Grenzgebiet unzugänglichen Gotteshäuser, der Sacrower Heilandskirche und der Klein-Glienicker Kapelle.[3] Ein Lichtbildervortrag über die Garnisonkirche, den ich 1983 in der voll besetzten Nikolaikirche hielt, musste wegen des großen Andrangs noch zwei Mal wiederholt werden.[4]

Die politischen Ereignisse, die 1989 zum Ende der DDR führten, schienen erstmals eine

Die Garnisonkirche vom Lustgarten, Aquarell von Hans Klohß, 1952/ gezeichnet 1933

Die Garnisonkirche von Osten, Aufnahme Albert Noelte (Großvater des Verfassers), 31. Juli 1932

reale Möglichkeit zu eröffnen, dass die Garnisonkirche, die zu Potsdam ebenso gehört wie die Frauenkirche zu Dresden, wiederaufgebaut werden könnte. Unter diesem Eindruck entstand 1991 meine Monografie: Die Potsdamer Garnisonkirche »Nec soli cedit«.

Aus Anlass des Ökumenischen Kirchentages in Potsdam 2003 kuratierte ich eine erste, bescheidene Ausstellung zur Garnisonkirche, die unmittelbar neben dem historischen Kirchenstandort eingerichtet wurde. Gemeinsam mit dem damaligen Stadtkirchenpfarrer Martin Vogel und dem Grafiker Peter Rogge konnte ich mit den wenigen zur Verfügung stehenden Mitteln eine ausdrucksstarke Präsentation zusammenstellen. Ein zuvor veröffentlichter Presseaufruf veranlasste viele Potsdamer, ihre Erinnerungsfotos beizusteuern. Der Grafiker und Maler Alfred Schmidt übergab am 18. März 2003 das originale Abendmahlsbuch der reformierten Garnisongemeinde, das er einst bei einer Haushaltsauflösung erstanden hatte (Abbildung rechts). In ihm sind sämtliche Abendmahlsteilnehmer von 1770 bis 1820 aufgezeichnet.

Am 27. Juni 2004 eröffnete Bundespräsident a.D. Richard v. Weizsäcker hier eine Ausstellung mit dem Titel »Menschen in der Verantwortung«. Die Künstlerin Angelika v. Stocki hatte dafür Fotocollagen von Männern des 20. Juli 1944 gestaltet, die deren zwiegespaltene Situation verdeutlichten. Zugleich wurde durch die Firma Michael Hoffmann Potsdam eine 22 Meter hohe Gerüstinstallation mit dem Turmrisalit der Garnisonkirche fertiggestellt, welche die Ausmaße des Originalgebäudes veranschaulichte.[5]

Als bewusstes Zeichen für zukunftsweisende Versöhnungsarbeit wurde wurde die wiederaufzubauende Garnisonkirche am 20. Juli 2004 in die internationale Nagelkreuzgemeinde aufge-

Der Altbundespräsident besucht die Ausstellung »Menschen in der Varantwortung« (v.l.n.r.: Angelika v. Stocki, Dr. Richard v. Weizsäcker, Andreas Kitschke, Superintendent Bertram Althausen), Aufnahme Daniel Wetzel, 27. Juni 2004

Der ehemalige Bremer Bürgermeister Hans Koschnik besucht am 31. Mai 2003 die Ausstellung, Aufnahme Daniel Wetzel

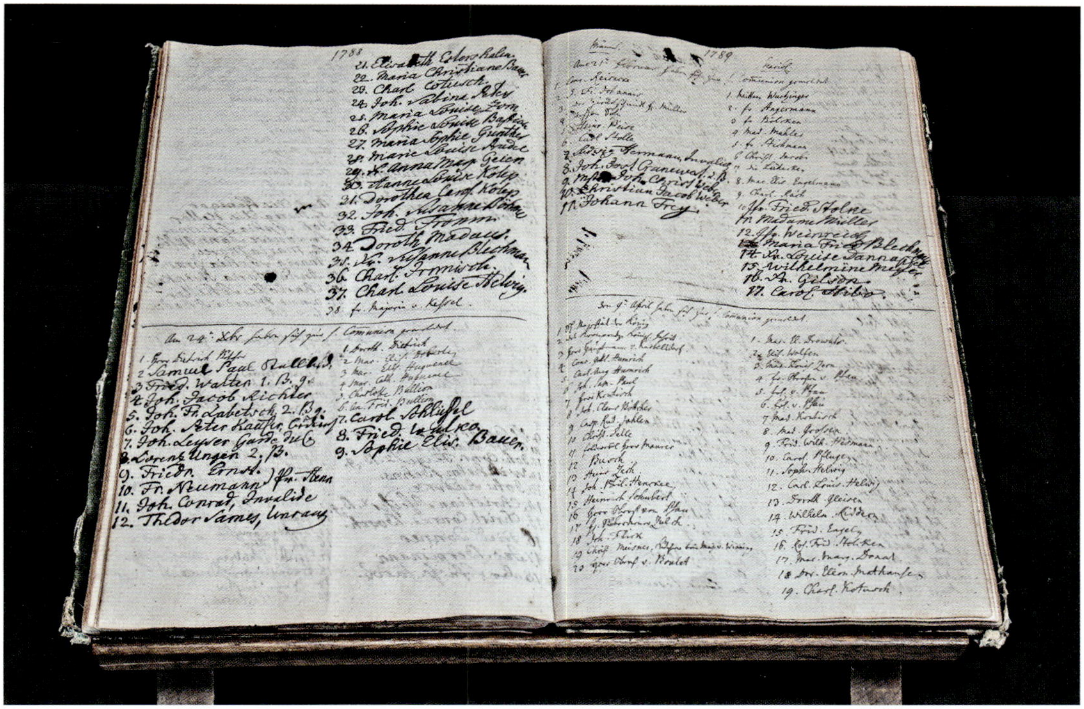

Das Abendmahlsbuch, Aufnahme Monika Schulz-Fieguth 2014. Teilnehmer am 9. April 1789 – nach julianischem Kalender Ostermontag – waren »1. Se. Majestät der König« Friedrich Wilhelm II. und »2. des Kronprintzen Königl. Hoheit« Friedrich Wilhelm (III.)

Die 22 Meter hohe Gerüstinstallation mit dem Turmrisalit der Garnisonkirche, Aufnahme Daniel Wetzel, 2004

Der Alt-Canonicus der Versöhnungskathedrale von Coventry, Paul Oestreicher, im Gespräch mit dem Ausstellungsgestalter Peter Rogge, Aufnahme Daniel Wetzel, 2004

Gedenkveranstaltung zum 50. Todestag Otto Beckers in der Potsdamer Friedenskirche, Aufnahme Daniel Wetzel, 16. Oktober 2004

Durch die Sprengung verformtes Turmmauerwerk während der Fundamentfreilegung am 21. Februar 2005 – auf dem erhaltenen Fundament wurde das Gewölbesegment des Turminneren errichtet, Aufnahme Andreas Kitschke

Die Grundsteinlegung in der Breiten Straße, Aufnahme Daniel Wetzel, 23. Juni 2005

Bischof Wolfgang Huber und Ministerpräsident Matthias Platzeck beim Einlegen der Urkundenkassette, Aufnahme Daniel Wetzel, 23. Juni 2005

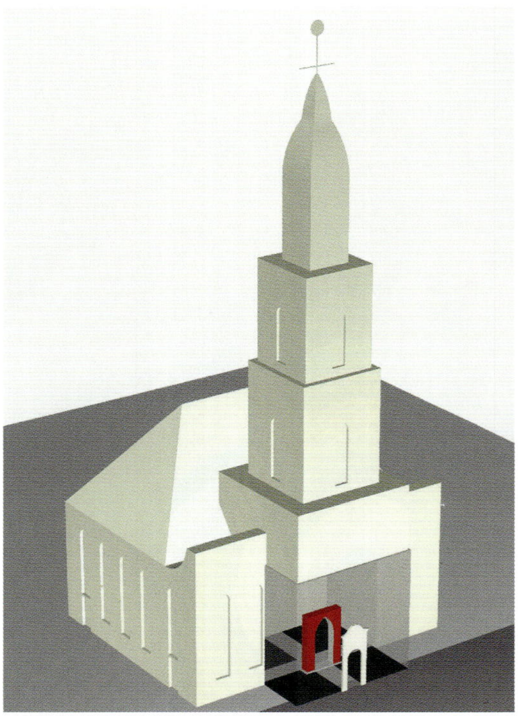

Die Lage des nach der Grundsteinlegung errichteten Gewölbebogens der Turmkapelle, Computersimulation Architekturbüro Bernd Redlich, 2005

Das 2005 errichtete Segment des Turmraumes, der 1950 bis 1966 als Heilig-Kreuz-Kapelle genutzt wurde, Aufnahme Andreas Kitschke, 2005

nommen. Paul Oestreicher, Alt-Canonicus der Versöhnungskathedrale von Coventry, übergab dem Generalsuperintendenten des Sprengels Potsdam, Hans-Ulrich Schulz, das Nagelkreuz.

Am 16. Oktober 2004, dem 50. Todestag des letzten Organisten der Garnisonkirche, Professor Otto Becker, fand in der Friedenskirche eine Gedenkveranstaltung statt, in der er selbst mit historischen Orgel- und Glockenspielaufnahmen zu hören war. Tobias Scheetz trug auf der Woehl-Orgel u.a. die Stücke vor, die Max Reger seinem Förderer Otto Becker gewidmet hatte.[6] Klaus-Peter Becker sprach über persönliche Erinnerungen an seinen Großvater, der Verfasser referierte über Leben, Werk und künstlerische Zeitgenossen.

Ende März 2005 wurden einige Teilbereiche der erhaltenen Originalfundamente der Garnisonkirche freigelegt und Vorbereitungen für die Grundsteinlegung getroffen, die dann am 23. Juni 2005 unter großer Anteilnahme der Potsdamer Öffentlichkeit und im Beisein auswärtiger Gäste durch die drei Schirmherren, Bischof Wolfgang Huber, Ministerpräsident Matthias Platzeck und Innenminister Jörg Schönbohm, erfolgte. Unter den Gästen befanden sich u.a. Bundespräsident a.D. Richard v. Weizsäcker und Oberbürgermeister Jann Jakobs. Anschließend errichteten Potsdamer Baufirmen darüber ein Segment des Turmraumes[7], dessen symbolische Schlusssteinsetzung in einem bewegenden Festakt am 3. September 2005 durch Dr. Gebhard Falk vorgenommen wurde. Er war einer der vier Stadtverordneten, die 1968 gegen die Sprengung gestimmt hatten.[8]

Während einer Munitionssuchaktion am Brauhausberg im August und September 2005 wurden Reste von sandsteinernen Architekturelementen entdeckt, die dort 1968 verkippt worden waren und später wertvolle Aufschlüs-

Sonderausstellung mit Motiven von Christian Heinze, Aufnahme Daniel Wetzel, 14. April 2005

se über die Profilierung der Gesimse und weitere architektonische Details lieferten. Weitere »Spolien« konnten dort Anfang 2015 geborgen werden.

Der aus Dresden stammende Potsdamer Künstler Christian Heinze beteiligte sich am Wiederaufbaugedanken durch Schaffung einer Serie von Innen- und Außenansichten der Garnisonkirche, die 2005 in einer Sonderausstellung gezeigt sowie als Plakatmotive und Buchtitelmotiv verwendet wurden.

In Zusammenarbeit mit dem Potsdam Museum folgte am 23. Juni 2006 im Flachbau der früheren Kantine des Datenverarbeitungszentrums die Eröffnung einer neuen Ausstellung unter dem Titel »Gesprengt – gerettet«, nun also unmittelbar an der Stelle der historischen Kirche. Der Gruftstandort wurde farblich auf dem Fußboden markiert, der gerettete Altartisch befand sich – lediglich um 180° gedreht – an seinem ursprünglichen Standort. Dabei wurden erstmals die von den früheren Mitarbeitern des Potsdam Museums, Hartmut Knitter und Siegfried Lachmann, nach der Kirchensprengung aus dem Schutt geborgenen Spolien gezeigt. Darunter befanden sich zwei etwa vier Tonnen wiegende Kapitelle der Turmsäulen. Die Informationstafeln mit zahlreichen historischen Aufnahmen gestaltete der Verfasser zusammen mit dem Grafiker Dieter Wendland, der auch eigene Fotos beisteuerte.

Im gleichen Jahr ergab sich durch die gemeinsame Herausgabe eines Buches mit dem unvergessenen Reinhard Appel eine neue Gelegenheit, den Wiederaufbaugedanken weiterzuverbreiten. Unter dem Titel »Der Wiederaufbau der Potsdamer Garnisonkirche« kommen darin namhafte Persönlichkeiten des öffentlichen Lebens zu Wort, die in sehr unterschiedlicher Weise den Wiederaufbaugedanken fördern.

Blick in die zweite Garnisonkirchen-Ausstellung mit der Gruftmarkierung an historischer Stelle, Aufnahme Andreas Kitschke, 2006

Mitarbeiter des Potsdam-Museums Knitter und Lachmann während der Bergung von Spolien nach der Turmsprengung, Juni 1968 (an der Bruchkante sind die 45°-Mauerwerksschichten des sog. Festungsmauerwerks zu erkennen)

Geborgene Spolien vom Brauhausberg, Aufnahme Andreas Kitschke, 12. Oktober 2005

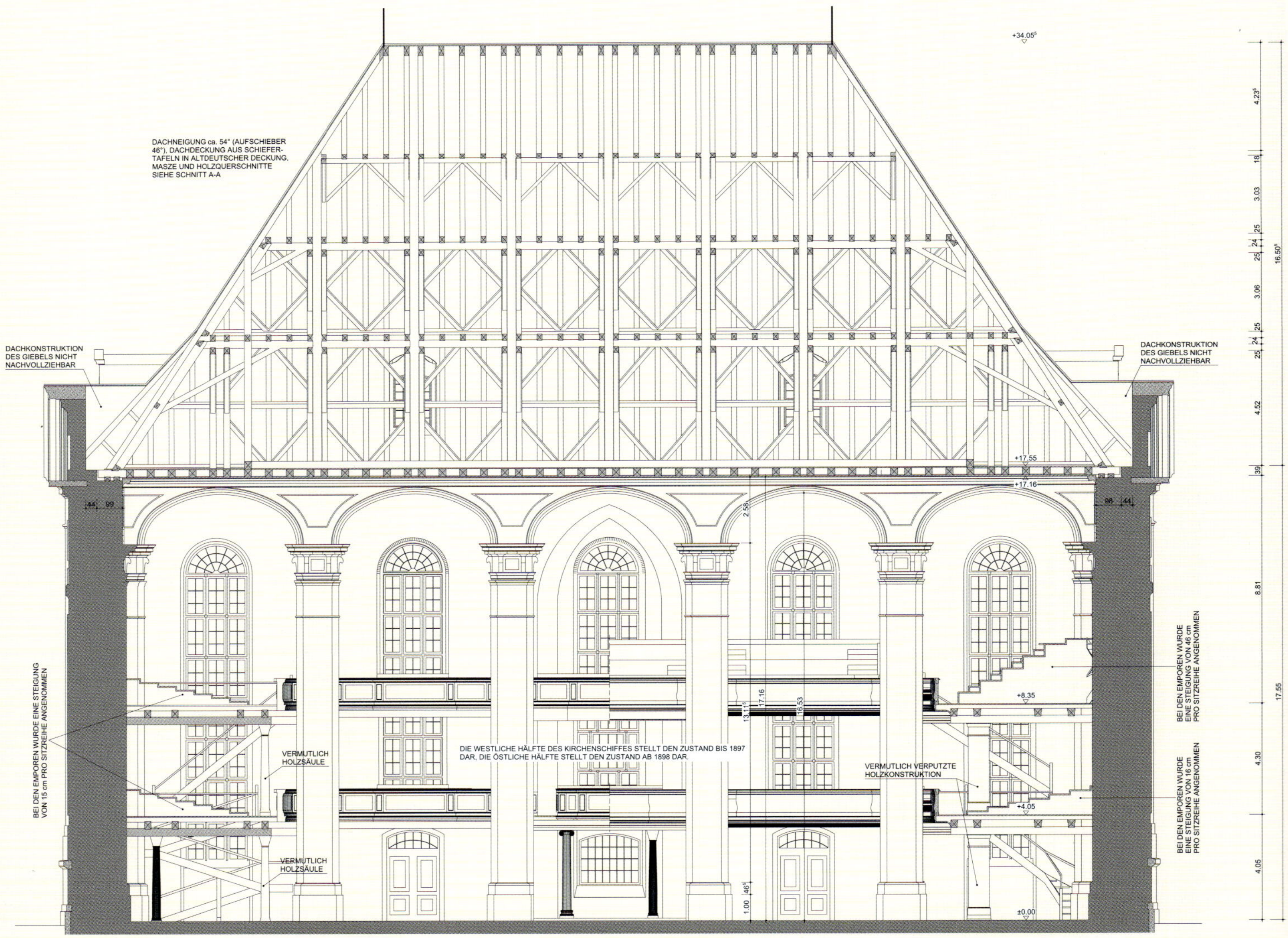

Historisch-kritische zeichnerische Rekonstruktion der Garnisonkirche, Querschnitt mit Innenraumgestalt von 1732 (linke Hälfte) und 1898 (rechts), Architekturbüro Bernd Redlich, Potsdam, 2011

In Zusammenarbeit mit meinem Studienfreund Bernd Redlich, dessen Architekturbüro ich seit Jahren angehöre, und mit dem dort ebenfalls tätigen Bauzeichner Andreas Aulig entstand von Oktober 2010 bis April 2011 die virtuelle Rekonstruktion der Garnisonkirche. Alle Einzelheiten, wie die genaue Profilierung und die Kennzeichnung der verwendeten Baumaterialien, wurden unter Zuhilfenahme aller von mir in Jahrzehnten zusammengetragenen historischen Unterlagen akribisch nachgestaltet. Dabei wurden das Äußere in der Form von 1735, der Kirchenraum hingegen je zur Hälfte in der Gestalt von 1732 und 1897 rekonstruiert. Diese dreidimensionale, digitalisierte Gesamtdarstellung des Bauwerks diente als Grundlage für die unmittelbar anschließende Entwurfsplanung für den Wiederaufbau.

Aufgrund der Ausschreibungsbedingungen war es unserem in puncto Rekonstruktion bereits erfahrenen Büro[9] nicht möglich, sich an der weiteren Wiederaufbauplanung zu beteiligen. Die renommierte ›Hilmer & Sattler und Albrecht Gesellschaft von Architekten mbH‹ ging aus dieser Ausschreibung als Sieger hervor. Erste Abweichungen vom Original, insbesondere eine Kapelle im Sockelgeschoss des Turmes, sind inzwischen entworfen. Wie weit darf, wie weit soll man vom Original abweichen? Diese Frage wird nicht nur hier, sondern auch an vielen anderen Rekonstruktionsvorhaben diskutiert. Die Zukunft wird zeigen, ob der eingeschlagene Weg richtig ist und das Ergebnis das Prädikat der Wahrhaftigkeit verdient.

Gegner des Wiederaufbaus äußern vor allem Befürchtungen, diese historische Stätte könne sich zum Wallfahrtsort für »ewig Gestrige« entwickeln. Doch mit Einrichtung einer evangelischen Pfarrstelle an der temporären Kapelle, die während eines Gottesdienstes mit dem Ratsvorsitzenden der EKD, Nikolaus Schneider, am

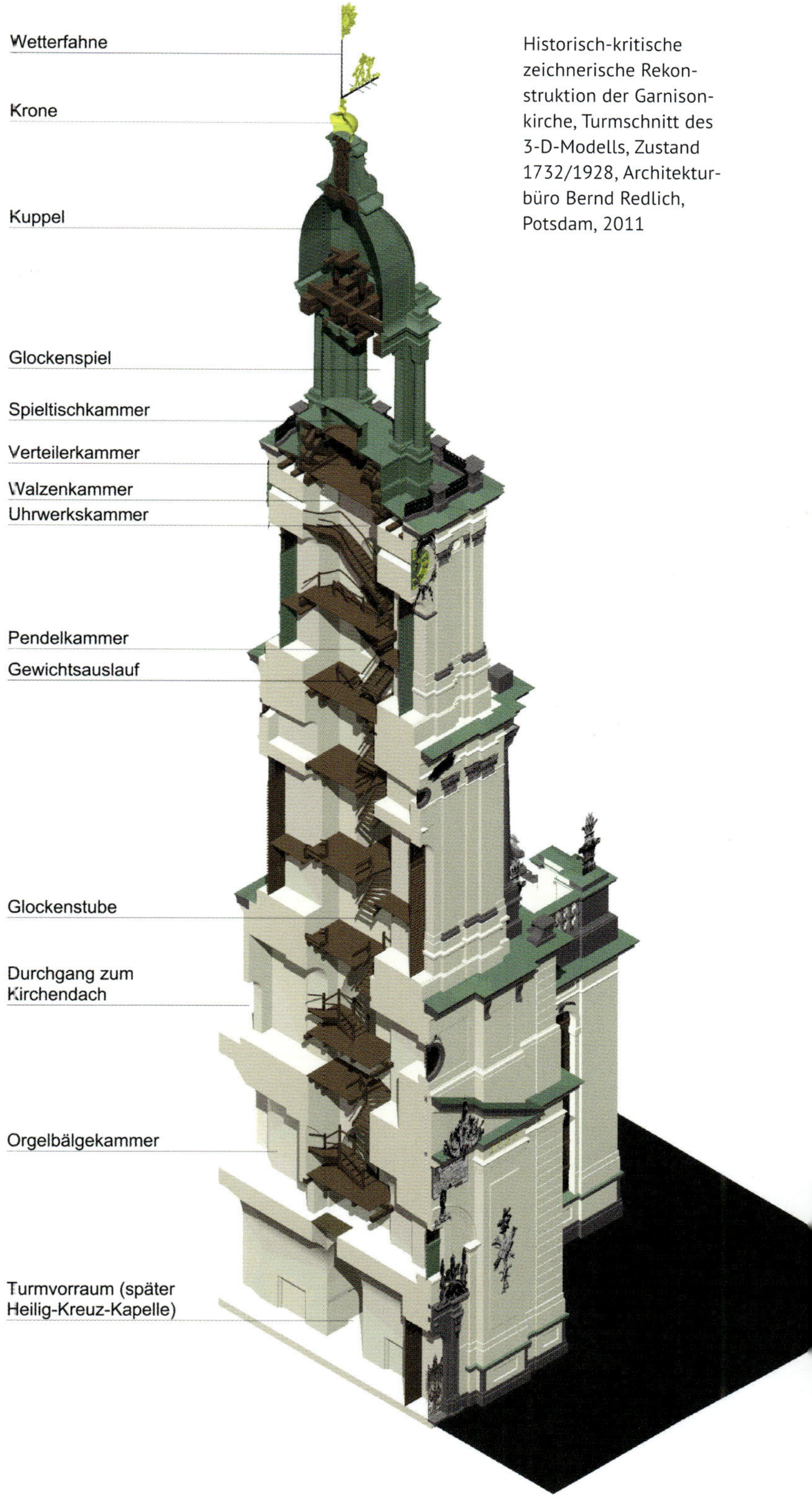

Historisch-kritische zeichnerische Rekonstruktion der Garnisonkirche, Turmschnitt des 3-D-Modells, Zustand 1732/1928, Architekturbüro Bernd Redlich, Potsdam, 2011

Entwurf der neuen Turmkapelle mit Adaption von Bauformen, die für die Garnisonkirche typisch sind, Arbeitsgemeinschaft Wiederaufbau Garnisonkirche Potsdam 1. BA – Turm, 2013

Teilschnitt durch die Obergeschosse des Turmes mit der rollstuhlgerecht erreichbaren Aussichtsplattform, Arbeitsgemeinschaft Wiederaufbau Garnisonkirche Potsdam 1. BA – Turm, 2013

Die Nagelkreuzkapelle am Standort der Garnisonkirche in der Breiten Straße 7, Aufnahme Monika Schulz-Fieguth, 2014

21. Juli 2014 den Namen »Nagelkreuzkapelle« erhielt, hat sich hier eine Gemeinde gebildet, die sich wöchentlich versammelt. Die Fördergesellschaft veranstaltet seit Jahren geschichtliche Diskurse, in denen alle Aspekte der Historie dieser Kirche wissenschaftlich neu beleuchtet werden. Aufmärsche in rechter Gesinnung hat es Gott sei Dank bisher nicht gegeben, wohl aber solche von linksorientierten Gruppen. Sie waren nicht immer friedlich.

Zahlreiche Veranstaltungen in der Nagelkreuzkapelle widmen sich der kritischen Auseinandersetzung mit der Geschichte der Garnisonkirche. Bedeutende Perönlichkeiten aus Politik und Wissenschaft beteiligten sich an Diskursen, viele davon sprachen sich für den Wiederaufbau aus, so beispielsweise die früheren Bundespräsidenten Richard v. Weizsäcker und Horst Köhler, Bundeskanzlerin Angela Merkel, Kulturstaatsminister Bernd Neumann, der sächsische Ministerpräsident Stanislaw Tillich, die Brandenburger Ministerpräsidenten Dr. Manfred Stolpe, Matthias Platzeck und Dr. Dietmar Woidke, der Botschafter Israels a.D. Avi Primor, der Potsdamer Oberbürgermeister Jann Jakobs und sein Stellvertreter, Bürgermeister Burkhard Exner, der Ratsvorsitzende der EKD Dr. Nikolaus Schneider, der Bischof der EKBO, Markus Dröge, der ehemalige Domkapitular der Kathedrale Coventry, Paul Oestreicher, der Theologe Prof. Dr. Richard Schröder, der Nobelpreisträger Günter Blobel, Historiker wie Prof. Dr. Christopher Clark und Prof. Dr. Martin Sabrow, Künstler wie Ludwig Güttler und Wolfgang Joop und Tausende von Bürgern inner- und außerhalb Potsdams, darunter die Bürgerinitatiative »Mitteschön« und das »Bündnis Potsdamer Mitte«.

Eine Initiative »Christen brauchen keine Garnisonkirche« polemisiert, man wolle »keine Kirche, die der Einstimmung von Soldaten auf

»Die Garnisonkirche in Vergangenheit und Zukunft«, Ölgemälde von Wolfram Baumgardt, 2014, Aufnahme Monika Schulz-Fieguth, 2014

Gehorsam bis in den Tod diente und durch religiöse Deutung des Krieges ihn als Gottes Wille predigte […], die unser Nein zum ›Geist von Potsdam‹ rückgängig macht und nicht deutlich macht, was wir seit den Bekenntnissen von Barmen 1934 und Darmstadt 1947 als Versagen und Verrat am Evangelium nach wie vor bezeugen.«[10]

Die Garnisonkirche wird hier zum »Sündenbock« stilisiert, obwohl vor 1945 in den allermeisten Kirchen nichts anderes geschah. Ihre charakteristische Gestalt erregt als »Pfahl im Fleische« die gebotene Aufmersamkeit. Christen brauchen sie, um sich mit ihrer eigenen Vergangenheit differenziert auseinanderzusetzen und daraus ihre gesellschaftliche Verantwortung herzuleiten. Kein anderer Ort ist hierfür besser geeignet!

Die Rekonstruktions-Befürworter sind sich der Tatsache bewusst, dass die Garnisonkirche immer ein »Stein des Anstoßes« sein wird, und dass die große öffentliche Aufmerksamkeit eine Verpflichtung bedeutet. Die Geschichte dieser Kirche lehrt uns, wie schnell gute Vorsätze und allgemeingültige Werte einer Gesellschaft in Gefahr geraten können, wenn das Gewissen nicht an den Geboten Gottes geschärft wird, und wie schnell Freiheit in Unterdrückung münden kann. Möge der Wiederaufbau gelingen! Möge er an die Wechselfälle der Geschichte erinnern, wieder neu an Treue und Redlichkeit als zeitlose Grundtugenden gemahnen und ein Ort lebendiger Gemeinschaft von Christen werden, die Politik und Gesellschaft aus dem Geist des Evangeliums heraus erneuert.

Potsdam, im November 2015
Andreas Kitschke

Potsdam und seine bekannteste Kirche

Historischer Prolog

Eine sehr treffende Schilderung über die Bedeutung der Garnisonkirche verdanken wir André François-Poncet, seit 1931 französischer Botschafter in Berlin, 1943 wegen seiner kritischen Berichte von der Gestapo verhaftet und interniert. Er schrieb im Zusammenhang mit dem »Tag von Potsdam« 1933: »Die Potsdamer Garnisonkirche ist für das Preußentum eine Art Heiligtum. […] Die Bauweise ist ziemlich nüchtern, wie das alte Preußen; aber harmonisch und licht, wie der einstige Ausbau des preußischen Staates. Sie erweckt glorreiche und große Erinnerungen an Generationen, die hier ihre Seele in der Ehrfurcht vor Gott beugten, erfüllt von Disziplin und Vaterlandsliebe, die Erinnerungen an ein strenges und soldatisches Deutschland, reich an kriegerischen und staatsbürgerlichen Tugenden […]. Jeder Deutsche, der diesen Ort betritt, ist von diesen Gedanken erfüllt, und seine Brust schwillt von Stolz und Bewegtheit.«[1]

Friedrich Wilhelm I., Bauherr der Garnisonkirche, schuf mit seinem Sinn für das »Reelle« wichtige Voraussetzungen für die wirtschaftliche Erstarkung des jungen preußischen Staates. Er ordnete die Verwaltung, füllte die Kassen durch seine sprichwörtliche Sparsamkeit und schuf ein starkes Heer, um sich gegen die Nachbarn, die es gern von der Landkarte getilgt hätten, zu behaupten.

Sein Sohn, Friedrich der Große, nutzte das Heer, die »preußische Ordnung« (gegen korrupte Beamtenschaft) und den angehäuften Staatsschatz, um durch Eroberungsfeldzüge aus den getrennten Landesteilen ein zusammenhängendes Staatsgebilde zu formen. Dies gelang übrigens erst seinem Nachfolger und Neffen, Friedrich Wilhelm II., der das Staatsgebiet nochmals um die Hälfte auf über 300.000 Quadratkilometer vergrößerte. Unter seinem Sohn, Friedrich Wilhelm III. geriet es unter die napoleonische Fremdherrschaft. Statt seiner gesamten Existenz verlor es schließlich nur einige Gebiete, konnte aber andere hinzugewinnen. Friedrich Wilhelm IV. förderte Künste und Wissenschaften, ignorierte aber die gewaltigen Spannungen, die in die Märzrevolution 1848 mündeten. Die ihm angetragene deutsche Kaiserkrone lehnte er ab, da sie ihm nicht von Gottes Gnaden, sondern von den aus seiner Sicht dazu nicht befugten Ständen (Adel, Bürgertum, Klerus) angeboten wurde. Der letzte Kaiser des »Heiligen römischen Reichs deutscher Nation«, Franz II., hatte 1806 unter dem Druck Napoleons abgedankt.

Unter Otto von Bismarck entwickelte sich Preußen zur führenden Macht für die deutsche Einigung »von oben«, und ein Hohenzoller wurde als Wilhelm I. deutscher Kaiser. Er hat deutlich gesehen, dass Preußen nun nicht mehr eigenständig war, sondern im Deutschen Reich aufging. Die Hoffnung der Bevölkerung auf ein

Garnisonkirche von Westen, Messbild 1911, im Hintergrund der Lange Stall, vorn der Stadtkanal

Der preußische König Friedrich Wilhelm I.

Der preußische König Friedrich II.

liberales Staatswesen zerschlug sich, als Kaiser Friedrich nach nur 99 Tagen Regierungszeit an Kehlkopfkrebs starb. Sein Sohn, Wilhelm II., war einerseits einer der modernsten Herrscher seiner Zeit, förderte die rasante technische Entwicklung, stolperte jedoch in den Ersten Weltkrieg, den er zwar (entgegen anderslautenden Behauptungen) nicht begonnen, aber bewusst in Kauf genommen hat.[2] Die Antwort auf die Frankreich demütigende deutsche Kaiserkrönung in Versailles 1871 war schließlich der Versailler Vertrag, der im selben Raum deklariert wurde und aufgrund gewaltiger Reparationsforderungen bereits den Keim für die nächste kriegerische Auseinandersetzung in sich trug.

Während in der Zeit der Weimarer Republik die Regierungen und politischen Mehrheiten der übrigen Teilstaaten ständig wechselten, wurde Preußen, das 65 % des deutschen Staatsgebietes und 69 % der Bevölkerung des Deutschen Reiches umfasste, von 1920 bis 1932 kontinuierlich von den Sozialdemokraten Carl Severing und Otto Braun regiert. Wenn also die von den Nationalsozialisten und den Preußen-Gegnern bis heute vertretene These stimmen würde, dass eine direkte Linie von Friedrich dem Großen über Bismarck zu Hitler führte, hätte es diese Zeit nicht geben dürfen! Mit dem Staatsstreich Franz von Papens am 20. Juli 1932 hörte Preußen faktisch auf zu existieren. Die Auflösung Preußens durch den alliierten Kontrollratsbeschluss vom 25. Februar 1947 war nur noch ein formaler Akt. Nun also gab es einen »Sündenbock«, und viele Deutsche, einschließlich der Österreicher, die Hitler zugejubelt hatten, sahen sich damit ihrer eigenen Verantwortung entledigt.

Adolf Hitler – wie der SPD-Politiker Ernst Niekisch es formulierte: »Österreichs Rache für Königgrätz« (Niederlage gegen Preußen 1866) – berief sich auf Friedrich den Großen und schien sich vor dem »großen Feldherrn« Hindenburg, zu verbeugen (so die bis heute erfolgreiche nachträgliche Nazi-Propaganda) der ihn seinerseits als »Böhmischen Gefreiten« titulierte. Hitlers menschenverachtende Haltung hatte jedoch nichts mit den sogenannten preußischen Tugenden gemein. Den oft bewusst missgedeuteten »Geist von Potsdam« brachte Henning von

Henning v. Tresckow, Foto 1944

Widmungsinschrift unter dem Tympanon des Turmrisalits, Aufnahme Erich Borchart, um 1965

Tresckow, einer der Männer des 20. Juli 1944, auf den Punkt. Aus Anlass der Konfirmation seiner beiden Söhne in der Potsdamer Garnisonkirche sagte er 1943: »Von wahrem Preußentum ist der Begriff Freiheit niemals zu trennen. Wahres Preußentum heißt Synthese zwischen Bindung und Freiheit [...]. Ohne diese Verbindung läuft es Gefahr, zu seelenlosem Kommiß und engherziger Rechthaberei herabzusinken. Nur in der Synthese liegt die deutsche und europäische Aufgabe des Preußentums, liegt der preußische Traum [...].«[3] Eben diese Geisteshaltung hat die Potsdamer Garnisonkirche für viele Menschen verkörpert.

Erbaut zur Ehre Gottes

Ein Zeitungskorrespondent aus Altona charakterisierte 1798 die bekannteste Potsdamer Kirche treffend: »Sonst baut man Thürme an die Kirchen, hier aber ist es umgekehrt, die Garnisonkirche scheint an den Thurm gebaut [...].«[4] Diese Aussage traf jedoch auch auf zwei weitere Potsdamer Kirchen zu, die derselbe Bauherr errichten ließ: die Nikolai- und die Heiligengeistkirche. Und in noch viel stärkerem Maße auf die Berliner Petrikirche, die den damals höchsten Kirchturm der Welt erhalten sollte. Friedrich Wilhelm I., dessen einziger »Schlossbau«, das Jagdschloss Stern, auch nach heutigen Gesichtspunkten eher einem bescheidenen Einfamilienhaus gleicht, wollte nicht nur mit neuen Kirchen, sondern auch mit besonders hohen Türmen allein Gott die Ehre geben. Folgerichtig war über dem Turmportal der Garnisonkirche zu lesen:

»Friderich Wilhelm
König in Preussen
Hat diesen Thurm nebst der Guarnison
Kirche zur Ehre GOTTES erbauen lassen«

Garnisonkirchen gab es in fast jeder deutschen Stadt, in der Truppenteile größerer Stärke stationiert waren, und zwar schon lange vor dem Bau in Potsdam und auch danach. Warum jedoch bewegt gerade die Potsdamer Garnisonkirche noch heute die Gemüter? Die einen sehen in ihr das

»Der große Tag von Potsdam«, Farbdruck nach einer Fotografie vom 21. März 1933

Symbol für der problematischen Verbindung von »Thron und Altar« oder den »Militärtempel der Hohenzollern«[5] und die Stätte des »Tages von Potsdam«. Für andere ist sie eine der schönsten Barockkirchen Norddeutschlands und als städtebauliche Meisterleistung ersten Ranges geradezu ein Synonym der Barockstadt Potsdam.

Gern wird darauf verwiesen, dass die Dresdener Frauenkirche eine Bürgerkirche gewesen sei, die Garnisonkirche dagegen eine vom König finanzierte Soldaten- und Hofkirche. Doch sind nicht beide der Ehre Gottes gewidmet worden? Die Dreiviertelstunde des Missbrauchs in Potsdam dominiert im kollektiven Gedächtnis. Insoweit ist das Kalkül der NS-Propaganda aufgegangen, die den Eindruck zu erwecken suchte, der Nationalsozialismus knüpfe unmittelbar an das Preußen Friedrichs des Großen an. Viele Skeptiker haben sich damals blenden lassen, bis sie sich schließlich doch erhoben. Dass später die SED und heute die erklärten Gegner des Wiederaufbaus genau dieser perfiden Propaganda aufgesessen sind, die historisch längst widerlegt ist, ist eine Ironie der Geschichte. Doch unrealistisch ist auch die Ansicht des für das Wiedererstehen der Garnisonkirche als »Symbol des christlichen Preußens« sammelnden Oberstleutnants a.D. Max Klaar, der fordert: »Politik muss draußenbleiben.« Dieser fromme Wunsch liegt angesichts der immer auch politischen Bedeutung dieser Kirche völlig abseits der Realität. Ihr »Genius Loci« verpflichtet zu besonderer Wachsamkeit, denn die stete Mahnung zum Lobe Gottes sowie zu Treue und Redlichkeit, die über Jahrhunderte vom Turm erscholl, wurde wohl selten befolgt.

Der Wiederaufbau der Garnisonkirche wird der Stadt ein wichtiges Stück der ihr während der DDR-Zeit geraubten städtebaulichen Identität wiedergeben. Die Gegner sprechen von Geschichtsrevisionismus und befürchten die Wiederkehr des »Geistes von Potsdam« – was immer man darunter versteht. Geschichte ist vergangen und lässt sich im Nachhinein nicht ändern. Wohl aber steht es den Nachgeborenen gut an, aus den Fehlern der Väter und Vorväter zu lernen. Die wiederaufgebaute Garnisonkirche kann und muss ein solcher Lernort werden.

Näherer betrachtet ist übrigens auch die Dresdener Frauenkirche nicht unbelastet durch die Zeit des Nationalsozialismus gekommen. Seit dem Amtsantritt des Landesbischofs Friedrich Coch im Jahr 1933 bis zu ihrer Zerstörung 1945 trug sie den Namen »Dom der Deutschen Christen«, also der nazitreuen Evangelischen. Die Predigt zur Wiedereinweihung am 29. November 1942 hielt Reichsbischof Ludwig Müller.[6] Dies hatte den Willen zum Wiederaufbau aber nicht beeinträchtigt. Hier wie dort sollte man Bauwerke nicht stellvertretend für das verdammen, was in ihnen geschah.

Der deutsche Reformator Martin Luther

Der französische Reformator Johannes Calvin (Jean Cauvin)

Eine Simultankirche – die Gemeinden der Garnisonkirche

Schon Friedrich I. hatte Kirchen bauen lassen, die von den beiden protestantischen Konfessionen (Lutheranern und Calvinisten) simultan genutzt werden sollten. Der »Soldatenkönig« setzte diese Tradition der Annäherung fort. In Potsdam blieb nur die Nikolaikirche rein lutherisch.

Der Chronist Schmidt, »Subrektor am Potsdamschen Gymnasio«, berichtete 1825: »Die Hof- und Garnisonkirche lutherisch und reformirt, mit einem reformirten Hofprediger, einem lutherischen Feldprobst, zwei lutherischen Feldpredigern und einem Gehülfen für den Probst. Dieser Gehülfe war zugleich zweiter Prediger am Waisenhause.

Die lutherische Parochie begriff den Hofstaat, die Militairpersonen und einen Theil der Neustadt nebst der Gewehrfabrik, die reformirte hingegen die Königliche Familie und alle diejenigen Reformirten vom Civil- und Militairstande, welche nicht bei einer andern Kirche bereits eingepfarrt waren. Den Eximirten [lat., von Lasten Befreiten] aber stand es frei, zu welcher von beiden Parochien sie sich halten wollten. Früher war die reformirte Hofkapelle auf dem Schlosse, Friedrich Wilhelm aber verlegte sie in die Garnisonkirche, und daher hat diese auch den Namen Hofkirche erhalten. – Die Waisenhauskirche im großen Waisenhause mit einem reformirten und zwei lutherischen Predigern, wovon einer Gehülfe des Feldprobstes war. Bei der großen Reform, die Friedrich II. mit dem Waisenhause vornahm, wurde diese Kirche nicht mit renovirt, und daher wurde der Gottesdienst für die Waisenkinder mit in die Garnisonkirche verlegt.«[7]

Einen Tag nach Einweihung der alten Garnisonkirche erließ Friedrich Wilhelm I. am 2. Januar 1722 ein eigenhändig geschriebenes »Reglement wie der Gottes Dienst in der garnison Kirche in Potsdam soll gehalten werden. – Die Reformirten sollen 8. Mahll im Jahr abent Mahll halten die Lutherischen alle Sontage und Festtage.«[8]

Die Gottesdienste für die Reformierten und Lutheraner fanden sonntags in wöchentlichem Wechsel am Vor- und Nachmittag statt. Die damals verbreiteten Abendmahlsfeiern, Taufen und Trauungen in den Bürgerhäusern wurden verboten; sie sollten fortan nur in der Kirche gehalten werden. Auch Wochentagspredigten forderte der König: »Den 15. Jan. 1722 Donnerstag soll der anfang gemach[t] werden mit Wochen Predigt geschlos[s]en wirdt nit [= nicht] wenn auch keiner hin Komet sollen doch gehalten werden [sic!].«[9] Wie der Prediger vermerkte, sind am 12. Dezember 1723 »nach öffentl. abgelegten Glaubensbekenntnis Sieben Mohren von mir getauffet worden, deren Nahmen folgende [...].«[10] Es handelte sich dabei um Äthiopier, die als »Hoboisten« und »Querpfeifer« in der Königlichen Garde dienten und nun in die christliche Kirche aufgenommen wurden.

Und noch ein interessantes Schreiben Friedrich Wilhelms I. findet sich in den Akten. Am 21. Juli 1728 befahl er dem reformierten Hof- und Garnisonprediger Christian Johann Cochius und dem lutherischen Feldpropst Johann Caspar Carstedt die Kanzelabkündigung einer Order, »auff was art und Weise es fortmehr hierselbst bey denen Hochzeiten, Kindtauffen, und Begräbnissen, so wohl bey Soldaten alß Bürgern gehalten werden soll.«[11]

Um der Unsitte entgegenzuwirken, sich bei solchen Gelegenheiten finanziell so zu verausgaben, dass man in Armut geriet, befahl der König drastische Beschränkungen. Bei Hochzeiten sollten nur noch Eltern und Geschwister des Brautpaares teilnehmen und »nicht mehr alß 4 andere Frembde Gäste«, die Feier nur einen Tag (statt bisher drei) dauern. Bei Taufen »sollen nicht mehr alß 4 Gevatter seyn, und gantz kein Gastmahl, sondern nur eine Mahlzeit gegeben werden. Es soll auch dabey weder musique, noch Tantzen erlaubt seyn. Bey denen Begräbnissen soll weder Eßen noch Trincken, bey Soldaten und Bürgern verstattet werden, sondern alles still und ehrbahr zugehen.«[12] Hier spiegelt sich die vom Hallenser Theologen August Hermann Francke beeinflusste pietistische Grundhaltung des Königs wider. Rektor Samuel Gerlach berichtete: »In der Garnison-Kirche wollte der König Friedrich Wilhelm keine Huren-Kinder getauffet wissen und die Wehmutter wurde mit denselben zur Nicolai-Kirche gewiesen.«[13]

Per Kabinettsordre vom 8. November 1726 bestimmte König Friedrich Wilhelm I., dass nach Einweihung der Heiligengeistkirche nur noch

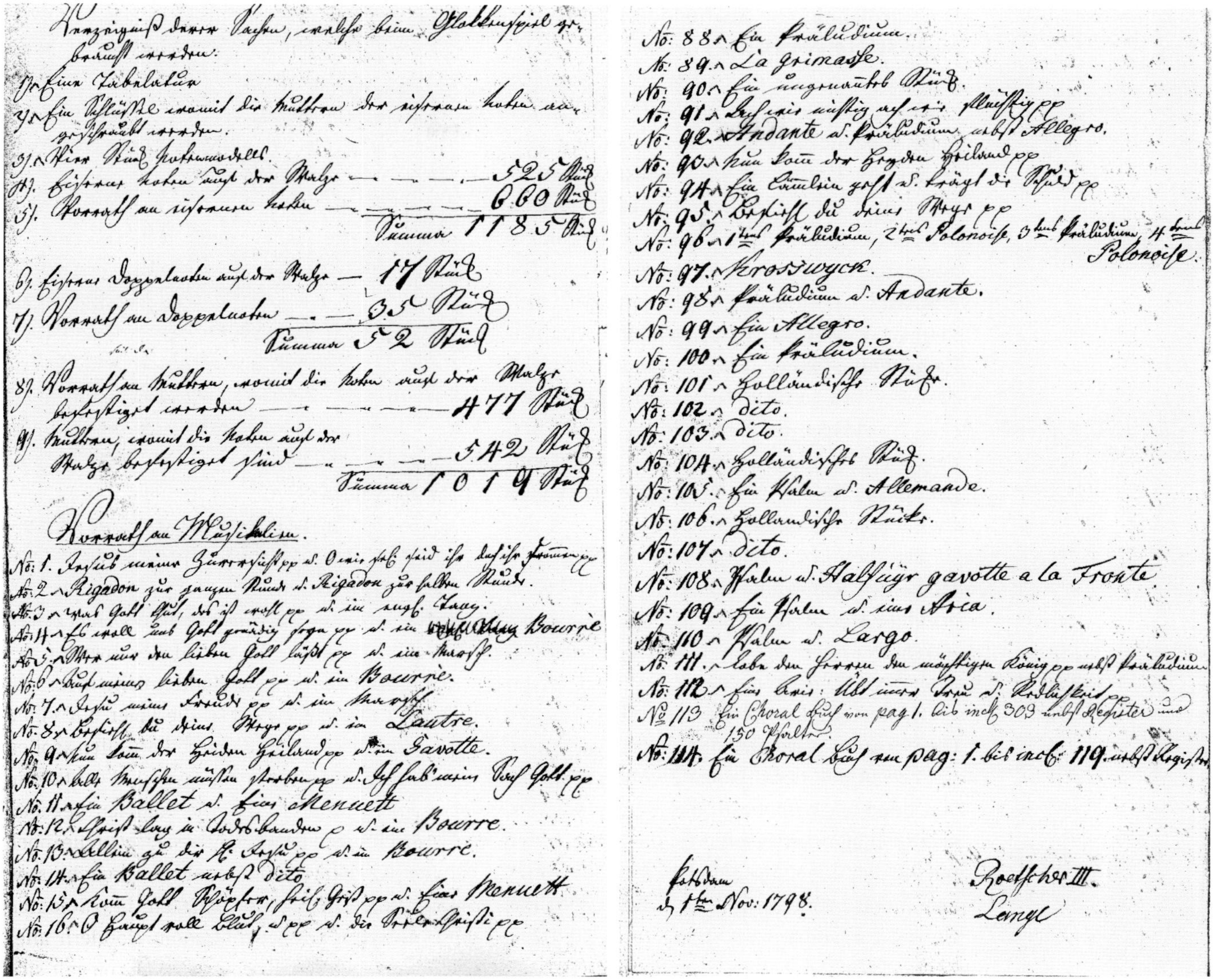

Verzeichniß derer Sachen, welche beim Glockenspiel gebraucht werden:

[illegible]

Vorrath an Musikalien.

No: 1. Jesu meine Zuversicht pp u. [illegible]
No: 2. Rigadon [illegible] u. Rigadon [illegible]
No: 3. [illegible]
No: 4. [illegible] Bourrée
No: 5. [illegible]
No: 6. [illegible] u. ein Bourrée.
No: 7. Jesu meine Freude pp u. ein Marsch.
No: 8. Befiehl du deine Wege pp u. in Lautre.
No: 9. Nun kom der Heiden Heiland pp u. ein Gavotte.
No: 10. [illegible] pp u. Ich hab mein Sach Gott pp
No: 11. Ein Ballet u. ein Menuett
No: 12. [illegible] u. ein Bourrée.
No: 13. [illegible] u. ein Bourrée.
No: 14. Ein Ballet nebst dito
No: 15. Kom Gott Schöpfer, heil. Geist pp u. ein Menuett
No: 16. O Haupt voll Blut [illegible]

No: 88. Ein Präludium.
No: 89. La grimasse.
No: 90. Ein ungenanntes Stück.
No: 91. [illegible]
No: 92. Andante u. Präludium nebst Allegro.
No: 93. Nun kom der Heyden Heiland pp
No: 94. Ein Lämlein geht u. trägt die Schuld pp
No: 95. Befiehl du deine Wege pp
No: 96. 1tes Präludium, 2tes Polonoise, 3tes Präludium, 4tes Polonoise.
No: 97. Krosswyck.
No: 98. Präludium u. Andante.
No: 99. Ein Allegro.
No: 100. Ein Präludium.
No: 101. Holländisches Stück.
No: 102. dito.
No: 103. dito.
No: 104. Holländisches Stück.
No: 105. Ein [illegible] u. Allemande.
No: 106. Holländische Stücke.
No: 107. dito.
No: 108. [illegible] u. Halfsügr gavotte a la Fronte.
No: 109. Ein [illegible] u. eine Aria.
No: 110. [illegible] u. Largo.
No: 111. Lobe den Herren den mächtigen König pp nebst Präludium
No: 112. [illegible]
No: 113 Ein Choral Buch von pag. 1. bis incl. 303 nebst Register und 150 [illegible]
No: 114. Ein Choral Buch von pag: 1. bis incl: 119. nebst Register.

Potsdam d. 1ten Nov: 1798.

Roetscher III.
Lange

»Verzeichniß derer Sachen, welche beim Glockenspiel gebraucht werden« mit Auflistung der Sammlung an Notensätzen (erste und letzte Seite)

38 namentlich benannte Reformierte bei der Garnisonkirche verbleiben sollten. Alle übrigen »Handwercks, und Arbeitsleuthe, wie auch die Glaß-Hütte, und so vor dem Thore wohnen, communiciren insgesamt in der Heil. Geist Kirche«.[14]

Auch nach der Union der beiden Konfessionen gab es nominell noch die lutherische und die reformierte Pfarrstelle. Vom Jahre 1885 ist die Zahl der Gemeindeglieder mit 6.690 Angehörigen der Militärgemeinde und 2.472 der Zivilgemeinde, zusammen also 9.162 Seelen überliefert.[15]

Unmittelbar nach dem Zweiten Weltkrieg hörte die Militärgemeinde auf zu existieren. Die Zivilgemeinde, die seit 1949 den bewusst gewählten Namen »Heilig-Kreuz-Gemeinde« trägt, besteht bis heute fort und trifft sich im Gemeindehaus in der Kiezstraße 10.

Glockenspiel von Südosten, Aufnahme Wilhelm Hannemann, 1928

Die Garnisonkirche als bedeutendste Musikstätte Potsdams

Das berühmte Glockenspiel ließ Potsdam zu einer klingenden Stadt werden. Über den wohl ersten Organisten und »Glockenisten« Lossow ist wenig mehr bekannt, als dass er die Mechanik des Glockenspiels instand zu halten und es zu besonderen Anlässen zu spielen hatte.[16] Die ältesten Glockenspielmelodien hatte der Carillonneur der Berliner Parochialkirche, Arnoldus Carsseboom, gesetzt, und so wundert es nicht, dass die 1945 vernichteten Noten oft holländische Titel trugen. Bis zum Ende des 18. Jahrhunderts wechselten die Waisen häufig. Neben einigen Sätzen für das freie Spiel gab es 114 eigens für das Spielwerk gesetzte Notentexte.[17]

Seit ihrer Gründung gab es an der Garnisonkirche zwei Kirchenmusiker, die zugleich Lehrer an einer städtischen oder der Garnisonschule waren. Dem reformierten Kantor oblag die Leitung des liturgischen Chores, während der lutherische Organist stets zugleich das Amt des Carillonneurs auszuüben hatte.

1797 erhielt der Organist Bernhard Rötscher von Friedrich Wilhelm II. den Befehl, das Glockenspiel neu einzurichten. Seitdem erschallten die beiden Lieblingsmelodien der Kronprinzessin Luise vom Turm – der Choral »Lobe den Herrn« zur vollen und »Üb' immer Treu und Redlichkeit« zur halben Stunde.[18] Das Gedicht von Ludwig Hölty hatte man der berühmten Melodie der Papageno-Arie »Ein Mädchen oder Weibchen wünscht Papageno sich« aus der 1791 komponierten »Zauberflöte« Wolfgang Amadeus Mozarts, zugeordnet:

»Üb' immer Treu und Redlichkeit
Bis an dein kühles Grab,
Und weiche keinen Finger breit
Von Gottes Wegen ab.

Dann wirst du wie auf grünen Au'n,
Durch's Pilgerleben geh'n
Dann kannst du sonder Furcht und Grau'n
Dem Tod ins Antlitz seh'n.

Dann wird die Sichel und der Pflug
In deiner Hand so leicht,
Dann singest du beim Wasserkrug,
Als wär' dir Wein gereicht.

Dem Bösewicht wird alles schwer,
Er tue was er tu,
Ihm gönnt der Tag nicht Freude mehr,
Die Nacht ihm keine Ruh.

Der schöne Frühling lacht ihm nicht,
Ihm lacht kein Ährenfeld,
Er ist auf Lug und Trug erpicht,
Und wünscht sich nichts als Geld.

Der Wind im Hain, das Laub im Baum
Saust ihm Entsetzen zu,
Er findet, nach des Lebens Raum
Im Grabe keine Ruh.

Drum übe Treu und Redlichkeit
Bis an dein kühles Grab,
Und weiche keinen Finger breit
Von Gottes Wegen ab!

Dann suchen Enkel deine Gruft
Und weinen Tränen drauf,
Und Sonnenblumen, voll von Duft,
Blüh'n aus den Tränen auf.«

Dazu führt Hermann Baltin (1857–1909 Organist und Glockenist) näher aus: »Im Jahre 1797 sind auf kgl. Befehl durch den Organisten Rötscher die jetzigen Weisen ›Lobe den Herren‹ und ›Üb' immer Treu und Redlichkeit‹ auf die Walze des Glockenspiels gebracht worden. Wie es vorher war, weiß man nicht. Später seit 1862 u 88 hat der Tonsatz dieser Weisen eine notwendige und wesentliche Veränderung erfahren, wie sie heut noch zu Gehör gebracht wird. Nach dem Heimgang Fr. Wilhelms IV. ordnete das Hofmarschallamt an, dass für das laufende Jahr 1861 die Melodie ›Was Gott thut, das ist wohlgethan‹ und ›Jesus, meine Zuversicht‹ auf die Walze gesetzt würde. Da aber die Noten zu diesen Chorälen nicht vorhanden waren, lag es mir ob, dieselben für die Mechanik des Glockenspiels neu zu bearbeiten. Ein Jahr lang erklangen sie vom Turm. Nach Ablauf des Trauerjahrs kamen auf Befehl Wilhelms I. die Weisen ›Lobe den Herren‹ und ›Üb immer Treu und Redlichkeit‹ wieder auf die Walze, erstere mit der notwendigen Umwandlung des bisherigen zweiteiligen und dreiteiligen Taktmaß. So wie 1861/62 wurde es auch im Jahre 1888/89 gehalten, nur das der cantus firmus bei ›Üb immer Treu‹ nach alter niederländischer Sitte seitdem in der Oberstimme erklingt.«[19]

Der romantische Dichter Ludwig Hölty, Radierung von Daniel Chodowiecki, 1777

Baltin ist somit der Komponist der bekannten, durch Noten und Tonaufnahmen überlieferten Musiksätze. Nun erschallte das Turmglockenspiel alle siebeneinhalb Minuten: zur vollen Stunde ein Vorspiel und die Choralmelodie »Lobe den Herrn« sowie eine Variation dazu, cantus firmus im Bass; zur halben Stunde ein kurzer Einleitungssatz, dann »Üb‹ immer Treu‹ und Redlichkeit«, Melodie und Variation, cantus firmus im Diskant. Der dem Spiel folgende Halbstundenschlag (mit Schlagzahl der darauffolgenden vollen Stunde!) ertönte von der Glocke f', der Vollstundenschlag von der größten Glocke c'. Um Viertel ertönte ein kurzer, aufwärtsgehender Lauf, um Dreiviertel ein abwärtsgehender, zwischen den Stundenvierteln jeweils sogenannte Vorschläge mit einer (g''), zwei (c''' – c''), drei (d-Moll: a'' – f'' – d'') bzw. vier Glocken (C-Dur-

Blick zur Wagner-Orgel, Aufnahme Alexander Kluge, um 1940

Dreiklang: c''' – g'' – e'' – c'').[20] Der nach der Revolution 1918 gestellte Antrag, die Melodien des Potsdamer Glockenspiels zu ändern, wurde von der Stadtverordnetenversammlung abgeleht.[21]

Fast ebenso berühmt wie das Glockenspiel war auch die große dreimanualige Orgel des Berliner Meisters Joachim Wagner, die durch Johann Sebastian Bachs Spiel 1747 weithin bekannt wurde. Sicher wird es auch später Orgelkonzerte in der Garnisonkirche gegeben haben. Belegt ist das improvisatorische Spiel des Berliner Meisters Christian Friedrich Carl Fasch (der 1791 die Berliner Sing-Akademie gründete) zur Beisetzungsfeier für Friederich den Großen 1786, während der Garnisonorganist Christoph Friedrich Petzold den Choral »O Jesu Christ, meins Lebens Licht« vom Glockenspiel erklingen ließ.[22]

Im 19. Jahrhundert fanden zahlreiche Konzertveranstaltungen mit auswärtigen Solisten in der Garnisonkirche statt, die jeweils vom König als Patron genehmigt werden mussten. So erhielt 1810 die gefeierte Sängerin Auguste Schmalz – übrigens die Tochter des Berliner Garnison-Organisten Johann Daniel Schmalz – 100 Taler für einen musikalischen Auftritt.[23] Laut Ernst Ludwig Gerber verfügte sie über den unglaublichen Stimmumfang von drei Oktaven – bis zum g''' empor![24] Die Wiener Sopranistin Anna Pauline Milder-Hauptmann, die damals Weltruf genoss, gab 1816 in der Garnisonkirche ein Konzert, dem 1818 ein Benefizkonzert zugunsten von »des Gesichts beraubten Unglücklichen« Teilnehmern der Befreiungskriege folgte.[25]

Der aus Dresden gebürtige Garnison-Organist Johann Christian Schärtlich war 1816 als Lehrer für »Gesang, Orgelspiel und Generalbaß, Schreiben und Rechnen« an das von Wilhelm von Türk gegründete Schullehrerseminar zu Potsdam berufen worden, das man am 17. Oktober 1817 mit 60 Seminaristen eröffnete.[26] Als am 11. Juli 1826 Carl Bernhard Wessely, der Dirigent des 1814 gegründeten Potsdamer »Gesangvereins für klassische Musik«, gestorben war, übernahm Schärtlich die Leitung dieses großen Chores und brachte mit ihm unter anderen die große Oratorien Georg Friedrich Händels (Messias und Judas Maccabäus), Ludwig van Beethovens (Christus am Ölberg) und Friedrich Schneiders (Das Weltgericht) zur Aufführung.[27] Am 2. November 1826 gründete er die Potsdamer Liedertafel, einen reinen Männerchor, für den er zahlreiche Kompositionen schuf.[28] Mit seinem großen Vorbild Carl Friedrich Zelter, dem Leiter der Berliner Sing-Akademie, stand er in engem Kontakt. Am Karfreitag 1834 führten Sängerchöre aus Berlin und Potsdam das Oratorium »Der Tod Jesu« von Carl Heinrich Graun in der Garnisonkirche auf.[29]

Der Gründer der Singakademie Halle, der Zelter-Schüler Johann Friedrich Naue, plante ein dreitägiges Musikfest, zu welchem der König am 8. Juli 1830 die Hof- und Garnisonkirche bewilligt hatte.[30] Da es jedoch nicht zustande kam[31], gründete Schärtlich 1833 den »Märkischen Gesangverein« als eigene überregionale Chorvereinigung. 30 Chöre mit über 300 Sängern aus dem Regierungsbezirk Potsdam nahmen am ersten Gesangsfest teil, das am 2. Oktober 1833 in der Garnisonkirche stattfand.[32] An der Wagner-Orgel ließ sich neben dem Garnison-Organisten Gottlieb Hoennicke auch August Wilhelm Bach von der Berliner Marienkirche hören.[33]

Das Fest des Folgejahres begann am 5. Juni in der Garnisonkirche im Beisein Friedrich Wilhelms III. mit einem dreistündigen Konzert, an dem auch zahlreiche Instrumentalisten teilnahmen, die neben der Orgel Platz fanden. »Dem Haupteingange gegenüber war auf dem Chor [Ostempore] ein Amphitheater errichtet, auf welchem sich die Sänger (natürlich nur Männer), 400 an der Zahl, zweckmäßig aufgestellt befanden.«[34] Hoennicke »trug eine gut gearbeitete Fuge auf der Orgel vor«, ein Hymnus für Doppelchor und Solostimmen mit Orchesterbegleitung wurde vom Komponisten Friedrich Schneider persönlich dirigiert. Der Breslauer Komponist und Oberorganist an der dortigen Elisabethkirche, Ernst Köhler, trug »eine sehr klare, wohl geordnete Phantasie auf der Orgel« über das Halleluja-Thema aus Händels »Messias« vor. Nachmittags gab es für die Teilnehmer und Ehrengäste, unter ihnen Generalmusikdirektor Gaspare Spontini, die Kapellmeister Friedrich Schneider aus Dessau und Carl Gottlieb Reissiger aus Dresden, die Musikdirektoren Carl Friedrich Rungenhagen (Nachfolger Zelters an der Sing-Akademie Berlin), Adolph Bernhard Marx (Friedrich-Wilhelm-Universität) sowie Heinrich August Neidhardt (Gründer des Berliner Domchores), ein Festessen im Garten der Freimaurerloge »Teutonia«. Am folgenden Tag ging das Gesangstreffen mit einem Freiluftkonzert auf der Halbinsel Tornow (heute Hermannswerder) zu Ende, zu dem sich über 5.000 Zuhörer einfanden.[35]

Die Sopranistin Anna Pauline Milder-Hauptmann, Gemälde von Friedrich Wilhelm v. Schadow, um 1818

Auch auf den dritten Gesangsfest am 11. und 12. Juni 1835 kamen wieder vorwiegend Werke zeitgenössischer Komponisten zur Aufführung, nun sogar mit 550 Sängern. »Die Kirche war ganz gefüllt, und die Theilnahme an dem Fest auf erfreuliche Weise allgemein.«[36] Wurden die Treffen in den folgenden Jahren an andere Orte verlegt, so fand am 3. und 4. Oktober 1839 wiederum das »von dem Herrn MD Schärtlich mit vieler Mühe und Aufopferung veranstaltete, Gesangsfest des Märkischen Gesang-Vereins in der Garnisonkirche zu Potsdam statt«.[37]

Darüber hinaus gab Schärtlich zahlreiche musikalische und musikpädagogische Werke heraus. Bereits jahrelang als Orgelrevisor tätig, wurde er 1842 als Hoforganist an die Garnisonkirche berufen.[38] »Sein beharrliches Wirken wurde 1844 durch die Verleihung des Titels

Der Kirchenmusiker der Potsdamer Friedenskirche, Karl Landgrebe, dirigiert in der Garnisonkirche, Aufnahme 1941

eines k.[öniglichen] Musikdirectors öffentlich anerkannt.«[39]

Von den Geistlichen Konzerten seien beispielhaft folgende erwähnt: »Potsdam den 12. November [1844] Der Verein für klassische Musik führte in der erleuchteten Garnisonkirche [Friedrich] Schneiders ›Verlorenes Paradies‹ auf. Frau [Auguste] v. Fassmann sang die Eva, ein Dilettant den Adam.«[40] Am 11. Juni 1851 dirigierte Friedrich Schneider sein Oratorium »Weltgericht«, bereits am 14. Juni folgte ein Konzert des Märkischen Männergesangsfestes.[41]

»Von dem hiesigen Gesangverein für classische Musik und der philharmonischen Gesellschaft, unterstützt von andern Gesangs- und musikalischen Kräften, wurde am 27. Juli [1857] das Oratorium ›Elias‹ von Mendelssohn in der Hof- und Garnisonkirche zum Besten der Armen ausgeführt.«[42] Zwei Jahre danach, am 30. September 1859, starb Christian Schärtlich. »Sein Leichenbegängnis zeugte von der Achtung und Liebe, welche der Verstorbene in den hiesigen musikalischen Kreisen genoß.«[43]

Sein Nachfolger Hermann Baltin, der seine Prüfung mit dem Prädikat »vorzüglich« abgelegt hatte, war über ein halbes Jahrhundert Hoforganist an der Garnisonkirche, zugleich Lehrer an der Garnisonschule und nach deren Auflösung 1876 an der Charlottenschule. Während seiner Dienstzeit fanden weiterhin zahlreiche Konzerte – auch auswärtiger Chöre und Solisten – statt.[44] Auch als Orgelrevisor war Baltin tätig. Am 5. August 1886 nahm er die von Carl Eduard Gesell erbaute Orgel in der Kaiser-Friedrich-Kirche in Golm (heute Potsdam) ab.[45]

Nachdem der letzte Garnisonkantor Friedrich Möller, der seit 1894 zugleich Musikdirektor beim Ersten Garderegiment zu Fuß war, 1909 seinen Dienst quittiert hatte und Baltin in Pension ging, wurden mit Dienstbeginn Otto

Beckers am 1. Juli 1910 das Kantoren- und Organistenamt zusammengelegt. Während dessen 35 Amtsjahren – besonders während der Weimarer Republik – entwickelte sich die Garnisonkirche, die eine hervorragende Akustik besaß, zur bedeutendsten Stätte der Kirchenmusikpflege in Potsdam. Sie war längst zur beliebtesten Bürgerkirche der Stadt geworden.

Ab Mitte der 1930er Jahre, bis weit in den Zweiten Weltkrieg hinein, kamen in der Garnisonkirche die großen Oratorien zur Aufführung, und zwar zumeist mit dem Städtischen Chor Potsdam unter der Leitung des Kantors der Friedenskirche, Karl Landgrebe, dessen Freundschaft zu Wilhelm Furtwängler es wohl zu verdanken war, dass hierbei häufig die Berliner Philharmoniker mitwirkten. Am 23. Juni 1938 wurde des Mozart-Requiem, am 20. November das Verdi-Requiem und am 21. März 1939 Beethovens IX. Sinfonie.[46]

Der Komponist Max Reger (um 1900), der dem Garnisonorganisten Otto Becker zwei Orgelkompositionen widmete

In der Reihe »Konzerte in der Residenzstadt Potsdam« fand am Totensonntag, dem 26. November 1939, die Aufführung des »Deutschen Requiems« von Johanns Brahms durch den Städtischen Chor Potsdam und das Städtische Orchester Berlin unter Leitung von Karl Landgrebe statt. Solisten waren Margarethe v. Winterfeldt (Sopran) und Günther Baum (Bass).[47]

Am 9. Juni 1940 die c-Moll Messe Mozarts aufgeführt, 1941 folgten die Requien Verdis und Mozarts Beethovens Missa solemnis, 1942 das Magnificat Bachs und das Brahms-Requiem. 1943 erklangen Bachs Matthäus-Passion und Haydns Schöpfung, 1944 nochmals die Matthäus-Passion sowie große Reger-Werke und am 26. November wiederum das Brahms-Requiem.[48]

Der letzte Organist und Glockenist: Otto Becker

Als Patronatsherr unterzeichnete Kaiser Wilhelm II. persönlich die Kabinettsordre für den Dienstbeginn des Kirchenmusikers Professor Otto August Carl Becker am 16. Juni 1910. Zugleich wurde das Kantoren- und Organistenamt zusammengelegt.[49] Becker war am 24. Februar 1870 in Breslau geboren worden und hatte dort und in Berlin studiert. Als Organist hatte er 1894/95 an der Spandauer Garnisonkirche, sodann bis 1907 an der St. Andreas-Kirche in Berlin und anschließend für fast drei Jahre an der dortigen Alten Garnisonkirche. Von 1897 bis 1917 wirkte Becker als Lehrer für Orgelspiel und Theorie an der Hochschule für Musik in Berlin.[50]

Spätestens am 1. März 1902 nahm Max Reger Kontakt zu Becker auf, übersandte ihm neben einigen Chorwerken seine Zweite Sonate für Orgel in d-Moll op. 60 und beschwor ihn, »dieses Werk möglichst fleißig beim Unterricht gebrauchen zu wollen; d.h. daß die Schüler sich das Werk auch

Otto Becker, um 1930

kaufen. [...] Meine Zeit ist furchtbar besetzt; als Komponist ohne jede Stellung, ohne Vermögen, mit 2 Privatstunden wöchentlich, muß ich arbeiten; denn meine Honorare reichen noch nicht zu einer Villa!«[51]

Im Brief vom 19. April 1902 fragte Reger: »Haben Sie in der kgl. Hochschule schon Gelegenheit gehabt, Orgelwerke von mir beim Unterricht zu gebrauchen?«[52] Acht Tage später übersendete er Becker seine Bearbeitungen der Toccata und Fuge sowie der Chromatischen Fantasie und Fuge von Johann Sebastian Bach mit der Bitte, »beide Werke möglichst fleißig u. oft von Ihren Schüler spielen zu lassen«.[53] Mit einer Postkarte vom 19. Mai 1902 bedankte sich Reger am 19. Mai dafür, »daß Sie meine Ausgabe der chromatischen Fantasie u. Fuge gespielt haben!«[54] Am 12. August hieß es überschwänglich: »Für Alles, was Sie für meine Werke tun allerschönsten, herzlichsten Dank«[55] Einen Monat später versendete er »die Nachricht, daß ich mich soeben mit Frau Elsa von Bercken verlobt habe u. wir uns schon am 25. Oct. a.c. [lat. anni currentis = des laufenden Jahres] vermählen werden«.[56]

Am 22. September 1902 bedankte sich Reger für eine Karte Beckers aus Stralsund und »dafür, daß Sie mein op. 27 [= Choralfantasie ›Ein feste Burg ist unser Gott‹] gespielt haben«.[57] Um die Übersendung von Kritiken bat er am 21. November und kündigte an: »Ich hab jetzt was in Arbeit, das ich Ihnen dedicieren werde.«[58] In einer Postkarte vom 10. Dezember 1902 kommentierte Reger sarkastisch: »Betr. der Kritiken aus Breslau – so denken Sie da bitte wie ich: ›man kann von einem Ochsen nur ein Stück Rindfleisch erwarten!‹«[59]

Persönlich lernten sich beide am 2. März 1903 kennen, als der Tenor Ludwig Hess im Berliner Beethovensaal in Begleitung des Komponisten 16 Reger-Lieder sang. Danach erhielt Becker immer wieder die neuesten Tonschöpfungen Regers für die Orgel aus erster Hand. Dieser bat stets »um thatkräftigste Propaganda«[60] und kündigte am 11. März 1903 an: »In Bälde (8–10 Wochen) erhalten Sie mehr Orgelmusik von mir!«[61] Am 24. Juni 1903 übersendete er ihm sein opus 69, dessen Heft 1: Praeludium und Fuge e-Moll op. 69 Nr. 1 und 2 aus den »Zehn Stücken für Orgel« – wie angekündigt – Becker gewidmet war.[62] Zu einer weiteren Begegnung Regers mit dem Ehepaar Becker kam es am 9. Dezember 1903, nachdem die Sängerin Amalie Gimkiewicz im Berliner Bechsteinsaal zehn neue Reger-Lieder uraufgeführt hatte.[63]

Am 30. Dezember 1903 übersandte Reger »meine ›Schule des Triospiels' mit dem dringendsten Ersuchen, die Schule sofort bei allen Ihren Schülern in der Hochschule zur Einführung zu bringen!«[64] Als Reger nach Meiningen übergesiedelt war, scheint sich der bereits in

Potsdam lebende Otto Becker für eine dortige Anstellung interessiert zu haben, was aus Regers Antwort vom 12. September 1912 hervorgeht: »[...] in Meiningen gibt es keine Organistenposten, wie Sie sich denselben vorstellen.«[65] Im letzten bekannten Schreiben an Becker vom 11. Mai 1913 kündigte Reger das Erscheinen seiner Introduktion, Passacaglia und Fuge für Orgel op. 127 an.[66]

Wie zuvor in Berlin, so gehörten die Kompositionen Max Regers – nicht nur für die Orgel – zum festen Repertoire Beckers in seiner Potsdamer Wirkungsstätte. Wie zahlreich dessen Konzerte waren, lässt sich schon daraus ersehen, dass er im zweiten Jahr seines Wirkens, am 14. Mai 1912, bereits sein 61. Orgelkonzert gab.[67] In den Aufführungen wirkten stets auch Sänger oder Instrumentalisten mit, zumeist Beckers Frau Bianca Samolewska, die als eine der begabtesten Schülerinnen Joseph Joachims galt.

Während er mit der Orgel überaus virtuos umging, musste sich Becker das Spiel des Potsdamer Glockenwerks unter Anleitung des greisen Amtsvorgängers Hermann Baltin autodidaktisch beibringen. Jedesmal waren die 365 Turmstufen zu erklimmen, um die Spielkammer in luftiger Höhe zu erreichen. Becker war in Potsdam als stadtbekannte Persönlichkeit außerordentlich beliebt und veranstaltete zahlreiche Kammermusiken und Konzerte in der Garnisonkirche. Natürlich musste er »zu Kaisers Zeiten« und im »Dritten Reich« »vaterländische Waisen« spielen, doch im Ersten Weltkrieg veranstaltete er mehrere Musikalische Abendmusiken »zur Linderung der Kriegsnot«. Seine tolerante Gesinnung spiegelte sich in der Tatsache wider, dass er ab 1915 im Nebenamt am Sabbat die Orgel der Potsdamer Synagoge spielte.[68] Am 21. März 1933 hatte Becker anlässlich des dreiviertelstündigen Staatsaktes die Orgel zu spielen. Elisabeth Becker, die er 1929 nach dem Tod seiner ersten

Otto Becker an der Orgel der Garnisonkirche, um 1930

Frau Bianca Samolewska-Becker geheiratet hatte, erinnerte sich später: »Es wird ihm widerstreben, an diesem Tag. Er ist Musiker, kein Politiker. Tage später wird er sich in einem zornigen Brief dagegen verwahren, anläßlich des ›Festaktes‹ ein besonderes Gefühl der Freude empfunden zu haben, wie ein Journalist berichtet hatte. Die Frau wird Angst um ihn haben. Seine Handschrift war kaum leserlich, wird sie später sagen. [...] Die Schwester der Frau wird den letzten Zug in die Schweiz nehmen müssen. Sie hatte Flugblätter verteilt. [...] der Organist der Garnisonkirche geht weiter jedes Wochenende und an jüdischen Feiertagen in die Synagoge, um dort die Orgel zu spielen, bis zum 9. November 1938. Danach wird es die Synagoge nicht mehr geben. Die Freunde des Mannes tragen den Judenstern und wollen auf der Straße an ihm vorbeieilen, um dem Mann nicht zu schaden. Er wird stehenbleiben, das Gespräch mit ihnen suchen. Er wird Eingaben an

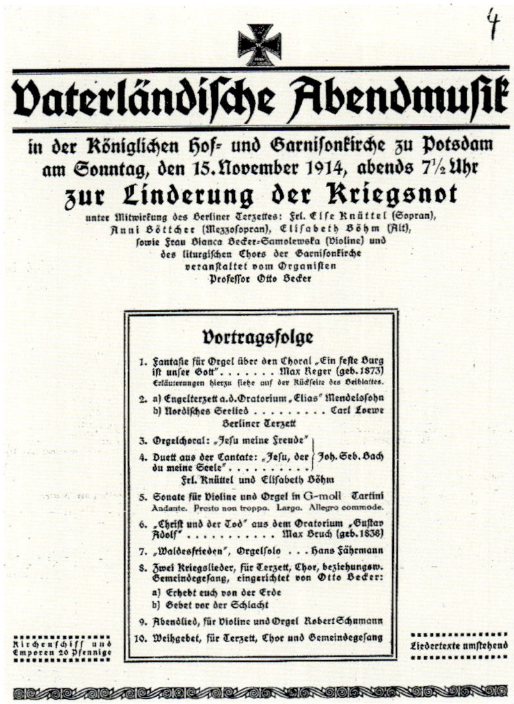

4

Vaterländische Abendmusik

in der Königlichen Hof- und Garnisonkirche zu Potsdam
am Sonntag, den 15. November 1914, abends 7½ Uhr
zur Linderung der Kriegsnot
unter Mitwirkung des Berliner Terzettes: Frl. Else Knüttel (Sopran),
Anni Böttcher (Mezzosopran), Elisabeth Böhm (Alt),
sowie Frau Bianca Becker-Samolewska (Violine) und
des liturgischen Chores der Garnisonkirche
veranstaltet vom Organisten
Professor Otto Becker

Vortragsfolge

1. Fantasie für Orgel über den Choral „Ein feste Burg ist unser Gott" .... Max Reger (geb. 1873)
   Erläuterungen hierzu siehe auf der Rückseite des Beiblattes.
2. a) Engelterzett a. d. Oratorium „Elias" Mendelssohn
   b) Nordisches Seelied .... Carl Loewe
   Berliner Terzett
3. Orgelchoral: „Jesu meine Freude" } Joh. Seb. Bach
4. Duett aus der Cantate: „Jesu, der du meine Seele" .... } Joh. Seb. Bach
   Frl. Knüttel und Elisabeth Böhm
5. Sonate für Violine und Orgel in G-moll Tartini
   Andante. Presto non troppo. Largo. Allegro commode.
6. „Christ und der Tod" aus dem Oratorium „Gustav Adolf" .... Max Bruch (geb. 1838)
7. „Waldesfrieden", Orgelsolo ... Hans Fährmann
8. Zwei Kriegslieder, für Terzett, Chor, beziehungsw. Gemeindegesang, eingerichtet von Otto Becker:
   a) Erhebt euch von der Erde
   b) Gebet vor der Schlacht
9. Abendlied, für Violine und Orgel Robert Schumann
10. Weihgebet, für Terzett, Chor und Gemeindegesang

Kirchenschiff und Emporen 20 Pfennige

Liedertexte umstehend

Programm eines Benefizkonzertes am 15. November 1914

Otto Becker am Stockenspieltisch des Glockenspiels, um 1930

Goebbels schreiben. Es wird ihm gelingen, jüdische Freunde und Musiker vor dem Abtransport in die Lager zu retten [...]«.[69]

Kurz nach dem »Tag von Potsdam«, im April 1933, wurde ein Konzert Beckers in der Garnisonkirche verhindert. In der Annahme, er sei Jude, marschierten »Hitlerjugend« und SA auf und hinderten die Konzertbesucher am Betreten der Kirche. Am 26. April erschien ein kleiner Vermerk in der Potsdamer Tageszeitung: »Professor Becker deutsch. Der Kommissar des Gauleiters für den Kreis Potsdam der NSDAP, Freiherr v. Dungern, veröffentlicht Erklärung, nach der Otto Becker kein Jude ist. Das unrecht der Behauptung an ihm und der Familie ist gutzumachen.«[70]

Am 4. November 1938 wurde Becker zum Kirchenmusikdirektor ernannt.[71] Aus Anlass seiner Pensionierung zum 1. April 1939 bat er, »mir das Amt des zweiten Glockenisten an der Garnisonkirche über den Tag meiner Pensionierung hinaus bis auf weiteres zu belassen«, was nach Einholung der Zustimmung des kommissarischen Nachfolgers im Amt, Fritz Werner, bewilligt wurde.[72]

So blieb der Name Otto Beckers untrennbar mit dem Glockenspiel verbunden und ließ ihn weit über die Stadtgrenzen hinaus bekannt werden. Er gab während seiner 35-jährigen Amtszeit 2.062 öffentliche Glockenkonzerte, denen stets Hunderte von Potsdamern und Touristen lauschten.

Unter den wenigen Tonaufnahmen aus den 1940er Jahren befindet sich auch eine Interpretation des Mendelssohn-Liedes »O Täler weit o Höhn«, welche Becker über der ganzen Stadt ertönen ließ – ohne sich darum zu scheren, dass Mendelssohns Musik als »jüdisch« verfemt war!

Da Fritz Werner unmittelbar bei Kriegsbeginn eingezogen wurde, war Becker ab 1. September 1939 erneut auch als Garnison-Organist tätig.[73]

Von einer besonders einfühlsamen Geisteshaltung Beckers berichtet Sigrid von Rohr in ihrem Essay »Ein Gottesgeschenk«. Ihr Mann, Hansjoachim von Rohr, war wegen seiner Äußerungen gegen die Politik des NS-Staates bereits im September 1933 als Staatssekretär im Landwirtschaftsministerium entlassen und danach mehrfach wegen öffentlicher Kritik verhaftet worden. Wegen des Verdachts einer Zusammenarbeit mit den Hitler-Attentätern vom 20. Juli 1944 geriet er erneut in Haft, in der er bis zum Kriegsende verblieb. Eine Zeit lang saß er im Potsdamer Gestapo-Gefängnis.

»Am 1. Oktober, dem Geburtstag meines Mannes, durfte ich zwar ein kleines Päckchen für ihn bei der Pforte abgeben, hatte aber keine Sprecherlaubnis erhalten. Bei meiner sorgenvollen und traurigen Rückwanderung [...] hörte ich das sonntägliche Glockenspiel, und da ich wußte, daß es an Feiertagen von Hand gespielt wurde, kam mir der Gedanke, den Kantor – Prof. Becker, wie ich später erfuhr – um die Lieblingschoräle meines Mannes zu bitten. [...] Als ich ihm mein Anliegen vortrug, ging er sofort bereitwillig und freudig darauf ein, und nun erklangen die alten, geliebten Lieder ›Harre meine Seele‹, ›Herz und Herz verein zusammen‹, ›Jesus geh voran‹ und noch manch andere. Es war eine unvergeßliche Stunde und für meinen Mann wie ein Wunder, ein Gottesgeschenk zu seinem Geburtstag und eine tiefe Stärkung – er hatte ja von meinem Plan nichts gewußt. Von jetzt an spielte Prof. Becker noch oft für die Gefangenen.«[74]

Nachdem Otto Becker am 13. April 1945 sein 2.062. Glockenkonzert gegeben hatte, musste er am folgenden Tag die Vernichtung seiner langjährigen Wirkungsstätte unmittelbar miterleben.[75] Er starb am 16. Oktober 1954 in Potsdam.[76]

Zwischen Kirchenkampf und Anpassung – die Jahre 1933 bis 1945

Bereits am 8. März 1933 versandte der Generalsuperintendent der Kurmark, Otto Dibelius, ein vertrauliches Schreiben an seine Amtsbrüder, das folgende aufschlussreiche Passage enthält: »Es darf nicht sein, daß Pfarrer, auf eine politische Bewegung gestützt, sich über Vorschriften und Regeln ihrer Kirche hinwegsetzen. Es darf nicht sein, daß Pfarrer mit politischen Abzeichen durch ihre Gemeinde gehen und ihren Gemeindegliedern mit Parteigruß begegnen. Es darf nicht sein, daß wir dem Druck irgendwelcher Mächte nachgeben und uns zu Maßnahmen drängen lassen, die der Kirche nicht würdig sind und sich eines Tages bitter rächen müssen ...«[77]

Hatte er am 21. März 1933 in der Nikolaikirche noch gepredigt, »daß die Kirche der rechtmäßigen staatlichen Gewalt nicht in den Arm fallen darf«,[78] so entbrannte bald darauf der Kirchenkampf zwischen den nazitreuen ›Deutschen Christen‹ und der ›Bekennenden Kirche‹, und Dibelius stellte sich auf die Seite der Bekenntnistreuen. Im Juni 1933 seines Amtes als Generalsuperintendent enthoben, bezog er in seiner Predigt am 16. Juli 1933, wiederum in der Potsdamer Nikolaikirche, deutlich Stellung: »Auf dem Altar steht ein Kruzifix, von leuchtenden Rosen umgeben. Wenn der, den dieses Kruzifix darstellt, nicht der Sohn Gottes ist, sondern der Repräsentant nordischer Art – dann nehmt die Rosen weg, dann nehmt das Kruzifix weg, dann nehmt dieses ganze Gotteshaus weg – dann bleiben wir verlorene Menschen, in menschlicher Art gebunden.«[79] Die Zeitung »Märkischer Adler« titelte zwei Tage darauf: »Kampfansage gegen die Regierung«.

Den Wahlaufruf der kirchlichen Opposition »Kirche muß Kirche bleiben« zu den Gemeindekirchenratswahlen am 23. Juli 1933 unterzeich-

Feldbischof Franz Dohrmann während des Gedenkgottesdienstes für den am 2. August 1934 verstorbenen Reichspräsidenten Paul von Hindenburg in der Alten Garnisonkirche Berlin

neten auch Pfarrer Grunwaldt und Geheimrat Komorowski für die Garnisonkirche.[80] Dennoch errangen die ›Deutschen Christen‹ – wie in allen anderen Potsdamer Gemeinden – die Mehrheit der Stimmen. Es gab seitens der Nationalsozialisten zahllose Versuche, die Garnisonkirche als »Weihestätte des Dritten Reichs« zu vereinnahmen. Dass dies letztlich keinen Erfolg zeitigte, ist zweifellos das Verdienst der damaligen Pfarrer. Nicht einer der zahlreichen während des »Dritten Reichs« an der Garnisonkirche wirkenden Pfarrer zählte zu den »Deutschen Christen«.

Der Versuch der Einflussnahme staatlicher Stellen ging so weit, dass die Kirche wegen der Eintrittsgelder zur Besichtigung der Gruft als »wirtschaftlicher Geschäftsbetrieb« eingestuft und damit steuerpflichtig wurde. In seinem Einspruch vom 10. Dezember 1938 verwahrte sich Pfarrer Rudolf Damrath strikt dagegen und argumentierte, eine solche Auslegung der Bestimmungen würde dem gleichkommen, »daß der Staat ein ›Gewerbe‹ betreibt, wenn er Gebühren oder Steuern erhebt«.[81]

Am 23. Dezember 1938 wandte sich der Regierungspräsident Gottfried von Bismarck an den Reichsminister für die kirchlichen Angelegenheiten, Hanns Kerrl, um die »Überlassung der Garnisonkirche in Potsdam für eine Fahnenweihe der Hitlerjugend am 24. Januar 1939« zu erwirken.[82] Anlass war die Aufnahme »der Jugend der Ostmark[83] und des Sudetengaus« in die Hitlerjugend – nach dem »Anschluss« Österreichs. Hierzu fand am 3. Januar 1939 eine Besprechung statt, an der neben Bismarck, Vertretern des Oberkommandos des Heeres und des Evangelischen Oberkirchenrats (EOK) auch die Pfarrer der Zivil- und der Militärgemeinde, Dr. Johannes Doehring und Rudolf Damrath, teilnahmen. Die Geistlichen erklärten laut Protokoll: »Das Kirchengebäude sei Eigentum des Staats, der Kirche sei es zur gottesdienstlichen Nutzung und damit in gewissem Umfange zum tatsächlichen und rechtlichen Besitz überlassen. [...] Deshalb sei sehr wohl die Möglichkeit gegeben, daß die Zurverfügungstellung des Kirchengebäudes auf Grund ministerieller Anweisung rechtlich erfolgen kann. Der Fall des Quedlinburger Domes[84] habe das bereits gezeigt. [...] Pfarrer Damrath führte nun für die Kirchengemeinde aus [...]. Sie wollten die Kirche [...] zur Verfügung stellen, jedoch nur in beschränktem Umfange, indem nämlich weltliche Lieder in der Kirche nicht gesungen werden sollten und eine weltliche Wortverkündigung nicht stattfinden soll. [...] Die Fahnenweihe selbst fände aus technischen Gründen am besten im Lustgarten statt [...]. Regierungspräsident Graf Bismarck bemerkte, er werde nunmehr unverzüglich mit dem Gebietsführer Lauterbacher [...] die Verhandlungen über die Ausgestaltung der Feier aufnahmen, um nach Möglichkeit eine Einigung zu erzielen. [...] Falls eine Einigung nicht zu erzielen sei, werde zu prüfen sein, ob die Kirche dann auf Anordnung zur Verfügung zu stellen sei.«[85] Der Vertreter der Staatsregierung in Potsdam fügte drohend hinzu: »Die Nutzung der Zivilkirchengemeinde könne, da die Kirche im Staatseigentum stünde, durch Verfügung der den Fiskus insoweit vertretenden Stelle (Regierung Potsdam, wir) eingeschränkt werden.«[86]

Ein höherer Regierungsbeamter namens Stahn hinterließ auf dem Bericht eine Randnotiz: »Ich halte es für wichtig, Herrn Reichsminister Lammers sofort zu verständigen, damit die Auffassung des Führers ermittelt wird.«[87] So weit wollte es niemand kommen lassen. Pfarrer Damrath als Vorsitzender des Gemeindekirchenrats teilte dem EOK am 13. Januar 1939 mit: »Die Gemeinde fügt sich nur der Machtanwendung und hat eine Zusicherung erhalten, dass im kirchlichen Raum keine Veränderung vorgenommen wird, insbesondere, dass der Altar nicht betreten, Kruzifix, Leuchter und Bibelbuch nicht berührt werden. Herr Stabsführer Lauterbacher hat dem Herrn Regierungspräsidenten ferner die Zusicherung gegeben, dass in der Weihrede des Herrn Reichsjugendführers kein Wort enthalten sein wird, das das kirchliche Empfinden der Gemeinde verletzen kann.«[88] Die »Bannfahnenweihe« fand am 24. Januar 1939 statt.[89]

Militärpfarrer Rudolf Damrath in der Uniform eines Feldgeistlichen, 1943

Bald darauf, am 24. April 1939, erließ Kerrl folgende Anordnung: »Angesichts der Bedeutung, die [...] der Garnisonkirche für die Militärseelsorge zukommt, bestimme ich über deren Verwaltung und Benutzung folgendes: Die Verwaltung der Kirche führt nach wie vor der Regierungspräsident in Potsdam [...]. In Angelegenheiten der Repräsentation ist in erster Linie das Wehrkreiskommando zuständig. Der Zivilkirchengemeinde ist das volle Heimatrecht in der Kirche zu belassen. [...] Das Eigentum des

Preußischen Staates an der Garnisonkirche und die Regelung der Eintrittsgelder werden durch diesen Erlaß nicht berührt.«[90]

Als Leiter des Referats »Ausland« war Dr. Martin Thom, seit 1934 Pfarrer an St. Nikolai und Superintendent in Potsdam, einer der führenden Männer der »Deutschen Christen«. Aus den Akten geht hervor, dass zwischen ihm und den beiden seit 1937 an der Garnisonkirche wirkenden »Bekenntnisfrontlern« Johannes Doehring und Rudolf Damrath anhaltend Spannungen bestanden. Sie machten seit dem »Aufkreuzen des Feldbischofs Dohrmann dem Superintendenten, der nationalsozialistisch gesonnen sei, von Anbeginn ihres Wirkens an alle erdenklichen Schwierigkeiten.«[91]

So beschwerte sich Thom am 16. Juni 1939 bei Ministerialrat Richter: »Vor allem zeigt sich die stark bekenntnismäßige Einstellung des Pfarrers Damrath [...] in folgendem: Als Vorsitzender der Kreisstelle der Inneren Mission, also als Inhaber eines Amtes, das ich aus kirchenpolitischen und politischen Gründen wegen der Einstellung einer großen Zahl der Mitglieder niederzulegen mich gezwungen sah, hat er einen Kreisführerrat bestellt, in den keiner der deutsch-christlichen Pfarrer oder Gemeindeglieder berufen worden ist, wohl aber radikale Mitglieder der Bekenntnisfront.«[92]

Pfarrer Rudolf Damrath, geboren am 26. März 1903 in Applinken (Ostpreußen), wurde durch Feldbischof Dr. Franz Dohrmann, der nur Geistliche in der Militärseelsorge einsetzte, die der Bekennenden Kirche nahestanden, am 16. Januar 1935 als Militärpfarrer an die Garnisonkirche zu Stettin berufen und am 21. Januar desselben Jahres in der Alten Garnisonkirche zu Berlin ordiniert. Seit dem 16. Mai 1935 Standortpfarrer an der Garnisonkirche zu Glogau[93], hielt er anlässlich des 4. Evangelischen Jugendtages am 20. Oktober 1935 einen kritischen Vortrag unter dem Titel »Die Bruderschaft Christi« vor den versammelten evangelischen Bruderschaften Niederschlesiens in Beuthen an der Oder. Darin fielen Sätze wie: »Alle weltliche Bruderschaft steht unter dem Fluch der gemeinsamen Absonderung von Gott und des Zerfalls.« Oder: »Damit hat die Hand Jesu weggezeigt von denen, die in der irdischen Ordnung das letzte sahen und den letzten Gehorsam kannten und die neue Ordnung der Welt kündeten.« An anderer Stelle hieß es: »Darum ist es heute garnicht wichtig, ob einige Gruppen und religiöse Bestrebungen Christus ganz abtun oder in beschränktem Maße in ihr Religionssystem aufnehmen.« Der Vortrag endete mit der Aussage: »Darum war die zeit so gnädig und heilsam für uns, daß sie uns alles nahm, was nicht nur uns gehörte. Denn die Zeit steht in Gottes Händen. Nun aber haben wir es und hüten es, wir bitten allezeit: ›Daß wir an ihm bleiben, dem treuen Heiland, der uns bracht hat zum rechten Vaterland‹.«[94]

Seit dem 1. April 1937 an der Potsdamer Garnisonkirche wirkend, wurde Pfarrer Damrath mit Kriegsbeginn eingezogen. Als Militärseelsorger war er in Polen, am Niederrhein, auf Sizilien, in Griechenland und in Nordafrika eingesetzt. Der deutsche Militärbefehlshaber in Frankreich, Carl Heinrich von Stülpnagel, »der hohe Anforderungen an Prediger stellte, hatte Damrath schon vor dem Kriege als Pfarrer an der Potsdamer Garnisonkirche schätzen gelernt und 1943 dessen Versetzung nach Paris erwirkt«.[95] Nach der Aussage Walter Bargatzkys, der ebenfalls dem Widerstand des 20. Juli 1944 angehörte, war Pfarrer Damrath »berühmt und berüchtigt wegen seiner mutigen Predigten«.[96]

Anlässlich der Taufe des Sohnes von Oberst Karl-Richard Kossmann kam es am 15. Mai 1944 zu einer konspirativen Begegnung zwischen Rommel und Stülpnagel. Nach der in einem Landhaus in Mareil-Marly vollzogenen Tauf-

Blick durch die Mammonstraße zur Garnisonkirche, Aufnahme Alfred v. Loebenstein, 1940

handlung hatte Damrath, der »schon einmal die Aufmerksamkeit der Geheimen Staatspolizei auf sich gezogen hatte«[97], gemeinsam mit Generalleutnant Hans Speidel die Gäste abzulenken, damit sich die beiden Generale ungestört unterhalten konnten. Nach den Berichten Speidels sind in dieser Zusammenkunft »über die notwendigen Maßnahmen für eine Beendigung des Krieges im Westen und für den Sturz des nationalsozialistischen Regimes«[98] festgelegt worden. Stülpnagel ließ am 20. Juli 1944 die wichtigsten Funktionäre der SS, der Gestapo und des Sicherheitsdienstes des Reichsführers SS in Paris festnehmen. Nach dem Scheitern des Attentats wurde er am 30. August 1944 in Plötzensee hingerichtet.

Der städtebauliche Kontext

Die Umgebung der Garnisonkirche

Am Rande einer in der Eiszeit entstandenen Talsandinsel nördlich der Havel, an der westlichen Peripherie der Potsdamer Altstadt, durchzog ein Sumpfgebiet von Südwesten nach Nordosten die Gegend. Die Altstadt war mit Wallanlagen und einem Stadtgraben in unregelmäßiger Form umgeben. Um Bauland für Stadterweiterungen zu gewinnen, ließ Friedrich Wilhelm I. ihn in einen geradlinig verlaufenden Abzugskanal in Form einer holländischen Gracht umwandeln, der mit Eichenbohlen eingefasst und mit einem hölzernen Geländer versehen wurde. An beiden Enden (Wall am Kiez und Kellertor) wurden Wassertore mit Wachstube und Zolleinnehmerhaus errichtet. Bei der folgenden Aufschüttung stellte sich heraus, dass die Sümpfe an drei Stellen so tief waren, dass sie nicht bebaut werden konnten. Hier entstanden die Plantage an der Garnisonkirche, die »Faule-See-Plantage« (heute Platz der Einheit) und der Platz um das Bassin. Friedrich II. ließ den Stadtkanal ab 1756 auf Pfahlrosten mit gemauerten Einfassungen und Sandsteinabdeckungen sowie gusseisernen Geländern versehen und die sieben Brücken nach und nach durch neue, steinerne ersetzen. Die zwischen 1962 und 1970 erfolgte Zuschüttung des Kanals raubte der Stadt ihr besonderes Flair.[1]

Ein 1999 gegründeter Förderverein bemüht sich um seine Wiederherstellung. Ein Teilstück in der heutigen Yorckstraße wurde 2001, ein weiteres am einstigen Kellertor 2011 fertiggestellt.

Die schönste dieser Brücken war zweifellos die von Heinrich Ludwig Manger entworfene und 1765 in Sandstein ausgeführte Breite Brücke unweit der Garnisonkirche. Auf jeweils drei Pfeilern der beiden Sandsteinbrüstungen[2] standen rokokohaft bewegte Figurenpaare als Laternenträger. Die aus Bayreuth stammenden Bildhauer Johann David Räntz und Johann Lorenz Wilhelm Räntz gestalteten sie als Soldaten beim Müßiggang. Fünf der Figurengruppen sind erhalten und harren auf die Wiederherstellung dieser einzigartigen Brücke.[3] Die Breite Straße, die ohnehin den Charakter einer barocken Promenade besaß, wurde 1845 nach einem Entwurf von Ludwig Persius westlich der Breiten Brücke mit einem bepflanzten Grünstreifen versehen.[4]

Die Plantage hinter der Garnisonkirche war zeitgleich mit deren Bau angelegt worden, ursprünglich von einer breiten Promenade und einem Holzzaun umgeben und mit Linden bepflanzt, zwischen denen sich kreuzende und diagonal verlaufende schmale Wege lagen. Der älteste Bericht über diese Anlage stammt vom Freiherrn Jacob Friedrich von Bielfeld, der 1739 schrieb: »Il-y-a deux beaux quarées plantés de tilleuls en quinconce, qui forment de charmantes promenades.« [Es gibt zwei schöne Rechtecke, versetzt bepflanzt mit Linden, die charmante Promenaden bilden.][5] Als die Bäu-

Die Breite Straße nach Osten mit der von Persius entworfenen Grünanlage, Aquarell von Hans Klohß, 1942

Breite Brücke und Garnisonkirche in der Dämmerung, Aufnahme Wilhelm Herrmann, um 1930

Vestibül der zweiten Garnisonkirchen-Ausstellung mit Lampenträgergruppe der Breiten Brücke und Garnisonkirche, Aufnahme Andreas Kitschke, 2006

Blick von der Turmgalerie nach Westen zur Brandenburger Vorstadt, Aufnahme Ernst Eichgrün, um 1930. Links im Hintergrund die beiden Obelisken des Neustädter Tores, rechts die Kuppel des Militärwaisenhauses, ganz rechts oben die Friedenskirche Sanssouci

me im sumpfigen Boden versanken, füllte man das Gelände mehrmals auf, bis die Platzmitte 1781 schließlich unbepflanzt blieb und als Exerzierplatz diente. Nur noch zwei Linndenreihen umgaben ihn. 1821 pflanzte man zusätzlich Platanen, Ahorn und Pappeln, 1850 gestaltete Peter Joseph Lenné die Plantage erneut um. Den Exerzierplatz, dessen diagonale, sich kreuzende Wege gepflastert wurden, umgaben nun einfache Baumreihen, zum Langen Stall und zum Westvorplatz der Garnisonkirche eine doppelte. Während die Nord- und Südseite der Plantage mit lockeren Büschen belebt wurden, säumten dichte Sträucher die Ostseite zum Langen Stall.[6]

Entlang der ganzen Ostseite der Plantage wurde 1734 der »Lange Stall« nach einem Entwurf von Pierre de Gayette als Exerziergebäude für die »Langen Kerls« erbaut. Der schlichte Fachwerkbau von 167 Metern Länge war ein Meisterwerk der Ingenieurbaukunst, denn die freitragende, als Hängewerk ausgebildete Dachkonstruktion überspannte eine Breite von 23 Metern. 1781 ließ Friedrich II. durch Georg Christian Unger einen zweigeschossigen massiven Kopfbau vorblenden, dessen Vorbild die nach Andrea Palladio erbaute, triumphbogenähnliche Loggia im Garten Valmarana in Vicenza ist. Dieser hat die Kriegszerstörung des Langen Stalls überdauert.[7] Für die zweigeschossige Fassade mit einem viersäuligen dorischen Giebelportikus schufen die Gebrüder Johann Christoph Wohler und Michael Christoph Wohler »den neun Fuß hohen Mars über den Fronton, den Herkules und die Minerva, acht und einhalbfüßiger Höhe auf die Akroteren des Risalits, und die beyden Gruppen nebst zwey Figuren von acht Fuß, römische Kämpfer, auf vorliegenden Untersätzen zu ebener Erde« (diese existieren heute nicht mehr). Von Johann Melchior Kambly stammen »vier Trophäen auf der Attik« und Constantin Philipp

Das Denkmal Friedrichs des Großen auf der Plantage, Postkarte, um 1930

Das Semper-Talis-Denkmal westlich der Garnisonkirche, Aufnahme Walter Eichgrün, um 1930

Georg Sartori »machte von Stukk die übrigen zehen Metopenverzierungen auf beyden Seiten des Risalits, das Frontonfeld, einen Adler über Waffen; fünf verschiedene Basreliefs; zwey Gehänge von Waffen, und alle übrigen Stukkarbeiten«.[8]

Die Ostseite des Vorplatzes wurde von der schlichten Fassade des Wohnhauses Breite Straße 8 gerahmt, das Henning von Tresckow, einer der Männer des 20. Juli 1944, wegen seines Balkons zur Garnisonkirche 1925 erwarb.[9]

1901 schenkte Kaiser Wilhelm II. der Stadt Potsdam ein Bronzedenkmal Friedrichs des Großen. Nach dem verkleinerten Modell der von Joseph Uphues für die Berliner Siegesallee im Tiergarten geschaffenen Marmorstatue[10] von Hermann Gladenbeck in Berlin gegossen, erhielt es einen Granitsockel und wurde inmitten der Plantage aufgestellt. Hierfür gestaltete der Landschaftsgärtner Adolf Gamball die Grünanlage erneut um. Die diagonalen Wege erhielten Einfassungen mit niedrigen Hecken, die um das Denkmal einen runden Platz bildeten. Nach weiteren kleinen Umgestaltungen in den 1930er Jahren wurde ab 1968 ein Teil der Plantage mit Teilgebäuden des Rechenzentrums überbaut. Das Bronzedenkmal war 1945 abgeräumt und Anfang der 1950er Jahre eingeschmolzen worden.[11] Die Wiederherstellung der Platzanlage ist vorgesehen.

Am 24. Juni 1924 erfolgte die Einweihung des Semper-Talis-Denkmals für die im Ersten Weltkrieg gefallenen Kameraden des Ersten Garde-Regiments an der Nordseite des Westvorplates der Garnisonkirche. Franz Dorrenbach hatte es als Obelisk mit einem Reliefmedaillon Friedrich II. gestaltet, an dessen Postament sich ein Soldat in den Uniform des 18. Jahrhunderts und einer in der Felduniform des Ersten Weltkriegs die Hand reichen (im Zuge der »Denkmalsstürmung« 1946 vernichtet).[12]

Vorplatz am Langen Stall mit Ostfront der Garnisonkirche, um 1910

Das Wohnhaus Tresckow, Breite Straße 8, Aufnahme Max Baur, um 1935

Langer Stall und Nordfront der Garnisonkirche, Historienmalerei (Aquarell und Deckfarben), Fritz Rumpf, um 1918

Die Plantage von Süden, Luftaufnahme um 1930

Die Westseite des Langen Stalls, Aufnahme Ernst Eichgrün

Der Vorplatz vor dem Langen Stall, Aufnahme Geerd Anriessen, 1956

Direktionsgebäude der Gewehrfabrik, Aufnahme aus »Die Kunstwelt«, 1912, Seite 283

Nicht weit südlich der Garnisonkirche hatte der »Soldatenkönig« 1722 die Gewehrfabrik errichten lassen. An der Ecke Breite Straße/Am Kanal ließ sein Sohn 1755 durch Johann Gottfried Büring das Direktionsgebäude hinzufügen, an dessen charakteristischen Fries aus 22 paarigen, skelettierten Widderköpfen erinnert heute nur noch ein einziger, der am Nachkriegs-Neubau seine Platz fand. Der von gekuppelten dorischen Säulen flankierte Mittelrisalit des historischen Bauwerks war mit Mars und Minerva sowie Vulkan und Venus als Attikaskulpturen aus Sandstein geschmückt, die Johann Peter Benckert geschaffen hatte (1945 zerstört).[13] 1863–65 wurden die Gebäude der Gewehrfabrik zur Unterbringung des Ersten Garderegiments zu Fuß umgebaut, aus dem 1920 das Infanterie-Regiment Nr. 9 hervorgehen sollte. 1884/85 folgte in der Priesterstraße 2–8 der Bau der »Semper-Talis-Kaserne«. Die Nutzung der Gebäude für den städtischen Bauhof ab 1945 führte zur Umbenennung der Priesterstraße in »Bauhofstraße«. Seit 1990 trägt sie in Erinnerung an der Mitverschwörer des Hitler-Attentats, der in dieser Kaserne gedient hatte, den Namen »Henning-von-Tresckow-Straße«. Im Kasernengebäude sind heute das Ministerium für Infrastruktur und Landwirtschaft Brandenburg und die Dauerausstellung »Potsdam und der 20. Juli 1944« hier untergebracht.[14]

An der Straßenecke Hoffbauer- und Breite Straße stehen noch heute die auffälligen Hiller-Brandtschen Häuser, 1769 von Georg Christian Unger nach Motiven des Schlosses Whitehall von Inigo Jones gestaltet. Die beiden viergeschossigen, durch einen zweigeschossigen Mittelbau (zur Unterbringung der einzuquartierenden Soldaten) miteinander verbundenen Gebäude sind nach ihren Eigentümern, dem »Materialisten« Johann Friedrich Hiller und dem Uniformschnei-

Die Hiller-Brandtschen Häuser, rechts das Prediger-Witwenhaus, Aufnahme Andreas Kitschke, 2013

dermeister Johann Gebhardt Brandt, benannt. Die Fassaden sind mit Säulen und Pilastern stark plastisch gegliedert. Der vom Bildhauer Guérin, wohl einem Nachfahren des französischen Meisters Gilles Guérin, geschaffene Skulpturenschmuck folgt der griechischen Mythologie.[15] Die Mehrkosten von 25.000 Talern für die aufwendigen Fassaden steuerte Friedrich II. bei.

Den Hiller-Brandtschen Häusern schließt sich unmittelbar das einstige Predigerwitwenhaus an. Vom Großen Kurfürsten Friedrich Wilhelm und seiner ersten Gemahlin Louise Henriette gegründet, war es zwischen 1672 und 1677 nach Plänen von Johann Gregor Memhardt und Joachim Ernst Blesendorff erbaut worden, während die Stiftung erst 1697 in Kraft trat. Das heutige dreigeschossige Gebäude, dessen klassizistische Fassade über rustiziertem Sockelgeschoss mit Kolossalpilastern gegliedert ist, wurde 1826/27 völlig neu erbaut. Die von den Bauinspektoren Christian Heinrich Ziller und Friedrich Brandt gezeichneten Pläne wurden am 14. Oktober 1826 in der Oberbaudeputation revidiert. An die kurfürstliche Stiftung erinnerte einst eine Inschrift, heute dagegen nur noch die Büste des Großen Kurfürsten in einer Rundnische zwischen dem ersten und zweiten Obergeschoss sowie das mit dem Zepter geschmückte Tympanon des dreiachsigen Mittelrisalits. Die Sandsteinbüste gelangte übrigens erst 1832 dorthin. Friedrich Wilhelm III. ließ sie vom »invaliden Jäger Toepfer« ankaufen und nach der Vorgabe des Oberbaudirektors Karl Friedrich Schinkel in der Hausmitte aufstellen. Sie gilt als Werk des Bildhauers Bartholomeus Eggers.[16]

Westlich der Garnisonkirche breitet sich das Bauensemble des Großen Militärwaisenhauses aus. Die Fachwerkbauten der Anlage entstanden unter Verwendung des Abrissmaterials der einst berühmten Wallfahrtskirche St. Marien auf dem Harlungerberg in Brandenburg, eines viertürmigen romanischen Zentralbaus von hohem kunstgeschichtlichen Wert.[17] Am 22. Sonntag nach Trinitatis, dem 1. November 1724, wurde es für 174 Knaben eröffnet, aber sehr bald noch wesentlich erweitert. »Der Baumeister, welcher mit dem Aufbau desselben von dem Könige beauftragt wurde, war der brühmte Grael (oder Grahl).«[18] Vom Chronisten Johann Christoph Bekmann erfahren wir auch den Namen des ausführenden Baumeisters vor Ort: »Der unglücksel: Castellan Stegemann, der sich hernach selbst auf dem Königl. Schloße hierselbst erschoßen, hat das W.[aisen] Hauß gebauet.«[19]

Friedrich Wilhelm I. hatte mehrfach die Franckeschen Stiftungen in Halle/Saale besucht und mit dem Gründer, dem pietistischen Pfarrer August Hermann Francke, gesprochen, um nach deren Vorbild die Konzeption zu entwickeln. Vom dortigen Pädagogium kamen auch die Waisenhausprediger und -lehrer. Kurz nach der Einweihung des Potsdamer Waisenhauses stattete Francke der Einrichtung einen Besuch ab, wo er am 7. März 1725 eintraf. Während seines Aufenthalts traf er mehrfach mit dem König zusammen, sprach und speiste mit ihm und besprach mit einer Kommission die von ihm erarbeiteten Instruktionen. Am Sonntag Laetare, dem 11. März, hielt Francke im Beisein Friedrich Wilhelms I. den Gottesdienst in der (alten) Garnisonkirche.[20] Am 1. April 1725, dem Tag nach Franckes Abreise, schrieb ihm der König: »Was Ihr mir [...] wegen weiterer Einrichtung des hiesigen Waysenhauses, berichtet, [...] soll alles, sobald nur die von Euch übergebene Instructiones gedruckt sey, [...] gehöriger maßen eingerichtet, u. dem Waysenhause bekannt gemacht werden.«[21]

Zum Ensemble gehört auch das massive, in wohlproportionierten Formen erbaute alte »Ständehaus der Zauche«. Der zweigeschossige und mit einem Mansarddach versehene Bau

Der Pietist August Hermann Francke, der 1725 in der alten Garnisonkirche predigte

wurde 1770 zum Predigerhaus, später zum Lazarett umgewidmet.

Unter Friedrich dem Großen begann Carl von Gontard 1771 damit, die Fachwerkbauten durch den noch heute erhaltenen Bau zu ersetzen, der ein ganzes Straßenkarree umziehen sollte. Da einige Grundstücke an der Breiten und Lindenstraße nicht verfügbar waren, gibt es hier eine Unterbrechung der ansonsten einheitlichen, viergeschossigen Bebauung mit Mansarddach. Das nunmehr in der Lindenstraße befindliche Hauptgebäude erhielt nur drei Geschosse, aber einen hohen Mittelbau, der von einem stadtbildprägenden Monopteros (nach Kriegszerstörung erst 2005 rekonstruiert) bekrönt wird. Die darauf schwebende, vergoldete Caritas des Bildhauers Rudolf Kaplunger, ausgeführt vom Kupferschmied Johann Friedrich Wilhelm Jury, hält ein flammendes Herz empor.[22] Die 1992 neu gegründete Stiftung »Großes Waisenhaus zu Potsdam«

Das ehemalige Predigerhaus des Militärwaisenhauses in der Breiten Straße 9, Aufnahme Andreas Kitschke, 2012

Das friderizianische Militärwaisenhaus mit der 2005 rekonstruierten, den Hauptbau bekrönenden Kuppel von Südwesten, Aufnahme Andreas Kitschke, 2012

Garnisonkirche, Plantage, Langer Stall und links unten die Semper-Talis-Kaserne, Luftaufnahme um 1930

widmet sich der Kinder- und Jugenderziehung. Teile des Gebäudekomplexes sind an das Brandenburgische Kulturministerium vermietet.

Die in den 1950er Jahren größtenteils bereits instandgesetzte barocke Bebauung der Breiten Straße 1–8 östlich der Garnisonkirche wurde 1970 abgerissen und 1972/73 durch den Plattenbau eines Studentenwohnheimes ersetzt. Dabei reduzierte man den Vorplatz des Langen Stalls auf die halbe Breite, wodurch nun diesem und einer künftig wiederaufgebauten Garnisonkirche die »Luft zum Atmen« fehlt. Leider wurde dies während der Sanierung des Gebäudekomplexes 2006 nicht korrigiert und damit der wegweisende Beschluss der Stadtverordnetenversammlung vom 24. Oktober 1990 zur Wiederannäherung an den historisch gewachsenen Stadtgrund- und -aufriss[23] konterkariert. Die ebenfalls abgerissene historische Bebauung der gegenüberliegenden Straßenseite wurde 1998–2002 durch das

Der Vorplatz östlich der Kirche, Besucherandrang zur 200-Jahrfeier, 1932

Die Wohnhäuser östlich der Garnisonkirche, Aufnahme Wolfgang Schwarz um 1960

Die Wohnhäuser östlich der Garnisonkirche, von deren Turm gesehen, Aufnahme Dietmar Saretz 1968

von Dietrich Bangert entworfene, postmoderne Gebäude der Industrie- und Handelskammer ersetzt. Dessen langgestreckte, nur durch drei gegeneinander versetzte Fensterreihen gegliederte Fassade ist lediglich am Eingangsbereich in der Mitte unterbrochen und nimmt – abgesehen von der Bauhöhe – keinerlei Bezug auf die frühere Situation mit aneinandergereihten, individuell gestalteten Einzelhäusern.

Pfarrhäuser, Schule und Gemeindehaus der Garnisonkirche

Im Bereich der heutigen Henning-von-Tresckow-Straße befand sich einst das 1486 gegründete Gertudenhospital. Um 1673 ließ der Große Kurfürst das Terrain als »Kurfüstliche Freiheit« durch seinen Baumeister Johann Gregor Memhardt als Ersatz für die Katen, die der

Lutherische Feldpropstei
der Garnisonkirche,
erbaut von Philipp Gerlach
1732, Aufnahme
Andreas Kitschke 2012

Das reformierte Hofpredigerhaus der Garnisonkirche und die Garnisonschule (links), Aufnahme: Andreas Kitschke 2012

Palais Ingersleben, Aufnahme Andreas Kitschke 2012

Schlosserweiterung hatten weichen müssen, mit zweigeschossigen Reihenhäusern neu bebauen. Unter Friedrich Wilhelm I. folgte der Bau größerer Fachwerkhäuser mit massiver Straßenfassade.[24]

Seit 1726 wegen der hier ansässigen Hofgärtner des Lustgartens »Gärtnerstraße« genannt, waren ab 1749 die beiden Pfarrhäuser der Garnisonkirche namensgebend für die »Priesterstraße«. Die Gebäude wurden 1730–32 im Zusammenhang mit dem Neubau der Garnisonkirche nach Plänen von Philipp Gerlach in der Priesterstraße 9 und 10 (heute Henning-von-Tresckow-Straße) errichtet. Die lutherische Feldpropstei (Nr. 9) hat bis heute ihre architektonische Form behalten.[25] Auf dem Grundstück Nr. 10, wo bereits vor 1710 das reformierte Hofpredigerhaus gestanden hatte, wurde der Gerlach-Bau hingegen 1805 durch einen frühklassizistischen Neubau ersetzt.[26] Hier war der Komponist und langjährige Leiter der Berliner Singakademie, Karl Friedrich Zelter, des Öfteren zu Gast. Und der berühmte Theologe Daniel Friedrich Schleiermacher, der 1798/99 den erkrankten Hofprediger Johann Peter Bamberger vertrat, verfasste hier im Hofpredigerhaus seine bekannten »Reden über die Religion – an die Gebildeten unter ihren Verächtern«.[27] Später war er noch mehrfach in der Garnisonkirche zu Gast. Zwei dort im Beisein Friedrich Wilhelms III. gehaltene Predigten hat er 1816 veröffentlicht.[28]

Das 1777 von Georg Christian Unger gestaltete Haus Nr. 12 war kein Predigerhaus, wie bisweilen zu lesen ist,[29] sondern gehörte immer Handwerksmeistern. Daneben, als letztes Haus der südlichen Straßenzeile, mit der Nummer 13, befindet sich das Palais Ingersleben. Es wurde 1752 von Georg Wenzeslaus von Knobelsdorff entworfen und stößt unmittelbar an die ebenfalls von ihm, jedoch bereits 1745, erbaute Lustgartenmauer. An den Fensterstürzen befinden sich Militärattribute, wie Helmzier und Löwenfelle, von Matthias Müller und Carl Joseph Sartori geschaffen, die Balustradenattika ist mit Sandsteinvasen von Johann Gottlieb Heymüller geschmückt.[30]

Denkmal Friedrich Wilhelms I. mit Blick zur Garnisonkirche, Aufnahme Herrmann um 1930

Im Lustgartenareal östlich dieses Gebäudes befand sich die 1885 vom Berliner Bildhauer Karl Hilgers geschaffene und von Gladenbeck in Berlin gegossene Bronzestatue Friedrich Wilhelms I. Es wurde 1950 als Buntmetallschrott eingeschmolzen.[31]

Die Grundstücke Nr. 11–13 wurden nach den Stein-Hardenbergschen Reformen 1809 zum Sitz der Königlichen Regierung in Potsdam umgebaut, 1815 trat das Oberpräsidium der Provinz Brandenburg hinzu. Seit dem Bau des neuen Regierungsgebäudes in der Spandauer Straße 1902–07 (heute Rathaus Potsdam, Friedrich-Ebert-Straße 79–81) dienen die Gebäude als Polizeipräsidium. Inzwischen Sitz der Volkpolizei-

Das Kontorenhaus in der Kiezstraße 24 (im Zuge des Ausbaues der Wilhelm-Künz-Straße 1972 abgerissen), Aufnahme um 1930

Das Heilig-Kreuz-Haus in der Kiezstraße 10, Aufnahme Andreas Kitschke 2012

Bezirksbehörde, wurden die beiden Pfarrhäuser in den 1980er Jahren hinzuerworben. Auf dem weitläufigen Grundstück ist seit 1990 das Innenministerium des Landes Brandenburg untergebracht.

Die vom Soldatenkönig 1722 gegründete Hof- und Garnisonschule befand sich anfangs im Kantorenhaus Kiezstraße 24 und 24a, in dem die lutherischen Kinder der Hofdiener und Soldaten vom Rektor, die reformierten vom Kantor der Garnisonkirche unterrichtet wurden.[32] Als die Einrichtung im Laufe der Zeit fast eingegangen war, folgte 1780 auf Initiative des Feldpropstes Johann Gottfried Kletschke und des Potsdamer Stadtkommandanten und Waisenhausdirektors, des späteren Generals und Kriegsministers Friedrich Wilhelm von Rohdich, die Reaktivierung. Anfangs fand der Unterricht in Schulstuben in der Hoditzstraße[33] Nr. 9 statt, im Haus des Bildhauers Melchior Kambly. Danach zog die

Schule in das Haus des Grenadiers Oeckler in der Jägerstraße 23, bis 1787 auf Veranlassung Friedrich Wilhelms II. das Haus in der Priesterstraße 11 (heute Hennig-von-Tresckow-Straße) hierfür hergerichtet wurde.[34] Dieses 1722 aus Fachwerk mit massiver Straßenfassade und Mansarddach erbaute Gebäude erhielt dabei eine neue, nach Entwürfen des Hofbauamtes gestaltete frühklassizistische Fassade mit ionischen Kolossalpilastern und einem Segmentbogengiebel über dem Eingangsrisalit.[35] Hofprediger Rogge berichtet über die Garnisonschule: »Bei meinem Amtsantritt in Potsdam [1862] wirkten an dieser Schule einschließlich des Rektors 13 Lehrer und 4 Lehrerinnen, die in 16 Klassen unterrichteten. [...] Mit zwei Lehrerstellen war altem Herkommen gemäß das Amt des Organisten und des Kantors an der Hof- und Garnisonkirche verbunden [...].«[36] Als 1809 auf Befehl Friedrich Wilhelms III. die Kurmärkische Regierung nach Potsdam verlegt wurde, nutze man hierfür das Schulhaus Priesterstraße 11 und das Nachbarhaus Nr. 12.[37]

Die Garnisonschule wurde also abermals verlegt, in das Haus Waisenstraße 33, das 1904 wiederum dem noch heute bestehenden neobarocken Bau des Reichsrechnungshofes wich.[38] Doch zu diesem Zeitpunkt war die Garnisonschule längst aufgelöst, wie Rogge berichtet: »Von Ostern 1871 ab ab durfte die Schule keine neuen Schüler mehr aufnehmen [...], bis im Jahre 1876 die letzten Schüler entlassen und die Anstalt geschlossen wurde.«[39]

Als Gemeindehaus erwarb die Zivilgemeinde der Garnisonkirche 1935 in der Kiezstraße 10 das Gebäude der im gleichen Jahr zwangsweise aufgelösten Freimaurerloge »Minerva« für 5.000 Reichsmark.[40] Auf diesem Grundstück befindet sich neben einem barocken Vorderhaus das 1843/44 von Ludwig Persius erbaute klassizistische Logenhaus, das 1970–72 mit Mitteln aus

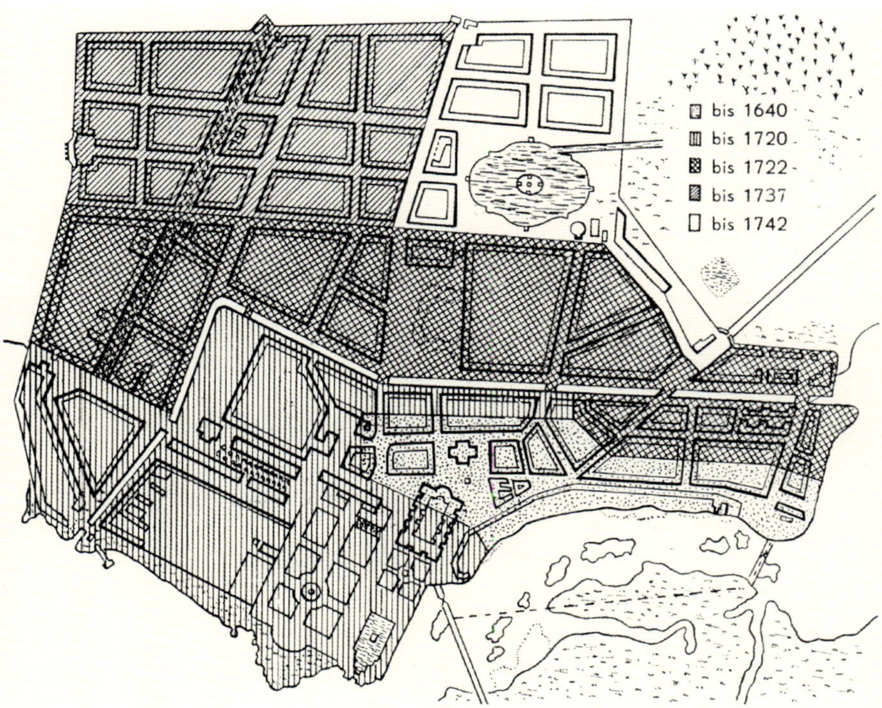

Stadterweiterungen Potsdams unter Friedrich Wilhelm I. mit den drei auf die West-Ost-Achse verteilten Kirchen

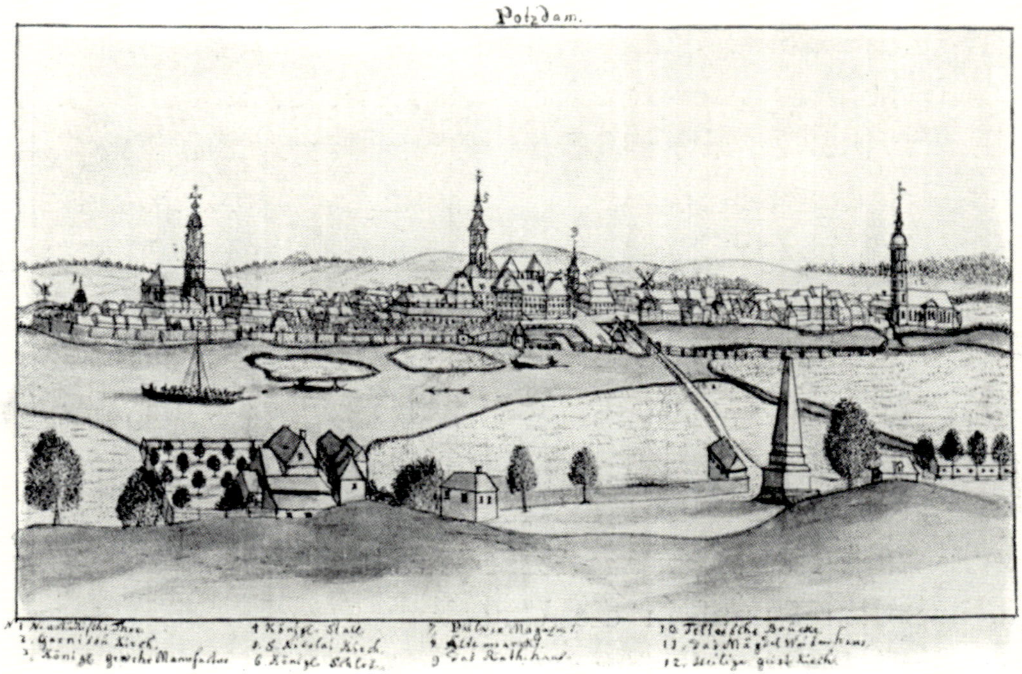

Der Potsdamer Dreikirchenblick vom Brauhausberg im 18. Jahrhundert mit Garnison-, barocker Nikolai- und Heiligengeistkirche (v. l. n. r.)

Der Potsdamer Drei-Kirchen-Blick vom Babelsberger Flatowturm mit Heiligengeist-, Nikolai- und Garnisonkirche (v. l. n. r.), Aufnahme Max Baur um 1930

der Entschädigung für die Enteignung der Garnisonkirche nach Entwürfen von Albert Gimsa als »Heilig-Kreuz-Haus« völlig umgebaut und modernisiert wurde.[41] Das benachbarte Haus Kiezstraße 11 wurde übrigens 1827 mit einem Wohnhaus bebaut, das der Hofküster Johann Conrad Geim besaß (später durch einen gründerzeitlichen Bau ersetzt).

Der Potsdamer Dreikirchenblick

Die schöne landschaftliche Lage Potsdams inmitten einer an sanften Höhenzügen und blinkenden Havelseen reichen Gegend hat die Hohenzollernherrscher seit dem Mittelalter veranlasst, die Stadt gelegentlich als Residenz zu nutzen. Aber erst seit der Regierungszeit Friedrich Wilhelms I. kann man Potsdam wirklich als Stadt bezeichnen. Bis auf die wenigen massiven Häuser wurden binnen Kurzem alle Wohnbauten abgebrochen und durch Fachwerk-, später auch massive Häuser ersetzt, deren Zahl im Jahr 1740 schließlich 1.154 betrug. Die Bevölkerung wuchs in dieser kurzen Zeit um fast das Sechsfache, auf 11.708 Einwohner. Hinzu kamen etwa 3.500 Soldaten, die größtenteils in Bürgerquartieren untergebracht wurden. Dies war für den Staat billiger und verminderte das Risiko von Fluchtabsprachen. Nur verheiratete Soldaten wurden in Kasernen einquartiert, die nicht abgegrenzt, im Stadtraum verteilt als Wohngebäude lagen. Eine soziale Einrichtung nach dem Muster der Franckeschen Stiftungen in Halle/Saale war das 1724 eröffnete Königliche Große Militärwaisenhaus. Die ersten »Zöglinge« waren übrigens nur selten echte Waisen, sondern zumeist Kinder aus den Konkubinaten von Soldaten. Der katholische Pater Raymund Bruns war trotz anderer Glaubensüberzeugung ein Vertrauter des Königs und beschrieb die Situation so: »Die

Der Potsdamer Dreikirchenblick vom Babelsberger Schlosspark mit Rathausturm, Garnison-, Nikolai- und Heiligengeistkirche (v. l. n. r.), Teleobjektivaufnahme um 1930

durch List und Gewalt angeworbenen Soldaten waren wirklich oft in einer verzweiflungsvollen Lage; entfliehen konnten sie nicht und frei werden konnten sie nicht. Daher stürzten sich viele ins Wasser und ertränkten sich oder töteteten sich auf sonst eine Weise. Andere, des Lebens überdrüssig, ermordeten einen Kameraden, damit sie hingerichtet würden. Diese ließ der König Spießruten laufen oder von unten nach oben rädern [...].«[42]

Die Häuser im ursprünglichen Ortskern um die Stadtkirche am Alten Markt wurden zuerst durch »moderne« Fachwerkhäuser ersetzt und die Scheunen vor die Stadt verlegt. Es folgte eine am Reißbrett geplante Vergrößerung Potsdams, die nun auch Regionen erfasste, die bisher wegen des sumpfigen Untergrundes nicht bebaubar gewesen waren. Viele Häuser mussten deshalb Pfahlrost-Substruktionen erhalten. Im Westen entstand unter Einbeziehung der »Kur-

Die barocke Nikolaikirche mit der friderizianischen Schaufassade, Kupferstich nach einem Gemälde von Johann Friedrich Meyer, 1771

fürstlichen Freiheit« die Neustadt, im Osten die Erste Stadterweiterung (Heiligengeist-Viertel). Wenig später dehnte sich Potsdam auch nach Norden weiter aus. Dieses Gebiet, später »Zweite barocke Stadterweiterung« genannt, wurde mit Fachwerkhäusern versehen, deren Straßenfassaden massiv gemauert waren. Solche fünfachsigen Häuser mit den typischen Giebelstuben sind unter anderem in der Brandenburger Straße erhalten. Die heute noch von Stadtführern aufgestellte Behauptung, die Giebelstuben seien Soldatenquartiere gewesen, ist allerdings falsch, denn diese mussten straßenseitig im Erdgeschoss liegen und eine Mindestgröße von 208 Quadratfuß [20,5 Quadratmeter] haben.[43]

Das vollständig aus rotem Backstein errichtete Holländische Viertel entstammt ebenfalls dieser Epoche. Die »Zweite barocke Stadterweiterung« weist heute die älteste zusammenhängende Bausubstanz Potsdams auf, weil die Fachwerkbauten der Altstadt, der Neustadt und der Ersten Stadterweiterung schon unter Friedrich dem Großen durch neue, in einigen Fällen palastähnliche Häuser ersetzt worden sind.

Die bedeutende Erweiterung Potsdams erforderte auch den Bau neuer Kirchen. Friedrich Wilhelm I. ließ nicht weniger als acht neue Gotteshäuser in Potsdam erbauen. Zwei davon wurden allerdings nach kurzer Nutzung abgerissen und größer wiedererrichtet. Von städtebaulicher Wirkung waren drei von ihnen, deren hohe Turmbauten aus der niedrigen Stadtlandschaft hervorstachen: In fast gleichen Abständen voneinander auf die Ost-West-Achse verteilt, waren es im Zentrum die Nikolaikirche, an der östlichen Peripherie die Heiligengeist- und an der westlichen die Garnisonkirche. Dass in der Stadtplanung nichts dem Zufall überlassen wurde, konnte der Potsdamer Architekt Christian Wendland nachweisen. Die Garnisonkirche steht beispielsweise genau im »Goldenen Schnitt« der Breiten Straße.[44]

Die Nikolaikirche »Stehet auf dem Platz der vormahligen alten abgebrochenen Catharinen-Kirche und wird mehrentheils Stadtkirche genennet [...]. Sie praesentirt sich von außen in Creutzform, deren 4 Ecken nach allen 4 Gegenden des Himmels vorstehen, hat sehr hohe massive Mauern und breite, von unten bis an das Dach gehende Fenster, 4 Eingänge und ein Ziegeldach«[45], berichtet Samuel Gerlach. Der Innenraum dieses Gotteshauses hatte die Grundrißform eines großen T. Zweigeschossige hölzerne Emporen umzogen den Raum, der sich am Schnittpunkt der Flügelbauten zur Achteckform weitete. Die Bauausführung erfolgte 1721/24 nach Plänen von Philipp Gerlach unter der Bauleitung von Pierre des Gayette.[46]

»Der Thurm bey dieser Kirche, welcher nach Mitternacht zu stehet, ist 300 Fuß hoch und wohl gebauet, die oberste Kuppel ist gantz mit Bley gedecket, die eiserne Helmstange, worauf sich der Knopf befindet, hat etliche und vierzig Centner gewogen. Der Knopf nebst der Fahne von Kupfer, aber stark vergüldet [...]. Über den Knopf hangen 4 Windfahnen, welche unbeweglich stehen und die Gegenden der 4 Hauptwinde nachweisen, welche an ihnen durch die Buchstaben O. S. W. N. bezeichnet sind. Weiter herauf stehet die große Fahne, welche sich mit dem Winde drehet und die Jahreszahl 1724 in sich hat. Gantz zu oberst ist ein vierfacher vergüldeter Stern, welches alles von unten her sich wohl sehen läßt. Noch ist anzumerken, daß gantz oben im Thurm ein klein Cabinet für den Nachtwächter angeleget worden, welcher bey wahrgenommenem Feuer mit Heraushängung einer Laterne und seinem Blasrohr ein Zeichen zu geben pfleget. Weiter herunter ist auf allen 4 Seiten eine Gallerie für die Stadtmusicanten, welche an den Sonn- und hohen Festtagen nach geendigter Vormittags-Predigt sich allda mit einer schönen instrumentalMusik hören laßen. Noch weiter herunter zeiget sich der Stundenzeiger auf allen 4 Seiten auf einer großen blauen Scheibe mit stark vergüldeten Ziffern und schläget die Uhr nach dessen Anweisung gantze und viertel Stunden mit unterschiedenen Glockenschlägen. Unter der Uhr ist das Geläute. Selbiges bestehet aus großen und kleinen Glocken, mit welchen Mittwochs zur Anhörung der Wochen-Predigt, Sonnabends zur Vorbereitung und Sonntags Vor- und Nachmittags zur Anhörung der gewöhnlichen Predigt geläutet wird. Bey sich ereignenden Feuersbrünsten werden dieselben auch um die Bürger zum Löschen zusammen zu rufen angezogen. Die Leichen werden hier bey Anwesenheit des Königs niemals beläutet, welches bey dessen Abwesenheit auch mehrentheils vergessen wird. Nach den auf den Thürmen angebrachten Uhren pfleget man seine Arbeiten einzutheilen und abzumeßen.«[47] Auch wenn die Höhenangabe »300 Fuß« übertrieben sein sollte (andere Quellen sprechen von 284 Fuß; das entspricht 89,70 Metern), war der Turm der Nikolaikirche etwas höher als die der beiden anderen.

Anstelle des kurfürstlichen Weinkelles errichtete Pierre de Gayette ab 1724 die Heiligengeistkirche als Quersaalbau, die am 10. November 1726 eingeweiht und fortan von Lutheranern und Refoormierten simultan genutzt wurde (1810 in einen Längssal geändert). Der von zweigeschossigen hölzernen Emporen umgebene Raum erhielt 1730 eine zweimanualige Orgel mit 18 Registern und vier Transmissionen von Joachim Wagner, auf der Johann Sebastian Bach am 8. Mai 1747 konzertierte.[48] Der Bau des vor dem westlichen Giebel hoch aufragenden Glockenturms, den Johann Friedrich Graël entworfen hatte, erfolgte 1726–28. Seine Höhe wird mit 274 Fuß (86 Metern) angegeben. Die beiden rus-

Die Heiligengeistkirche von Süden, vom Havelufer gesehen, Aufnahme Herrmann um 1920

Turmhaube der Heiligengeistkirche, Zeichnung von K. Hoffacker 1885

Die Burgstraße mit Blick zur Heiligengeistkirche, Aufnahme Alfred v. Loebenstein, um 1940

tizierten Untergeschosse nahmen die Gesims- und Firstlinie des Kirchenschiffes auf, das dritte, ebenfalls massive Turmgeschoss wurde durch Lisenen gegliedert und durch ein kräftiges Konsolgesims mit Sandsteinbalustrade abgeschlossen. Aus diesem – nicht einmal die Hälfte der Gesamthöhe erreichenden – Turmmassiv erhob sich die aus Holz konstruierte, mit Kupfer und Blei gedeckte Turmhaube. Das Glockengeschoss dieser Haube schmückten korinthische, gekuppelte Säulen, die jeweils einen Segmentgiebel trugen, dessen Mitte auf allen vier Seiten eine Uhrkartusche zierte. Das obere Turmgeschoss erhielt im Wechsel konvex und konkav geschwungene, bewegte Formen. Darüber trug ein Kuppeldach die zierliche, durchbrochene Laterne mit Turmknauf und Wetterfahne. Die Stelle markiert heute die 1997 nach dem Entwurf des venezianischen Architekten Augusto Burelli erbaute Seniorenresidenz »Heilig-Geist-Park« mit einem 84 Meter hohen Turm, der an den Vorgängerbau erinnern soll. Übrigens war auch die Heiligengeistkirche militärisch genutzt worden: Der geräumige Dachboden diente dem Regiment Gardes-du-Corps als Montierungskammer. Das städtebauliche Pendant zum Heiligengeistkirchturm bildete dann der 280 Fuß (nach Messung genau 88,40 Meter) hohe Turm der neuen Garnisonkirche. Nun hatte Potsdam ein unverwechselbares Panorama, dessen Rhythmus heute allenfalls noch im flandrischen Gent zu finden ist.

Der »Dreikirchenblick« als Charakteristikum der Stadt fand am 3. September 1795 ein jähes Ende. An jenem Schreckenstag brannten die Nikolaikirche und mit ihr sieben Häuser am Alten Markt ab – ein am Turmdach arbeitender Klempner hatte sein Lötfeuer nicht genügend verwahrt …

Die Wiederaufbaupläne Friedrich Wilhelms II. wurden nach dessen Tod 1797 nicht ausgeführt. Nach Abbruch der Kirche blieb die 1754 von Georg Wenzeslaus von Knobelsdorff errichtete friderizianische Eingangsfassade noch bis 1811 stehen, dann wurde der Platz zu einer Grünanlage. Geraume Zeit beschäftigte sich der architektonisch begabte Kronprinz Friedrich Wilhelm mit Wiederaufbauplänen für die Nikolaikirche. Seit 1826 entwarf Karl Friedrich Schinkel im Auftrag Friedrich Wilhelms III. mehrere Pläne und hatte dabei die unterschiedlichen Vorstellungen des Königs und des Kronprinzen zu berücksichtigen, tendierte schließlich aber zum Kuppelbaugedanken des letzteren. Die Schilderung des langwierigen Planungsprozesses würde hier zu weit führen.

1830/37 hat Ludwig Persius den kubischen Unterbau errichtet, der einstweilen mit einem flachen Satteldach abgeschlossen wurde. Nach dem Tod Schinkels folgte 1843 der Kuppelbau unter Anwendung einer neuartigen Eisenrippenkonstruktion und Anfügung vier engelbekrönter Ecktürme. In der äußeren Form hielt man sich aber weiter an die Entwürfe Schinkels. Auch Persius erlebte die Vollendung nicht mehr, August Stüler führte das Werk 1850 zu Ende. Über dem Häusermeer wurde nun die stolze Säulenkolonnade der Rotunde sichtbar, aus deren Palmettenkranz der einem Spitzbogen ähnliche Kuppelumriss emporstrebte. Weithin leuchtete das Gold des Kreuzes auf der Weltkugel, der Engelfiguren in der Laterne, der Kuppelrippen und der »Bullaugen«. Friedrich Wilhelm IV. gebührt das Verdienst, mit diesem prachtvollen Kuppelbau im Zentrum die Potsdamer Stadtsilhouette so bereichert zu haben, dass ihre Wirkung die des 18. Jahrhunderts noch übertraf. Die zahlreichen Achsenbeziehungen, die die Turmbauten immer wieder zum »Point de vue« eines Straßenzuges werden ließen, seien hier nur nebenbei erwähnt. Dieser nun so unverwechselbare »Dreikirchenblick« sollte fortan fast 100 Jahre bestehen.[49]

Die Kirchenbauten der Potsdamer Garnison

Die – im Gegensatz zu ihrer Vorgängerin – bekannte evangelische Garnisonkirche, der sich dieses Buch hauptsächlich widmet, war nicht das erste und auch nicht das einizige Gotteshaus, das Friedrich Wilhelm I. zur Seelsorge seiner Soldaten bauen ließ. Für die Evangelischen lutherischer und reformierter Konfession ließ er gleich nach seinem Regierungsantritt die Kapelle des Stadtschlosses durch Einbau von Emporen erweitern, doch bald folgte der Bau einer eigenen Garnisonkirche. Für die Calvinisten unter den französischen Soldaten des Königsregiments, denen fortan die Schlosskapelle zur Verfügung stand, war Pfarrer Thomas le Cointé zuständig.

Auch für das Militärwaisenhaus ließ der König eine eigene lutherisch-reformierte Simultankirche erbauen und stellte mehrere Prediger lutherischer und reformierter Konfession an, die zugleich Lehrer waren. Für die »Rhätzen« (Raizen, griechisch-orthodoxe Serben) verpflichtete er 1734 den Popen Theophilus Passig und für die ungarisch-reformiereten Soldaten Johann Sartorius, dem 1737 Paul Pintzger folgte. Außerdem gab es einen Schweizer Prediger.[1] So berichtet der Chronist Schmidt: »Den Uniten der Griechischen Kirche, oder Raizen, ward ein Saal im Waisenhause eingeräumt, und ihnen ein Mönch aus Kroatien verschrieben. – Auch aus Ungarn wurde ein Prediger berufen für die Ungarischen Soldaten, welche unter der Potsdamer Garde standen. [...] Ebenso ward auch den Juden in ihrer Synagoge, und den Separatisten, namentlich der ziemlich starken Herrnhutergemeine, in ihren Betsälen freie Religionsausübung gewährt.«[2]

August Kopisch teilte mit: »[...] daß auch den 22 großen Türken, welche dem Herzoge von Curland in dem Kriege, welchen Rußland mit der Türkei führte, in die Hände gerathen waren und die dieser Herzog 1739 dem Könige zum Geschenk machte, Gelegenheit gegeben war, ihren muhamedanischen Gottesdienst abzuwarten, indem ihnen dazu im Königlichen Waisenhause ein eigenes Zimmer angewiesen ward [...].«[3]

Weithin unbekannt ist heute die einstige Existenz weiterer Militärkirchen in Potsdam. Sie standen stets im Schatten der evangelischen Garnisonkirche, doch in ihnen manifestierte sich erstmals – auch äußerlich sichtbar – preußische Toleranz in Religionsfragen, die bereits lange Zeit praktiziert worden war, um die im Dreißigjährigen Krieg stark dezimierte Bevölkerung zu »repeuplieren«.

Auf welche Weise Friedrich Wilhelm I. seine »lieben blauen Kinder« nach Potsdam schaffen ließ, nämlich mit List und Gewalt, ist hinlänglich bekannt. Trotz oder gerade wegen dieser »Werbe«-Methoden fühlte sich der Soldatenkönig verantwortlich für die Seelsorge der Militärangehörigen. Erstmals nach der Reformation entstanden in Preußen eine katholische und sogar eine russisch-orthodoxe Kirche – hier in Potsdam!

An der katholischen Kirche wurde 1722 der Pater Ludwig Belo, ab 1731 Pater Raymund Bruns

Die Garnisonkirche von Osten, Messbildaufnahme um 1930

Der Hofbaumeister Michael Matthias Smidts, Portrait von Wallerant Vaillant, um 1675

angestellt, um die römisch-katholischen Soldaten aus verschiedenen Ländern seelsorgerisch zu betreuen. Dem 1734 verpflichteten russisch-orthodoxen Popen Wassily Scherbatzky standen neben einer eigenen Kirche auch Küster und Sängerschola zur Verfügung.

Die Schlosskapelle (1714–1722)

Schon das 1330 errichtete, bescheidene Schlossgebäude am heutigen Alten Markt in Potsdam besaß eine Kapelle, die sich hinter dem Mittelrisalit befand. 1598 ließ die Kurfürstin Katharina, dritte Gemahlin Joachim Friedrichs, das Schloss erneuern. Die Kapelle nahm nun zwei Geschosse im Ostteil ein. Später geriet das Gebäude in Verfall, und erst unter dem Großen Kurfürsten Friedrich Wilhelm wurde es 1660/70 durch Johann Gregor Memhardt und Michel Matthyss Smidts umfangreich ausgebaut.

Der 2. März 1662 gilt als Gründungsdatum der überwiegend aus dem Hofstaat bestehenden Potsdamer reformierten Gemeinde, denn an diesem Tag erfolgte die Berufung von Friedebert Flemming aus Anhalt zum Hofprediger.[4] Die reformierten Gottesdienste, Taufen und auch Trauungen fanden vorerst in einem Saal des Schlosses statt. Am 30. Mai 1679 schloss der Kurfürst mit Smidts einen Kontrakt zur abermaligen Schlosserweiterung. Die Seitenflügel sollten um eine Etage erhöht und auf die doppelte Länge gebracht werden. Erst in diesem Vertrag erscheint eine Schlosskapelle: »An diesen beiden Gebäuden soll auf jedem Ende ein Pavillon, gleichwie die Küche, so bereits stehet, von 36 Fuß [11,30 m] ins Vierkant und 36 Fuß hoch, das eine zur neuen Küche und das andere zur Kirchen, gebauet werden«.[5]

Die reiche barocke Innenraumgestaltung mit marmorierten Wänden, kassettierter Decke und stark plastischen Festons über den zwölf Fenstern[6] erfuhr ihren Höhepunkt in der holzgeschnitzten, vergoldeten Kanzel, die nach ihrer Entfernung 1714 »auf Umwegen« in die Spandauer Nikolaikirche gelangte, wo sie heute noch steht.[7] 1687 konnte Hofprediger Antonius Brunsenius endlich im Kirchenbuch vermerken: »Den 14. Augusti[8] ist die hiesige Schloß Kirche eingeweyhet, und die Erste Predigt vom Hn. Hoffprediger auß Ps.[alm] LXXXVII. 3. 4. darin gehalten worden«. Eine am 28. August 1687 gehaltene Trauung »war die erste, so in der Schloß Kirche geschehen«.[9]

Am 7. April 1714 genehmigte Friedrich Wilhelm I. den Kostenanschlag zum Umbau der Kapelle, die fortan der reformierten Hofgemeinde sowie der Garnison als Gotteshaus diente.[10] Die 1686 geschaffene Kanzel wurde der reformierten Johanneskirche in Spandau übereignet (1904 in die dortige Nikolaikirche umgesetzt, wo sie bis

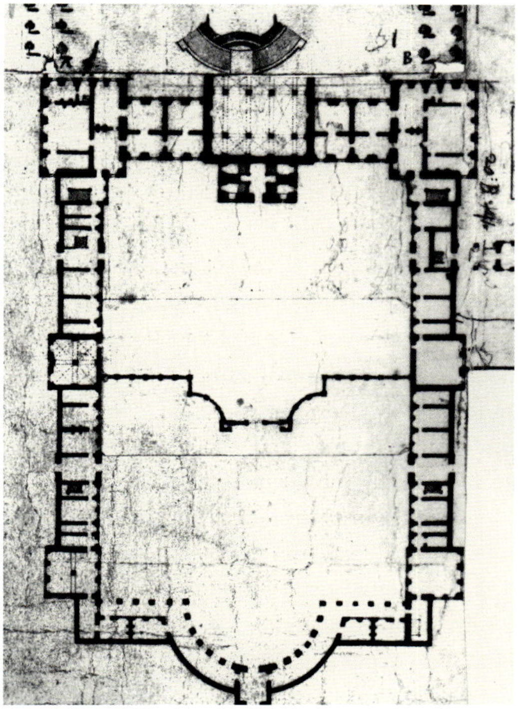

Die Schlosskapelle befand sich im nordwestlichen Kopfbau des Stadtschlosses, im Grundriss von Jean de Bodt rechts unten zu sehen

Das Fortunaportal des Stadtschlosses mit dem dreistimmigen Geläut der Schlosskapelle, Kupferstich von 1708

heute erhalten ist). Dagegen scheint die ebenso alte Orgel an ihrem Ort belassen worden zu sein. Der Chronist Bekmann notierte um 1715: »Die Kapelle war mit doppelten Chören auf beyden seiten samt einer neuen Kanzel versehen: und nach des Hochseel. Königs Friedrichs absicht solte sie noch erst recht ausgezieret werden; welche absicht aber durch den darzwischen tretenden tod unterbrochen, iedoch nachhero mit stühlen zur Garnison Kirche für das Königl. Bataillon leibgrenadier versehen, und wechselweise von dem Königl. Hofprediger und dem Garnisonprediger darin geprediget worden. Hinter der Kanzel oberhalb war eine große dekke, woran ein engel mit einer posaune schwebte; ingleichen noch auf iedweder seite ein engel, so dieselbe hielten.«[11] 1721 beabsichtigte Friedrich Wilhelm I., das 1701 anlässlich der Krönung Friedrichs I. zum ersten preußischen König von Jean de Bodt errichtete Fortunaportal, welches das drei Glocken umfassende Geläut für die Schlosskapelle trug,[12] mit einem Glockenspiel versehen zu lassen. Hierzu schickte der König den Glockenisten (so nannte man ihn im Gegensatz zum Glöckner, der ja kein Musiker war) und Organisten der Berliner Parochialkirche, Arnoldus Carsseboom, nach Amsterdam, »um daselbst, wegen eines, auf Unserm Schlos zu Potsdam anzulegenden Glocken-Spiels, das nötige zu besorgen und zu veranstalten«.[13]

Obwohl das Fortunaportal mit 23 Metern durchaus die Höhe eines mittleren Dorfkirchturms erreicht, war es offenbar zu klein, und so kam das Carillon schließlich in die zur gleichen Zeit erbaute Garnisonkirche. Nachdem die Soldaten- und reformierte Zivilgemeinde dorthin »umgezogen« waren, nutzte die 1723 separierte französisch-reformierte Gemeinde die Schlosskapelle allein. Friedrich II. ließ sie jedoch 1750 zu Wohnräumen umbauen.[14] Heimatlos geworden, fand die französisch-reformierte Gemeinde ab 12. Juli 1750 durch Vermittlung des (lutherischen!) Feldpropstes Johann Christoph Decker in der Hof- und Garnisonkirche Aufnahme. Allerdings hatten die französischen Prediger wegen der dort stattfindenden allsonntäglichen Waisenhaus- und Garnison-Gottesdienste zu einer sehr unchristlichen Zeit, nämlich »pünktlich um 7:30 Uhr die Kanzel zu besteigen«.[15] Erst 1752/53 entstand am Bassin die Französische Kirche als Kuppelbau über elliptischem Grundriss nach einem Entwurf von Georg Wenzeslaus von Knobelsdorff.[16]

Das Stadtschloss brannte 1945 aus. Obwohl über 80 Prozent der Originalfassaden erhalten waren, wurde es – trotz Widerstands zahlreicher Fachleute und der Potsdamer Bevölkerung – bis 1960 bis auf die Fundamente abgerissen. Unter Verwendung der damals geborgenen Teile (Portiken zum Alten Markt) sind die Fassaden 2011–14 wiedererstanden.

Die Garnison- und reformierte Stadtkirche (1722–1730)

Schon 1720 erwies sich die Schlosskapelle für die stetig anwachsende Garnison als zu klein. Eine zwischen 1728 und 1730 entstandene Stadtansicht Potsdams zeigt die erste Garnisonkirche, deren vollständiger Name »Garnison- und reformierte Stadtkirche«[17] lautete, als würfelförmigen Baukörper, der von einem steilen Zeltdach überdeckt wird. Dieses am 1. Januar 1722 eingeweihte Kirchengebäude bestand aus Ziegelfachwerk und war im Inneren von zweigeschossigen hölzernen Emporen umgeben. Als Baumeister wird Pierre de Gayette vermutet. In dem laternenartigen Turmaufsatz, der in einer obeliskförmigen Spitze endigte, installierte der Carilloneur der Berliner Parochialkirche, Arnoldus Carsseboom, ein Glockenspiel. Die 35 Glocken waren von dem Amsterdamer Gießer Jan Albert de Grave geliefert worden. Das zugehörige Uhrwerk schuf der Berliner Uhrmacher Lorenz Friedrich Griese.[18]

Zum Interieur der alten Garnisonkirche finden sich nur spärliche Hinweise. In der Mitte des quergerichteten Saalraumes fand in reformierter Tradition der schlichte Abendmahlstisch Aufstellung. Den einfachen, recht hohen Tisch umhüllte das 1722 von Königin Sophie Dorothea gestiftete, weinrote Antependium, das die Mensa bedeckte und auf allen vier Seiten herabhing.[19]

Ein recht detailliertes Bild ließ sich auch von der Orgel der alten Kirche rekonstruieren. Disposition und Prospekt (Schauseite) sind überliefert. Der berühmte Berliner Orgelbauer Joachim Wagner erhielt von Friedrich Wilhelm I. den Auftrag zu ihrem Bau und begann damit noch während der Arbeit an seinem Meisterstück, der Berliner Marien-Orgel. Der Stand der Orgel auf der zweiten Empore zwang den Meister, den Prospekt mangels Raumhöhe in die Breite zu ziehen, was eine etwas gedrungene Wirkung

Die erste Garnisonkirche (dritter Turm von links), Ausschnitt aus einer Stadtansicht von Potsdam um 1730

Antependium des Altartisches der Garnisonkirche, Seide altasbindig und Damast, 1722
Der mittlere Teil bedeckte die Mensa, die übrigen hingen auf allen vier Seiten herab

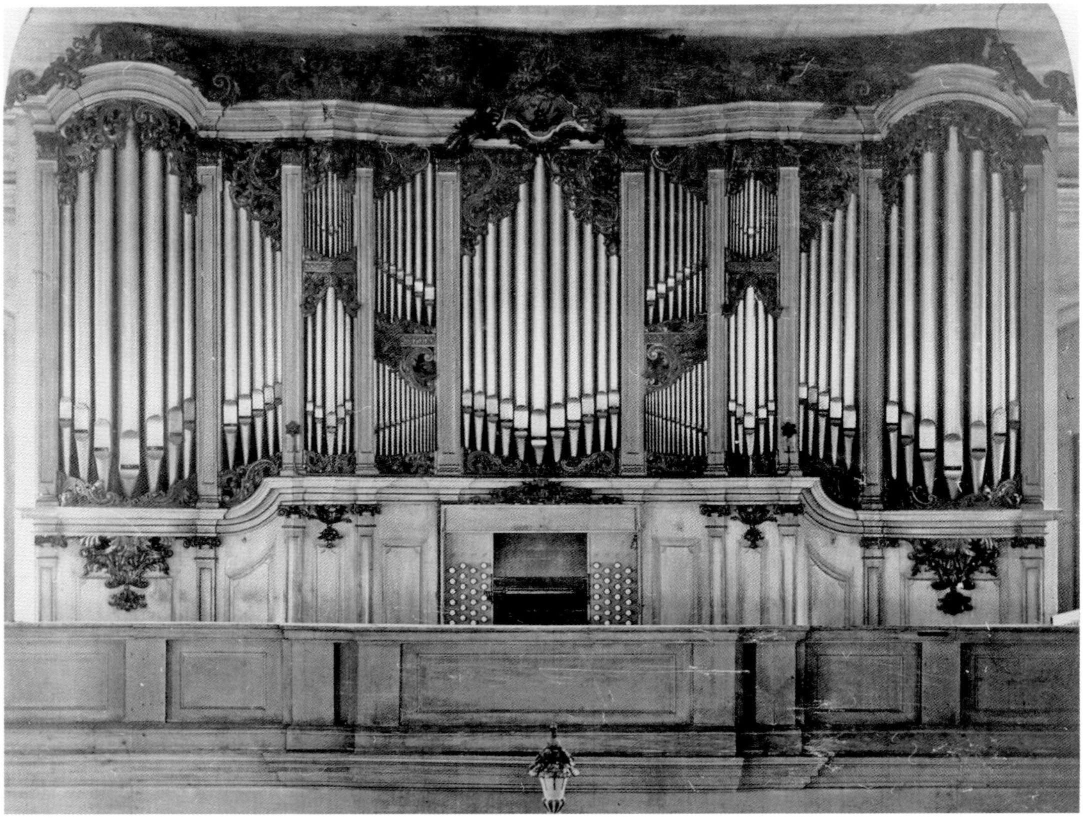

Die Wagner-Orgel aus der ersten Garnisonkirche an ihrem neuen Standort in der Jerusalemer Kirche Berlin, Aufnahme um 1870

ergab. Johann Andreas Silbermann, Sohn des Straßburger und Neffe des berühmten sächsischen Orgelbauers, zeichnete anlässlich seines Besuchs bei Joachim Wagner 1741 die Disposition dieser Orgel auf und benannte das Jahr 1722 als Baudatum.[20]

Disposition der Wagner-Orgel der ersten Garnisonkirche, 1722[21]

»Manual.
1. Principal 8
2. Bourdon 16
3. Rohrflöt 8
4. Cornet 3 fach
5. Octav 4
6. Quint 3
7. Octav 2
8. Scharf 5fach
9. Cimbel 3fach
10. Trompet 8 Schu

Oberwerck.
1. Principal 4
2. Gedackt 8
3. Quintadön 8
4. Rohrflöt 4
5. Nassat 3
6. Octav 2
7. Tertz 1 3/5
8. Quint 1 1/2
9. Cimbel 3 fach

Pedal.
1. Principal 16
2. Octav 8
3. Quint 6
4. Octav 4
5. Mixtur 6 fach
6. Poßaun 16 fuß

Ein Tremulant,
Ventilzüge
2 Clavire von C D Ds biß c''' lassen sich coppeln,
4 Blaßebälge«

Im Kirchenbuch ist vermerkt: »D. 1ten Jan: ist am Einweyhungs Tage der hiesigen neuen Guarnison- u. Reformirten Stadt-Kirche getaufft [...]

Friderica Wilhelmina [...]«. Unter den Paten befanden sich der König und mehrere Generäle.[22]

Am Fachwerkbau der Garnisonkirche zeigten sich schnell starke Setzungsrisse, verursacht durch ungenügende Grundbauarbeiten im sumpfigen Bauland. Als die Sicherheit der Kirchenbesucher nicht mehr gewährleistet war, gab der König am 14. Juli 1730 Oberstleutnant Adam von Weyher die Ordre, Orgel und Glockenspiel zur Wiederverwendung ausbauen und den Turm abbrechen zu lassen.[23]

Die Glocken wurden verwahrt, um von der Höhe des stattlichen Gerlachschen Neubaus einst wieder erklingen zu können. Die Orgel schenkte König Friedrich Wilhelm I. nun der 1726/28 ebenfalls von Johann Philipp Gerlach neu errichteten Jerusalemer Kirche in Berlin (vgl. Abb. S. 84), wo sie Wagner 1730 aufstellte.[24]

Am 10. September 1730 fand in der ersten Potsdamer Garnisonkirche der letzte Gottesdienst statt, und bereits Anfang Oktober waren die Abbrucharbeiten beendet. Wenig später begannen die Grundbauarbeiten für die neue Militärkirche. Bis zur Einweihung hielt die Garnison ihre Gottesdienste in der alten Nikolaikirche, während sich die Zivilgemeinde mit dem Orangeriegebäude (später Marstall, heute Filmmuseum) zufriedengeben musste.

Die Waisenhauskirche (1722–1771)

Auch Militärgottesdienste für reformierte und lutherische Ungarn, selbst solche für »Rhätzen« (Griechisch-Orthodoxe) wurden im Militärwaisenhaus abgehalten. Dieser erste Bau des Waisenhauses war 1722–24 nach Entwürfen von Johann Friedrich Graël aus Fachwerk errichtet und mit einer besonderen Kirche für die Soldatenkinder ausgestattet worden.[25] Baumeister vor Ort war der Kastellan des Stadtschlosses, Ernst Thomas Stegmann.[26] An der Waisenstraße (heute Dortustraße) lag der Hauptbau des Knabenhauses, äußerlich erkennbar an einem Dachreiter mit Uhr und Glocken.[27]

Nicht unter diesem Turm, sondern im nördlichen Flügel, der an der Spornstraße errichtet wurde, befand sich: »Die Waysenhaus-Kirche. Ist der Ordnung der Zeit nach, wie diese Kirchen hier erbauet worden, die dritte. Sie ward mit dem Waysenhause A. 1722 zugleich fertig, wo sie auf der Mitternachts-Seite über dem Speisesaal angeleget worden.«[28] In der 1824 erschienenen Chronik wir berichtet, »daß die Kanzel in der Waisenhauskirche erst im Jahre 1726 erbauet ist«.[29]

Ein 1727 zur Choralbegleitung dienendes, vom Kronprinzen Friedrich (II.) gestiftetes Positiv[30] ersetzte Joachim Wagner im Jahr 1737 durch

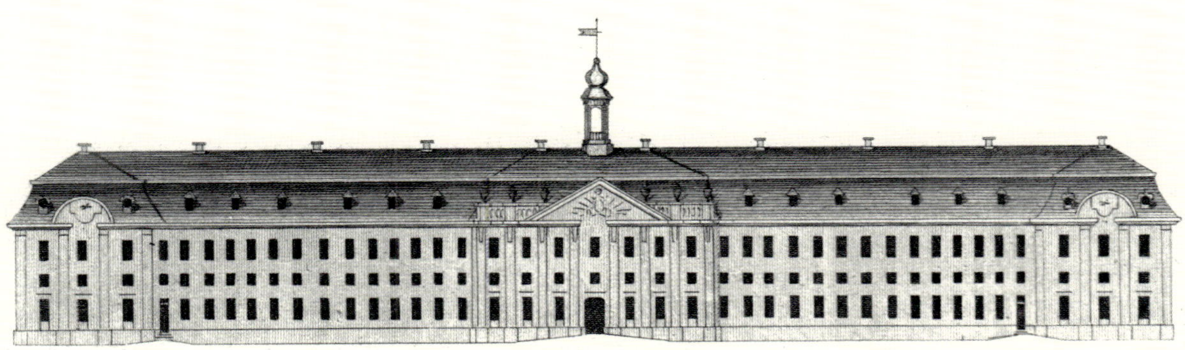

Hauptgebäude des 1722 erbauten Militärwaisenhauses in der Waisenstraße (heute Dortustraße), Kupferstich um 1725

Die Wagner-Orgel aus der Waisenhauskirche Potsdam ohne die Erweiterungen für Pritzerbe, Fotomontage Marcus Kitschke, 2014

ein pedalloses Orgelwerk mit acht Registern.[31] Da der 1772–77 nach Plänen Carl von Gontards errichtete friderizianische Waisenhauskomplex keine eigene Kirche mehr erhielt, fanden die Gottesdienste für die »Zöglinge« nun am Sonntagmorgen von 8 bis 9 Uhr, vor dem Hauptgottesdienst, in der Garnisonkirche statt. Die Orgel und die Turmuhr wurden 1789 nach Pritzerbe bei Brandenburg »für 160 Rthlr. verkauft. Die Glocken desselben aber wurden erst im J. 1811 meistbietend für 500 Rthlr. losgeschlagen.«[32] In der Marienkirche zu Pritzerbe bei Brandenburg kann man die bei der dortigen Aufstellung 1789 um ein Pedalwerk erweiterte Orgel Joachim Wagners noch heute bewundern.[33]

Eine neue Potsdamer Waisenhauskirche wurde erst 1898–1901 nach dem Entwurf des Garnisonbaumeisters Robert Klingelhöffer durch den Potsdamer Bauunternehmer Wilhelm Behrend erbaut.[34] Nach Kriegsschäden 1957/60 in halber Tiefe und wesentlich vereinfacht wiederaufgebaut und 1992/93 zu einem Gemeindezentrum erweitert, dient das Gotteshaus der Evangelisch-Freikirchlichen Gemeinde (Baptisten).

Die katholische Garnisonkirche (1723–1870)

Katholische Messen werden bereits ab 1714 durch den Geistlichen der Kaiserlichen Gesandtschaft, Pater Engelbertus Borges, in Potsdam gehalten. Die in Lüttich[35] angeworbenen Arbeiter für die 1722 gegründete Gewehrfabrik (später Kasernengelände des Infanterieregiments 9 an der heutigen Henning-von-Tresckow-Straße) hatten es zur Bedingung für ihr Kommen gemacht, ein eigenes Gotteshaus und einen katholischen Geistlichen zu erhalten. Friedrich Wilhelm I. ließ deshalb im Hof der Gewehrfabrik 1722/23 durch Pierre de Gayette eine katholische Kapelle aus Ziegelfachwerk errichten, die 1731 durch Hinzunahme der angrenzenden Pfarrwohnung vergrößert wurde. Da sie keinen Turm besaß, blieb sie vor den Protestanten verborgen.[36]

Dominikanerpater Raymundus Bruns, dem der König besonders gewogen war, notierte: »In den Jahren 1736 und 1737 wuchs die Zahl der katholischen Soldaten, die zu Recht als ›Legion der Giganten‹ bezeichnet werden konnten und aus vier Erdteilen mit ungeheurem Aufwand angeworben worden waren. Diese Legion hatte vier Kohorten und mehr als 4.000 Mann. Von diesen war die die Hälfte katholisch, wenn nicht mehr: Franzosen, Italiener, Spanier, Portugiesen, Ungarn, Slawen, Kroaten, Polen, Tschechen, Engländer, Iren, Russen, Türken, Schweden, Dänen, Äthiopier (diese gehörten alle zu den Spielleuten), und andere aus Asien, Afrika und Amerika. Es gab kein Volk auf der Welt, von dem sich nicht einige Vertreter in Potsdam fanden.«[37]

Alte katholische Kirche St. Peter und Paul, Ansicht des Innenraumes mit der barocken Ausstattung und den drei Altargemälden von Antoine Pesne, Historienmalerei von Hans Enders, 1905

Die Raumnot zwang Pater Bruns, den König 1737 um einen geräumigen Neubau zu bitten, den Friedrich Wilhelm I. umgehend an gleicher Stelle vom selben Architekten, Pierre de Gayette, errichten ließ.[38] »Nach dem Abriss der alten Kirche also begann von Grund auf die Errichtung der neuen. Sie ist ca. 140 Fuß [ca. 44 Meter] lang, 60 Fuß [ca. 19 Meter] beit, hat nach Osten und Westen je drei, nach Süden und Norden je neun, d.h. sie hat nach allen vier Seiten hin insgesamt 24 große Fenster. Mit einem Wort: alles wurde aufgrund des ausdrücklichen Befehls des Königs so gebaut, wie ich es wollte. Gott sei Dank.«[39] So berichtete Pater Bruns. Der rechteckige Saalbau aus Ziegelfachwerk bot 1.000 Besuchern Platz. Die Kirchweihe unter dem Patrozinium der Heiligen Jungfrau sowie der Apostel Petrus und Paulus nahm Pater Raymund Bruns am 21. September 1738, dem 17. Sonntag nach Pfingsten, vor. Die Absicht des Königs, daran teilzunehmen,

Alte katholische Kirche Potsdam im Hof der Gewehrfabrik, Aufnahme Ernst Eichgrün, 1869

wurde durch seine Erkrankung vereitelt.[40] Samuel Gerlach berichtete: »Einen Taufstein hat die Kirche nicht, weil die Catholischen Kinder nach dem Rechte der Wiedervergeltung von lutherischen oder reformirten Geistlichen getauffet werden. Thürme und Glockengeläute hat diese Kirche auch nicht.«[41] Auf der Westseite, entgegen der üblichen Anordnung, stehen der Hochaltar und zwei Seitenaltäre. Hofmaler Antoine

Moskowitische Kirche Potsdam am Kanal (Fachwerkgebäude rechts), Ausschnitt einer Radierung von Andreas Ludwig Krüger, 1779

Pesne schuf die Altarblätter: 1738 die Ölbergszene für den Hochaltar, 1739 die Nebenaltargemälde mit einem Schutzengel und Mariens Rosenkranzübergabe an den Heiligen Dominicus. Übrigens zahlte der Soldatenkönig dem katholischen Künstler statt der vereinbarten 500 nur 400 Taler – mit der Begründung, die Gemälde seien schließlich »für die Katholische Kirche bestimmt«.[42] Die bis heute erhaltenen liturgischen Geräte, böhmische Arbeiten aus vergoldetem Silber, haben Friedrich Wilhelm 1., August der Starke und Herzog Franz von Lothringen 1723, 1728 und 1732 gestiftet. Aus jener Zeit sind auch zwei wertvolle Messgewänder überkommen. Auf einer im Osten auf vier korinthischen Säulen aus Eichenholz errichteten Empore fand die Orgel aus der Oranienburger Schlosskapelle Aufstellung, die seit 1735 schon im Vorgängerbau gestanden hatte.[43] Der berühmte Hamburger Meister Arp Schnitger hatte sie 1706 durch seinen Mitarbeiter Lambert Daniel Karstens in Oranienburg aufstellen lassen.[44] Die Fachwerkkirche ist bis zur Weihe der neuen katholischen Pfarr- und Garnisonkirche auf dem Bassinplatz am 7. August 1870 genutzt und unmittelbar danach abgerissen worden.[45]

Die russische Garnisonkirche (1734–1755)

Die russisch-orthodoxe Garnisonkirche, »Moskowitische Kirche« genannt, ließ Friedrich Wilhelm I. durch Pierre de Gayette am nördlichen Ende des Exerzierhauses (Langer Stall), nahe dem Stadtkanal (heute Yorckstraße) aus Fachwerk als turmlosen Rechteckbau errichten und am 11. April 1734 einweihen.[46] Sie besaß eine Sakristei mit zwei Nebenkammern und eine Sängerempore. Über Altar, Kanzel und Taufbrunnen, die in einer Chronik erwähnt sind, ist nichts Näheres bekannt. Nach dem Zusammentreffen Zar Peters des Großen mit Friedrich Wilhelm I. in Havelberg im Jahr 1716 hatten sich freundschaftliche Beziehungen zwischen beiden Herrschern entwickelt. Als Geschenke gingen das berühmte Bernsteinkabinett und die vergoldete Luxusjacht Friedrichs I., ein »über die massen prächtiges Jacht-Schiff, mit allen Matrosen, und darinnen befindlichen kostbaren Meublen und Oeconomischen Geschirren« nach St. Petersburg.[47]

Im Gegenzug schickte Peter I. 1718 eine von ihm selbst konstruierte Schaluppe und eine ebenfalls von ihm hergestellte Drechselbank, denn auch der »Soldatenkönig« hatte ja seine Freude an handwerklichen Arbeiten. Doch noch größere Freude hatte er an den ersten 55 »Russischen Riesen«, die ihm der Zar für seine Garde »schenkte«. Ihre Zahl stieg nach und nach auf über 300.

Für diese Soldaten ist die »Moskowitische Kirche« erbaut worden. Doch schon 1755 ließ sie

Montierungskammer am Kanal, Aufnahme Königlich-Preußische Meßbildanstalt Berlin, 1912

Friedrich II. zu einem »Comödien-Hause« umbauen. Nun hielt die russische Gemeinde ihre Gottesdienste in Räumen des Militärwaisenhauses und traf sich schließlich im »Hause des Kaufmanns Lüttich, an der Linden- und Bäckerstraßen-Ecke, woselbst sich in der letzten Zeit der Versammlungssaal befunden«.[48] Dennoch hatte eine kleine Gemeinde weiterexistiert, bis am 8. November 1809 die »russisch-orthodoxen« kirchlichen Gerätschaften der Hof- und Garnisonkirche übergeben wurden, von wo sie später ins Hofmarschallamt gelangten. Dazu gehörten u.a. ein Räuchergefäß, eine »Heilige Lampe«, Kelch und Patene, Kruzifix, fünf biblische Gemälde, mehrere Lesepulte und ein Kollektenkasten. Die meisten dieser Kirchengeräte wurden 1826 der neu erbauten russisch-orthodoxen Kirche des Heiligen Alexander Newski auf dem Potsdamer Kapellenberg übergeben, wo sie noch heute in Gebrauch sind.[49] Das 1785 von Georg Christian Unger anstelle der »Moskowitischen Kirche« errichtete Montierungshaus des Ersten Garderegiments zu Fuß[50] ging im Bombenhagel des 14. April 1945 unter.

Die Hof- und Garnisonkirche und ihre Ausstattung

Nachdem nun über die städtebaulichen Aspekte, die Nachbarkirchen und die Umgebung der Garnisonkirche berichtet wurde, gehen die folgenden Abschnitte auf den Architekten, den Bauablauf, die Architektur sowie die liturgische und künstlerische Ausstattung dieses Kirchenbaues ein.

Der Baumeister Philipp Gerlach

Zwischen den beiden begabtesten Baumeistern Friedrich Wilhelms I., Johann Philipp Gerlach und Johann Friedrich Graël, musste es wohl zwangsläufig zu Rivalitäten kommen, die übrigens ähnlich endeten wie vordem zwischen Eosander und Schlüter, denn letzterer hatte das Land verlassen müssen. Philipp Gerlach, am 24. Juli 1679 als Sohn eines Artillerieoffiziers in Spandau geboren, war Schüler des aus Paris stammenden Jean Baptist Broebes an der Berliner Akademie. Die dabei erlernte klassisch-französische Architektur verband er mit holländischen Einflüssen sowie den Grundriss-Theorien von Leonhard Christoph Sturm, wonach zentrale oder quergerichtete Räume für den protestantischen Kirchenbau als besonders geeignet erschienen. Gerlach, anfangs unter Johann Friedrich Nilsson Eosander von Göte und Jean de Bodt tätig, wurde 1702 zum Ingenieurkapitän und 1710 zum Ingenieurmajor befördert. Auch Johann Friedrich Graël baute im holländischen Geschmack. Er war Schüler von Martin Heinrich Böhme, dessen Nachfolger als Hofbaumeister er im Alter von nur 18 Jahren wurde. Offenbar noch in Eintracht schufen beide Baumeister exponierte Bauten in Potsdam: Gerlach 1721/24 die Nikolaikirche und Graël 1726/28 den Turm der Heiligengeistkirche. Es schien also zunächst durchaus offen, welcher von beiden den Auftrag zum Entwurf der »Lieblingskirche« Friedrich Wilhelms I., der Garnisonkirche, erhalten würde. Die Wahl fiel auf Philipp Gerlach, wohl nicht zuletzt deshalb, weil er zur Zufriedenheit des Königs 1720/22 die turmlose Berliner Garnisonkirche errichtet hatte. Da beide Baumeister große Bedeutung für die Berlin-Potsdamer Architekturgeschichte haben, seien hier jene Ereignisse geschildert, die letztlich zu ihrer Entzweiung führten.

Städtebaulich hochrangige Bauaufgaben in Berlin löste Gerlach mit der Errichtung von Türmen für die Kirche des Großen Friedrichshospitals 1726/27 und der Jerusalemer Kirche 1726/31, während Graël 1729 den Turmentwurf für die Sophienkirche schuf, der bis 1734 realisiert wurde und heute als einziger erhaltener Berliner Barockturm von der Kunst seines Architekten zeugt. In Konkurrenz traten Gerlach und Graël, als es um den Bau des Berliner Petrikirchturmes ging. Beide hatten 1727 Entwürfe eingereicht; die Wahl des Königs fiel am 15. August auf den

Das von Königin Sophie Dorothea 1732 gestiftete zweite Antependium aus Seidendamast mit Goldstickerei, heute im Deutschen Historischen Museum Berlin aufbewahrt

Jerusalemer Kirche Berlin, Kupferstich nach Philipp Gerlach, um 1730

Plan Graëls, der sofort zur Ausführung gelangte und bis zum Frühjahr 1730 fast vollendet war. Doch da schlug am 29. Mai 1730 ein Blitz in das Baugerüst ein und legte das stolze Bauwerk in Schutt und Asche.

Sofort befahl Friedrich Wilhelm I. die Anfertigung neuer Pläne und verlangte nun, dass der Turm höher werden sollte als das damals höchste Bauwerk Europas, das Straßburger Münster. Beide Baumeister reichten ihre Entwürfe ein, die Wahl fiel auf Fürsprache des zu Rate gezogenen sächsischen Hofarchitekten Matthes Daniel Pöppelmann wiederum auf Graël, dem man auch die Leitung der Ausführung übertrug. Gerlach sollte jedoch nicht leer ausgehen, denn zur gleichen Zeit wurden seine Pläne für den Neubau der Potsdamer Garnisonkirche genehmigt.

Während beide Türme allmählich in die Höhe wuchsen, bemängelte der König, dass das Berliner Vorhaben zu langsam voranschritte. Deshalb übertrug er dem in Potsdam tätigen Gerlach auch die Bauleitung des Petrikirchturmes. Zu große Eile, vielleicht auch mangelnde Sorgfalt während der häufigen Abwesenheit Gerlachs verursachten am Abend des 28. August 1734 den Einsturz des bis zur Höhe von fast 80 Metern gediehenen Turmmassivs in Berlin.

Der König führte die Katastrophe jedoch auf die Pläne Graëls zurück. Inwieweit ihn Gerlach in dieser Ansicht bestärkt hat, lässt sich nur vermuten. Die eingesetzte Untersuchungskommission bewies zwar Graëls Unschuld, dennoch wurde er am 4. Januar 1735 in Potsdam »in Arrest genommen, worinnen er auch etliche Tage verbleiben müssen. – Welches diesen unschuldigen Mann um so viel sensibler gewesen als er selbigen Tages seine junge Frau verlohren.«[1] Anschließend wurde er des Landes verwiesen, fand aber eine Anstellung am Hofe des Markgrafen Friedrich Wilhelm von Brandenburg-Schwedt. Von dort ging er 1736 als Baudirektor nach Bayreuth, wo er am 27. September 1740 im Alter von nur 32 Jahren starb. Philipp Gerlach führte bereits seit 1720 den Titel eines Oberbaudirektors und hatte seit 1721 der Baukommission vorgestanden. Mit 58 Jahren nahm er am 3. April 1737 seinen Abschied aus dem Staatsdienst und starb am 17. September 1748 in Berlin.[2]

Der Architekturtheoretiker Leonard Christoph Sturm (zum Text auf Seite 83)

Bauausführung in Rekordzeit

Der König beauftragte den Potsdamer Stadtkommandanten, Oberstleutnant Adam von Weyher, mit der Koordinierung des neuen Kirchenbaues, was zahlreiche Kabinettsordres belegen. Den Baubeginn der neuen Garnisonkirche markiert eine Kabinettsordre vom 27. Mai 1730: »Se. Königl. May. in Preußen […] laßen dem Obrist Lieutenant v. Weyher u. Geheimte Rath Gerlach auf Ihre Vorstellung vom 25t. dieses [Monats] zur Resolution hiedurch ertheilen, daß, nachdem Sie nunmehro den von diesem überreichten Plan wegen der neuen Guarnison-Kirche alhier allergnädigst approbiret, und nach demselben die Kirche erweitert wird, sofort mit Aufführung des Fundaments zu denen Eckmauren, u. der einen Seiten-Mauer, so außer der jetzigen Kirche gemachet werden, angefangen, u. dieselben in diesem Sommer noch herausgeführet werden sollen

Entwurfszeichnung Johann Friedrich Graëls für den Turm der Petrikirche, 1726

Freigeschachtetes Fundament des Kirchenschiffes – Nordostecke, Aufnahme Andreas Kitschke, 2005

n[…].«[3] Der Architekt Philipp Gerlach wurde vor Ort von den Kondukteuren Christian Heinrich Horst und Christian Friedrich Feldmann d. J. unterstützt, welche die Ausführung leiteten.[4]

Friedrich Wilhelm I. griff immer wieder ein, um das Bauvorhaben voranzutreiben. So verlangte er beispielsweise »Weilen doch aber das Abbrechen soviel Geld nicht kosten kann, und sonst noch nicht viel gemachet worden, So sollet Ihr ein Extract formiren laßen, wozu das Geld ausgegeben worden […], darinn auffgeführet wird, was Ich zu dem Bau gezahlet, und was davon ausgegeben worden und wovor solches geschehen. […] Wusterhausen d. 15. 8br [Oktober] 1730.«[5]

Der Potsdam-Chronist Samuel Gerlach, bisweilen verwechselt mit dem Baumeister der Kirche, überliefert in seinen »Collectaneen« einen sehr bildhaften Bericht von den Umständen zu Beginn des Kirchenbaues: »man hatte aber den Grund auf welchem sie gebauet war nicht genug untersuchet, das Gebäude bekam daher bald gefährliche Risse und man sahe sich daher genöthiget dasselbe abzubrechen und das Fundament tiefer zu suchen. In den gräulichen Abgrund wurden Millionen Steine von abschäulicher Größe hinabgestürzet.«[6]

Die vom König beklagten hohen Kosten wurden also durch die Schacht-, Wasserhaltungs- und Fundamentarbeiten verursacht, auf die der Architekt begreiflicherweise großen Wert legte. Leider sind sie nicht näher beschrieben.[7] Doch immerhin ist überliefert, dass der Regent die Kurmärkische Kriegs- und Domänenkammer anwies, »daß zu dem Fundament des Thurmes bey der hiesigen Potsdamschen Guarnison Kirche zwey Hundert und dreyßig Land Prahm [Fuhren, zusammen ca. 2.140 Kubikmeter] tüchtige große Kalcksteine und 800 Wispel [1.055.200 Liter] Kalck unverzüglich müssen anhero ge-

Turmaufblick mit Inschrifttafel, Aufnahme von Horst Fritzsche, um 1960

liefert werden. Potsdam den 16ten Juny 1731. Fr. W.«[8]

Hieraus ergibt sich, dass allein das Kalksteinfundament des Turmes annähernd 5 Meter tief ist. Darauf wurden noch einige Meter[9] Festungsmauerwerk[10] errichtet, das auch im Fundamentbereich des Kirchenschiffes[11] sich auch zumindest im unteren Bereich des Turmes fortsetzte.[12]

Samuel Gerlach berichtete weiter: »Nachdem man endlich einen festen Boden erhalten, ward der Kirchenbau von neuem vorgenommen. Se. Majestät maureten mit eigenen hohen Händen den ersten Grundstein dazu ein, und verschlossen darin verschiedene goldene und silberne Medaillen, worin ihnen von den Officieren, dem Magistrat und den Vornehmsten der Stadt, welche auf ausdrücklichen Befehl des Königs dabey seyn mußten, gefolget wurde […].«[13] Der im Dezember 1730 gelegte Grundstein erhielt folgende Inschrift:

»Deo Triuni
et Repurgatie Religionum Sacrum
Templum hoc Concordiae
Praesidiaris Militi vtriusque Confessionis
Euangelicae
ad coetum cultumque Diuinum destinatum
FRIDERICI WILHELMI
Magni Borussia Regis et Electoris Brandenb:
PIETAS
Regiis Sumtibus aedificandum suscepit
et Primum Lapidem posuit
Anno MDCCXXX. die Decembris
Proferat lapidem capitalem, cum
acclamationibus,
gratia, gratia illi. Manus Serubabelis fundarunt
domum hanc, et manus Ejus absolvent.
Zachar: cap. IV v. 7. 8.«[14]

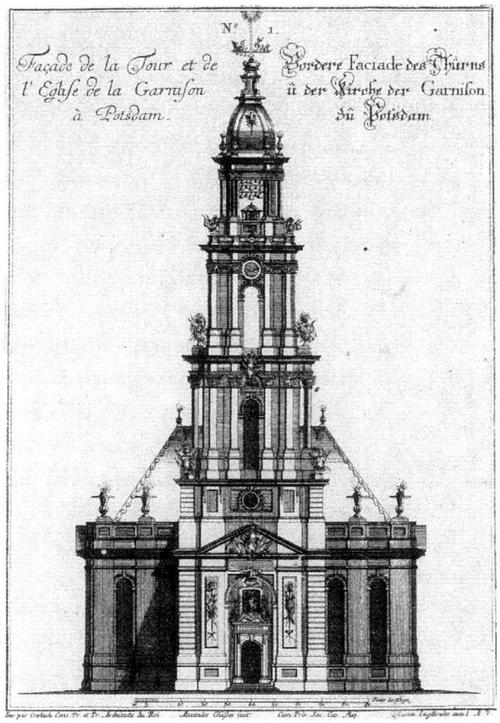

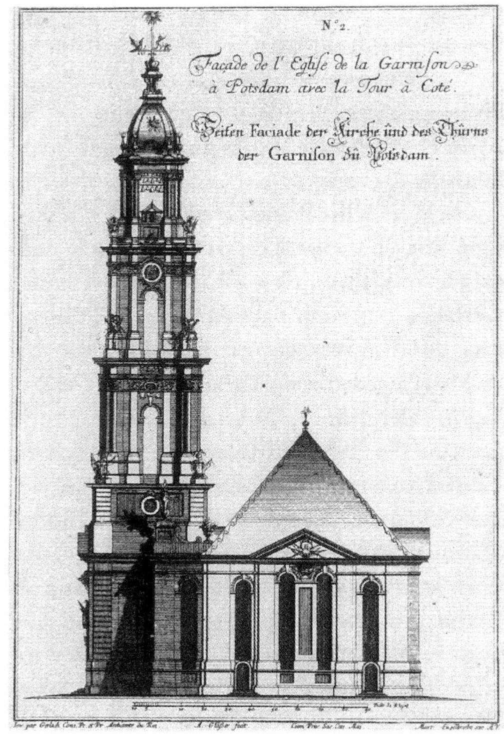

Turmansicht, Kupferstich von Alexander Gläßer nach Philipp Gerlach, gestochen von Martin Engelbrecht, um 1730

Ostansicht, Kupferstich von Alexander Gläßer nach Philipp Gerlach, gestochen von Martin Engelbrecht, um 1730

[Dem dreieinigen Gott und der Erneuerung der Religion hat diesen heiligen Tempel der Eintracht zur Versammlung der Garnisonsoldaten beider evangelischer Konfession und zur Verehrung Gottes, die Frömmigkeit Friedrich Wilhelms des großen Königs in Preußen und Brandenburgischen Kurfürsten mit königlichen Mitteln zu bauen unternommen, und er hat den Grundstein gelegt im Jahre 1730 am (Datum fehlt) Dezembertag, indem er den Hauptstein herbeibrachte – mit Beifall: Dank, Dank jenem! Die Hand Serubabels gründete dies Haus, Seine (Gottes) Hände werden es vollenden. Zacharias (=Sacharja) 4. 7, 8][15]

Am 18. Februar 1731 wies Friedrich Wilhelm I. die Kurmärkische Kammer an, »schleunige Verfügung zu machen, daß zu dem hiesigen Potsdamschen Garnison Kirchen und Thurm-Bau nachstehende Bau Materialien […] abgefolget und annenhero nacher Potsdam geliefert werden«.[16]

Auch alle weiteren Anweisungen von Baumaterialien ergingen von Friedrich Wilhelm I. persönlich.[17] Der Schiefer wurde mitsamt dem Schieferdecker Bleyel aus Altenburg (Thüringen) geholt. Für die Grate und den First des steilen Walmdaches verlangte der König als besondere Zierde ornamentierte Einfassungen.[18] So bestand er darauf, dass »die Ecken und Einfassungen des Dachs ingl.[eichen] die Jahr Zahl mit ›Stanniol‹ [so wurde damals Zinnfolie genannt] auf das Dach sollen gemacht werden, auf die Arth, wie Sie in beyfolgenden Riß angedeutet haben, so soll der p. Gerlach darnach eine Zeichnung fordersamst verfertigen und Sr. K. M. zur approbation einschicken«.[19]

Namentlich erwähnt wird der Steinmetzmeister Johann Chistian Angermann. Der Chro-

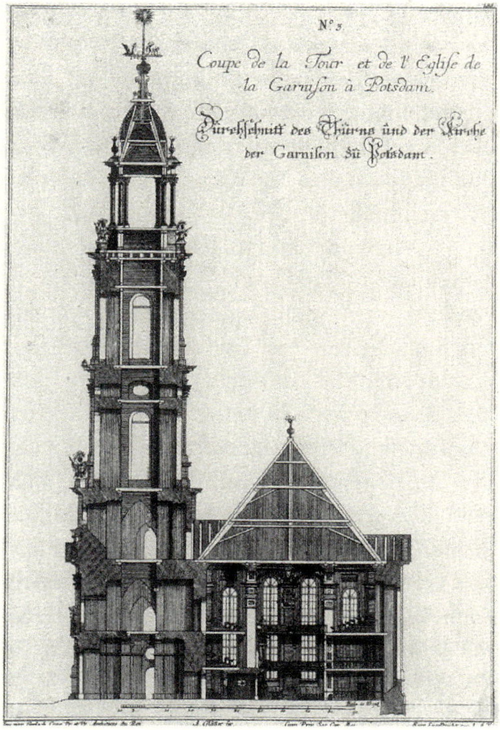

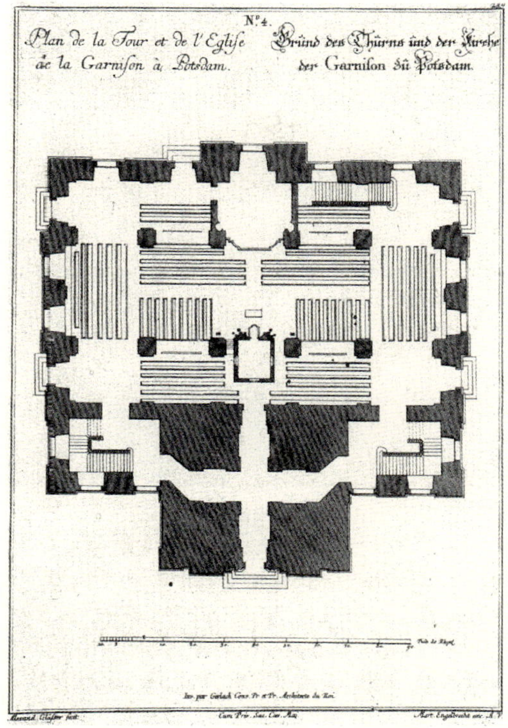

Schnitt, Kupferstich von Alexander Gläßer nach Philipp Gerlach, gestochen von Martin Engelbrecht, um 1730

Grundriss, Kupferstich von Alexander Gläßer nach Philipp Gerlach, gestochen von Martin Engelbrecht, um 1730

nist Morgenstern berichtete, der König »War auch sehr vergnügt über den Fließ, womit dieser mit seinen Gesellen arbeitete«.[20]

Als es zu Verzögerungen beim Innenausbau kam, weil das Dach noch nicht dicht war, ließ der König selbst am 19. Oktober 1731 den Schieferdecker anweisen, »die Arbeit am Dache zu beschleunigen und allenfalls mehr Leuthe anzustellen, doch muß Er dahin sehen, daß die Arbeit tüchtig und gut gemacht wird«.[21]

Nach nicht einmal zwei Jahren Bauzeit[22] wurde die neue Garnisonkirche »A. 1732 den 17. August von dem Herrn Hofprediger Christian Johann Cochius und Herrn Garnison Prediger Johann Gottfried Hornejus eingeweyhet. Bey der Einweihung unserer Garnison-Kirche ward die Soldatesque um die Kirche herum postiret und so bald das Lied ›Herr Gott dich loben wir‹ intoniret wurde, gab dieselbe eine Salve, continuirte damit auch bey jeder Strophe so lange, bis das Lied zu Ende war [Der Choral hat acht Strophen, A. K.]. Worauf der Prediger die Cantzel bestieg, die Einweihungs-Rede hielt, Gott und dem Könige für die der Garnison verschafften Gelegenheit, Gott und sein Wort zu hören und sich daraus zu erbauen, dankte und den Allerhöchsten um seinen Segen zur ferneren Ausbreitung seines Reiches demüthigst anrieff, den König, die Herren Officiers und das gantze Königliche Regiment, auch die ietzige und zukünftige Zuhörer und Lehrer zu allen Gnaden empfahl und dann nach dem gesprochenen öffentlichen Segen die Cantzel wieder verließ, welches des Nachmittags von dem Lutherischen Garnison-Prediger nochmals wiederholet wurde.«[23]

Als Predigttext hatte der König aus innerer Überzeugung programmatisch vorgegeben: »Mein Haus soll ein Bethaus sein« (Ev. Lukas

Der reformierte Hofprediger Cochius, der gemeinsam mit seinem lutherischen Amtsbruder Hornejus die Garnisonkirche 1732 einweihte

Das Glockenspiel, Ostseite von innen, Aufnahme Wilhelm Hannemann 1928

19, 46). Nach dem Vormittags-Gottesdienst fanden im Beisein des Königs zwei Taufen und drei Trauungen statt.[24]

Nach Ingebrauchnahme der Kirche schritt der Bau des Turmes ohne Unterbrechung fort. Auch hierzu sind die Kabinettsordres des Königs überliefert.[25] Als endgültiger Fertigstellungstermin gilt das Datum, das auf einer roten Holztafel in der Glockenspielkammer zu lesen war: »Se. Königl. Majestät Friedrich Wilhelm, König in Preußen, haben den 2. August 1735 in höchst eigener Person den hiesigen Garnisons-Kirchenthurm, welcher 365 Stufen hat, hinauf zu steigen und das Glockenspiel, wie auch die Orgel in der Kirche, mit allergnädigster approbation, in hohen Augenschein zu nehmen, sich allergnädigst gefallen lassen; den folgenden Tag haben des Kron-Printzens, Königl. Hoheit, ein gleiches gethan.«[26]

Der Gerlach-Bau

Johann Philipp Gerlach entwarf die Garnisonkirche in Form eines reformierten Quersaalbaues[27] mit umlaufenden zweigeschossigen Emporen. Hierin folgte er im Wesentlichen den 1718 veröffentlichten Intentionen des Architekturtheoretikers Leonhard Christoph Sturm (Portrait Seite 85).[28] Außen gliederte er das Bauwerk durch hohe dreibahnige Rundbogenfenster zwischen Lisenen. Auf der schmaleren Ost- und Westseite wurden zwei der vier Fensterachsen in einem Mittelrisalit zusammengefasst, das von einem Dreiecksgiebel bekrönt wurde. Eine fünfte Fensterachse gehörte zum geräumigen Treppenhaus. Auch das mittlere der fünf Fenster auf der turmabgewandten Nordseite wurde von einem Risalit umgeben, den ein Segmentgiebel überfängt. Auf der gegenüberliegenden Südseite ragte später der Turmbau empor, dessen Rück-

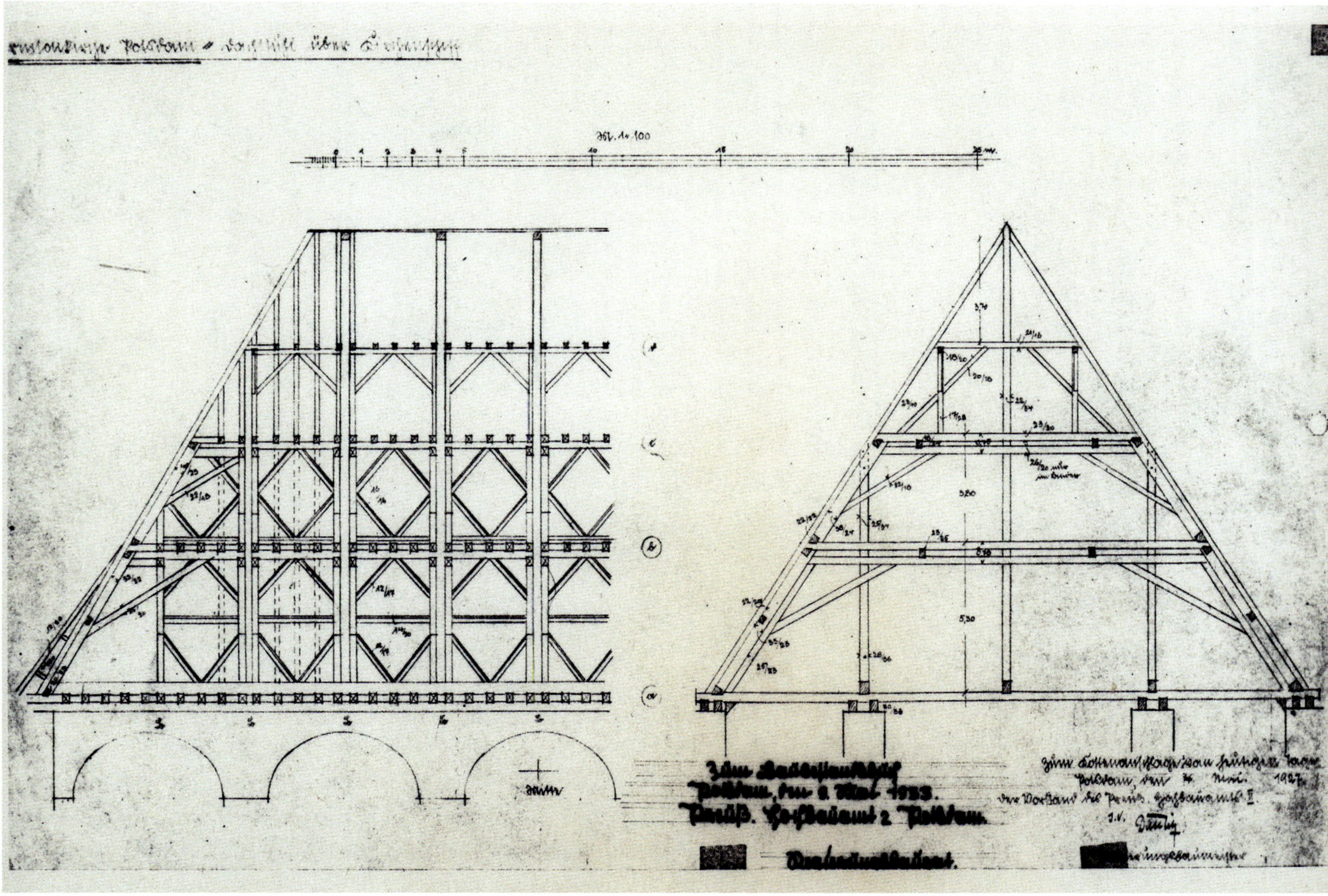

Die 17 Meter hohe Dachkonstruktion, Fotografie einer Aufmaßzeichnung, 1933

seite mit der Längswand des Kirchenschiffes in einer Flucht lag. Zu beiden Seiten des Turmes schlossen sich großzügige Treppenhäuser an, die zu beiden Emporengeschossen führten. Diese Anbauten erreichten die halbe Tiefe des Turmes und wurden von einer mit Balustern durchbrochenen Attika mit Flammenvasen, an den Abseiten Satyrvasen geschmückt. Der kubische Baukörper des Kirchenschiffes erhielt ein steiles, schiefergedecktes Walmdach, dessen Höhe mit 17 Metern jener der Außenwände entsprach. Es war als Kehlbalkendach mit dreifach stehendem Stuhl und drei Kehlbalkenlagen übereinander konstruiert, wurde mit Schiefer gedeckt und zeigte auf jeder Seite zwei große Lukarnen.

Vier Portale mit Sandsteingewänden (eines im Osten, eines im Norden, zwei im Westen) führten unmittelbar in das Kirchenschiff, während das besonders reich verzierte Turmportal den Zugang zu den Emporen bildete.[29] Jeweils vier kräftige Pfeiler, die mit Korbbögen[30] verbunden waren, teilten den Kirchenraum in drei Schiffe. Zur Raumseite erhielten sie Pilaster, in deren Kompositkapitellen das Monogramm »FWR« verwoben war. Diese Rhythmisierung fand an den Außenwänden nach Süden und Nor-

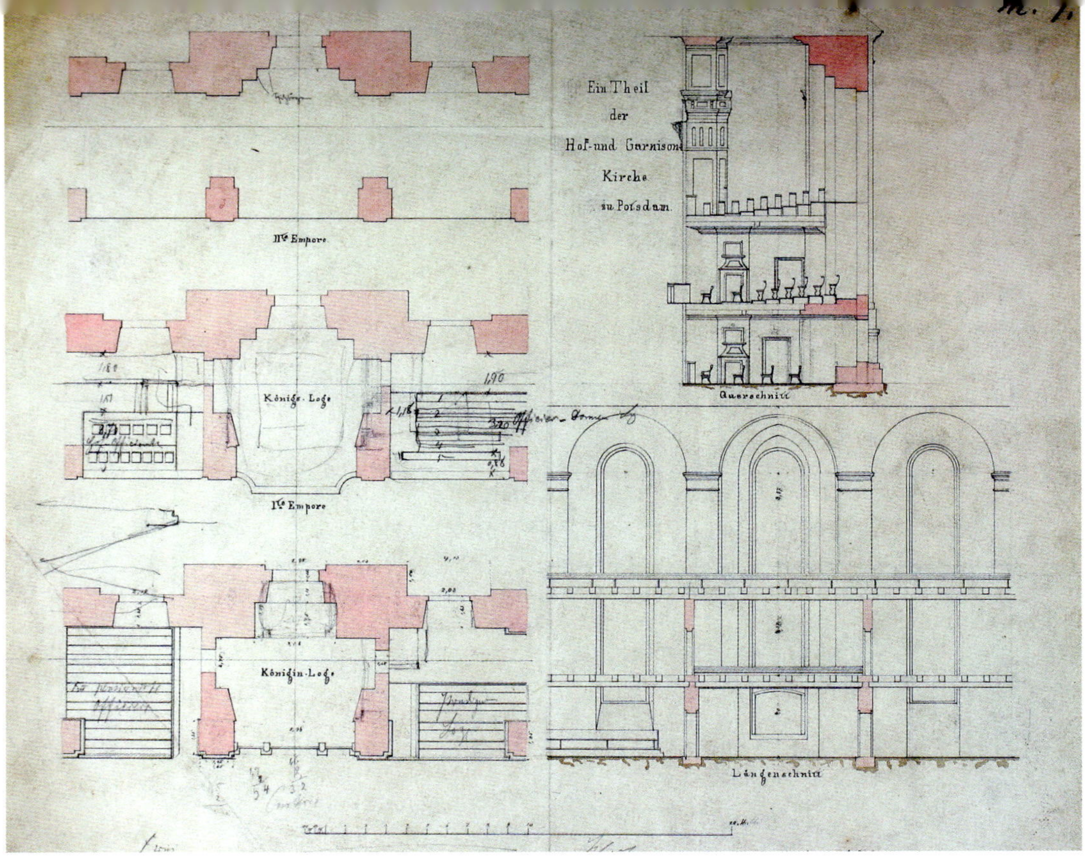

Schnitt durch die Logen mit Lage der Kamine, Aufmaßzeichnung , um 1800

den in Gestalt von Pilastern und flachen Bogennischen eine Wiederholung. Hölzerne Emporen mit großer Tiefe lagerten auf den Pfeilern und umgaben den Raum in zwei Geschossen, auf den Schmalseiten von je einem Holzpfeiler unterstützt. Auf der Nordseite »hat der König nebst den Herren Officiers einen Sitz auf dem ersten Chor, die Königl. Frauenzimmer aber unter demselben gegen der Cantzel und Orgel über, und ist an beyden Orten ein Camin angebracht, wo man allenfalls Feuer im Winter anmachen kann, um sich zu erwärmen«.[31]

Die geräumige Loge lag auf der Nordseite, der Kanzel genau gegenüber. Während der Prediger den König im Gegenlicht wohl kaum beobachten konnte, wurde er selbst von drei Seiten beleuchtet, während der Kirchenraum nach Süden keinerlei Fensteröffnungen besaß. Statt weicher Sessel gab es in den Logen die beiden vom König selbst mit Blumenmotiven bemalten, einfachen Holzschemel[32], die bis 1945 erhalten blieben (Abb. S. 158). Außer den turmseitigen Treppenhäusern gab es in den Ecken der Nordseite innenliegende Treppen zu den Emporen. Die westliche ließ der gichtkranke König im Oktober 1739 durch Ingenieurkapitän Andreas Berger zu einer flachgeneigten Rampe umbauen.[33] Über diese »Schurre« fuhr man ihn im Rollstuhl zu seiner Loge. Sie bestand einschließlich der gedrechselten Traillen aus Eichenholz. 1898 wurde sie mit flachen Stufen versehen.[34]

Entgegen dem Plan Philipp Gerlachs, die Emporenbrüstungen mit Balustern zu schmücken, kamen nur einfache Holzbrüstungen zur Ausführung. Dafür waren weniger finanzielle Gründe ausschlaggebend als religiöse, denn der König war Calvinist. Der Quersaal war also von betont reformierter Schlichtheit, lediglich an den Zwickeln über den Emporenpfeilern sah man Reliefs von Harnischen und an der Mit-

Die Rampe zur Königsloge, Aufnahme 1910

te der flachen Decke einen stilisierten Adler in einer Rundöffnung, die zugleich der Entlüftung des Raumes diente.[35]

Architektonische Glanzpunkte hingegen bildeten – übereinander angeordnet – der reich geschnitzte Orgelprospekt und wenig später der monumentale Kanzel-Gruft-Bau.[36] Der einfache Abendmahlstisch wurde in der Mitte des Saalbaues aufgestellt. Das Parterre blieb – in voneinander gesonderten Blöcken – der Zivilgemeinde sowie den Frauen der Offiziere und Soldaten vorbehalten, während die geräumigen Emporen dem Militär dienten. Der Innenraum »faßt gegen 3000 Personen«, wie der Chronist und Geograf Heinrich Berghaus berichtet.[37] Das Gestühl besaß übrigens keine Rückenlehnen, wie dies in vielen Kirchen jener Zeit üblich war. Dass Friedrich Wilhelm I. damit seine Soldaten am Einschlafen hindern wollte, ist eine – wenn auch amüsante – Legende.

Die schlichten Nordemporen mit den Logen mit den schlichten Brüstungen, die nach Abnahme der roten Tuchbespannungen sichtbar wurden, Bildbearbeitung Dieter Wendland

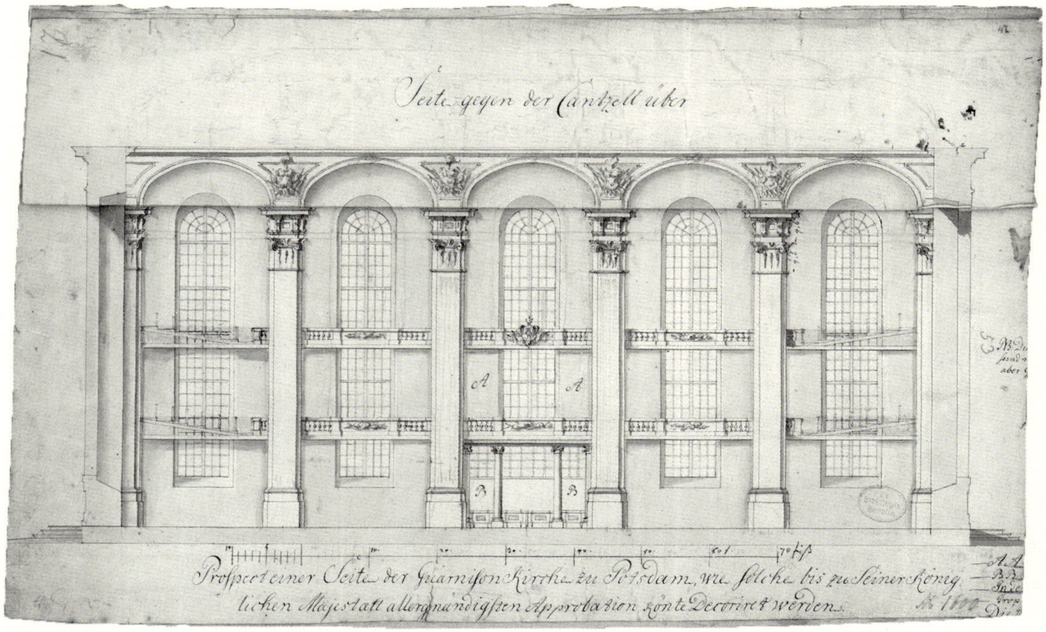

Querschnitt des Innenraumes mit Ansicht der Nordseite, Philipp Gerlach (?), um 1730

Die Nordseite mit den Logen in der 1732 ausgeführten Form, Computersimulation von Andreas Hummel, Arte4D, Dresden

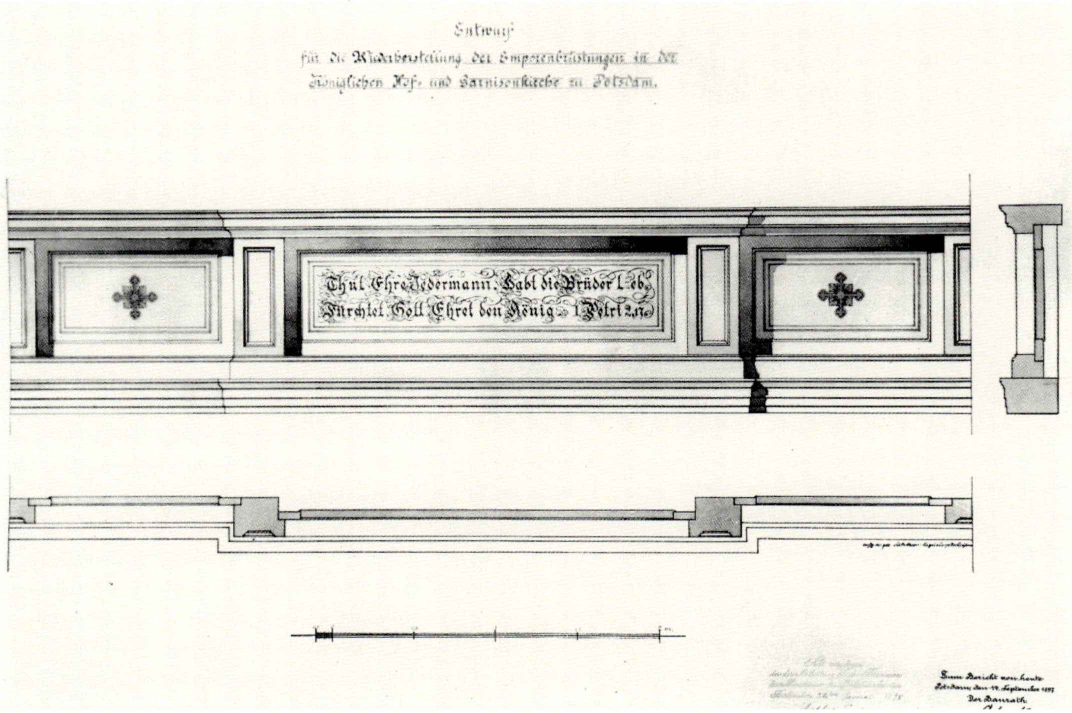

Der Innenraum zur Zeit Friedrich Wilhelms I., Computersimulation von Andreas Hummel, Arte4D, Dresden

Die Form der Emporenbrüstungen bis 1897 – mit Vorschlag zur Neudekoration (nicht ausgeführt)

ANNO
FRIDERICH WILHELM
KÖNIG IN PREUSSEN
1735

Das Turmbauwerk

Eine eigenständige, großartige Leistung Philipp Gerlachs war die Gestaltung des gravitätischen Turmes der Garnisonkirche, dessen Fertigstellung erst 1735, also drei Jahre nach Einweihung der Kirche, erfolgte. Der immer wieder angestellte Vergleich mit dem Berliner Münzturmentwurf von 1702 liegt zwar nahe, doch während Andreas Schlüter seinen Turm »wie ein Denkmal mit Sockel und darauf stehender Figur aufbaut, entwickelt Gerlach seinen Turm kontinuierlich vom Erdgeschoss bis in die Turmspitze. Deshalb kann bei ihm die geometrische Reihe wirksam werden, was bei Schlüter unmöglich ist.«[38] Durch die Vermittlung der beiderseitigen Treppenhäuser erschien der Turm in den Kirchenbau integriert, jedoch stand er außerhalb der Umfassungsmauern des Schiffes. Aus dem querrechteckigen Unterbau mit Mezzaningeschoss (niedriges Zwischengeschoss) wuchsen drei quadratische, sich jeweils verjüngende Geschosse empor, die durch kräftige, stark verkröpfte Sandsteingesimse voneinander abgesetzt wurden. Während der untere Bereich mit gequaderten Ecklisenen, einem reichen Portalgewände und Reliefschmuck versehen war, gliederten korinthische Pilaster die beiden folgenden, quadratischen Turmetagen. In gut 56 Metern Höhe lag die von einem schmiedeeisernen Geländer umgebene Turmgalerie, und daraus erwuchs die aus Eichenholz konstruierte, mit Kupfer beschlagene Turmlaterne mit dem Carillon. Der damaligen Baupraxis entsprechend dürften die Architekturelemenete dieses Turmgeschosses eine Naturstein imitierende Farbfassung erhalten haben. Den Abschluss bildete eine quadratische Gratkuppel, deren Volutenbekrönung in die Helmstange mit der Wetterfahne überleitete. Dieser hölzerne Aufsatz besaß bis zum Rand der turmbekrönenden Sonne al-

Abbildung Seite 96:
Turmansicht von Süden,
Messbild von 1911

Abbildung Seite 97:
Aufriss der Südseite,
Zeichnung von Philipp
Gerlach, um 1735

Aufriss des Turmportals,
Philipp Gerlach,
um 1730

lein eine Höhe von 32,30 Metern (ebenso hoch ist beispielsweise der gesamte Glockenturm der Dorfkirche in Potsdam-Eiche).

In äußerst geschickter Weise vermittelten auf der Ost- und Westseite des Turmes in halber Höhe jeweils zwei freistehende korinthische Sandsteinsäulen zwischen dem rechteckigen Unter- und dem quadratischen Zwischengeschoss. Die Gesimse erhielten Eckbekrönungen aus Sandstein, die Trophäen- und Fahnenschmuck zeigten. Besonders zierlich wirkte das offene Glockengeschoss, dessen Traufgesims von gekuppelten (paarigen) Säulen mit korinthischen, aus Blei gegossenen Kapitellen getragen wurde.[39] Am Fuße des Kuppeldaches bekrönten acht schlanke, aus Kupfer getriebene Flammenvasen die freistehenden Säulen, die wie die Grate und Ornamentfelder der gewölbten Turmdachflächen vergoldet waren.

Der Portalrisalit bildete mit seinen kräftigen Gesimsprofilen, der Widmungstafel und dem bildplastischen Schmuck den hervorgehobenen Eingangsbereich, obwohl das Turmportal ausschließlich die Emporen erschloss.

Außer seiner architektonischen Gestalt, die den Turm der Potsdamer Garnisonkirche zum Hauptwerk des preußischen Barocks nach dem Wirken Andreas Schlüters werden ließ, ergab sich darüber hinaus ein städtebaulicher Aspekt, der nicht minder genial gelöst war. Gerlach zog den Turm weit vor die Häuserflucht der Breiten Straße, der auf diese Weise zu deren Dominante wurde: Kam man vom Neustädter Tor und blickte nach Osten, so sah man auf den Hauptflügel des Stadtschlosses; kam man von dort, bildete das Obeliskenpaar des Tores den »point de vue«. Aber in beiden Fällen beherrschte der gewaltige und doch grazile, himmelweisende Glockenturm das Gesamtbild!

Der bauplastische Schmuck

Dem barocken Verständnis für Allegorien folgend sollte das Bauwerk schon äußerlich als Miltärkirche zu erkennen sein. Allen Waffendarstellungen, die dem ungeübten Betrachter heute martialisch, gar militaristisch erscheinen mögen, ist gemein, dass sie in der Art von Trophäen zusammengebunden dargestellt sind. Mithin sind sie nicht für den Gebrauch, sondern als Zeichen gesicherter Herrschaft gedacht. Der Schriftsteller Reinhold Schneider, der eine Zeit lang in Potsdam lebte, verwies bereits 1933 auf des »Soldatenkönigs« Abneigung gegen Angriffskriege. Er schrieb über den Glockenturm der Garnisonkirche, dass er »das Symbol und Grab des preußischen Willens und Königtums wird. Waffen hängen zu beiden Seiten des To-

Demontierte kupfergetriebene Flammenvase von der Turmkuppel mit eingesunkenem Oberteil, Aufnahme, 1928

Reliefs links und rechts vom Turmportal, Aufnahme Horst Fritzsche, um 1965

res: fertig zum Kampf und durch Gott übergeben, der allein den Streit befehlen kann: so entspricht es dem Glauben des Königs, der in seinem Testament noch seinen Nachfolger fast flehentlich bittet, einen Krieg nur zu unternehmen, wenn es geschehen könne im Namen der Gerechtigkeit. Gott, nicht der König, ist Herr der Waffen [...].«[40]

Der aus zwei breiten Pfeilern und einer Giebelbekrönung bestehende Turmrisalit erhielt den Schmuck mit der höchsten Ausführungsqualität, weil er dem Auge des Betrachters am nächsten war. Die beiden Pfeiler wurden mit Arrangements antiker und moderner Waffen geschmückt – links mit einem Helm, einer Heerpauke, einer Trompete, Gewehren und Degen, rechts ebenfalls mit einem Helm, einer Trommel, Gewehren und Pistolen.

Die Sandsteinrahmung des Rundbogenportals erhielt Pilaster und Volutenkonsolen, der

DerTurmrisalit mit dem Trophäenschmuck, Aufnahme Geerd Andriessen, 1956

Helmzier mit weiblichem Halbakt, Aufnahme, um 1928

Tympanon des Turmrisalits, Flammenvasen auf den Treppenhäusern und Trophäen des ersten Trumabsatzes, Aufnahme, um 1928

Nordost-Trophäe auf dem ersten Turmabsatz, Aufnahme, um 1928

Südwest-Trophäe auf dem ersten Turmabsatz, Aufnahme, um 1928

Nordost-Trophäe auf dem zweiten Turmabsatz, Aufnahme, um 1928

Südost-Trophäe auf dem dritten Turmabsatz, kupfergetriebene Kopie des verwitterten Sandsteinoriginals von 1928, Aufnahme, um 1928

Südwest-Trophäe vom dritten Turmabsatz, durch den Absturz nach der Sprengung verformt, als Mahnmal in der Ausstellung, Aufnahme Andreas Kitschke, 2006

Südwest-Trophäe auf dem zweiten Turmabsatz, Aufnahme, um 1928

Architrav endigte in einem Volutengiebel, in dessen Tympanon stark plastische florale Girlanden füllten. Die Mitte bekrönte eine stark ausgezierte Kartusche mit dem Relief des preußischen Adlers und die Königskrone, zu beiden Seiten flankiert von Harnischen in römisch-antiker Form.

Das Segmentbogenfenster oberhalb des Portals (unter der Widmungstafel) erhielt eine Schlusssteinzier aus zwei gekreuzten Fanfaren zwischen Eichen- und Lorbeerlaub sowie einen römischen Helm, in dessen Plumage [frz. plume = Feder] sich erstaunlicherweise ein weiblicher Halbakt zeigte. In der antiken Ikonografie wäre dies Fortuna. Doch das flammende Herz in der rechten Hand kennzeichnet sie als Caritas, also die christliche Nächstenliebe und Wohltätigkeit.

Das Tympanon wurde mit einer von römischen Fahnen und Standarten umgebenen Kartusche gefüllt, welche die Initialen des Bauherren »FWR« trägt, während unter ihr der Schwarze Adlerorden mit den Initialen »SC« [lat. Suum cuique = Jedem das Seine] herabhängt. Dieser war von Friedrich I. anlässlich seiner Königskrönung am 18. Januar 1701 gestiftet und seinem Sohn sowie 19 weiteren Persönlichkeiten verliehen worden.

Eine weitere Monogramm-Kartusche wurde weithin sichtbar in der Gesimszone des Turm-Mittelgeschosses angebracht. Die drei rückspringenden Turmabsätze erhielten jeweils an den vier Ecken Trophäengruppen. Während sie auf dem ersten Turmabsatz noch recht detailliert ausgearbeitet sind und mit Brustpanzer, Helmdekor und Fahnenhintergrund antiken römischen Vorbildern folgen, wird die Gestaltung der oberen kantiger, da sie weiter vom Betrachter entfernt sind. Die Skulpturengruppen auf den beiden oberen Turmabsätzen unterschei-

Relief am Kirchenschiff Nordseite Mitte, Aufnahme Klaus Pospiech, um 1960

Spolie des Schwarzen Adlerordens mit den Initialien »SC« (suum cuique), der von der Kartusche im Tympanon herabhing, Aufnahme Monika Schulz-Fieguth 2014

Relief am Kirchenschiff
Nordseite rechts,
Aufnahme Klaus Pospiech,
um 1960

Relief am Kirchenschiff
Westseite links,
Aufnahme Klaus Pospiech,
um 1960

Flammenvasen auf dem westlichen Treppenhaus, Aufnahme Dietmar Saretz, 1968

Vase mit Satyrköpfen auf dem östlichen Treppenhaus, Aufnahme, um 1928

den sich vor allem durch die Form der Schilde, welche die Stelle der Harnische einnehmen. Sie sind ebenfalls um senkrecht stehende Knüppel oder Liktorenbündel gruppiert. Die Gestaltung der Schilde geht zuweilen über reine plastisch ausgeformte Ornamentik hinaus – so sind ein Löwen- und ein Gorgonenhaupt oder auch die Maske eines sterbenden Kriegers zu erkennen, die allerdings karikiert erscheinen.

Auf den Pfeilern der Balustraden über den Treppenhäusern zu beiden Seiten des Turmes wurden Flammenvasen angeordnet – Allegorien der aufopfernden christlichen Liebe. Sie sind das Zeichen gegen die bösen Mächte des Satans. Diese sind auf den Außenseiten der Turmanbauten in christlicher Ikonografie als Satyrköpfe auf bauchigen Vasen dargestellt. Die drei Fassaden des ansonsten fast schmucklosen Kirchenschiffs erhielten ebenfalls bauplastischen Schmuck. Zwischen dem Gurt- und Traufgesims oberhalb der hohen Fenster waren jeweils drei Trophäenarrangements ›en relief‹ angebracht.

Wiewohl die Schöpfer des bildhauerischen Schmucks bisher nicht erforscht werden konnten, geht man sicher nicht fehl, dem Schlüter-Schüler Johann Georg Glume wesentlichen Anteil zuzuschreiben.

Im Innenraum beschränkte sich der allegorische Schmuck auf wenige Details: Ein Adlerrelief auf blauem Grund in Tondoform schmückte die Mitte der Decke. Sogenannte Armaturen [lat. armartura = Bewaffnung, Rüstzeug] befanden sich an den Zwickeln über den Pfeilern und Monogrammkartuschen an den Bogenscheiteln. Die Kompositkapitelle an den Pfeilerpilastern waren mit dem königlichen Monogramm »FWR« versehen. Der Schmuck des Kanzel-Gruft-Baues und der Orgel wird auf den Seiten 112–118 und 130–138 gesondert beschrieben.

GARNISONKIRCHE

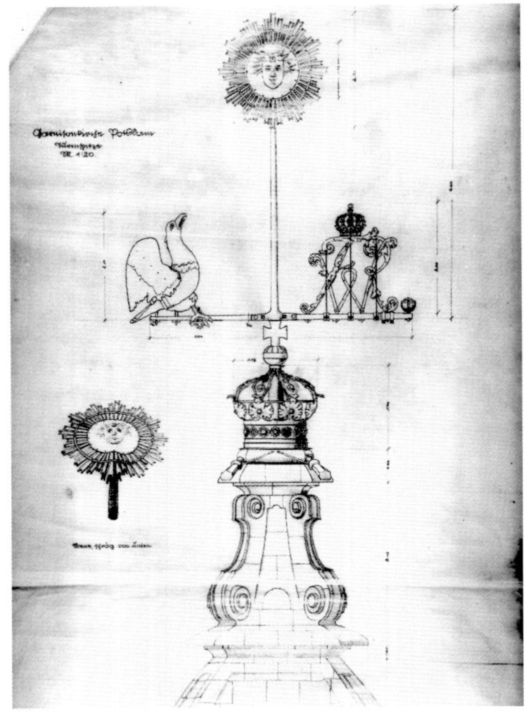

Monteure an der Wetterfahne, Aufnahme, um 1928

Aufmaßzeichnung der Wetterfahne von 1928

Abbildung Seite 107: Die 2014 rekonstruierte Wetterfahne, Aufnahme Monika Schulz-Fieguth, 2014

Die Symbolik der Wetterfahne

Die Devise des Schwarzen Adlerordens »Suum cuique« – Jedem das Seine – des ersten Königs in Preußen, Friedrich I., war sinnfällig auf die schon vom Großen Kurfürsten begründete Toleranzpolitik bezogen. Was aber hatte es mit dem Wahlspruch seines Sohnes Friedrich Wilhelm I. auf sich? »Nec soli cedit« – nicht einmal der Sonne weichend – (auch »Non soli cedit« zitiert) wurde allegorisiert durch einen zur Sonne auffliegenden Adler. Diese ursprünglich frühchristliche Symbolik, wie sie die Turmbekrönung der Garnisonkirche zeigt, fand sich auch andernorts, so beispielsweise auf den Glockentürmen des Großen Friedrichswaisenhauses und der Jerusalemer Kirche in Berlin.[41] Sie wurde in der Barockzeit noch verstanden und geht zurück auf ein Bibelwort aus Jesaja 40, 31: »Die auf den Herrn harren kriegen neue Kraft, dass sie auffahren mit Flügeln wie Adler.« Zwei solcher Adler, mit diesem Spruch versehen, sieht man noch heute am Tympanon des 1698–1700 erbauten historischen Waisenhauses der Franckeschen Stiftungen in Halle/Saale.[42]

Im »Physiologus«, einer im zweiten bis vierten christlichen Jahrhundert entstandenen Abhandlung in griechischer Sprache über Naturlehre und Symboldeutung, wird der Adler so interpretiert: »Es ist der Adler der König der Vögel. Dieser lebt hundert Jahre und wird alt, sein Schnabel wird zu groß und seine Augen trübe, so daß er nichts mehr sieht und nicht jagen kann. Er steigt endlich ganz hoch hinauf und stürzt sich vom Felsen herab und zerbricht seinen Schnabel und badet sich im Jungbrunnen, dann setzt er sich auf eine Felsspitze nach der Sonne zu, und wenn die Sonnenwärme stärker auf ihn einstrahlt, fallen ihm die Schalen von den Augen, und er wird wieder jung. So sollst auch du,

Während der Rekonstruktion der Wetterfahne in Ottendorf-Okrilla, 2012, Aufnahmen Vivian Rheinheimer und Thomas Bolze

Christenmensch, wenn du viel gesündigt hast, hinauf in die Höhe gehen, das ist in dein Gewissen, und dich von dem Felsen stürzen, das ist der rechte Glaube, deinen Schnabel zerbrechen, das ist der Vorwurf deiner Sünde, dich im Jungbrunnen baden, das sind deine Tränen. Setze dich auf einen Stein der Sonne entgegen, das ist der Heilige Geist, der auf dich die Hitze der Reue stark werden läßt, wirf von dir die Schalen, das sind die Sünden, und erneuere dich wiederum selbst, so wirst du vor Gott gerecht genannt werden.«[43]

Weit verbreitet ist die Ansicht, Friedrich Wilhelm I. habe dieses Motto dem »Nec pluribus impar« Ludwigs XIV. von Frankreich (»auch nicht mehreren unterlegen«) entgegengestellt, und der zur Sonne auffliegende Adler sei eine Drohgebärde gegen Frankreich.[44] Unbestreitbar hat der spätere »Soldatenkönig« als Kronprinz im Spanischen Erbfolgekrieg am Feldzug des Herzogs von Marlborough John Churchill und des Prinzen Eugen von Savoyen gegen die Truppen des »Sonnenkönigs« Ludwig XIV. von Frankreich teilgenommen. Und der am 11. September 1709 in der Schlacht bei Malplaquet errungene Sieg wurde alljährlich von ihm gefeiert.[45] Den betreffenden Wahlspruch und die Symolik des zur Sonne auffliegenden Adlers allerdings hat es bereits zwölf Jahre vor der Schlacht auf einer Fahne des kronprinzlichen Regiments von 1696 gegeben, die 1760 von den Russen in Berlin erbeutet wurde.[46] Der zur Sonne fliegende Adler tauchte schon 1693 in den Fahnen des Markgrafen Christian Ludwig von Brandenburg-Schwedt (dem Bach übrigens seine ›Brandenburgischen Konzerte‹ widmete) auf.[47] So eindeutig ist dieser Wahlspruch somit nicht Friedrich Wilhelm I. zuzuordnen.

Die Potsdamer Hof- und Garnisonkirche ließ die Allegorie der Devise »Nec soli cedit« goldglänzend weithin sichtbar über der Stadt

Herstellerinschrift im Rahmen des Altartisches, Aufnahme Andreas Kitschke, 2006

erstrahlen. Eine stattliche Sonne schwebte auf der Helmstange des Turmes, und vom Windbalken schien sich der preußische Adler zu ihr hinaufzuschwingen. Als Symbol Jupiters trug er – der römischen Mythologie folgend – Donnerkeile versus Blitze zwischen den Klauen. Auf der windzugewandten Seite dieser eigentümlichen Wetterfahne waren als Initialen des Königs – FWR – zu erkennen, daneben sorgte eine Kanonenkugel (!) für die Herstellung des Gleichgewichts - wieder ein Symbol? An Kanzel und Orgel der Garnisonkirche trugen die Adler eine Krone, waren also wirklich »preußisch«. Trotz aller Ambivalenz der Deutungen vermittelt der Adler, der sich der Sonne zuwendet, eine klare, unmissverständliche Aussage: Der gottesfürchtige Monarch stellte das Wohl seines Staates unter den Segen Gottes.

Der Altar- und Tauftisch

Für den schlichten, in Raummitte aufgestellten reformierten Abendmahlstisch aus Eichenholz stiftete Königin Sophie Dorothea zur Einweihung der ersten Garnisonkirche 1722 einen reich bestickten Altarbehang aus weinrotem Seidendamast. Das rechteckige Mittelfeld des kreuzförmigen Behanges hat die Größe der Altarmensa, sodass die vier herabhängenden Seitenteile den Altartisch völlig verhüllten. An jeder Seite sind in den unteren Ecken unter Königskronen die verschlungenen Monogramme »FWR« (Friedrich Wilhelm Rex) und »SDR« (Sophie Dorothea Regina) »ANNO 1722« aus Gold- und Silberfäden appliziert. Die Schmalseiten sind mit je einem, Vorder- und Rückseite mit zwei blumengefüllten Füllhörnern geschmückt. Goldborten, an der aufliegenden Oberseite mit Eckornamenten versehen, rahmen die Teile, deren Unterkanten mit Goldfransen besetzt sind.[48]

Der Altartisch wurde in die 1732 eingeweihte zweite Garnisonkirche übernommen, doch schenkte die Königin nun ein zweites, sehr ähnliches Antependium. Wie das ältere ist es mit den bekrönten Monogrammen »FWR« und »SDR«, an den vier Seiten geschmückt, jedoch statt der Füllhörner mit einer blumengefüllten bauchigen Vase und der getrennten Jahreszahl »17 – 32«. Die Monarchin selbst soll mit ihren Hofdamen an beiden gestickt haben, doch sind die Behänge insgesamt als Werke des Goldstickers Elie Pailly zu betrachten. Sie befinden sich heute im Deutschen Historischen Museum.[49]

Der erhaltene eichene Altartisch[50] wurde seiner Inschrift gemäß im Jahr 1800 von einem Tischler namens Mannhardt neu angefertigt. Das lässt darauf schließen, dass der frühere um diese Zeit abgenutzt war. Dies wiederum ist ein Indiz für die Richtigkeit der Überlieferung, derzufolge er zu Feldgottesdiensten im Freien als Feldaltar genutzt worden war. Jedenfalls hat er die gleiche Größe wie der ursprüngliche, denn die erhaltenen Antependien passen dazu.

Der reformierten Tradition folgend fand beim Sakrament der Taufe auf dem Abendmahlstisch auch die Taufschale ihren Platz, weshalb die Garnisonkirche bis 1856 keinen Taufstein besaß. Auf der Mensa lag lediglich die aufgeschlagene Bibel, während es entsprechend der reformierten Anschauung des Königs weder ein Kruzifix noch Altarleuchter gab.[51]

Der seit 1814 mit Kruzifix und Leuchten geschmückte Tauf- und Abendmahlstisch inmitten des Kirchenraumes, Aufnahme Wilhelm Andauer, um 1890

Der Altar der Garnisonkirche als Feldaltar unter freiem Himmel zum Feldgottesdienst am 9. August 1914 im Lustgarten, Aufnahme Ernst Eichgrün – Ausschnitt

Noch heute sind in der ehemaligen Zivilgemeinde (Heilig-Kreuz-Gemeinde) zwei prachtvoll eingebundene Altarbibeln vorhanden. Die ältere, 1693 in Frankfurt am Main gedruckte, besitzt einen Einband mit Elfenbeinreliefs, auf denen Moses mit den Gesetzestafeln und die vier Evangelistensymbole dargestellt sind. Sie wurde vermutlich schon zur Kirchweihe vom »Soldatenkönig« geschenkt. Eine weitere, 1768 in Nürnberg gedruckte Bibel, deren Einband aus rotem Samt Silberreliefs mit der Darstellung Christi und der zwölf Apostel nach Leonardo da Vinci trug, stiftete Friedrich Wilhelms III. dagegen 1814 – zusammen mit Kruzifix und Leuchterpaar aus feuervergoldeter Bronze.[52] Das Vorhaben, den Grufteingang mit einer von Karl Friedrich Schinkel entworfenen Draperie zu verdecken, wurde jedoch nicht ausgeführt.[53]

Stattdessen erfahren wir aus einem Schreiben des Hofpredigers Eylert vom 24. März 1815: »Nach dem Befehl Sr. Majestät des Königs vom 29. December v. J. ist der Altar Tisch in der Hof- u. Garnison Kirche hierselbst zurück gesetzet.« Die Arbeiten hierzu wurden von Steinmetzmeister Trippel, Maurermeister Happe und Tischlermeister Ziedrich durchgeführt.[54] Ein Entwurfsblatt, das Reinhold Persius 1869 zeichnete, zeigt eine blaue Altardecke mit eisernem Kreuz.[55] Sie sollte wohl für die Feldgottesdienste dienen, um die historischen Antependien zu schonen. Ob sie allerdings wirklich angefertigt wurde, ist nicht bekannt.

Der Architekt Friedrich Laske berichtete 1911 über die Herstellung des neuen, vom Kaiser gestifteten Marmoraltars und erläuterte: »Der bisherige Altartisch mit seiner kostbaren roten Damastdecke hat einen würdigen Platz in der Taufkapelle [...] gefunden. Ihm ist auch bei Mobilmachungen, wenn an mehreren Stellen für die Truppen das heilige Abendmahl gespendet werden muss, in der Zukunft eine zweckentsprechende Verwendung zugedacht.«[56] Aus seiner Unterbringung in der Taufkapelle erklärt sich, dass der Feldaltar in der Nacht zum 15. April 1945 gerettet werden konnte, während das Kirchenschiff völlig ausbrannte.

Die Wagner-Orgel

Joachim Wagner ist heute anerkannt als bedeutendster Orgelbauer des barocken Brandenburg-Preußen. Am 13. April 1690 in Karow bei Genthin als Sohn des Ortspfarrers geboren, wurde er nicht – wie zwei seiner Brüder – Theologe, sondern erlernte bei Christoph Treutmann in Magdeburg, einem langjährigen Mitarbeiter Arp Schnitgers, das Orgelbauerhandwerk.[57] Seine Wanderjahre führten ihn zu den bekanntesten Meistern des Fachs; zwei Jahre war er Geselle bei Gottfried Silbermann in Sachsen. Alle

Die Wagner-Orgel über dem »Königlichen Monument«, Aufnahme Max Baur, um 1930

Putto mit stimmbarer Pauke auf dem C-Pedalturm sowie der zur sich drehenden (Cymben-) Sonne auffliegende Adler mit beweglichen Flügeln (auf der rechten Seite befanden sich Pendants)

wertvollen Eindrücke dieser Zeit verband er zu einem neuen Klangideal, seinem »Personalstil«, der in mehrere Berliner Orgelbauergenerationen hineinwirkte. Im November 1719 erwarb Wagner in Berlin eine »Concession über das Orgelbauen« und ließ sich dort nieder. 1721 heiratete er, doch nach 18 kinderlosen Ehejahren starb seine Frau. Aus der zweiten Ehe sind vermutlich drei Kinder hervorgegangen. In den 30 Jahren seines selbstständigen Schaffens hat Joachim Wagner mindestens 50 Orgeln gebaut, also mehr, als Silbermann in einem zehn Jahre länger währenden Zeitraum. Einige Pläne, darunter den einer Orgel mit sechs Manualen und 110 Registern (!) für St. Petri Berlin, deren Ausführung nur durch das zweimalige Turm-Unglück unterblieb, konnte er nicht verwirklichen. Er starb am 23. Mai 1749 in Salzwedel, ohne das große Werk in der dortigen Marienkirche und die nach seinem neuen Entwurf bereits von Wagners Meistergesellen Peter Migendt begonnene Berliner Petri-Orgel vollenden zu können und ohne irdische Reichtümer zu hinterlassen.

Viele Wagner-Orgeln fielen dem letzten Krieg zum Opfer, einige aber auch dem Unverständnis der Nachfahren, sodass die Einschätzung Ernst Friedländers in der »Allgemeinen Deutschen Biographie« von 1896 noch heute volle Gültigkeit besitzt: »Wagner verdient neben Silbermann genannt zu werden, und ist nur deshalb weniger berühmt geworden, weil er unter ungünstigeren Verhältnissen arbeitete und seine Werke nicht die sorgfältige Pflege und Behütung erfuhren, wie die Dresdner Orgeln.«[58]

Samuel Halle, Professor für Geschichte am preußischen Kadettenkorps in Berlin, berichtet in seiner 1764 erschienenen »Werkstätte der heutigen Künste« von »des Orgelbauer Wagners Aufsazz [...], welchen man anfertigen muste, als des höchstseel. Königes Friedrich Wihelms

Die Wagner-Orgel vor dem Umbau, um 1880

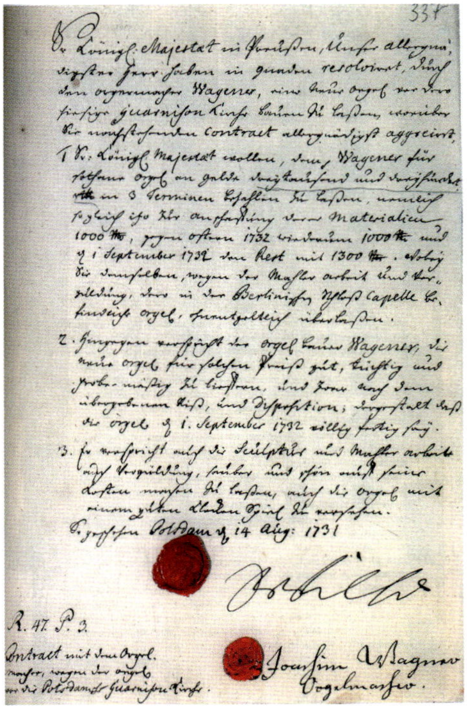

Der eigenhändig von Friedrich Wilhelm I. und Joachim Wagner unterzeichnete Orgelbaukontrakt, 1731

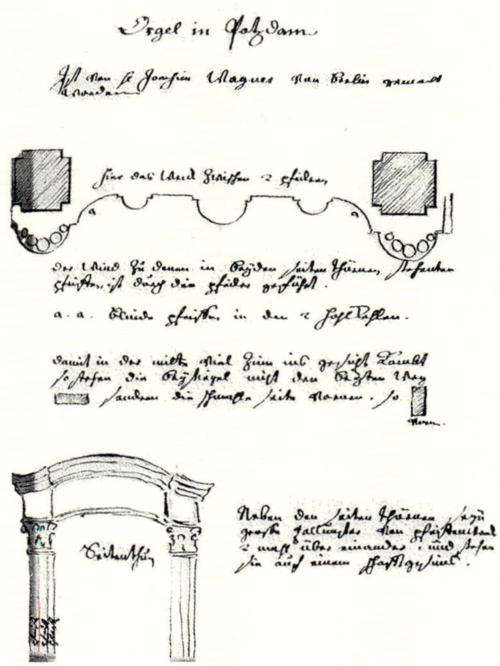

Aufzeichnungen von Johann Andreas Silbermann über die geplante Orgel, die bis vor die Emporenpfeiler reichen sollte, 1741

Majestät den Karakter aller Stimmen an dieser Potsdammer Orgel zu wissen geruhten«.[59] Ihm fiel dabei offenbar nicht auf, dass diese Zusammenstellung zwölf Register mehr enthielt als das schließlich ausgeführte Werk.

Zunächst war eine recht ungewöhnliche Platzierung des Instrumentes geplant, wie Skizzen von Johann Andreas Silbermann (offenbar nach der Vorlage des Wagnerschen Prospektrisses angefertigt) beweisen. Das Orgelwerk sollte die gesamte Tiefe der oberen Südempore einnehmen und zwischen zwei Pfeilern stehen. Diese wären von vorkragenden großen Pedaltürmen verdeckt worden: »Der Wind zu denen in beyden Seiten Thürmen stehenden Pfeiffen ist durch die Pfeiler geführt [...]. Neben den Seiten Thürmen seyn grosse pallunster [Pilaster, A. K.] von Pfeiffenwerck 2 mahl über einander, und stehen auf dem Schafftgesims.« Und noch ein wesentliches Gestaltungsprinzip, das von Wagner ganz bewusst angewandt wurde, vermerkte der Silbermann-Neffe: Die Rahmenhölzer des Orgelgehäuses wurden nicht in der üblichen Querrichtung, sondern mit der Schmalseite nach vorn eingebaut, damit »viel Zinn ins Gesicht kommt«.[60]

Den Orgelbaukontrakt mit Joachim Wagner hat Friedrich Wilhelm I. am 14. August 1732 eigenhändig unterzeichnet. Er hat folgenden Wortlaut: »Se. Königl. Majestät in Preußen, Unser allergnädigster Herr haben in gnaden resolviret, durch den Orgelmacher Wagener, eine Neue Orgel vor dero hiesige Guarnison Kirche Bauen zu laßen, worüber Sie nachstehenden Contract allergnädigst aggreciret,

1. Se. Königl. Majestät wollen, dem p. Wagener für sothane Orgel an Gelde dreytausend und dreyhundert rthl. In Terminen bezahlen zu laßen, nemlich so gleich itzo zur Anschaffung derer Materialien 1.000 rthl., gegen Ostern 1732 wiederum 1000 rthl. und d.

Kartusche mit Chronogramm über dem Orgelspieltisch

1. September den Rest mit 1300 rthl. Wobey Sie demselben, wegen der Mahler arbeit und Vergüldung, dero in der Berlinischen Schloß Capelle befindliche Orgel, ohnentgeltlich überlaßen.

2. Hingegen verspricht der Orgel Bauer Wagener, die neue Orgel für solchen Preiß gut, tüchtig und probemäßig zu lieffern, und zwar nach dem übergebenen Riß, und Disposition; dergestalt daß die Orgel d. 1. September 1732 völlig fertig sey.
3. Er verspricht auch die Sculptur und Mahler arbeit auch Vergüldung, sauber und schön auff seine Kosten machen zu laßen, auch die Orgel mit einem guten Clocken Spiel zu versehen. So geschehen Potsdam d. 14. Aug: 1731 (L. S.) Friedrich Wilhelm (L. S.) Joachim Wagner Orgelmacher.«[61]

Die Disposition umfasste 42 klingende Stimmen auf drei Manualen und Pedal, also nur ein Register weniger, als die Silbermann-Orgel in der Frauenkirche zu Dresden besaß. In der Ausführung wurde die Orgel – etwas zurückgesetzt – auf der zweiten Empore über der Kanzel plaziert. Durch die beengten Platzverhältnisse sah sich Wagner gezwungen, die fünf größten Basspfeifen vom Principal 16' des Pedals in einem Mittelturm unterzubringen. Diese außergewöhnliche Anordnung hat er sonst nie angewandt. Der reiche figürliche und plastische Schmuck wurde mit großer Wahrscheinlichkeit von Johann Georg Glume geschaffen. Samuel Gerlach berichtete: »Die Orgel, welche sehr groß und ansehnlich, ist vornehmlich deßwegen sehenswürdig, weil außer einer Menge der ausgesuchtesten Stimmen auch ein Glockenspiel sich darin befindet, welches durch die Claves sowohl als die übrigen Stimmen tractiret wird. Es schlagen auch an dieser Orgel die Engel Pauken und blasen die Trompeten und zwey schwartze Adler schlagen währender solcher Musik mit den Flügeln zusammen, als wenn sie davonfliegen wollten.«[62] Die Pauken- und Trompetenengel waren übrigens – wie es sich für die Orgel einer Militärkirche gehörte – behelmt. Der Prospekt gliederte sich in drei Türme und sechs Felder mit Principalpfeifen aus englischem Zinn. Sie standen in der 16' und 8'-Lage, waren also teils über fünf Meter lang. Flankiert wurden die Felder von eingestellten klingenden Einzelpfeifen, nach Art von Säulen mit holzgeschnitzten korinthischen Kapitellen versehen. Der Orgelprospekt war also ganz »klingende Architektur« im barocken Sinn.

Zur Einweihung der Garnisonkirche war die Orgel spielbar, kontraktgemäß folgte zwei Wochen später, am 1. September 1732, die Abnahme, über die nichts Näheres überliefert ist. Die Jahreszahl der Weihe ergab ein Chronogramm, das sich auf einer Kartusche über dem Spielschrank befand. Der 2. Vers des 113. Psalms war dort so zu lesen: »Ha**LL**e**LVI**a! Ge**L**obet Se**IJ** **D**es Herrn Na**M**e Von n**V**n an b**I**s **I**n E**VVI**gke**I**t.« Die darin enthaltenen römischen Ziffern ergaben in Addition: **M** = 1.000, **D** = 500, viermal **L** = 200, fünfmal **V** = 25 und siebenmal **I**, zusammen 1732.

Disposition der Wagner-Orgel der Hof- und Garnisonkirche, 1732[63]

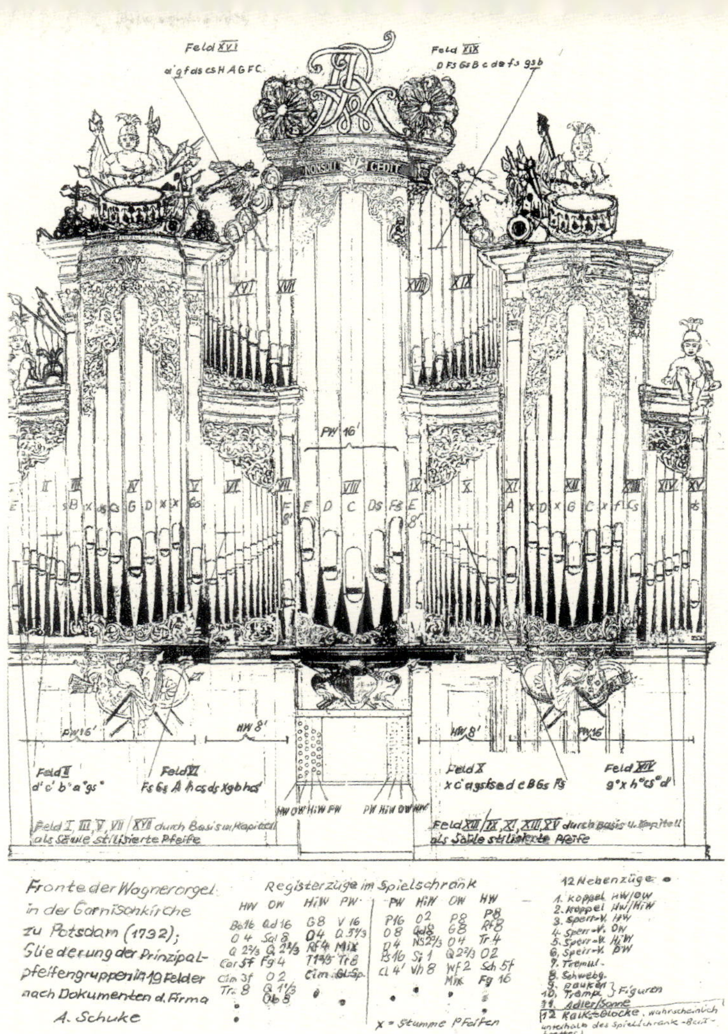

Maßstäbliche Rekonstruktionszeichnung von Claus-Peter Schulze mit der genauen Pfeifenanordnung im Prospekt

Hauptwerk (II. Manual) C, D-c’’’

1.	Principal	8’
2.	Bordun	16’
3.	Rohrflöte	8’
4.	Octave	4’
5.	Flauto traverso	4’
6.	Quinte	3’
7.	Octave	2’
8.	Cornett 5f. (ab c’)	8’
9.	Scharff 5f.	1 1/2’
10.	Cimbel 3f.	1’
11.	Fagott	16’
12.	Trompete	8’

Freiwerk (III. Manual) C, D-c’’’

13.	Principal	8’
14.	Quintadena	16’
15.	Gedackt	8’
16.	Salicional	8’
17.	Octave	4’
18.	Fugara	4’
19.	Quinte	3’
20.	Octave	2’
21.	Waldflöte	2’
22.	Quinte	1 1/2’
23.	Mixtur 4f.	1’
24.	Hautbois	8’
–	Carillon	
–	Tremulant	

Unterwerk (I. Manual) C, D-c’’’

25.	Prinicpal	2’
26.	Gedackt	8’
27.	Quintadena	8’
28.	Rohrflöte	4’
29.	Nassat	3’
30.	Terz	13/5’
31.	Sifflöte	1’
32.	Cimbel 3f.	1’
33.	Vox humana	8’
–	Schwebung	

Pedal C, D-d’

34.	Principal	16’
35.	Violon	16’
36.	Octave	8’
37.	Quinte	6’
38.	Octave	4’
39.	Mixtur 6f.	2’
40.	Posaune	16’
41.	Trompete	8’
42.	Clairon	4’

Nebenregister: Manualkoppel, vier Sperrventile, Tremulant, Schwebung »zur Vox humana«, Registerzüge für die Zimbel-Sonnen, Pauken-Engel, Trompeten-Engel und Adler, Calcanten-Glocke.
Windanlage: sechs Keilbälge, Schleifladen aus Eiche.
Stimmung: Chorton (etwa einen Halbton über heutiger Normallage).

Unterlagen über die technische Einrichtung dieseses Instrumentes wurden von dem inzwischen verstorbenen Orgelforscher Claus-Peter Schulze erarbeitet (vgl. Abb. S. 117). Zusammen mit dem reichen Erfahrungsschatz und weiteren, in der Alexander Schuke Potsdam Orgelbau GmbH vorliegenden Unterlagen – bis hin zu einer originalen Pfeife – sowie Analogschlüssen aus den erhaltenen Werken Joachim Wagners erlauben sie die detailgenaue Rekonstruktion dieses Wagnerschen Orgelwerkes.

Turm der Parochialkirche Berlin, Aquarell von Julius Jacob, um 1880

Das Glockenspiel

Das holländische Glockenspiel hoch oben in der Turmlaterne war schon zu seiner Bauzeit wegen seiner besonders reinen Stimmung berühmt. Dagegen besaß die Garnisonkirche kein schwingendes Geläut; die Gottesdienste wurden mit Trommelwirbeln (!) angekündigt. Carillons hatte Friedrich Wilhelm I. während zahlreicher Aufenthalte in den Niederlanden kennengelernt. Bisher war weder nachweisbar, wer dieses Glockenspiel in Potsdam eingerichtet hat, noch welches Vorbild es hatte. Doch ein Aktenfund beantwortet nun diese Fragen:

»Demnach der Klockenist von der Berlinischen Parochial-Kirche Arnoldus Cassebohm, übernommen das Carillon und die Horologe [lat. horologium – Uhr], so in Potßdamm aufgesetzet werden sollen, zu verfertigen, wenn Ihm die darzu nöthige Klocken in Potßdamm auf der Stelle geliefert werden, und Se. Königl. Mayst. allergnädigst befohlen deßhalb einen Contract zu schließen [...].«[64] Dieser am 4. Juni 1721 vom König selbst gegengezeichnete Vertrag verpflichtete Carsseboom, der auch das Werk auf dem Berliner Parochialkirchturm eingerichtet hatte, »das Carillon und die Horologe mit allem dem, was darzu gehöret, und alhier in Berlin gemachet werden soll, gut, tüchtig und dergestalt zu verfertigen, daß daran kein tadel oder mangel zu spüren, sondern selbiges vollkommen seyn solle, daß es vor Meister und Gesellen bestehen könne. Zu diesem hat er sich

/2tens anheischig gemacht, mit seinem Uhrmacher einem hiesigen Bürger nahmens Griese nach Amsterdamm zu reisen, daselbst den Regliers-Thurm mit diesem Carillon aufzunehmen, und das in Potßdamm zu verfertigende darauf einzurichten, welche Reise Er denn innerhalb 4. Wochen zu endigen gedencket.

Münzturm in Amsterdam, ca. 1875. Auf ihm befindet sich das Vorbild zum Potsdamer Glockenspiel

/3. Das Klocken-Spiel nebst der Horologe will er längstens binnen 2. Jahren von der zeit dieses errichteten Contracts in Potßdamm fertig und in vollkommenen Stande liefern, wenn ihm die Klocken, mit welchen Er nichts zu schaffen hat, und so Ihm in Potßdamm geliefert werden müßen nicht aufhalten [...].« Die hierfür an Carssebohm zu zahlenden 9.000 Taler sollte der Kirchenvorsteher der Parochialkirche, Geheimrat Wilhelm Duhram, für ihn verwalten. Außerdem erhielt er das versprechen, dass »Se. Königl. Mayt. die Gnade haben werden Ihm Ein oder 200 Rl. nachschießen zu laßen, wenn Er bey dem Klocken Spiele etwa zu kurtz kommen solte.«[65]

Der im zitierten Kontrakt verwandte Begriff »Regliers-Thurm« leitet sich von der unmittelbar an ihm vorbeifließenden »Reguliersgracht« ab. Als Vorbild für das Potsdamer Carillon diente also das 1650 mit 33 Glocken der Gebrüder François und Pierre Hemony eingerichtete Spiel auf dem Münzturm (Munttoren) in Amsterdam. Dieser besteht im Kern aus dem 1480–87 erbauten »Regulierspoort«, einer zweitürmigen Toranlage, die 1618 ausgebrannt war. Den Westturm hatte daraufhin 1620 Hendrick de Keyser mit einem neuen, achteckigen Aufbau und einer offenen Turmhaube versehen, in der ein Carillon Platz finden sollte.[66]

Der Reisepass für Carsseboom und Griese ist vom 11. Juni 1721 datiert, und am selben Tag ging auch eine königliche Ordre an den Residenten Nicolaas Warin in Amsterdam: »Es ergehet auch derowegen hiedurch unser g[nä]d[ig]ster Befehl an Euch, gedn. Cassebohm, bey dieser Seiner von Uns angefohlenen Commission, zu deren guten und schleunigen Ausrichtung, alle diensame assistentz und Beforderung wiederfahren zu laßen. Sind [euch in Gnaden gewogen].«[67] Währenddessen ging der Auftrag zur Herstellung der Glocken an Jan Albert de Grave aus Amsterdam, der schon 1717 die Spielglocken für die Berliner Parochialkirche hergestellt hatte. Noch im Jahr 1721 lieferte dieser 35 Bronzeglocken mit den Schlagtönen f^1, g^1, a^1 und die weiteren in chromatischer Folge bis bis f^4 (Durchmesser von 113 bis 19 cm) für die Potsdamer Garnisonkirche. Nur die beiden größten dieser Glocken trugen eine Widmung: Ton f^1 »LAUDATE DEUM UNICUM REFUGIUM NOSTRUM« (Lobet Gott unsere einzige Zuflucht) und Ton g’ »JEHOVA EXERCITIUM EST REX GLORIAE« (sinngemäß: Gottes Amt ist König der Ehren). Außerdem erhielten sie wie alle übrigen die Inschrift: »JAN ALBERT DE GRAVE ME FECIT: AMSTELDOLAMI« und die jeweilige Jahreszahl; die kleinsten trugen nur Gussort und -jahr. Zumindest fünf der kleinsten Glocken waren bereits 1717 bis 1719, also vor Auftragserteilung, gegossen worden und somit als »Lagerware« der Gießerei verfügbar.[68] Die 35 Bronzeglocken wogen zusammen 4.522 Kilogramm, allein der Bourdon (tiefste Glocke f^1) etwa 875 Kilogramm.

Die Prüfung der Klangreinheit fand am 28. August 1721 in Amsterdam statt. Der blinde Organist der Neuen Kirche und der Organist und Glockenspieler der Alten Kirche führten sie im Beisein des Amsterdamer Notars David Walschaart durch. In ihrem Bericht[69] an den preußischen Residenten Nicolaas Warin heißt es in deutscher Übersetzung: »Jan Jacob de Graaf, Organist der Neuen Kirche alhier und Evert Haverkamp, Glockenspieler und Organist der Alten Kirche in dieser Stadt, beide mir Notar bekannt, welche mit gutem Gewissen und in aller Aufrichtigkeit (folgendes) attestiert, bezeugt und erklärt haben: Sie geben an, vor kurzem auf Verlangen des Rates und Residenten Seiner Königlichen Majestät in Preußen, Herrn Nicolaas Warin, das durch Joan Albert Grave gefertigte Glockenspiel für höchstgedachte Seine Königliche Majestät mit Genauigkeit geprüft, ein und mehrere Male reiflich untersucht zu haben. Und sie führen an, dasselbe Glockenspiel klar und sauber im Klang befunden zu haben, mit einem sauberen (schönen) Bordun, sehr lieblich und mit voller Resonanz, untereinander sehr gut abgestimmt in all seinen Oktaven, Quinten und Terzen, hat jeder Ton seine rechte Eigenschaft und Klang. Sodass es auf eine perfekte Weise alle Qualitäten eines sehr sauberen und lieblichen Glockenspiels hat. So geschehen in Amsterdam in Gegenwart von Isaac Peuchecot und Jan Gerard de Marez als Zeugen.«[70]

Der 1666 in Celle bei Hannover geborene Jan Albert de Grave (Graf, Graff) ist vor allem mit der Herstellung von besonders rein klingenden Glockenspielen bekannt geworden. Durch Feuer und Kriegseinwirkungen blieb nicht eines davon erhalten. Lediglich einige Geläutglocken zeugen noch von seiner Meisterschaft. Die seit 1655 von den Hemonys betriebene Amsterdamer Stadtgießerei am Molenpad an der Keizersgracht war 1681 auf deren Neffen Claude und Mammes Frémy übergegangen. Da die Stadt das Grundstück am Molenpad anderweitig verkaufte, mussten sie jedoch in die Lijnbaansgracht am Zaagmolenpoort (Seilerbahnsgracht am Sägemühlentor) umziehen. Dort hatte sich zuvor das Anwesen des zweiten Stadtgießers befunden, Gerhard Koster, der 1679 gestorben war.[71] Die Frémys betrieben die Gießerei nur zwei Jahre gemeinschaftlich weiter, danach war Claude alleiniger Inhaber. Nach dem Tod von Claude Frémy im Januar 1699 (begraben am 3. Januar)[72] schloss dessen Witwe, Catharina ten Wege, mit dem langjährigen Meisterschüler Claes Noorden einen Vertrag, der die Fortführung der Gießerei ermöglichte.[73]

Doch am 28. Juli 1699 heiratete sie in der »Nieuwe Kerk« zu Amsterdam den aus Celle gebürtigen Geschützgießer Jan Albert de Grave aus der nahe gelegenen Palmstraat[74], der dadurch zum Mitinhaber und am 17. Februar 1700 Amsterdamer Bürger wurde.[75] Sie gebar ihm fünf Kinder, von denen 1705 nur noch eines am Leben war.[76] Catharina de Grave selbst starb 1704 (begraben am 22. April).[77] De Grave heiratete am 30. Mai 1710 ein zweites Mal, doch die Frau, Elisabeth de Jongh, starb kurz nach der Geburt eines Kindes im darauf folgenden Jahr (begraben am 21. April 1711).[78]

Nach dem erfolglosen Versuch, Claes Noorden einen neuen Vertrag zu oktroyieren, hatten beide Gießer die Amsterdamer Werkstatt gemeinschaftlich geführt, was am 21. Juni 1708 vertraglich festgehalten wurde.[79] In dieser Zeit entstanden 37 schwingende Glocken und sechs oder sieben Glockenspiele. 1716 starb Claes Noorden, der 54 Jahre in der Gießerei gearbeitet hatte, im Alter von 83 Jahren (begraben am 29. Februar).[80] Nun wurde Jan Albert de Grave zum Alleininhaber der Amsterdamer Gießerei und fertigte in den kommenden 13 Jahren weitere 56 Läuteglocken sowie drei oder vier Glockenspiele, darunter diejenigen für die Parochialkirche Berlin und die Garnisonkirche Potsdam.[81]

Eine dritte Ehe schloss de Grave am 6. November 1722 mit der 34-jährigen Margaretha Dralle, die wie er aus Celle stammte. Aus dieser Ehe gingen drei Kinder hervor; das letzte wurde erst nach seinem Tod geboren.[82] Jan Albert de Grave starb im Sommer 1729 im Alter von 63 Jahren »in de Stadsgeschut- en klokgieterij bij de Zaagmoolenspoort« (in der Stadtgeschütz- und Glockengießerei am Sägemühlentor) und wurde am 29. Juli begraben. Er hinterließ die Ehefrau und zwei unmündige Kinder.[83] Die Witwe konnte das Unternehmen wegen einer am 25. November 1728 auf sechs Jahre abgeschlossenen Vertragsverlängerung mit der Stadt Amsterdam gegen Zahlung von 600 Gulden fortführen, und die Glocken trugen noch bis 1734 den Namen des Gießers de Grave.[84]

In dem Vertrag mit Carsseboom für Potsdam ist ausdrücklich von einem Carillon die Rede, somit war ein Stockenspieltisch zum freien Spiel des Potsdamer Glockenwerks vorgesehen. Die Erwähnung einer »Horologe« (Uhrwerk) belegt, dass es ein mechanisches Walzenspiel gab. Wegen des erweiterten Tonumfangs konnten Spieltisch und Walze für den neuen Garnisonkirchturm nicht wieder verwendet werden. Anscheinend war der Turmaufsatz jedoch zu eng, denn laut Baltin fehlte »das Handclavier zum freien Spiel. Die Glocken waren demzufolge auch ohne Klöppel.«[85] Der Dichter Bellamintes setzte diesem Turm-Glockenspiel in seinem Epos »Das Itzt-blühende Potsdam« 1727 ein literarisches Denkmal. Zur Garnisonkirche reimt er:

Hier wincket mir der Thurm auf jenem Kirch-Gebäude,
Wo die Besatzung sich zu Gottes Füssen setzt,
Und wo der König selbst, an der beliebten Weide
Und angenehmen Krafft des Wortes, sich ergötzt.
Derselb' ist ebenfalls, nach seiner Maaß', erhöhet
Und hat nicht weniger besondre Nettigkeit
Indem ein göldner Stern auf seiner Spitze stehet,
Der denen Schauenden ein flimmernd Lust-Spiel beut.
Jedoch was diesen Thurm am allermeisten zieret,
Das ist das überall geprief'ne Glocken-Spiel,
Das, weil allein das Ohr desselben Anmuth spühret,
Ich denen Augen nicht beschreiben kan noch will.
So viel versicher' ich : Wenn solches Spiel erklinget
(Diß aber höret man bey jedem Viertel-Schlag)
Und nur mit kurtzem Schall' in das Gehöre dringet;
So gehet also bald ein angenehmer Tag
Den trüben Sinnen auf. Doch wenn die Stunde schläget
Und aller Glocken Thon dem Himmel Lieder singt;
Alsdann wird selbst die Seel, in süsser Lust, beweget,
Daß sie den frohen Mund, frey zu bekennen, zwingt:
Es sey diß schöne Werck den Engeln zu vergleichen,
Weil solches, gleich wie sie, GOtt, ohne Zunge, preis't;
So dürff' es gleichfalls nicht der Harffe Davids weichen,
Die, durch den holden Klang, den Unmuth fliehen heiß't.
Und solch Bekänntniß wird, durch deren Mund, bestärcket,
Die, auf den Reisen, sich mit Nutzen umgesehn
Und so im Niederland', als Dännemarck, bemercket,
Wie angenehm allda die Glocken-Spiele gehn.
Sie sprechen: Hat schon Delft ein Glocken-Spiel zu weisen,
So man das trefflichste von gantz Europa nennt;
Weiß Mecheln ebenfalls das seinige zu preisen,
Dem man den nächsten Platz, nach jenem, zu erkennt;
Ist das zu Friedrichsburg nicht weniger zu loben,
Weil die Veränderung desselben mancherley:
So bleibet doch der Ruhm vor dieses aufgehoben,
Daß es, der Anmuth nach, fast unvergleichlich sey.

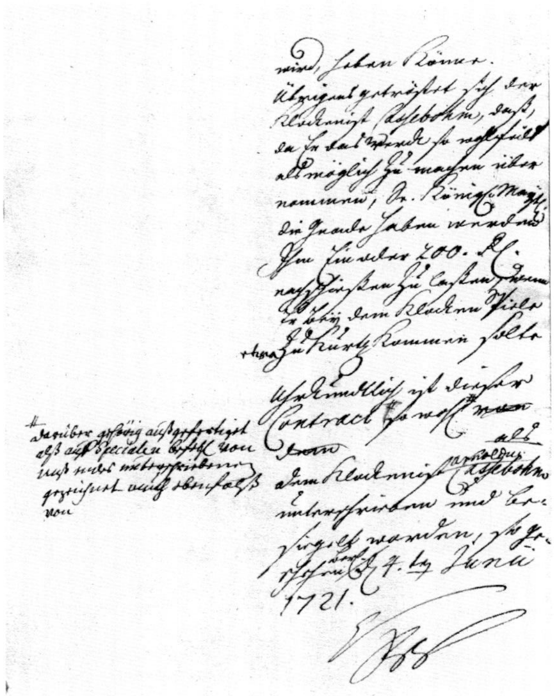

Letzte Seite des Kontrakts mit Carsseboom für das erste Potsdamer Glockenspiel vom 4. Juni 1721, von Friedrich Wilhelm I. eigenhändig paraphiert

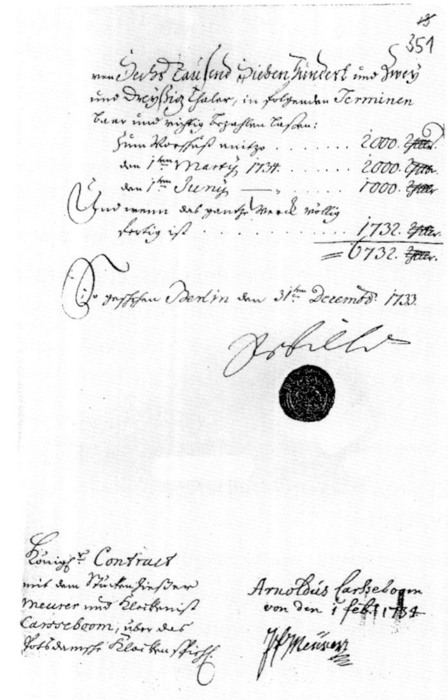

Letzte Seite des Kontrakts mit Carsseboom und Meurer vom 31. Dezember 1733 mit den Originalunterschriften von Friedrich Wilhelm I., Carsseboom und Meurer

Unmittelbar nach der Kabinettsordre Friedrich Wilhelms I. vom 14. Juli 1730 wurde das Glockenspiel geborgen und der einsturzgefährdete Turm abgebrochen.[87] Nach der Schleifung der gesamten Fachwerkkirche und lange vor der Vollendung des Gerlachschen Turmbaues, im November 1733, befahl Friedrich Wilhelm I. wiederum dem Carilloneur der Berliner Parochialkirche, Arnoldus Carsseboom, alles Nötige zum Wiederaufbau des Glockenspiels vom alten Turm zu veranlassen. Dieser schlug vor, das im »F-Cornetten-Ton« stehende Werk um fünf Bassglocken mit den Tönen c', d', e', fis' und gis' im Chorton (a^1= 435 Hz – also etwa einen Halbton höher als die heutige Normallage[88]) zu ergänzen und so den Gesamtumfang auf 40 Glocken zu erweitern. In einem Schreiben vom 25. November und einer Spezifikation vom 27. November 1733 beschrieb der »Klockenist« die erforderlichen Materialien und Arbeiten, darunter »Ein Neu Clavier so mit der Handt Gespielet wird mit den Glocken Stuhl und unterwerts mit ein Petal, benebst 40 stück Well Bäumgens« und veranschlagte dafür 7.447 Taler vier Groschen. Darunter schrieb der König eigenhändig: »Den 14. November 1734 soll es gehen, an Gelde soll nit manquiren.«[89] Dieser Termin war aber unmöglich zu halten: »Der Klockenist aber bleibet dabey daß er ohnmöglich eher alß in 1½ Jahr fertig werden könne; denn wenn der Thurm völlig fertig wäre, so müßte Er noch wenigstens 5 biß 6 Monath arbeiten.«[90] Im folgenden Frühjahr befahl der Monarch »dem Gerlach in Gnaden, dem Klockenisten Cassebohm den Riß vom hiesig. Guarnisons-Kirchen-Thurm ohnweigerl. zu weisen, damit Er wegen des Klockenspiels darnach seine Mensures nehmen könne. Potsd. d. 4. Martii 1734«.[91]

Da der Amsterdamer Gießer Jan Albert de Grave 1729 verstorben war, sollte der Berliner

Stückgießer (Geschützgießer) Johann Paul Meurer den Guss der fünf zusätzlichen Glocken übernehmen. Den Kontrakt mit beiden unterzeichnete Friedrich Wilhelm I. am 31. Dezember 1733 eigenhändig. Darin ist festgehalten, dass sich Meurer und Carsseboom zu »Vergrößerung, beßerer Einrichtung und vollkommener Perfectionirung des Klockenspiels auf dero Guarnisons-Kirchen Thurm zu Potsdam« verpflichteten. Meurer hatte die »annoch erforderte Fünff große Klocken nach denen Tonen und Stimmen, so wie sie der Klockenist Carsseboom angeben wird, gut und accurat, und ohne allem Tadel, in Zeit von Acht Monath zu gießen und zu liefern«. Der Glockenist übernahm »alles übrige, was zur Verfertigung, einrichtung und Vollkommenheit [...] erfordert wird, gut, schön und tüchtig zu machen, und zu liefern, und das Klockenspiehl in dem Thurm in perfecten und untadelichen Stand zu setzen«.[92]

Die von Meurer 1734 gegossene gis-Glocke auf der Südseite, Aufnahme Wilhelm Hannemann

Das Gangwerk (links) und das Schlagwerk (rechts) der Turmuhr

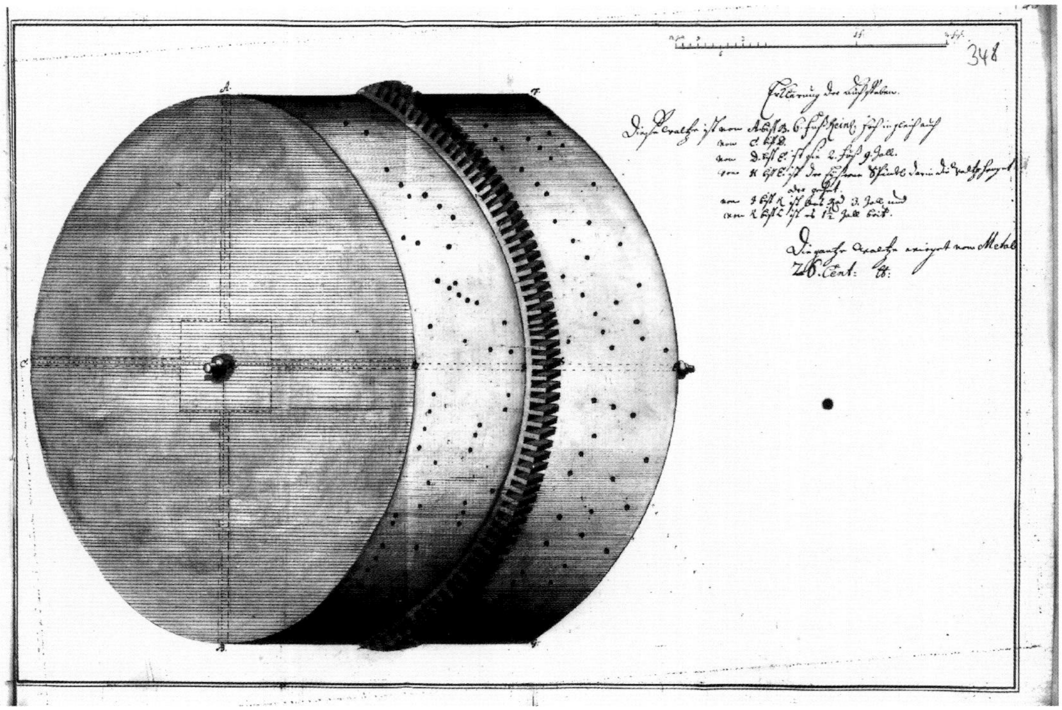

Zeichnung für die Spielwalze mit Maßangaben von Carsseboom, 1733

Das mechanische Gangwerk des Gloc kenspiels – rechts im Hintergrund die Walze, deren Durchmesser 1,85 Meter beträgt

Der alte Berliner Dom am Schlossplatz, in Bildmitte der niedrige Glockenturm, der ein gewaltiges, über 39,5 Tonnen schweres Geläut von sieben Glocken (Durchmesser 136 bis 272 Zentimeter) trug und 1716 abgerissen wurde

Am 3. November 1734 reichte Meurer die Rechnung über die fünf Glocken mit einem Gesamtgewicht von 12.560 Pfund ein und verlangte 4.710 Taler. Vier königliche Beamte hatten einen Monat zuvor bestätigt: »Daß Obiges Gewichte von denen Fünff Klocken Obspecificirter maßen in allen richtig, würdt attestiret, Berlin den 3. October 1734.«[93]

Diese Bassglocken mit Durchmessern von 0,93 bis 1,48 Metern wogen zusammen etwa sechs Tonnen und damit mehr als alle übrigen 35 Glocken!

Die Glockenbronze hatte Meurer aus einer von König hierfür verabfolgten Glocke des seit Abriss des Glockenturms 1716 ungenutzten Berliner Domgeläutes gewonnen.[94] Diese ursprünglich 1490 für die Marienkirche Neuruppin, eine der größten Kirchen in der Mark, gegossene und nun zerschlagene Glocke (Durchmesser ca. 203 Zentimeter) besaß ein Gewicht von 110 Zentnern (ca. 5.500 Kilogramm). Tragischerweise handelte es sich dabei um ein Werk des berühmten Gerhard van Wou, dessen 1497 gegossene »Gloriosa« (Durchmesser 256 Zentimeter; Gewicht 11.450 Kilogramm) im Erfurter Dom bis heute als klangschönste schwingende Glocke der Welt gilt.[95]

Im November 1734 war das Werk so weit gediehen, dass der König in einer Kabinettsordre an Generalmajor Christian Nikolaus von Linger verlangte: »Mein p. Ich habe gerne aus Eurem Schr. v. 21. dieses ersehen, daß das Gehe-Werck zu dem Potsd: Glockenspiel fertig ist, und morgen anhero gesand werden soll. Ich will daß solches zu meinen Augenschein in hiesig. großen Saal [= Marmorsaal im Potsdamer Stadtschloss] aufgesetzet werd. soll. [...] Potsd. d. 24. 9br. [= November] 1734.«[96] Ob das tonnenschwere Werk wirklich je hier aufgestellt worden war, ist allerdings fraglich.

Originaler Zeiger im Besitz des Potsdam Museums, Aufnahme Andreas Kitschke, 2006

Das Setzen einer Glockenspielmelodie mittels Setzkamm, Aufnahme Albert Weinsheimer, 1934

Die Ostseite des Glockenspiels, Aufnahme Wilhelm Hannemann, um 1928

Besonders zeitaufwendig war das Einbohren der »Taktlöcher« in die bronzene Spielwalze von 1,85 Metern Durchmesser. Sechs Gesellen bohrten und feilten in täglicher mühevoller Arbeit 5.280 quadratische Öffnungen in die fast fünf Zentimeter dicke Wandung der Walze und benötigten dazu sechs Monate. Für das Einrichten der »selbstspielenden« Melodien benötigte man 16 verschiedene Stiftsorten, die auf der Innenseite des Walzenmantels festgeschraubt wurden. Das Bleigewicht zum Bewegen der 80 Zentimeter breiten Walze wog 456 Kilogramm. Von den Walzen-»Claves« aus geschah die Übertragung durch Drähte und Winkel bis zu den äußeren Schlaghämmern. Einige Glocken erhielten zwei nebeneinanderliegende Hämmer, was die schnelle Repetition eines Tones ermöglichte. Das Walzenspiel war nur bis zum Ton a^3 möglich, die übrigen acht Diskanttöne konnten nur vom Spieltisch aus erklingen.[97] Durch ein Aufmaß von 1937 ist die genaue Aufhängung der 40 Glocken überliefert. Demzufolge hingen in der Turmlaterne die fünf größten innen über der Spieltischkammer, außen an der Südseite (Straßenfront) nur eine, sowie zwei an der Westseite, 13 an der Nordseite (Plantage) und die übrigen 19 auf der Ostseite (vgl. Abbildung).

Ausgelöst durch das Turmuhrwerk des Berliner Meisters Lorenz Friedrich Griese, das offenbar aus der alten Kirche übernommen wurde[98], und dessen vier Zifferblätter (Durchmesser 2,30 Meter) keine Minutenzeiger besaßen, erklangen zur vollen Stunde ein Choral, zur halben ein weltliches Lied und dazwischen kurze Musiksätze. Die Weisen wechselten der Kirchenjahreszeit entsprechend.[99]

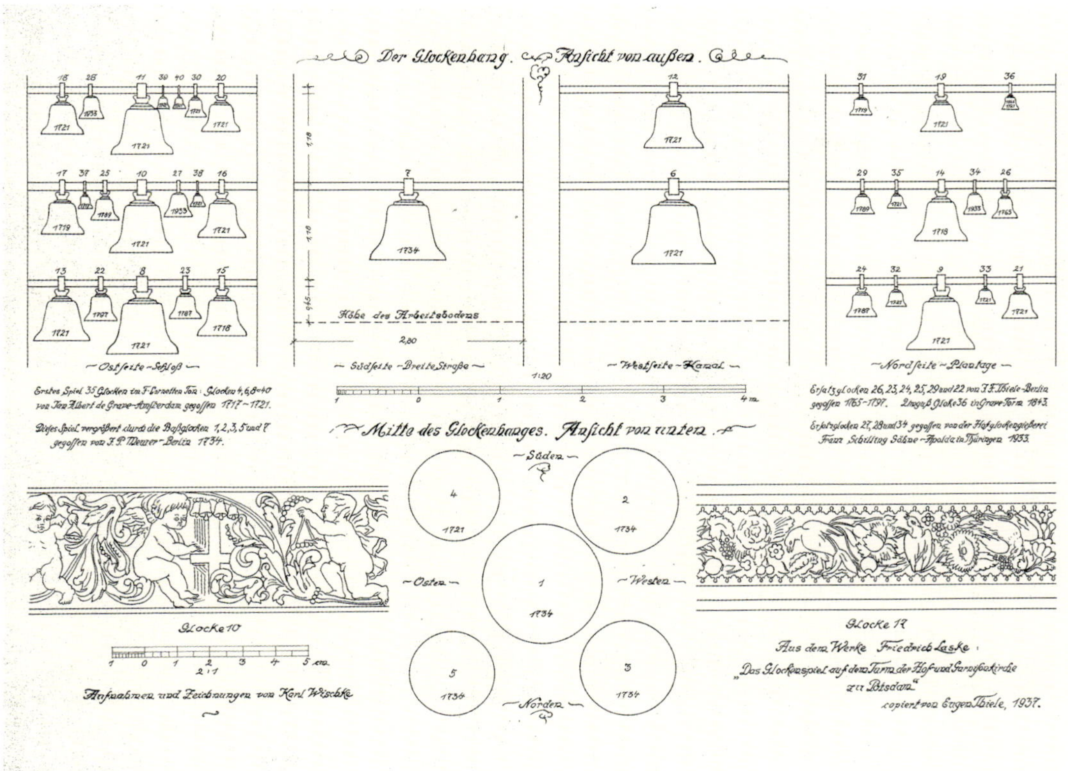

Aufmaßzeichnung der Glockenaufhängung von Eugen Thiele 1937 mit genauer Lage aller 40 Glocken – oben Ost-, Süd-West- und Nordseite der Turmlaterne, unten die fünf Glocken im Turminneren

Durch Feuer verformte Spielglocke, April 1945

Verformte Schlaghämmer aus dem Bestand des Potsdam Museums in der Ausstellung zur Garnisonkirche, Aufnahme Monika Schulz-Fieguth, 2006

Die von den Brüdern Sieber zurückgegebene Glocke, Aufnahme Andreas Kitschke, 2014

Dies bestätigen Aufzeichnungen des Straßburger Orgelbauers Johann Andreas Silbermann, der im Sommer 1741 gemeinsam mit dem Orgelbauer Joachim Wagner den Parochialkirchturm in Berlin bestiegen hatte. Beide besuchten den Carillonneur Arnoldus Carsseboom, »da Er auf dem Glockckenspiel eine gantze stunde spielte«.[100] Am 11. Juni 1741 fuhr Silbermann weiter nach Potsdam und notierte über die Garnisonkirche: »auf dem Thurn befindet sich ein gloggenspiel welches auf die art wie das in Berlin befindliche eingerichtet ich [ist]. Der Gloggenist Cassabom [Carsseboom] mus auch alle Monat den Cohral auf denselben verändern.«[101]

Die aus Eichenholz mit Kupferblechbedachung bestehende Spielwerkskammer, zu der 365 Stufen hinaufführten, befand sich im oberen Turmgeschoss, direkt unterhalb der Glocken.[102] Hier hatte Carsseboom einen »Stockenspieltisch« eingerichtet, von dessen Manual- und Pedalklaviatur aus die inneren Glockenklöppel bedient wurden. Je nach Stärke des Anschlages konnte eine Melodie besonders hervorgehoben werden, während die Begleitung leiser blieb.

Der gichtkranke König ließ es sich nicht nehmen, am 2. August 1735 mit vieler Mühe die 365 Stufen zu erklimmen, um hoch oben auf dem Turm das fertige Werk in Augenschein zu nehmen.[103]

Der Historiker Johann Samuel Halle übermittelte 1764: »Die Glokkenspiele von c Chorton, von welcher Art das Potsdammsche ist, wiegen 24000 Pfunde. [...] In Potsdam hat die Garnisonkirche eines aus c Chorton, über drei Octaven bis in das dreimalgestrichene f lang [...].«[104]

Auch für die Instandhaltung des Glockenspiels hatte Friedrich Wilhelm I. gesorgt. Sein Sohn, Friedrich der Große, befahl dem Potsdamer Magistrat mit Kabinettsordre vom 7. August 1742 die Kostenübernahme, »da das Glocken-

Potsdamer Glockenspiel

Karl Stitzer

Da liegt das Glockenspiel im Staub,
das über Dächer klang,
die Kirche ward der Flammen Raub,
verstummt ist der Gesang.

„Üb' immer Treu und Redlichkeit . . ." –
Mir wird das Herz so schwer,
vorüber rauscht der Strom der Zeit,
das Spiel, es klingt nicht mehr.

„Üb' immer Treu und Redlichkeit . . ." –
O Wahrheit, rein und schlicht,
doch wäge ab zu jeder Zeit,
wer diese Worte spricht!

Liegt nicht ein letzter Glockenton
noch immer in der Luft?
Und weht nicht vom gestürzten Thron
einher der Moderduft?

Apokalyptisch steigen auf
die Reiter über's Land;
das ist des Schicksals harter Lauf,
der hier Erfüllung fand.

Ein König ließ den Turm erbau'n
als seinen Machtbesitz;
mit Menschenraub begann das Grau'n,
mit Drill und Mordjustiz.

Hier übergab ein Feldmarschall
dem Teufel Reich und Macht –
so ward das Lied, als leerer Schall,
zuschanden über Nacht.

Nun stehst du, Mensch, in Nacht und Not
und hinter dir das Leid –
brich auf, brich auf ins Morgenrot
mit wahrer Redlichkeit!

(Aus „Wir bahnen den Weg", Märk. Druck- und Verlags-GmbH.)

Nachruf des Poeten Karl Stitzer auf das Glockenspiel, 1955

spiel auf der hiesigen Garnison-Kirche zum Lustre und Zierde der Stadt gereichet, zu dessen Unterhaltung aber nach beikommendem Anschlage 53 Rthlr. 12 Gr. erfordert werden, daß diese Unterhaltungskosten aus der von des höchst seeligen Majest. so reichlich oferirten Cämmerey genommen, mithin an den Garnisonkirchen-Organisten und Glockenisten Lossow Quartaliter mit 13 Rthlr. 9 Gr. vom 1. July dieses Jahres an zurechnen, aus der hiesigen Stadt-Cämmerey bezahlet werden sollen, imgleichen die jährl. 30 Rthlr., so zu Licht und Baumoehl auf das Glockenspiel verwandt werden müssen; selbige sollen ebenfalls an gedachten Lossow, vom 1.ten jetzt lauffenden Monaths angefangen am, aus den Potsdamschen Cämmerey-Revenues Monathlich mit 2 Rthlr. 12 Gr. Gegen seine Quitung gezahlet werden, wovor hingegen der Lossow alles in gutem und gangbahrem Stande erhalten muß.«[105]

Später oblag die Instandhaltung von Uhr und Glockenspiel Potsdamer Hofuhrmachern, die vom Magistrat bezahlt wurden.[106] Im Lauf der Zeit sind neun gesprungene Spielglocken umgegossen worden.[107] Das täglich zwei Mal erforderliche Aufziehen der großen Gewichte für Walzenantrieb, Halbstunden-, Stundenschlag und Gehwerk der Uhr (deren Angaben zwischen 1,8 Tonnen und 150 Kilogramm differieren) wurde 1926 durch einen elektrischen Aufzugsmechanismus der Firma Rochlitz abgelöst. Die hierbei eingebauten Aufzugsgewichte hatten nur noch ein Gesamtgewicht von 280 Kilogramm. Das alte Pendel von mehr als vier Metern Länge und einem Linsengewicht von etwa 60 Kilogramm blieb.[108] Eine gründliche Überholung des Spielwerks folgte 1937 unter der Leitung des seit 1929 mit der technischen Überwachung beauftragten Studienrats Eugen Thiele, wobei auch ein Fehler in der Einteilung der Walze behoben wurde.[109]

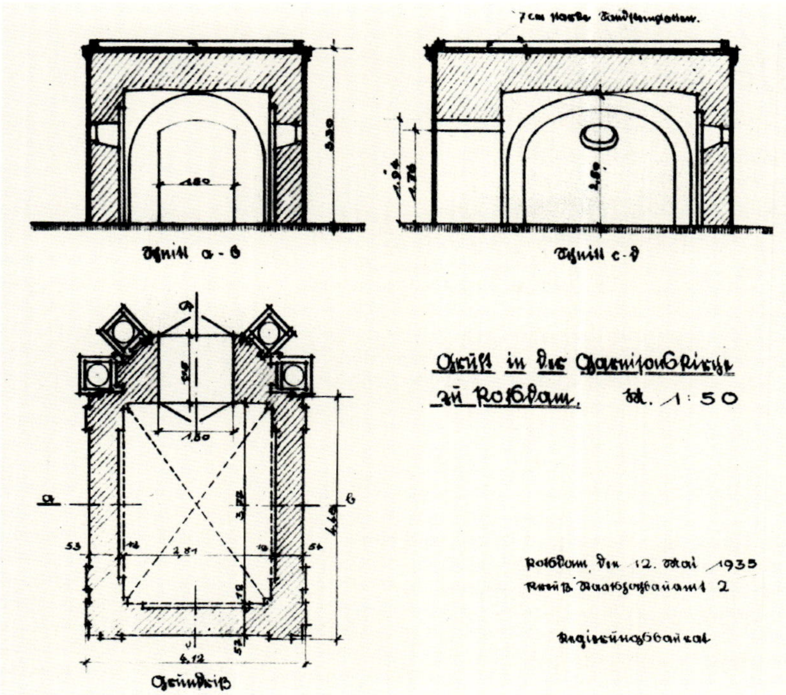

Aufmaßzeichnung des Gruftgewölbes, 1935

Entwurfsblatt zu einem Grufteingang (nicht realisiert), um 1735

Das Glockenspiel ging in den Flammen des 14. April 1945 unter. Ein Luftschutzpolizist erinnerte sich fünf Jahre später so daran: »Gegen 2 Uhr in der Nacht wird der Feuerschein von der Garnisonkirche stärker. Der obere Aufbau brennt wie eine Fackel. Funken sprühen in den schwarzblauen Himmel. Ein Blick nach oben – da neigt sich plötzlich der schwere Turmhelm schräg zur Seite. Das Glockenspiel schreit in einem Diskant-Mißakkord auf, daß es schrill in den Ohren gellt. Dann nichts mehr. Mit der Haltevorrichtung fallen die geschmolzenen Glocken aufs Pflaster.«[110] Eines der kleinsten, vielleicht zum Potsdamer Spiel gehörenden Glöckchen fand nach 69 Jahren seinen Weg zurück nach Potsdam. Die Brüder Rainer und Tilman Sieber, heute in Italien und bei Heidelberg lebend, hatten es als Kinder im Brandschutt gefunden und übergaben es am 8. Mai 2014 an die Stiftung Garnisonkirche Potsdam.

Das »Königliche Monument« – der Kanzel-Gruft-Bau

Während des Kirchenbaues, am 4. Mai 1731, wandte sich Friedrich Wilhelm I. an Generalmajor Christian von Linger: »Ihr sollet mir etliche desseins von einer Kantzel, welche ich in die hiesige Garnison Kirche haben will, verfertigen lassen. Sie müssen aber recht schön seyn und sollet Ihr mir dann dieselben annenhero senden«.[111] Am 19. Oktober 1731 entschied der König dann aber: »Weil die rechte Cantzel in der Guarnison-Kirche nicht gleich fertig werden kann, So will inzwischen eine gantz schlechte [= schlichte] Cantzel von Kiehnen Holtze ohne Leisten gemachet, u. mit alten Tapeten von dem dortigen Schloße behängt werden [...].«[112]

Der König litt in seinen letzten Lebensjahren immer öfter unter Gichtanfällen und klagte häufig über seinen schlechten Gesundheitszu-

Der zerstörte Marmorsarkophag Friedrich Wilhelms I. in der Gruft, Aufnahme Badekow, 1946

stand. Eine konkrete Begebenheit aus dem Oktober 1734 wird in einer alten, von Hofrat Louis Schneider aufgefundenen und 1868 veröffentlichten Chronik geschildert: »Den 16. dto Haben Se. Königl. Majestät, weil Sie sich sehr schwach befunden, bei dem Potsdamischen Lutherischen Prediger Schubert mit großer devotion gebeichtet und auch darauf die Absolution erhalten, sodann hat dasiger Hoff-Prediger eine Vorbereitung gehalten und den 17. darauf haben Sie nebst einigen anderen mit besonderer Andacht die heilige Comunion genommen.«[113] Wenige Wochen später, am 10. November, während der Feierlichkeiten anlässlich der Hochzeit der »4ten Königlichen Prinzessin Sophia Dorothea Maria Hoheit« mit dem Markgrafen Friedrich Wilhelm zu Brandenburg-Schwedt, hat Se. Königl. Majestät wegen Dero heftiger Schmertzen und Krankheit diese Festivitäten nicht mit beiwohnen können«.[114] Von Todesgedanken erfüllt, fasste der Soldatenkönig den Entschluss, sich in Potsdam ein Grabmonument errichten zu lassen, und zwar an dem Ort, der ihm die Gewähr gab, auch nach dem Tode von Soldaten umgeben zu sein!

Zuerst wandte er sich am 3. Juli 1734 an den Geheimen Etatsminister Joachim Ewald von Massow: »Da Ich weiß, daß in Schweden oder der Insel Gottland eine Arth von Vestem schwartzen und Weißen Stein sich findet, der dem Marmor nicht ungleich ist, So sollet Ihr mir berichten, ob Ich nicht von dergleichen Stein 2 Särge, einen Weißen und einen Schwartzen, worin andere Zinnerne oder Silberne Särge gesetzet werden können, bekommen kann und was ohngefähr ein solcher steinerner Sarg kosten würde.«[115] Nach mehreren Nachfragen und Ermahnungen schloss man den Kontrakt mit einem holländischen Bildhauer, der versprach, die beiden Sarkophage für 1.000 Florin (Gulden) anfertigen zu wollen.[116] An seinen Hamburger Residenten Johann Destinon

Der Bildhauer Johann Georg Glume, Radierung von Johann Gottlieb Glume, um 1760

erließ der König am 4. Dezember 1734 eine Kabinettsordre: »[...] Ich habe in Holland 2. schwarze marmorne Särge machen laßen, welche der Geh. Rath Luiscius auf Hamburg senden wird, weil nun dieselben von da zu mahlen nicht können anhero gebracht werden wegen des jetzigen winter wetters, so sollet ihr dieselben sobald als sie ankommen zu lande auf Wagens anhero senden und dazu besondere Fuhre miethen, ihr müsset aber die Veranstaltung machen, daß vorsichtig damit umgegangen und dieselben unterwegens nicht beschädiget werden.«[117] Zwei Tage darauf erging eine ähnliche Ordre an den Residenten Abraham Georg Luiscius in den »Generalstaaten im Haag«[118], doch erst am 4. Januar 1735 hatte der König erfahren, »daß nun endlich der größeste Sarg nach Hamburg abgehen werde. Es hat sehr lange gedauert und muß der holländische Stein Metzen wenig von der Parole halten, oder nirgends anders als in dem freyen Holland gearbeitet haben. Ihr sollet indessen machen, daß der andere Sarg auch bald nachkomme [...].«[119] Nach Ablauf weiterer fünf Monate, am 7. Juni 1735, konnte Friedrich Wilhelm I. seinem Residenten Destinon in Hamburg mitteilen lassen, dass »die 3 Kasten mit denen Marmornen Särgen zu Potsdam angekommen sind«.[120]

Es ist eher unwahrscheinlich, dass die undatierte und unsignierte Entwurfszeichnung[121] für einen Gruftzugang, die in der Mappe »Garnisonkirche« in der Plankammer der Stiftung Preußische Schlösser und Gärten Berlin-Brandenburg aufbewahrt wird, richtig zugeordnet ist. Sie zeigt auf zwei »Klappen« Ausschmückungsvarianten. Weder Abmaße noch Dekorierung passen zu den räumlichen Verhältnissen der Garnisonkirche, geschweige denn zu der vom König intendierten Symbiose von Gruft und Kanzel. Der von Ludwig Bamberg geäußerte Verdacht, diese separate Gruft sei eventuell für den nördlichen Kreuzarm des Turmraumes geplant gewesen,[122] ist indessen nicht von der Hand zu weisen.

In der Zwischenzeit hatte der König mehrere Entwürfe und Modelle für das »Königliche Monument«, den Kanzel-Gruft-Bau, anfertigen lassen. Da sich zu dieser Zeit die Garnisonkirche bereits über zwei Jahre in Nutzung befand und das großflächige, bis unter den Kirchenfußboden reichende Fundament keine unterirdische Gruftanlage erlaubte, wurde diese ebenerdig unter der südlichen Empore »eingeschoben«.

Heinrich Ludwig Manger berichtet in seiner 1790 erschienenen Baugeschichte von Potsdam: »Der Bildhauer Koch verfertigte die Kanzel in der Garnisonkirche, welches dazumal wohl die erste Arbeit von Marmor war, die in Potsdam vorfiel.«[123] Seitdem galt Johann Conrad Koch als Schöpfer der Kanzel. Der Potsdamer Kunsthistoriker Hans Kania wies jedoch 1938 nach, dass nicht dieser, sondern Johann Georg Glume das Modell für das Monument geschaffen hat-

Entwurfszeichnung für das Königliche Monument, vermutlich von Johann Conrad Koch, 1734

Kanzel-Corpus mit dem Nec-soli-cedit-Motiv, Aufnahme um 1920

te: »Der phantastische Bau, eine Nachwirkung des Schlüterschen Barock, wirkt wie ein Fanfarenstoß in der schlichten Mollmelodie der ursprünglich ganz einfachen Ausstattung im Sinne einer reformierten Predigtkirche. Der Architekt, der die Leitung des Auf- und Einbaues hatte, war ein Schüler des Erbauers des Gotteshauses Philipp Gerlach, der Bauführer Feldmann. Im Einvernehmen mit ihm schuf der Berliner Bildhauer Johann Georg Glume das Modell für den Gruft- und Altarumbau. [...] Es ist anzunehmen, daß er bei der Gestaltung des Grabmals maßgeblichen Einfluß ausübte, vornehmlich auf die bildhauerische Anordnung des Ganzen und der Einzelheiten. Das von Feldmann dem König vorgeführte Modell rührte von seiner geschickten Künstlerhand her. Dafür haben wir in einer vor nicht allzulanger Zeit im Brandenburgisch-Preußischen Hausarchiv entdeckten Urkunde den vollgültigen Beweis. Am 15. Juni 1736 richtete Glume eine Eingabe an Friedrich Wilhelm I., das Monument in der Potsdamschen Garnisonkirche sei jährlich zweimal durch ihn renoviert worden gegen Zahlung eines Betrages von 50 Reichstalern. Da er dasjenige Modell dazu verfertigt, welches unter allen anderen von Seiner Majestät allergnädigst approbiert, auch den bunten Marmor dazu geliefert und die meiste Arbeit daran verrichtet habe, so möge der König ihm die Aufsicht über das Denkmal anvertrauen gegen Zahlung einer Pension von 50 Talern unter Verleihung des Titels als Hofbildhauer. Der Herrscher genehmigte dies Gesuch in Gnaden unterm 2. August 1736.«[124] Kania verweist in seinem Beitrag auch auf die Ähnlichkeit des Potsdamer Kanzelbaues mit jenem in der Klosterkirche zu Altfriedland bei Neuhardenberg, den Johann Georg Glume kurz zuvor, im Jahr 1733, geschaffen hatte.[125]

Der Wortlaut des seit 1945 verschollenen Schreibens zur Verleihung des Hofprädikats ist

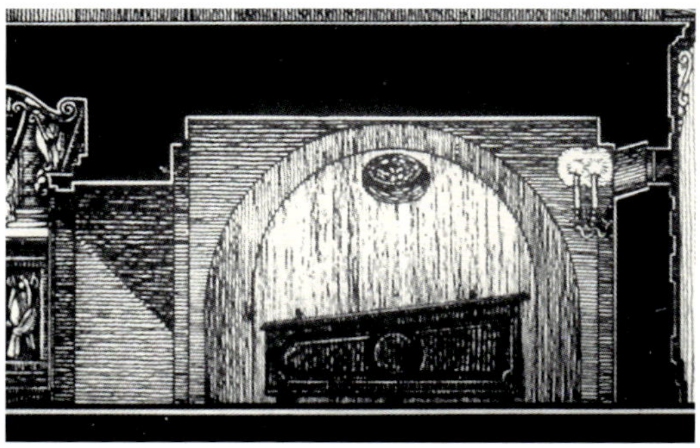

Eines der Ziergitter der ovalen Lüftungsöffnungen der Gruft aus feuervergoldeter Bronze, 1734

Schnitt durch die Gruft, Zeichnung von Friedrich Laske, 1911

Seitenansicht der Kanzel und Gruft, Aufmaßzeichnung, von 1928

als Teilzitat überliefert. Demnach wurde mit Johann Georg Glume vereinbart, »daß S. K. M. [Seiner Königlichen Majestät] und dero königlichem Hause der Glume getreu, gehorsam und gewärtig sei, dero selben Nutzen und Bestes suchen, und besonders Schaden und Nachteil, soweit an ihm ist verhindern und abwenden helfen, was ihm von königlicher Arbeit zukommt und aufgegeben wird, willig übernehmen, selbiges mit allem Fleiß, Geschicklichkeit und Kunst bewerkstelligen und dabey in allen Stücken, alle mögliche Menage [frz., Sparsamkeit] beobachten, in Sonderheit auch eingangs erwehntes Königl. Monument in der Guarnisonkirche zu Potsdam alle Jahr regulierement zweymahl als einmahl im Frühjahr und einmal im Herbst renovieren und überpolieren und aufs sorgfältigste schonen und mit allem übrigen sich erzeigen soll, wie es eines getreuen, ehrlichen und geschickten Hofbildhauer eignet und gebührt.«[126]

Im Artikel Kanias heißt es weiter: »Aus den Marmorlieferungen des Anschlages dürfen wir nun auch einen Schluß auf die geleisteten Arbeiten ziehen und den Anteil des Johann Konrad Koch bemessen, auf den vielleicht der Entwurf in der Staatbibliothek[127] zurückgeht; Glume hebt ja ausdrücklich die Lieferung bunten Marmors hervor. Gewiß hat auch Koch mitgearbeitet, und wenn er weißen Marmor liefert, so wird die alte Nachricht nicht zu Unrecht künden, daß die Kanzel von Koch ausgeführt worden sei. Andererseits hat Glume sicher auch einen Teil der weißen Marmoreinheiten selbst ausgeführt. Seine bildhauerischen Entwürfe aber waren maßgebend, wie sein stolzes Bekenntnis zu seinem Modell beweist.«[128]

Andreas Berger legte am 30. Dezember 1734 einen »Anschlag derer Kosten von der Neuen Canzel und Gewolbe in hiesiger Guarnison Kirche« vor, der jedes Detail genau beschreibt.[129]

Blick auf Altar und geöffnete Gruft, Heliogravure von Otto Rau, 1892

Statue des Mars im Treppenhaus des Stadtschlosses

Statue der Bellona im Treppenhaus des Stadtschlosses

Friedrich Wilhelm I. wies Geheimrat Philipp Gerlach und Kriegsrat Johann Carl Stoltze am 21. Januar 1735 an, »sich mit dem Ingenieur-Capitain Berger welcher das Model bey sich hat, zusammen zuthun, sowohl den Bildhauern [Johann Georg Glume und Johann Conrad Koch] als des Steinmez Angermann dabey vorkommenden Arbeit wohl zu Examiniren, solche aufs genaueste zu bedingen, mit jeden einen Accord zu schließen«.[130]

Wie genau der König den Bau des Monuments verfolgte, wird aus einer weiteren Ordre vom 17. März 1736 ersichtlich, in der erwähnt wird, »was dero G[eneral-] M[ajor] v. Kleist wegen der bey ihm geschehenen Anzeige berichtet, als ob nehmlich dem Bildhauer Anger[mann] ein mehreres an Marmor verabfolget sey, als würckl. [ich] zu fertigung der Canzel und des Gewölbes in der Guarnison Kirche zu Potsdam erfordert, und verabredet worden. Wie nun Höchstdieselben ungnädig vermercken, daß nicht nur von dero Marmor mehr ausgehoben worden als zu gedachter Arbeit nöthig gewesen, sondern auch daß nach dem jenigen, so übrig ist, bisher nicht weiter gefraget noch solche in so geraumer Zeit weder gehörigen Orths vergraben u. verwahret worden. So laßen Sie solches dero p. Gerlach u. Stolzen Verantwortung ausgestellet seyn. Befehlen aber denenselben so gnädig als ernstlich mit erwehntem Anger[mann] wegen des empfangenen Marmors richtige Rechnung zu[131] legen, und wegen des übrigen zu besorgen, daß solcher wieder an Orth und Stelle geleget, auch beßer als wohl bisher geschehen ist, verwahret werde.«[132]

Das »königliche Monument« kann als bedeutendste Leistung dieser Art in Brandenburg-Preußen nach der berühmten Schlüter-Kanzel in der Berliner Marienkirche (1703) gelten. Während sich dort gutlutherische Prachtentfaltung zeigt, fand in der nach reformierten Grundsätzen eingerichteten Potsdamer Kirche ausschließlich allegorischer[133] Schmuck Anwendung: Auf hohen, mit Armaturen[134] geschmückten Postamenten in Schrägstellung trugen polierte, rotbunte Säulen aus Harzer Marmor mit weißen korinthischen Kapitellen aus Carraramarmor ein geschwungenes, stark auskragendes Konsolgesims. Die beiden auf den Gesimsecken hockenden Adler waren durch ihre Attribute als Wappentiere von Brandenburg und Preußen[135] gekennzeichnet. Die Säulen bildeten den Rahmen für die Kanzel, deren Corpus aus weißem Carraramarmor mit der Reliefdarstellung des zur Sonne auffliegenden Adlers und einem Spruchband »Non soli cedit« versehen war. Zur Linken des Predigers war eine Kanzeluhr angebracht, eine Sanduhr zur Bemessung der Predigtlänge, die eine Stunde (!) nicht überschreiten sollte. Sie war übrigens keine Erfindung des Preußenkönigs, sondern seit dem 16. Jahrhundert allgemein gebräuchlich.

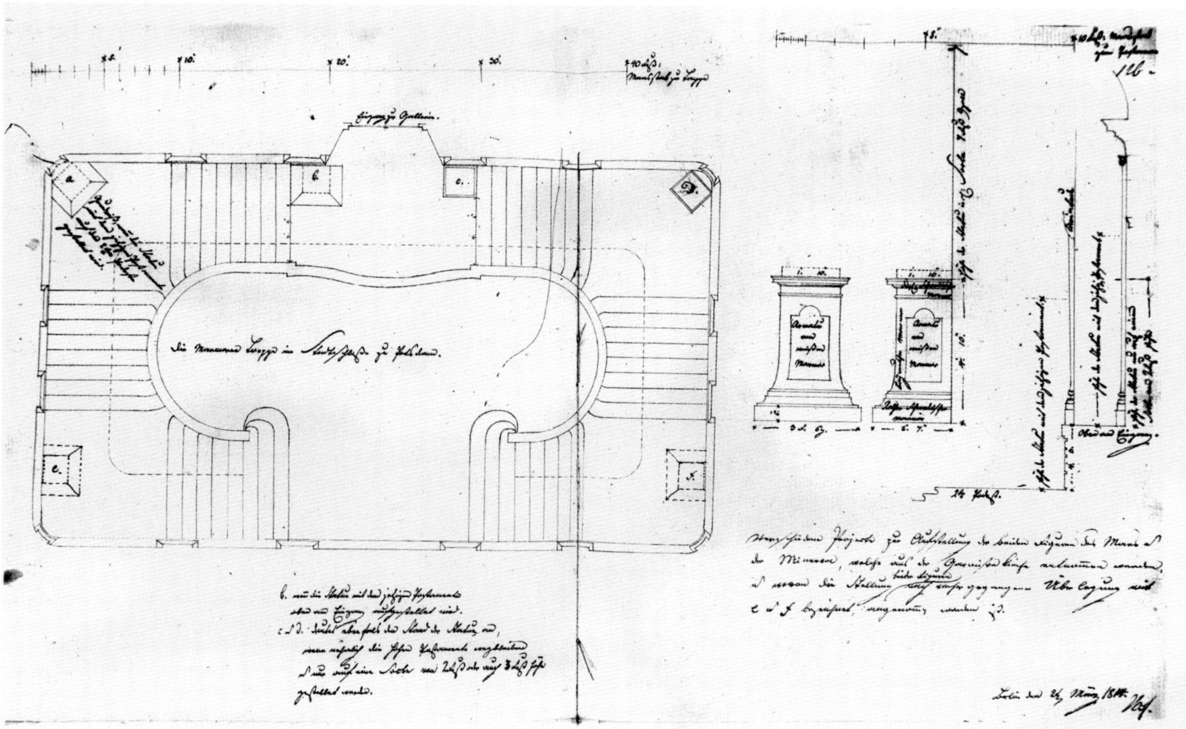

Grundriss des Treppenhauses im Stadtschloss mit Eintrag der Statuen, 1814

Der schwungvolle Schalldeckel trug eine Kartusche mit den Initialen »FWR« und der Königskrone, darüber eine große, kupfergetriebene und feuervergoldete Strahlenglorie um das Gottesauge – ein deutliches Symbol der Unterordnung von König und Staat unter die Allmacht Gottes.

Unterhalb der Kanzel markierte eine Kartusche mit dem von zwei »Wilden Männern« gerahmten großen preußischen Wappen und seitlich daraus hervortretendem Trophäenschmuck den Eingang zur Gruft, den eine »Flügeltür von starkem Mahagoniholz mit 2 Lüftungsöffnungen in den oberen Füllungen, welche mit Metall-Vergitterungen versehen sind«[136] verschloss. Nach einer anderen Quelle gab es auf der Innenseite eine zweiflügelige Tür aus Kiefer in Rahmen-Füllungs-Bauweise.[137] Beide Materialangaben für die Türen widersprechen dem überlieferten bauzeitlichen Kostenanschlag, wonach die gruftseitigen Türflügel aus Eichenholz und die äußeren (mit Reliefs in den unteren Füllungen) aus Nussbaum bestanden.[138] Mahagoni dürfte 1735 mangels entsprechender Handelsbeziehungen wohl kaum verwandt worden sein. Die lediglich drei Meter im Quadrat messende und zweieinhalb Meter hohe Gruftkammer war außen gänzlich mit poliertem, dunklem Marmor verkleidet, innen von einem Kreuzgewölbe überspannt und nur weiß getüncht. Der Fußboden besaß im Schachbrettmuster verlegte Fliesen aus weißem carrarischen und dunkelblauem belgischen Marmor.

Zu beiden Seiten, vor den Emporenpfeilern, standen die beiden überlebensgroßen Statuen der römischen Kriegsgottheiten Mars und Bellona[139], Schöpfungen Johann Georg Glumes.[140] Sie sollten das Gotteshaus als Militärkirche ausweisen, wurden aber später als deplatziert empfunden und 1814 auf Befehl Friedrich Wilhelms III. in das Haupttreppenhaus des Potsdamer Stadtschlosses versetzt.[141] Eine vom Direktor der

Fanion einer Kompanie des 3. Turko-Regiments der französischen Armee, am 6. August 1870 in der Schlacht bei Wörth erobert, bis 1914 in der Garnisonkirche, heute im Deutschen Historischen Museum Berlin

Staatlichen Schlösser und Gärten, Ernst Gall, am 15. Dezember 1938 angeregte Rückführung[142] kam nicht zustande. Pfarrer Rudolf Damrath teilte dazu am 20. März 1939 mit, »daß nach meiner Erkenntnis die Entfernung s. Zt. aus religiösen Erwägungen heraus geschehen ist«.[143] Mit der Zerstörung des Potsdamer Stadtschlosses gingen auch die beiden Statuen verloren. Ob sie indessen schon dem britischen Luftangriff des 14. April 1945 in Gänze zum Opfer fielen, darf bezweifelt werden. Zumindest Bruchstücke von vier Reliefs der Piedestale wurden 1999 während der Abtragung der Wälle des 1949 im Lustgarten errichteten »Ernst-Thälmann-Stadions« aufgefunden, die wie manch andere Spolien des Schlosses dort als Auffüllmasse verwendet worden waren.[144]

Die Kanzel der Garnisonkirche in ihrer Verbindung mit der Gruft und dem darauf bezogenen, aber freistehenden Altartisch war in ihrer Art einmalig und kann somit nicht, wie zuweilen geschehen,[145] als Kanzelaltar bezeichnet werden.

Die Fahnen

Das Zurschaustellen von Kriegstrophäen, Fahnen und Standarten der Kriegsgegner, war eine in Europa weit verbreitete Tradition, wovon noch heute die Cathédrale Saint-Louis-des-Invalides in Paris, die Londoner St. Paul's Cathedral, die Matthiaskirche in Budapest, die Basilica de Santo Dominigo in Buenos Aires oder die Kasaner Kathedrale in St. Petersburg zeugen. In der Potsdamer Garnisonkirche begann diese Tradition erst nach den Befreiungskriegen: »Bereits im Februar 1814 hatte der König die Absicht kundgetan, die Trophäen des Befreiungskampfes in der Garnisonkirche zu Potsdam zu vereinigen [...].«[146] Kein Geringerer als der bekannteste preußische Architekt des Klassizismus, Karl Friedrich Schinkel, gab die Anordnung der Fahnen vor.

»Die Absicht des Königs kam am 25. Dezember 1816 zur Ausführung, und es war eine erhebende Feier, als die in dem ruhmvollen Kriege erbeuteten Sieges-Trophäen, 24 französische Adler und 2 Fahnen, in Gegenwart des Königs und aller Glieder des Königshauses, sowie einer aus allen Truppentheilen des Garde-Korps gebildeten Deputation in die Hof- und Garnisonkirche gebracht wurden, um neben der Gruft des Helden-Königs an den die Kanzel einfassenden Pfeilern eine bleibende Stätte zu finden.«[147]

Die im Krieg gegen Österreich eroberten 15 Fahnen und Standarten kamen am 1. Januar 1867 hinzu.[148] Nach dem Deutsch-Französischen Krieg wurden für eine Siegesfeier am 19. Januar 1873 »86 Fahnen und Adler von Berlin nach Potsdam überführt, um dauernd in der Hof- und Garnisonkirche aufgestellt zu werden. Ueber den eroberten Fahnen aus dem Befreiungskriege fanden Fahnen Aufstellung, die von unseren braven Truppen im Handgemenge erobert waren. So wurde unsere liebe Garnisonkirche die

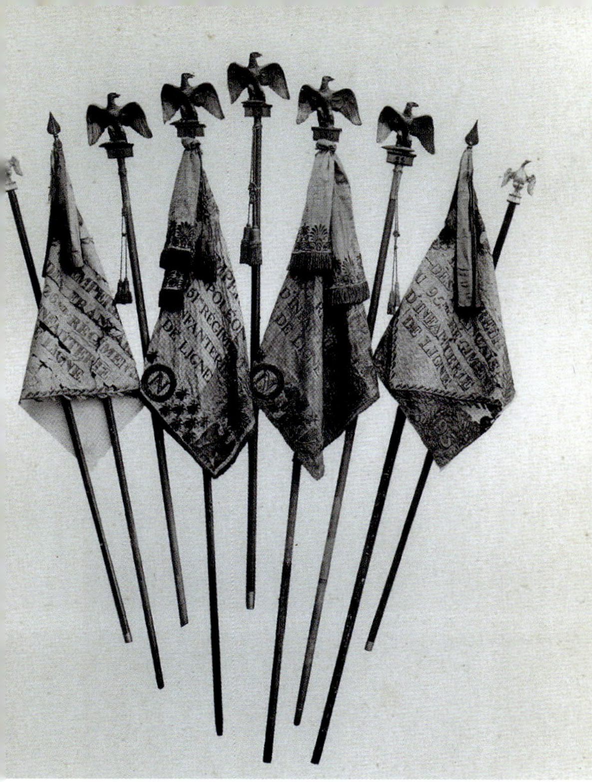

Im April 1814 in Glogau erbeutete französische Regimentsfahne, bis 1914 in der Garnisonkirche, heute im Deutschen Historischen Museum Berlin

Fahnentrophäen aus den Befreiungskriegen in der Garnisonkirche

Ruhmeshalle aus Preußens und Deutschlands großer Zeit«,[149] schrieb 1932 der Potsdamer Rektor Alfred Rittner.

Seit dem Kirchenumbau 1898 waren sie in zwei Ebenen an den Emporenpfeilern in speziell angefertigten »Fahnenkörben« angeordnet. An der Südseite, zu beiden Seiten der Kanzel, fanden insgesamt 40 Fahnen bzw. Adler und Standarten aus den Jahren 1807 und 1813/15 ihren Platz, an den äußeren Pfeilern eine dänische Standarte von 1848 und 25 dänische Fahnen von den Schlachten bei Düppel und Alsen 1864 sowie neun österreichische Fahnen, zwei Standarten und vier Fahnenbänder von Königgrätz 1866. Die Nordseite schmückten 71 französische Adler und Fahnen, die im Deutsch-Französischen Krieg 1870/71 erbeutet worden waren.[150]

Hofprediger Johannes Vogel berichtete über den Verbleib der Trophäen nach dem Ersten Weltkrieg: »Die von den Vätern [...] erbeuteten 183 Fahnen wurden in das Zeughaus in Berlin überführt und sind dort abhanden gekommen. Der spätere Zugriff der Entente auf Anstiften deutscher Angeber (!) blieb erfolglos, obwohl ich dieserhalb sieben mal vor Gericht erscheinen mußte.«[151] Doch zumindest eine der angeblich verloren gegangenen Fahnen befindet sich noch heute im Besitz des Deutschen Historischen Museums im Zeughaus, ein Adler mit Fahnenblatt und »Cravatte« des 151. französischen Linien-Infanterie-Regiments (Abb. oben).[152] In der Garnisonkirche nahmen nun Feldzeichen der aufgelösten Einheiten den Platz der Beutestücke ein. 1932 heißt es: »Die Pfeiler auf der Kanzelseite tragen heute die Fahnen des ehemaligen Garde-Korps; zu beiden Seiten der Kaiserloge befinden sich die Fahnen und Standarten des früheren III. Armee-Korps, das fast ausnahmslos in der Provinz Brandenburg in Garnison stand.«[153] Sie sind vermutlich dem Brand in der Nacht zum 15. April 1945 zum Opfer gefallen.

Neun Fahnen aus der Königsgruft (Fahnen des 1. Garderegiments, des Grenadierregiments »Friedrich der Große« und eine Standarte des

Die von
Friedrich Wilhelm I.
1722 gestiftete
Taufschale des Silber-
schmieds Christian
Gottelieb Kelle in der
Ausstellung zur Garnison-
kirche (Buchstabendekor),
Aufnahme
Andreas Kitschke, 2013

Regiments der Gardes du Corps Potsdam), die den ausgelagerten Särgen beigegeben waren, sind 1961-63 vom Textilrestaurator Detlef Lehmann von den (West-) Berliner Staatlichen Museen restauriert worden, waren danach im Wehrgeschichtlichen Museum Rastatt deponiert und befinden sich heute im Bestand des Deutschen Historischen Museums Berlin.[154]

Die Vasa sacra

Wohl gleich zur Einweihung 1722 beschenkte Friedrich Wilhelm I. die Garnisonkirche mit den für Taufhandlung und Abendmahlsfeier notwendigen liturgischen Geräten, die aus Silber gefertigt und vergoldet wurden. Die große Taufschale (Durchmesser 61 Zentimeter) mit der Gravur der königlichen Initialen »FWR« wurde vom Goldschmied Christian Gottlieb Kelle in Berlin geschaffen.[155] Der reformierten Tradition entsprechend hatte man sie während des Taufgottesdienstes auf den Altatisch gestellt. Anscheinend ist die zugehörige, bauchige Taufkanne (Höhe 38,5 Zentimeter) ein Stück desselben Künstlers. Sie ist ebenfalls mit dem königlichen Monogramm versehen, das ihn als Stifter ausweist.

Die Abendmahlsgeräte stammen wohl von dem in Quedlinburg gebürtigen Berliner Goldschmied Johann Christian Lieberkühn.[156] Dazu gehören zwei Kelche (Höhe 29,5 bzw. 26,7 Zentimeter), Patene (Durchmesser 21 Zentimeter), zwei Kannen (Höhe 34 und 30 Zentimeter) und zwei ovale Ziborien bzw. Hostiendosen (14/19,5 und 11/16 Zentimeter).

Das wertvollste Geschenk des Königs, dessen Herkunft nicht zu ermitteln war, ist ein spätgotischer Abendmahlskelch (Höhe 19,5 Zentimeter) mit reicher plastischer Ornamentik am Knauf und Gravuren der Passion und Auferstehung Christi am sechsblättrigen Fuß.[157] Erst 1856 anlässlich des Taufkapellen-Einbaues erhielt die Garnisonkirche einen Taufstein (vgl. den Beitrag über die Taufkapelle, Seite 212-214).

Barocker Abendmahlskelch der Garnisonkirche, Aufnahme Daniel Wetzel, 2004

Endgültige Entwurfszeichnung für die goldene Taufschale, Karl Friedrich Schinkel, 1829

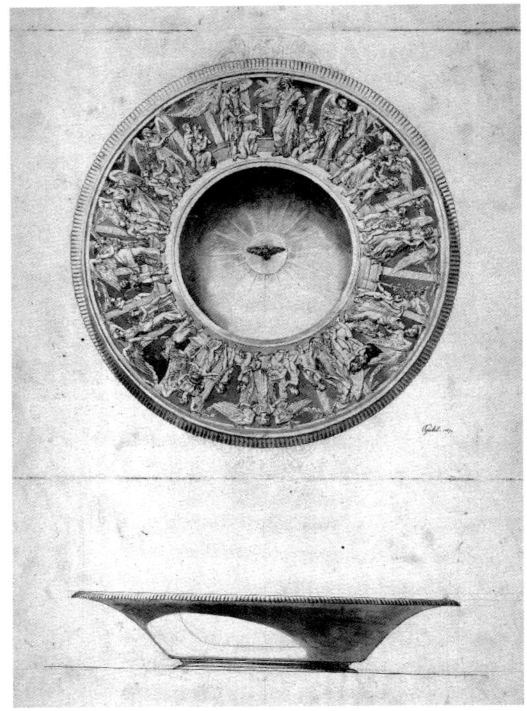

Taufschale und Taufkanne für den preußischen Hof

Das Goldbergwerk im schlesischen Reichenstein (heute Złoty Stok in Polen) war bereits im 17. Jahrhundert stillgelegt worden, doch begann man hier später mit der Arsenik-Gewinnung. Durch eine neuartige Methode, dem sogenannten Chlorationsverfahren, gelang es Wilhelm Güttler, seit 1823 Bergwerksbesitzer, wieder Gold zu gewinnen. Einen Barren der ersten Ausbeute schenkte er dem preußischen König.
Auf Anregung des Kronprinzen Friedrich Wilhelm (IV.) sollte aus diesem Material eine Taufschale für den preußischen Hof gefertigt werden. Grundlage war ein bereits 1821 von Karl Friedrich Schinkel gezeichneter Entwurf für eine »Taufschale mit Dreifuß«, die einen Reliefrand mit der Allegorisierung des Bibelspruchs aus Matthäus 19, 14: »Lasset die Kindlein zu mir kommen und wehret ihnen nicht« zeigt: Engelgestalten führen Kinder zu Jesus, der gerade eines tauft.[158] Eine etwas vereinfachte Abwandlung schuf Schinkel 1829.[159]

An der Umsetzung dieser theologisch unkorrekten, wenngleich hochromantischen Darstellung arbeitete Hofgoldschmied George Hossauer mit Unterbrechungen im Verlauf der nun folgenden fünf Jahre. Das Ergebnis, eine »Taufschale aus schlesischem feinen Golde [...] mit 43 aus der Hand getriebenen allegorischen Figuren in der Runde« wurde am 25. Februar 1836 dem »Könige abgeliefert, sehr belobt, zufrieden« und der anschließend der Öffentlichkeit in der Berliner Akademie-Ausstellung vorgestellt.[160]

Sie erhielt einen Durchmesser von 41 Zentimetern, der Reliefrand war elf Zentimeter breit. Obgleich noch lange nicht vollendet, war sie erstmals am 13. November 1831 zur Taufe des Prinzen Friedrich Wilhelm [späterer Kaiser Friedrich III.] im Neuen Palais benutzt worden. Die Namen sämtlicher seitdem getaufter Prinzessinnen und Prinzen des Hauses Hohenzollern wurden auf der Rückseite eingraviert.

Friedrich Wilhelm IV. gab dazu 1851 bei Hossauer noch eine goldene Taufkanne in Auftrag. Den Entwurf hierzu schuf August Stüler (nicht, wie verschiedentlich behauptet, Peter von Cornelius). Sie erhielt ein Relief mit der Darstellung der Taufe Jesu durch Johannes den Täufer im Jordan. Auf dem Henkel kniete eine Engelgestalt, die geweihtes Wasser in den Krug zu schütten schien.

Auch hier zog sich die Herstellung über Jahre hin, doch gelang es Hossauer im Mai 1855 erstmalig, »bei dem Auftrage zu einer goldenen Taufkanne für Se. Majestät, das praktische Mittel zu finden, grössere Reliefs, auch runde Körper mit Emblemen ohne Nath in feinem Golde galvanoplastisch herzustellen« und damit einer bahnbrechenden Erfindung der Goldschmie-

Johann George Hossauer stellte 1836 die Taufschale und 1855 die Taufkanne fertig, Aufnahmen um 1930

dekunst zum Durchbruch zu verhelfen. Am 12. Juni 1855 notierte der Meister in sein Tagebuch, er habe die Einzelteile der Taufkanne nach »Bau Rath Stüler's Zeichnung heut bis zum montiren fertig«. Im September 1855 schließlich lautete sein Eintrag: »Am 12ten die Ehre gehabt Sr. Majestät die golden[e] Taufkanne zu presentiren.«[161]

Eine 1855 von Hossauer selbst angefertigte galvanoplastische Nachbildung der Taufschale[162] aus vergoldetem Kupfer befindet sich in der Bornstedter Kirche nahe dem Park von Sanssouci. Ein zweites Stück gelangte nach Riga (heute im Schlossmuseum Ruenthal).[163]

Der Schinkelsche Reliefrand ist auch auf einer Porzellan-Taufschale in der Caputher Kirche[164] zu finden, hergestellt in der Königlichen Porzellan-Manufaktur Berlin.[165] Die beiden originalen Kunstwerke, die bis zum Ende der Monarchie in der Hof- und Garnisonkirche aufbewahrt worden waren, überwies man nach dem Ersten Weltkrieg, und zwar noch vor dem Ende der Vermögensauseinandersetzung, den Hohenzollern.[166]

Bereits 1921 sind sie im Inventar des »Huis Doorn« verzeichnet.[167] Aus dem dortigen Verzeichnis von 1945 wurden sie allerdings gestrichen, da sie inzwischen auf die Stammburg Hohenzollern bei Hechingen gelangt waren. Hier kam es in der Nacht zum 31. Juli 1953 zu einem minutiös vorbereiteten Einbruch, dem neben dem Hohenzollernschatz auch dieses Taufgeschirr zum Opfer fiel.

Als der Täter Paul Falk, ein Artist, der sich »Delmonte« nannte, am 12. März 1954 gefasst wurde, hatte er schon ein Gutteil der Beute eingeschmolzen und zu Geld gemacht.[168] So sind diese Kunsterke unwiederbringlich verloren.

Geschichtliche Ereignisse in der Garnisonkirche

Der Gelehrte Salomon Jacob Morgenstern, wegen seiner Kleinwüchsigkeit von Friedrich Wilhelm I. zum Hofnarren bestimmt, berichtet in seinem Werk: »Der König ging an Sonn-, Fest- und Bußtagen mit allen seinen Angehörigen, mit der ganzen Armee und seinen Bedienten Vor- und Nachmittags in die Garnisonkirche. Der Beschluss davon war die Promenade, da allen Kutschen allhier aufgelegt war, von der Kirche ab, nach der Plantage bei der Post, die Faule See genannt [heute Platz der Einheit, A. K.] hin und auf dem eigentlich darzu gepflasterten Wege, dreimal en procession herum zu fahren. [...] Der König selbst hielt zu Pferde (denn er ritt insgemein nach der Kirche) oder abgestiegen in dem Eingang der Plantage von der Nauenschen Brücke her, um den Zug zu sehen, mit einigen der Paradirenden zu sprechen, auch wohl mit Cammer-Bedienten zu sprechen.«[1]

Spätestens mit der Entscheidung Friedrich Wilhelms I., die Garnisonkirche als Grablege zu wählen, begann eine Reihe von politischen Ereignissen, die dieses Gotteshaus sukzessive zu einem geschichtsträchtigen Ort werden ließen. Dieser Entwicklung wird in den folgenden Abschnitten nachgegangen. In der langen Regierungszeit Friedrichs des Großen (1740–86) spielte die Kirche keine hervorgehobene Rolle. Doch nachdem er entgegen seinem ausdrücklichen Willen dort ebenfalls bestattet worden war, rückte sie in den Fokus der Öffentlichkeit. Der Mythos um seine Person, den er großenteils selbst inszeniert hatte, begann Wirkung zu zeigen, und zahlreiche Staatsmänner, vor allem auch einfache Untertanen »pilgerten« nach Potsdam, um seine Ruhestätte zu besuchen.

Nach den preußischen Reformen bot die Garnisonkirche 1809 den Raum für die Vereidigung des ersten frei gewählten Potsdamer Magistrats. 1817 wurde sie zur Geburtsstätte der ökumenischen Vereinigung der reformierten und lutherischen Kirche Altpreußens.

Das wohl einschneidendste Ereignis, das letztlich zur Ächtung der Garnisonkirche führte, war die Inszenierung des »Tages von Potsdam« am 21. März 1933. Der Staatsakt zur Eröffnung des Reichstages nach der Wahl Hitlers zum Reichskanzler wurde nach dem Reichstagsbrand jedoch nicht gezielt, sondern eher zufällig hierher verlegt. Dass hier die Verbindung der »alten Größe« Preußens mit der »jungen Kraft« des Nationalsozialismus stattgefunden habe, ist ein Erfolg der NS-Propaganda, der bis heute nachwirkt.

Die Geschichte der Garnisonkirche endete nicht mit dem Feuersturm des Luftangriffs 1945, sondern 1968 mit ihrer ideologisch begründeten Zerstörung. Da hatte sich ihre Zivilgemeinde längst in »Heilig-Kreuz-Gemeinde« umbenannt und in der Turmkapelle eingerichtet. Diese Kirche steht wie wohl keine andere für Wendepunkte der neueren deutschen Geschichte.

»Gedächtnißfeier des Todes Friedrich's des Großen«, Illustrierte Zeitung vom September 1886

Castrum doloris für Friedrich Wilhelm I. in der Garnisonkirche, die Dekoration entwarf der Baumeister von Schloss Sansouci, Georg Wenzeslaus von Knobelsdorff

1740: Bestattung Friedrich Wilhelms I. in der Gruft

Ende 1739 verschlechterte sich der Gesundheitszustand des Preußenkönigs zusehends. Der Chronist Ostmann berichtete: »Da es in Berlin mit der Besserung des Monarchen nicht nach Wunsch vor sich gehen wollte, so bezeugte er auf einmal wieder ein großes Verlangen, nach Potsdam gebracht zu werden. Wurde dies nun gleich von den Aerzten äußerst wiederrathen, so mußte es doch geschehen. Der kranke König ließ sich den 27. April Nachmittags 3 Uhr in die Karosse heben und langte wider Jedermanns Vermuthen schon Abends daselbst an. Bei seiner Abreise von Berlin sprach er: ›Adieu Berlin! In Potsdam will ich sterben.‹ Und dies geschah auch nicht lange nachher. Er verschied unter Bitte und Gebet am 31. Mai 1740, Nachmittags gegen 3 Uhr [...]. Nachdem der König entschlafen war, sorgte man dafür, daß er sobald als möglich an den von ihm selbst bestimmten Ort der letzten Ruhe gebracht werden möchte. Es geschah dies am 1. Juni Abends 10 Uhr. Der aus Eichenholz verfertigte Sarg wurde von 12 Capitäns und eben so viel Lieutenants vor die Garnisonkirche getragen. Ihm folgten viele Generäle, Obristen und andere Stabsofficiere, auch sämmtliche Officiere vom Königlichen Leibregiment nebst allen Königlichen Bedienten, welche in Potsdam anwesend waren. Neben dem Sarge gingen 24 Corporals mit brennenden Wachsfackeln, welche noch 24 Unterofficiere mit verkehrt gestecktem Kurzgewehr zur Seite hatten. Außer den vier Kammerdienern, welche ganz schwarz gekleidet und mit Flören auf den Hüten versehen waren, sah man Niemand von den Königlichen Bedienten in solcher Trauer, denn der König hatte in seinem letzten Willen ausdrücklich verordnet: ›Vor meine Domestiquen sollen keine Trauerröcke gemacht werden, sondern sie sollen nur Flor auf den Hüten und sonst ihre ordinären Livrées tragen und in allen übrigen Dingen keine facon mit mir getrieben werden.‹

Vor der Kirche ward die Leiche von den beiden Hof-Predigern Cochius und Oesfeld empfangen und, nachdem man in der Kirche angelangt, auf den mit schwarzem Sammet behangenen Altartisch gesetzt, sodann der hölzerne Sarg in den schwarzen marmornen gebracht und so in die Gruft getragen, die darauf verschlossen wurde. Hiermit war der Act der Beisetzung beendet.«[2]

Am 22. Juni 1740 folgte dann das von Friedrich II. angeordnete feierliche Leichenbegängnis. Georg Wenzeslaus von Knobelsdorff fertigte die Entwürfe für die Ausschmückung von Stadtschloss und Garnisonkirche. Letztere wurde ganz mit schwarzem Tuch ausgeschlagen und durch gläserne Lampen erhellt. »Unmittelbar vor dem Altar war ein prunkvolles Trauergerüst errich-

Die schlichten Sarkophage Friedrich Wilhelms I. (links) und Friedrichs des Großen in der Gruft, Aufnahme, um 1920

tet mit einem von dorischen Säulen getragener Himmel, welches als ein Meisterstück der Bau- und Zeichenkunst bezeichnet wird. Die Säulen waren dem Geschmacke der damaligen Zeit entsprechend mit Statuen von weißem Marmor, mit Vasen und weinenden Kindern als Sinnbildern des Schmerzes umgeben, und dazwischen waren Cypressen und Ständer mit Kerzen aufgestellt.«[3]

Hier stellte man den Paradesarg ab, der in langem Trauerzug vom Stadtschloss zur Kirche geleitet worden war. »Sobald der König in der Kirche Platz genommen hatte, wurde das von Friedrich Wilhelm 1. selbst erwählte Lied: ›Wer nur den lieben Gott läßt walten‹ angestimmt, dem eine lateinische Trauer-Cantate folgte. Dasselbe Lied wurde auch bei der in allen Kirchen des Landes angeordneten Gedächtnisfeier gesungen, bei welcher über den vom König selbst gewählten Leichentext gepredigt wurde: ›Ich habe einen guten Kampf gekämpfet‹.«[4] Der von Carl Heinrich Graun komponierten Trauerkantate lag ein Libretto des Berliner Predigers Nathanael Baumgarten zugrunde. Da Vokalisten in Berlin nicht ausreichend zur Verfügung standen, holte man drei damals berühmte Sänger aus Dresden – die Kastraten Domenico Annibali und Angelo Maria Monticelli (Sopran) sowie den Tenor Angelo Amorevoli. Auch Graun selbst sang eine Tenorpartie.[5]

1747: Bach in Potsdam

In Mitzlers 1754 erschienener Musikalischer Bibliothek ist ein von Carl Philipp Emanuel Bach, der seit 1740 Kammercembalist am Hofe Friedrichs des Großen war, und Johann Friedrich Agricola verfasster Nekrolog über Johann Sebastian Bach enthalten. Eine Passage daraus lautet: »Im Jahre 1747. that er eine Reise nach

Bach vor Friedrich II. an der Orgel der Garnisonkirche, Historiengemälde von Rudolf Eichstaedt, um 1900

Berlin, und hatte bey dieser Gelegenheit die Gnade, sich vor seiner Majestät dem Könige in Preussen, in Potsdam hören zu lassen. Seine Majestät spielten ihm selbst ein Thema zu einer Fuge vor, welches er so gleich, zu Höchstderoselben Vergnügen, auf dem Pianoforte ausführete. Hierauf verlangten Seine Majestät eine Fuge mit sechs obligaten Stimmen zu hören, welchen Befehl er auch, so gleich, über ein selbst gewähltes Thema, zur Verwunderung des Königs, und der anwesenden Tonkünstler, erfüllete. Nach seiner Zurückkunft nach Leipzig, brachte er ein dreystimmiges so genanntes Ricercar, nebst noch einigen andern Kunststücken über eben das von Seiner Majestät ihm aufgegebene Thema, zu Pappiere, und widmete es, im Kupfer gestochen, dem Könige.«[6]

Dieses populäre Werk Johann Sebastian Bachs ist als »Musikalisches Opfer« in die Musikgeschichte eingegangen. Der in der Literatur oft wiederholten Behauptung, Friedrich II. hätte Bachs Kunst nicht in vollem Umfang zu würdigen gewusst, widerspricht die Passage eines Briefes, den der österreichische Diplomat Baron Gottfried van Swieten in Berlin an den Reichsfürsten Wenzel Anton von Kaunitz am 26. Juli 1774 schrieb. Darin ist von den musikalischen Vorzügen Wilhelm Friedemann Bachs die Rede:

»Indessen finden diejenigen, die seinen Vater gekannt haben, daß er an ihn nicht heranreiche. Der König ist derselben Ansicht, und um sie mir zu beweisen, sang er mit lauter Stimme das Thema einer chromatischen Fuge, das er dem alten Bach gegeben hatte, der auf der Stelle eine Fuge daraus machte und mit 4, dann 5, schließlich sogar mit 8 obligaten Stimmen.«[7]

Über die Begegnung Johann Sebastian Bachs mit dem preußischen König berichtete sogar die Zeitung. Was hat das aber mit der Garnisonkirche zu tun? Der erste Bach-Biograf Johann Nikolaus Forkel erwähnt in seiner 1802 erschienenen Schrift, deren Inhalt sich auf Informationen von Wilhelm Friedemann und Carl Philipp Emanuel Bach stützt, einen weiteren Aspekt des Bach-Besuchs in Potsdam: »Auch seine Orgelkunst wollte der König kennen lernen, Bach wurde daher an den folgenden Tagen von ihm eben so zu allen in Potsdam befindlichen Orgeln geführt, wie er vorher zu allen Silbermannischen Fortepiano geführt worden war.«[8]

Johann Sebastian Bach hat also vor Friedrich II. an der Wagner-Orgel der Garnisonkirche gespielt. Die Sekundärliteratur berichtet in diesem Zusammenhang, der Leipziger Meister habe das Instrument für »ein gar prächtig Werk« erklärt, was durchaus glaubhaft erscheint, da es seinen Ambitionen in klanglicher Hinsicht sehr entgegenkam. Das Ereignis wurde u.a. um 1900 von dem Maler Rudolph Eichstaedt in einem mehrfach replizierten Historiengemälde festgehalten. Da dieser schon den neuen Spieltisch der Firma Sauer vorfand, sind einige Details nicht richtig wiedergegeben. Trotzdem hat das Bild einen Eigenwert, hält es doch die historische Begegnung zweier auf ihre Weise genialer Männer der Geschichte fest.

Bach an der Orgel der Garnisonkirche, kolorierter Holzstich, von Knesing nach dem Gemälde von Hermann Kaulbach, 1870

Friedrich der Große und seine Generale in der Garnisonkirche, Historiengemälde von Georg Schöbel, um 1900

1756: Beginn des Siebenjährigen Krieges

Mit einem Angriff Frankreichs auf die britisch verwaltete Balearen-Insel Menorca begannen am 10. April 1756 kriegerische Auseinandersetzungen. Das Königreich England erklärte darauf am 18. Mai 1756 Frankreich den Krieg. Als Friedrich II. im Juni von russischen Truppenbewegungen erfuhr und ihm Abschriften der Pariser und Petersburger Verträge zur Allianz zwischen Frankreich, Russland, Österreich und Sachsen in die Hände fielen, befahl er die Mobilisierung seiner ostpreußischen und schlesischen Regimenter und ließ seine Generäle nach Potsdam kommen.[9] Dass diese am Vorabend des Einmarsches in Sachsen in der Garnisonkirche zusammenkamen, wie ein Historiengemälde von Georg Schöbel suggeriert, ist nicht gesichert. Um dem drohenden Angriff der Alliierten zuvorzukommen, überschritten die Preußen am 29. August die sächsische Grenze in Richtung Böhmen. Friedrich hatte lediglich den sächsischen Gesandten, Friedrich Gotthard von Bülow, in Kenntnis setzen lassen, »daß der König seine Armee durch die Sächsischen Lande des Kurfürsten (Königs von Polen) nach Böhmen führen werde, und daß die strengste Ordnung dabei beobachtet werden solle«.[10] Während der folgenden Kriegsjahre kam es mehrfach zu Auseinandersetzungen, die Preußen fast die Existenz kosteten, doch mit dem Hubertusburger Frieden wurde am 15. Februar 1763 der »status quo ante bellum« wieder hergestellt und eine neue europäische Großmacht hatte sich etabliert.[11]

1786: Bestattung Friedrichs II. in der Gruft

Königin Sophie Dorothea starb am 28. Juni 1757 in Berlin. Der für sie bestimmte Sarkophag in der Garnisonkirche blieb jedoch leer, denn sie wurde im Berliner Dom bestattet. Der Naturforscher Peter Simon Pallas fand ihn noch am 17. März 1763 in der Garnisonkirche vor: »Die Canzel ist von Marmor, auf deren einer Seite Martis, auf der anderen Bellonae stehet. Unter derselben ist ein Gewölbe von Marmor, in welchem 2 Särge von schwarzem Marmor stehen, deren einer den Leichnam König Friedrich Wilhelms enthält; der andere war seiner Gemahlin bestimmt, die aber im Berliner Dohm ist beigesetzet worden.«[12] Manger berichtet, dass Friedrich der Große noch im selben Jahr 1763 befahl, dass der Marmorsarkophag »nach Berlin geschafft werden mußte. Er [...] war nunmehr durch König Friedrich II. zu Aufbewahrung der Ueberbleibsel Seiner Mutter in der Domkirche zu Berlin bestimmt worden.«[13]

So ebnete Friedrich der Große – ohne es beabsichtigt zu haben – selbst den Weg zu seiner späteren Beisetzung an dieser Stelle. Bereits

Königin Sophie Dorothea, Kupferstich von Petrus van Gunst, um 1730

Sarkophag der Königin Sophie Dorothea in der Berliner Domgruft, Aufnahme Andreas Kitschke, 2015

1744 hatte er sich am Ostende der oberen Terrasse vor Schloss Sanssouci eine schlichte, unterirdische Gruft anlegen lassen, in der er einst zu ruhen wünschte. Sein Testament vom 8. Januar 1769 enthält folgende Passage: »Ich habe als Philosoph gelebt und will auch als solcher begraben werden, ohne alles Aufsehen, ohne Pracht und Leichenzug. Weder öffnen noch balsamiren soll man mich, sondern in Sanssouci bestatten oben auf den Terrassen in einem Grabe, das ich mir habe zurichten lassen.«[14]

Sein Neffe und Nachfolger, Friedrich Wilhelm II., handelte entgegen dieser Willensbekundung: »Unmittelbar nach dem am 17. August erfolgten Tode Friedrichs des Großen wurden von seinem Nachfolger die Anordnungen für die Beisetzung der Königlichen Leiche getroffen. Noch an demselben Tage Abends gegen 9 Uhr wurde der Leichnam von Sanssouci in das Stadtschloß zu Potsdam gebracht und durch den großen Saal in das Audienzzimmer getragen, um unter dem daselbst befindlichen Baldachin in Parade ausgestellt zu werden. In der gewöhnlichen blausammtnen Paradeuniform, mit einer gelbtuchenen Weste, schwarzsammtnen Beinkleidern, rauchledernen Stiefeln bekleidet, über der linken Schulter das Band vom schwarzen Adlerorden tragend, dessen Stern auf der linken Seite fast ganz damit bedeckt war, die rechte Hand auf einem schwarzen Hut mit weißer Plume [frz. Feder] ruhend, lag der König in dem gelbgebeizten eichenen Sarge [...]. Inzwischen wurden in der Hof- und Garnisonkirche unverzüglich die Vorbereitungen zur Beisetzung getroffen. Sämmtliche Gestühle wurden fortgenommen und der Fußboden mit Brettern belegt. In aller Eile mußten 800 blechene Dillen zu Wachslichtern angefertigt werden, um die Kirche des Abends zu erleuchten. An den Pfeilern und Seitenlogen wurden So weißblecherne Blaker befestigt, das

Rekonstruktion der Ausschmückung der Garnisonkirche zur Bestattung Friedrichs des Großen, Längsschnitt

Die Sarkophage Friedrich Wilhelms I. und Friedrichs II. in der Gruft, Aufnahme um 1910

Gewölbe unter der Kanzel mit 18 Wachslichten erleuchtet [...]. Schon am 18. August Abends 8 Uhr erfolgte die Beisetzung. Auf einem mit acht Schimmeln, dem Leibgespann des Königs, bespannten Leichenwagen, der bis über die Räder mit breiter schwarzer Tuchdecke behangen war, und auf dem oben der Degen, Stock und Schärpe übers Kreuz gelegt waren, wurde der Königliche Leichnam von dem gesammten Hofstaat und von allen Offizieren der Garnison geleitet, durch den Lustgarten und die Breitestraße nach der Hof- und Garnisonkirche übergeführt und dort [...] von den beiden Geistlichen, Hofprediger Bamberger und Feldprobst Kletschke empfangen. Zwölf Hauptleute vom 1. Bataillon Königliche Garde und vom Regiment ›Garde‹ [...] trugen den Sarg vom Eingang in die Kirche, unter Vorantritt der Geistlichkeit, wo er auf dem mit schwarzem Tuch bedeckten, steinernen Fußgestelle des Altars, der nach reformierten Gebrauche zugleich als Tauftisch diente, niedergesetzt wurde. Die oben genannten Geistlichen stellten sich am Eingang zum Gewölbe auf. Nachdem der Organist Petzold auf gedämpfter Orgel den Choral: ›Dein sind wir Gott in Ewigkeit‹ gespielt hatte, wurde der Sarg ohne weitere Feierlichkeit an den daran befestigten atlassenen Tragebändern in die Gruft gebracht und zur linken Hand neben dem des Königs Friedrich Wilhelm I. niedergesetzt.«[15]

Dieser relativ schlichten Feier folgte am 9. September 1786 ein »glänzendes nachträgliches Leichenbegängnis«. Hierzu entwarf der Direktor der Berliner Kunstakademie, Christian Bernhard Rode, die Ausstattung. Wieder entfernte man das Gestühl und stellte auf der Ostseite einen über elf Meter hohen Ehrentempel auf, zu dem sieben Stufen emporführten. Acht korinthische Säulen trugen die Kuppel, die ein goldfarbener Adler mit ausgebreiteten Flügeln bekrönte. Vor den Säulen standen vier allegorische Skulpturen als Sinnbilder der Tugenden des Königs: Staatsklugheit, Tapferkeit, Gerechtigkeit und Standhaftigkeit. An den Pfeilern der mit schwarzem Tuch ausgeschlagenen Kirche wurden sechs von Rode gemalte, allegorische Ölgemälde angebracht, die die Verdienste Friedrichs des Großen versinnbildlichten. Weiter zeigten die unteren Emporenbrüstungen sechs Gemälde von Waffenrüstungen mit den Namen der Orte, die für siegreiche Schlachten des Königs standen. Die von der tuchbespannten Kanzel herabhängenden schwarzen Gardinen wurden von zwei Trauerstatuen gehalten, sodass die Särge in der geöffneten Gruft zu sehen waren. Auch die großen Kirchenfenster erhielten eine schwarze Tuchbespannung, die Beleuchtung des festlichen Raumes erfolgte durch 4.780 Lampen und 588 Wachskerzen.

Allegorien der Staatsklugheit und der Tapferkeit von der Ausschmückung der Garnisonkirche zur Bestattungsfeier Friedrichs des Großen im früheren Potsdamer Museum

Karl Fasch, Radierung von Meno Haas, 1797

Johann Friedrich Reichardt, Kunpferstich von B. H. Hendrix nach S. Henry, 1791

Unter dem Geläut sämtlicher Potsdamer Kirchenglocken bewegte sich der Leichenzug mit dem baldachingeschmückten Paradesarg über einen verbretterten, erhöhten Gang vom Stadtschloss zur Garnisonkirche. Dabei ließ Christoph Friedrich Petzold den Choral »O Jesu Christ, meins Lebens Licht« vom Glockenspiel erklingen. Während der Berliner Organist Christian Friedrich Carl Fasch an der Orgel improvisierte, stellte man den Sarg im Ehrentempel ab. Es folgte eine vom Königlichen Kammerherrn Marquis Girolamo de Lucchesini in lateinischer Sprache gedichtete Trauerkantate, die deren Komponist, Johann Friedrich Reichardt mit mehreren Berliner Kirchenchören, Solisten des Königlichen Opernhauses und einem 65 Mann starken Orchester aufführte. Danach trugen acht Generäle den Paradesarg in die Gruft und stellten ihn dort zwischen dem Marmorsarkophag des Soldatenkönigs und dem Zinnsarg Friedrichs des Großen ab. Vom Lustgarten her donnerte der Ehrensalut. 22 Kanonen gaben insgesamt 792 Schüsse ab, jeweils im Wechsel mit Gewehrsalven von drei Bataillonen, die auf die gesamte Länge der Breiten Straße verteilt standen.[16] Aus den Aufzeichnungen Reichardts geht hervor, dass dieses Spektakel versehentlich zu früh begann und in den Schlusschor buchstäblich hineinplatzte: »[...] die Salve hat mir beim Eintritt dieses Chors gefehlt, so dachte ich ihn mir bei der Arbeit. Kontrebässe, Pauken und Posaunen hatten den Effekt, der mir damahls vor der Seele schwebte, nicht erreicht.«[17]

In zweifacher Weise hatte Friedrich Wilhelm II. den Willen seines Onkels missachtet, denn die Bestattung erfolgte nicht bei Sansouci, und aus der schlichten Feier war ein Prunkfest geworden, von dem man in Preußen noch lange erzählte.

1805: Alexander I. am Sarg Friedrichs des Großen

Das Beharren Friedrich Wilhelms III. auf der Neutralität Preußens gegenüber dem expandierenden französischen Kaiserreich veranlasste den mit Österreich und England gegen Napoleon verbündeten Zaren Alexander I. zu einer Reise nach Potsdam, wo er am 25. Oktober 1805 mit seinem Gefolge eintraf.

»Friedrich Wilhelm klammerte sich weiter an seine Neutralität. Das äußerste, wozu er sich vom Zaren 1805 in Potsdam bei einer feierlichen und etwas theatralischen Verbrüderungsszene am Sarge Friedrichs des Großen überreden ließ, war eine bewaffnete Vermittlung. Aber dafür war Napoleon zu schnell. Ehe er den preußischen Abgesandten empfing, schlug er die Österreicher und Russen bei Austerlitz und zwang Österreich zum Sonderfrieden. Russland zog sich grollend hinter seine Grenzen zurück. Zu vermitteln gab es für Preußen nichts mehr.«[18]

Über die erwähnte »Verbrüderungsszene« berichtet der Potsdamer Chronist Robert Ostmann Näheres: »In der Nacht vom 4 ten zum 5 ten November 1805 wollte Alexander von Potsdam aus [...] seine Rückreise nach Weimar antreten. Nach russischer Landessitte wünschte er unmittelbar vor seiner Abreise noch eine Kirche zu besuchen und wählte zu diesem Zwecke die Garnisonkirche, in welcher die Überreste Friedrichs des Großen ruhen. In der Nacht gegen 1 Uhr betraten der Kaiser, der König Friedrich Wilhelm III. und die Königin Luise die mit Wachskerzen erleuchtete Kirche. Am Grabe Friedrichs II. küßte Alexander, von seinen Empfindungen überwältigt, den Sarg des ruhmreichen Todten und der Königin die Hand als Unterpfand unverbrüchlicher Freundschaft, während er die rechte Hand des Königs zum Zeichen unwandelbarer Treue ergriff.«[19]

Zar Alexander und Friedrich Wilhelm III. in der Gruft, Ölgemälde von Franz Catel

1806: Napoleon I. am Sarg Friedrichs des Großen

Nach der vernichtenden Niederlage Preußens in den Schlachten bei Jena und Auerstedt am 14. Oktober 1806 marschierte das napoleonische Heer durch preußisches Gebiet und traf am 24. Oktober, ein Jahr nach dem eben geschilderten Ereignis, in Potsdam ein. Das Königspaar war nach Memel, der nördlichsten Stadt Preußens (Klaipėda/Litauen), geflüchtet.

Im Stadtschloss angekommen, suchte Napoleon Bonaparte die dortige Wohnung Friedrichs des Großen auf. Hier lagen dessen Degen, Schärpe, Orden und Ringkragen aus. Und hier – also nicht in der Garnisonkirche – fielen Napoleons bekannte Worte, die der Kammerdiener Tamanti überlieferte: »Wenn dieser König noch lebte, der diesen Degen getragen hat, würden wir uns nicht hier befinden.«[20]

Napoleon am Sarg Friedrichs des Großen, Holzstich nach einer Zeichnung von Heinrich Merté, 1889

Noch am 24. Oktober befahl Bonaparte seinem Marschall Géraud Christophe Duroc »diesen Degen, den Schwarzen Adlerorden, die russische Schärpe und den Ringkragen des Petersburger Regiments sowie aus dem Gelben Saal zwei Fahnen [...] fortzunehmen und nach Paris zu schicken. Alle diese Sachen sind 1814/15 nicht zurückgebracht worden. Speziell hinsichtlich des Degens und des Ordens ist in den Akten vermerkt, daß sie nach der Versicherung der Grafen von Blacas in Paris beim Einrücken der Alliierten verbrannt und zerbrochen seien.«[21]

Am Nachmittag des 25. Oktobers besuchte Napoleon mit seinen Generalen die Garnisonkirche, um das Grabmal Friedrichs des Großen zu sehen. »Je näher er den Überresten des großen Königs kam, dem er seine Huldigung darbrachte, desto gemessener wurde sein Schritt. Die Tür des Monuments war offen. Ernst und gesammelt blieb er vor dem Eingang stehen. Seine Blicke tauchten in das tiefe Dunkel, das diese erhabene Asche einhüllte. Unbeweglich, schweigend, in tiefe Gedanken versunken, blieb er so wohl zehn Minuten stehen. [...] Im Geiste vergegenwärtigen wir uns die beiden großen Charaktere und identifizieren wir uns mit dem Gedanken, die unser Kaiser vermutlich vor jenem andern Genie hatte, dessen Ruhm sein umgestürztes Werk überlebt.«[22]

In der Gruft fielen laut Überlieferung des Hofküsters Johann Conrad Geim[23] die Worte »Sic transit gloria mundi« und nach Tamanti der Satz: »Wenn man auch todt ist, so ist doch der Ruhm unsterblich!« Der Historiker Friedrich Backschat hat eine plausible Erklärung dafür, dass beide Sätze gefallen sind: Beim Betreten der Gruft zeigte sich Napoleon beim Anblick des völlig schmucklosen Sarkophages enttäuscht und tröstete sich mit dem zweiten Ausspruch gewissermaßen selbst.[24]

Dem Bericht Ostmanns zufolge, der sich vor allem auf Aufzeichnungen Geims stützte, gab Napoleon seinem im Altarraum der Garnisonkirche versammelten Gefolge vor dem Betreten der Gruft einen Wink, »ihn allein zu lassen. Prinz Jerôme trat ebenfalls in den Vorraum und der Kaiser verweilte wohl zehn Minuten allein an dem Sarge, Allen sichtbar, da die Thüren offen blieben. Als er wieder herausgetreten war, zeigte er auf den Altartisch und fragte den Küster, was der Tisch da bedeute, worauf Geim erwiderte: ›Er wird zu Taufen und bei der Abendmahlsfeier gebraucht.‹ ›Wo sind die Gefäße für den Gottesdienst?‹ fragte Napoleon weiter. ›Sie werden in der Sakristei bis zu dem jedesmaligen Gebrauche verschlossen aufbewahrt.‹ ›Was bedeuten die Figuren?‹ Dabei zeigte der Kaiser auf die beiden Statuen des Mars und der Minerva, welche damals links und rechts von der Kanzel auf Postamenten standen und später auf Veranlassung des Dr. Eylert in das Königliche Stadtschloß in den Treppenraum gebracht wurden, welcher vom Hofe aus durch das Mittel-Risalit in den Kurfürstensaal führt, wo dieselben noch jetzt stehen. ›Es sind allegorische Figuren, welche König Friedrich Wilhelm I. hier aufstellen ließ, um die Kirche als eine Garnisonkirche zu bezeichnen.‹ ›Bah!‹ Indem sich der Kaiser nach diesem Ausrufe, der theils seine Verwunderung, theils seine Mißbilligung ausdrückte, zum Weggehen wandte, befahl er dem Marschall Duroc, daß die Garnisonkirche nicht wie die anderen Kirchen der Stadt (als Magazin, Lazareth, Stall etc.) gebraucht werden sollte, da sie unter seinem unmittelbaren Kaiserlichen Schutz stände.«[25] Allerdings wissen wir, dass Napoleon die Gruft[26] der Garnisonkirche »ihrer als Trophäen aufgehängten Fahnen beraubte«[27], um sie nebst anderen Gegenständen als Beute nach Paris schaffen zu lassen.

Innenraum im Zustand vor dem neobarocken Umbau, Aufnahme um 1890

1809: Der erste frei gewählte Potsdamer Magistrat

Die französische Besatzungszeit ließ die Bevölkerung Preußens zunehmend verarmen. Zu den lästigen Einquartierungen kamen hohe Kontributionen. Am 2. April 1807 erneuerten Friedrich Wilhelm III. und Zar Alexander I. in Memel ihr Bündnis gegen Bonaparte, doch wieder ohne Erfolg. Mit dem Frieden von Tilsit am 9. Juli wurde es gegenstandslos, und Preußen sah sich gezwungen, auf Napoleons Forderungen einzugehen; sein Gebiet schrumpfte um die Hälfte.

Mit Karl August von Hardenberg und Karl vom und zum Stein kamen im besetzten Preußen zwei Minister zum Zuge, die weitgehende Reformen einleiteten, so die Bauernbefreiung, die Abschaffung der Adelsprivilegien, die Einführung der Gewerbefreiheit sowie Verwaltungsreformen. Während Hardenberg 1806 wegen »unvorsichtiger Äußerungen« gegen Napoleon auf dessen Verlangen entlassen wurde, trieb Stein bis zu seiner eigenen Entlassung zwei Jahre darauf das Reformwerk mit großer Energie weiter. (Hardenberg trat zu jener Zeit wieder in den Staatsdienst ein und wurde 1810 zum Staatskanzler ernannt.)

Ein bedeutender Schritt zur Selbstverwaltung der Städte war die Einführung der neuen Städteordnung am 19. November 1808. Erstmals konnten gewählte Stadtverordnete über das Wohl und Wehe der Gemeinwesen frei entscheiden. Die Einsegnung der Berliner Stadtverordneten in der dortigen Nikolaikirche wurde sogar in einem Gemälde festgehalten. In Potsdam hätte diese Zeremonie in der Stadtkirche St. Nikolai, dem Sitz des Superintendenten, stattfinden müssen, doch die war 1795 abgebrannt. So hielt Superintendent Christian Gottlieb Friedrich Stöwe den Festgottesdienst zur Einführung des neuen Magistrats am 3. August 1809 in der Hof- und

Schemel Friedrich Wilhelms I. und seiner Gemahlin, Sessel der Königin Luise, Aufnahme von Walter Eichgrün, um 1930

Das Potsdamer Glockenspiel, Holzstich nach einer Zeichnung von Krickel

Garnisonkirche. Die »Berlinischen Nachrichten« berichteten: »Das jedem guten Preußen so unendlich wichtige Geburtsfest unseres innigst geliebten Königs feierten Potsdams Einwohner diesmal auf eine höchst interessante Art durch Introduktion des neuen, nach Vorschrift der Königl. Städteordnung gewählten Magistrats. Zu dieser schönen Feier hatte sich derselbe mit den Herrn Stadtverordneten u.s.w. früh um 9 Uhr auf dem Rathause versammelt. [...] Fröhliche Musik, auch vom Glockenspiel des Garnisonthurms, und das Geläut der Glocken begleiteten den Zug. In der Kirche stimmte ein eigener Festgesang die höchst zahlreiche und glänzende Versammlung zur Andacht, welche durch den zweckmäßigen Vortrag des würdigen Herrn Superintendenten Stöwe [...] noch erhöht wurde. Hierauf redete der Herr Regierungsrat Ribbach den neuen Magistrat an, übergab dem Herrn Oberbürgermeister seinen Amtseid, den dieser selbst laut und feierlich ablegte, ließ die Herrn Stadträthe schwören, und übergab ihnen ihre Bestallungen. Eine herzliche Anrede des Herrn Superintendenten an die Vereideten, schloß die Feierlichkeit.«[28]

Zum ersten Oberbürgermeister war der bisherige Stadtdirektor, Kriegsrat Jakob Heinrich Gottfried Brunner, gewählt worden, der bekannte Buchhändler Carl Christian Horvath sen. zum Stadtverordnetenvorsteher. Unter den Stadträten befand sich auch der Lederfabrikant Elias Daniel Hitzig, Sohn des jüdischen Bankiers Daniel Itzig. Als er in der Garnisonkirche vereidigt wurde, brauchte er die Schlussformel »durch Jesum Christum und sein heiliges Evangelium« nicht mitzusprechen.

Im Konzertsaal des Schauspielhauses am Kanal gab man ein Festmahl, am Abend im Schauspielhaus selbst einen Ball für 900 geladene Gäste. »Dieses doppelt schöne Fest wird jedem guten Einwohner Potsdams stets um so

Königin Luise, Stich von Sintzenich, 1798

Nach der Trauung von Luisenbräuten, 17. August 1936

unvergeßlicher bleiben, da die mit ihm beginnende neue Städteordnung die wohlthätigsten Folgen erwarten läßt.«[29], schließt der Zeitungsbericht.

Inzwischen hatte Napoleon auch Österreich unterworfen und war am 10. Mai 1809 in Wien einmarschiert. Unter dem Eindruck, dass nun alle wichtigen deutschen Gebiete in französischer Hand waren, schrieb Königin Luise damals aus Königsberg an ihren Vater, den Herzog Karl II. von Mecklenburg-Strelitz: »Wir sind eingeschlafen auf den Lorbeeren Friedrichs des Großen, welcher, ein Herr seines Jahrhunderts, eine neue Zeit schuf. Wir sind mit derselben nicht fortgeschritten, deshalb überflügelte sie uns.«[30]

Königen Luise sollte die Befreiungskriege und das damit verbundene Erstarken Preußens nicht mehr erleben. Sie starb 1810 im Alter von 34 Jahren.

1810: Stiftung Luisendenkmal

Erst am 23. Dezember 1809 traf das Königspaar wieder in Berlin ein. Im darauffolgenden Frühjahr wohnte es in Potsdam, wo es häufig die Gottesdienste in der Garnisonkirche besuchte. Die Predigten des Hofpredigers Rulemann Friedrich Eylert machten auf sie »einen so wohlthuenden Eindruck, daß sie das Verlangen aussprach, es möchten diese Vorträge dem Drucke übergeben werden. Es geschah dies am 10. Juni [1810], und am folgenden 19. Juli war sie zum Kummer von Millionen, die sie verehrten und liebten, schon ein Raub des Todes.«[31] Der Sessel der Königin Luise in der Damenloge wurde noch bis 1945 ehrfurchtsvoll aufbewahrt.[32]

Tatsächlich erschienen die gedruckten Predigten bald darauf. Der Verkauf erbrachte ein Kapital von 8.148 Talern und 20 Groschen, mit dem Eylert die »Luisen-Stiftung« begründete.

Die drei Verbündeten, Federzeichnung, um 1815

Hierzu sollten »drei unbescholtene Mädchen, die durch kindlichen Gehorsam, durch Bildung und Unschuld, durch Reinheit der Sitten und häuslichen Sinn rühmlich sich ausgezeichnet, von den jährlichen Revenüen des Kapitals, welches der Stiftung als Eigenthum gehört, als Bräute ausgestattet werden«.[33]

Die Trauung fand jeweils am 19. Juli um 9 Uhr, der Todesstunde der Königin Luise, in der Garnisonkirche statt. Die so charakteristische Tradition der Glaubenstoleranz fand hierbei eine besondere Fortführung, denn in den Statuten heißt es weiter: »Auf den Unterschied der Confession wird keine Rücksicht genommen; die sich Bewerbenden mögen der reformirten, der lutherischen oder katholischen Kirche zugethan sein.«[34] Durch Zustiftungen war es bald möglich, sieben Bräute mit einer Aussteuer von 100 Talern zu beschenken.[35] 1882 betrug das Stiftungskapital 72.600 Mark.[36] Im Jahr 1935 waren es neun Brautpaare,[37] danach stieg deren Zahl auf zehn. Die Tradition ist bis in den zweiten Weltkrieg fortgesetzt worden. Das letzte Luisenbrautpaar wurde am 19. Juli 1943 getraut.[38]

1813: Vereidigung von Freiwilligen und Landwehrmännern

Für den Russlandfeldzug Napoleons Anfang 1812 mussten die Preußen ebenso wie Österreich ein Hilfskorps stellen, das den Franzosen Flankenschutz bieten sollte. Nach dem Brand von Moskau war Bonaparte gezwungen, am 18. Oktober seinen Rückzug anzutreten, wobei sein Heer völlig aufgerieben wurde. General Ludwig Yorck, der das preußische Hilfskorps befehligte, schloss am 31. Dezember 1812 eigenmächtig mit Russland die Neutralitäts-Konvention von Tauroggen, die schließlich den Anstoß gab für die Befreiungskriege. In Anerkennung seiner Leistungen, besonders das Erkämpfen des strategisch entscheidenden Elbübergangs bei Wartenburg am 3. Oktober 1813, mit dem das Einkreisen der napoleonischen Armee begann, erhielt Yorck den Titel eines Grafen von Wartenburg.

Am 21. Januar 1813 fand die erste Abendmahlsfeier des Kronprinzen in der Garnisonkirche statt. Bald darauf schloss Friedrich Wilhelm III. am 27. Februar mit Zar Alexander I. abermals ein Bündnis und erklärte am 16. März Frankreich den Krieg. Einen Tag darauf erging sein bekannter Aufruf zum Befreiungskampf: »An Mein Volk«. Auch Österreich trat in den Krieg gegen Napoleon ein.

Potsdam hatte ein Kontingent von 350 Mann zu stellen, doch konnten am Karsamstag, dem 19. April 1813, nur 224 Freiwillige in der Garnisonkirche vereidigt werden. Die in der Literatur häufig genannte Zahl von 832 Potsdamer Freiwilligen ist falsch, denn hier sind die »Ausgehobenen« mitgezählt. Viele zur Landwehr Verpflichtete erschienen gar nicht erst zur Vereidigung, die obendrein durch tumultartige Szenen gestört wurde. Deshalb kam es am 21. April zu einer zweiten Vereidigung in der Heiligengeistkirche.[39]

Am 7. Mai folgte die Vereidigung von 20 Kompanien Infanterie, zwei Eskadronen Kavallerie, einer Kompanie Schützen und einer Kompanie aus Gewehrfabrikarbeitern. Sie wurden dem III. preußischen Armeekorps unter General Friedrich Wilhelm von Bülow unterstellt, das einen Tag zuvor die Verteidigung der Mark und Berlins begonnen hatte.[40]

Unter den Freiwilligen befand sich auch das »Potsdamer Heldenmädchen« Eleonore Prochaska, das als »Jäger August Renz« verkleidet im 1. Jägerbataillon des Freikorps des Adolf Wilhelm von Lützow Aufnahme fand. Im Gefecht an der Göhrde wurde sie am 16. September durch einen Kartätschenschuss am Bein verwundet und starb an den Folgen am 5. Oktober 1813 in Dannenberg.[41] Auf dem Potsdamer Alten Friedhof erinnert seit 1889 ein adlerbekröntes Denkmal an sie.

Nach dem Sieg bei Großbeeren am 23. August 1813 erlitten die Alliierten vier Tage darauf bei Dresden zwar eine Niederlage, doch nach Kämpfen bei Kulm und Dennewitz war es die Völkerschlacht bei Leipzig (16. bis 19. Oktober 1813), die Napoleon endgültig zum Rückzug zwang. Am 11. April 1814 dankte der Franzosenkaiser ab.

Am 30. Mai folgte der erste Pariser Friedensschluss, im nachfolgenden Wiener Kongress wurde Europa 1815 neu aufgeteilt. Doch kam es nach der Rückkehr Napoleons von Elba erneut zu kriegerischen Auseinandersetzungen, bis das französische Heer durch den britischen Feldmarschall Arthur Wellesley Duke of Wellington und seinen preußischen Kameraden Gebhard Leberecht Blücher bei Waterloo am 18. Juni 1815 vernichtend geschlagen wurde. Am 7. Juli zogen die Verbündeten in der französischen Hauptstadt ein, der zweite Pariser Friede beendete dann am 20. November 1815 die napoleonische Ära.

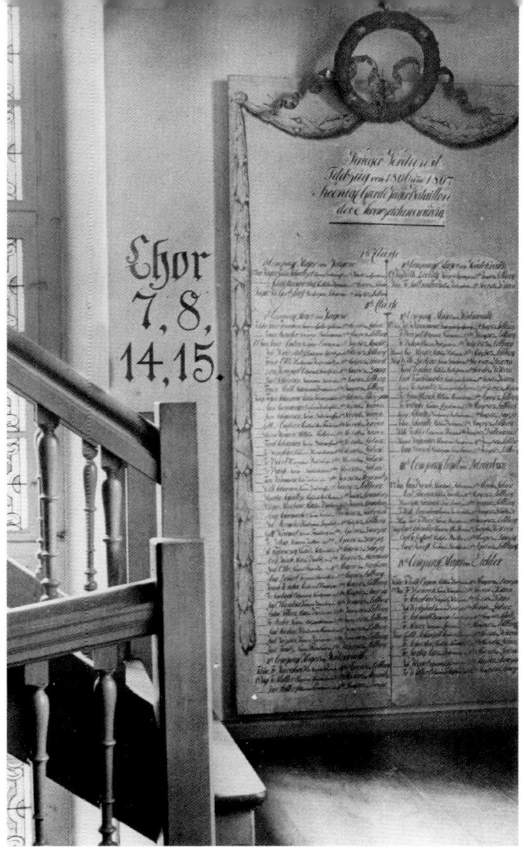

Gefallenen-Gedenktafel in der Garnisonkirche, Aufnahme 1935

1816: Die Garnisonkirche als Gedenkstätte

Wie überall in Preußen fand auch in der Potsdamer Garnisonkirche am 4. Juli 1816 ein Dankgottesdienst statt – hier in Anwesenheit des Königs. Am 11. Februar 1814 richtete Friedrich Wilhelm III. aus Troyes in Frankreich ein Schreiben an Hofprediger Eylert, »in welchem er demselben die Absicht kund gab, die im Felde erbeuteten Trophäen an Stelle der bis dahin neben der Kanzel stehenden Statuen des Mars und der Minerva neben der Gruft seiner Ahnen anbringen zu lassen«.[42] Samuel Heinrich Spiker berich-

Entwursskizze für die drei Uniformschreine und Wappen hinter der Kanzel, um 1835

tete 1832: »Neben der Kanzel befinden sich die Trophäen der letzten Kriegesjahre, bestehend in Adlern und Fahnen, welche der französischen Armee in den Jahren 1813/15 von den siegreichen Preussen genommen worden sind. Zu den kriegerischen Ornamenten aus dieser Zeit gehören auch die 1816 aufgestellten Gedenktafeln, welche die Namen der Gebliebenen und Ritter des Eisernen Kreuzes tragen.«[43] Auch an die Gefallenen der verlorenen Schlachten 1806 erinnerten zwei Tafeln. Auf diese Weise wurde die Garnisonkirche zu einer »Ruhmeshalle« der Befreiungskriege.

Die neue »russisch-preußische Freundschaft«, die nun ihre Bewährungsprobe bestanden hatte, führte bekanntermaßen auch zu familiären Bindungen. Die preußische Königstochter Charlotte heiratete am 13. Juli 1817 den Sohn Alexanders I., den späteren Zaren Nikolaus I., und nahm nach dem Übertritt zur russisch-orthodoxen Kirche den Namen Alexandra Feodorowna an. Von der Freundschaft der beiden Herrscherhäuser zeugen noch heute Namen wie der Berliner Alexanderplatz, die Potsdamer russische Kolonie Alexandrowka mit ihrer Kapelle, die dem Namenspatron des Zaren, dem Nationalhelden und Heiligen Alexander Newski geweiht ist, oder das Blockhaus und die Kirche von Nikolskoje (heute zu Berlin-Zehlendorf), zwischen Berlin und Potsdam gelegen.

Am 26. September 1815 schlossen Kaiser Franz I. von Österreich, Zar Alexander I. von Russland und Friedrich Wilhelm III. von Preußen die »Heilige Allianz«. Darin vereinbarten sie »als die Richtschnur ihres Verhaltens in der inneren Verwaltung ihrer Staaten sowohl als durch in den politischen Beziehungen zu jeder anderen Regierung alleine die Gebote der Gerechtigkeit, der Liebe und des Friedens« walten zu lassen. In seinem politischen Testament von 1835 riet der preußische König seinem Sohn und Nachfolger: »Verabsäume nicht, die Eintracht unter den europäischen Mächten, soviel in Deinen Kräften, zu befördern. Vor allem aber mögen Preußen, Rußland und Österreich sich nie voneinander trennen; ihr Zusammenhalten ist als der Schlußstein der großen europäischen Allianz zu betrachten.«[44]

Dem Friedensbündnis der »drei schwarzen Adler« zum Gedenken ließ Friedrich Wilhelm III. ein Erinnerungsmal herrichten, dessen Entwurf von Karl Friedrich Schinkel stammte. Dies geht aus einem Brief vom 4. November 1827 hervor, den dieser an seinen Potsdamer Kollegen Albert Dietrich Schadow sandte. Im Katalog von Autografen des Berliner Kunsthändlers Karl Ernst Henrici von 1923 ist der Inhalt jenes Briefes kurz beschrieben: »An den Königlichen Hof Bau Inpector Schadow in Potsdam, den er um Anfertigung von Bleistiftskizzen von dem Innern der Garnisonkirche in Potsdam bittet, da er vom Könige zum Entwurfe eines Schrankes beauftragt sei, in dem eine Uniform mit Waffenstücken, die der Kaiser von Russland selbst getragen und seinem Regimente verliehen habe, verwahrt werden solle. Der Schrank solle in der Garnisonkirche aufgestellt werden und müsse in seinem Aufbau der Umgebung daselbst angepasst sein.«[45] Fünf Jahre darauf berichtete Spiker »Es ist dies die Uniform des verewigten Kaisers Alexander von Russland, welche er als Chef des, seinen Namen führenden, preussischen Garde-Regiments getragen hat. Dieselbe befindet sich hinter der Kanzel im Chor; über ihr sind die Wappen der drei verbündeten Monarchen verfestet.«[46]

Der König erweiterte kurz darauf – wohl aus Anlass des Todes von Kaiser Franz I. 1835 – seinen Plan und ließ die Uniformen der drei Alliierten hier ausstellen, wie Rogge 1882 berichtet: »Er ließ auf der ersten Empore hinter der Kanzel eine marmorne Nische herrichten, in welcher die drei Wappen der verbündeten Monarchen angebracht sind. Ein eisernes Gitter vor derselben umschließt drei längliche Kasten von Cedernholz, in denen die Uniformen derselben aufbewahrt werden, und zwar in dem in der Mitte gelegenen eine von Friedrich Wilhelm III. getragene Uniform des 1. Garde-Regiments z.F., zu beiden Seiten die Uniformen der beiden den Kaisern von Rußland und Österreich verliehenen preußischen Garde-Grenadier-Regimenter.«[47] In der Chronik von 1932 heißt es: »Diese Erinnerungsstücke sind nunmehr dem Hohenzollernmuseum überwiesen.«[48] Sicher nicht zufällig befand sich dieses besondere Denkmal der »Heiligen Allianz« an das über Jahre erfolgreiche Friedensbündnis genau über der Gruft der beiden hier bestatteten Preußenkönige.

1817: Die altpreußische Kirchenunion

Friedrich Wilhelm III. beschäftigte sich ausgiebig mit liturgischen Fragen. Da seine Gemahlin der lutherischen, er aber der reformierten Konfession angehörte, war es ihnen versagt, gemeinsam am Abendmahl teilzunehmen. Die Überwindung dieser Spaltung war ihm auch im Hinblick auf die Schaffung einer Landeskirche wichtig. Mit Verordnung vom 20. März 1811 führte er

Der Bischof Eylert, Lithografie von Angelo Gentili nach einer Zeichnung von Franz Krüger, um 1830

eine einheitliche Amtstracht für die Geistlichen ein, bestehend aus schwarzem Talar und Barett. Die kahl wirkenden, in reformierter Schlichtheit ausgestatteten Kirchenräume sollten nun auch lutherische Elemente zeigen.

Schon seit Bestehen der Garnisonkirche hatten Gottesdienste beider evangelischer Konfessionen, der reformierten und lutherischen – allerdings getrennt –, stattgefunden. Auf dem einfachen, nur durch seine ungewöhnliche Höhe auffallenden eichenen Abendmahlstisch lag bis ins 19. Jahrhundert hinein nur die aufgeschlagene Bibel.

Die Einführung einer neuen, 1816 vom Regenten und seinem Hofprediger Rulemann Friedrich Eylert verfassten Agende (Gottesdienstordnung) für die Garnisonkirchen von Berlin und Potsdam stieß zunächst auf Kritik, wurde aber nach inhaltlichen Korrekturen ein Jahr darauf zur Grundlage der am 27. September 1817 durch

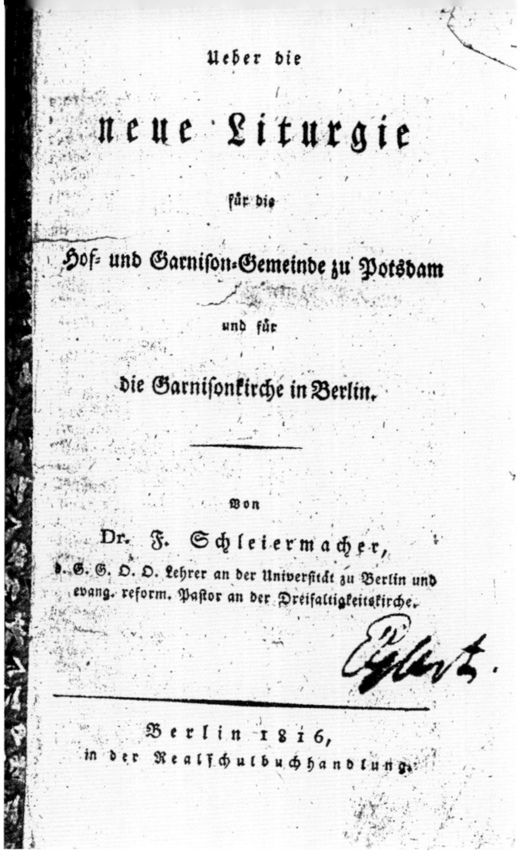

Ueber die

neue Liturgie

für die

Hof- und Garnison-Gemeinde zu Potsdam

und für

die Garnisonkirche in Berlin.

Von

Dr. F. Schleiermacher,

d. G. G. D. O. Lehrer an der Universität zu Berlin und evang. reform. Pastor an der Dreifaltigkeitskirche.

Eylert.

Berlin 1816,

in der Realschulbuchhandlung.

Titel der Streitschrift Schleiermachers, 1816

Kabinettsorder verkündeten Kirchenunion. Darin ist zu lesen, dass »die reformirte Kirche nicht zur lutherischen und diese nicht zu jener übergeht, sondern beide Eine neu belebte, evangelisch-christliche Kirche im Sinne ihres heiligen Stifters werden«. Weiter heißt es: »Aber so sehr Ich wünschen muß, daß die reformirte und die lutherische Kirche in meinem Staate diese Meine wohlgeprüfte Ueberzeugung mit Mir theilen mögen, soweit bin Ich, ihre Rechte und Freiheit achtend, davon entfernt, sie aufdringen und in dieser Angelegenheit etwas verfügen oder bestimmen zu wollen. Auch hat diese Union nur dann einen wahren Werth, wenn weder Ueberredung noch Indifferentismus an ihr theilhaben, wenn sie aus der Freiheit eigener Ueberzeugung rein hervorgeht, und nicht nur eine Vereinigung in der äußeren Form ist, sondern in der Einigkeit der Herzen nach echt biblischen Grundsätzen ihre Wurzeln und Lebenskräfte hat […]. So wie ich selbst in diesem Geiste das bevorstehende Säkularfest der Reformation in der Vereinigung der bisherigen reformirten und lutherischen Hof- und Garnisongemeinde zu Potsdam zu einer evangelisch-christlichen Gemeinde feiern und mit derselben das heilige Abendmahl genießen werde, so hoffe ich, daß dies Mein eigenes Beispiel wohlthuend auf alle protestantischen Gemeinden in Meinem Lande wirken und eine allgemeine Nachfolge im Geist und in der Wahrheit finden möge.«[49] Die hier beschworene Freiwilligkeit wurde bald zu einem gewissen Zwang, denn orthodoxe Lutheraner, die nicht der Union beitreten wollten, wurden an ihrer freien Religionsausübung gehindert. Erst Friedrich Wilhelm IV. erkannte sie als Freikirche an, die als sogenannte Altlutherische Kirche fortbestand.

Am Gottesdienst zur Vereinigung der beiden Konfessionen nahm der König am Reformationstag, dem 31. Oktober 1817, in der Potsdamer Hof- und Garnisonkirche teil. Feldpropst Friedrich Wilhelm Offelsmeyer hielt die Predigt, bei der anschließenden Abendmahlsfeier teilten der reformierte Hofprediger Eylert und der lutherische Feldpropst gemeinsam Brot und Wein aus. Wie alle übrigen Anwesenden empfing Friedrich Wilhelm III. das Abendmahl unter den Worten »das ist mein Leib, spricht unser Herr und Heiland Jesus Christus, der für euch gegeben wird; das thut zu meinem Gedächtniß« und »das ist der Kelch, das neue Testament in meinem Blute, das für euch vergossen wird; solches thut zu meinem Gedächtnis«. Es blieb den Teilnehmern also freigestellt, ob sie in den Gaben die Wandlung erkannten oder sie als Symbolhandlung verstanden.[50]

Die Kirche der »altpreußischen Union« besteht noch heute in den ehemals preußischen Gebieten fort. Das lutherische Element in den Gottesdiensten fand seinen Niederschlag darin, dass die Architekten, allen voran der Kronprinz

Parade im Lustgarten am 17. August 1858 anlässlich des Besuches der Queen Victoria, Aquarell von Julius Rabe

und spätere König Friedrich Wilhelm IV., wieder Sakralräume schufen, die sogar mit Gemälden und Skulpturen ausgestattet wurden. Trotz preußischer Schlichtheit zeigen diese Kirchenbauten weit mehr Atmosphäre als die »Hörsaalkirchen« des 18. Jahrhunderts, zu denen auch die Garnisonkirche zählte.

1858: Besuch der Queen Victoria

Am 25. Januar 1858 hatte im St. James' Palace in London die Hochzeit des Kronprinzen Friedrich Wilhelm – des späteren Kaisers Friedrich III. – mit der der britischen Princess Royal Victoria stattgefunden. Während der Feierlichkeiten in Preußen traf das umjubelte junge Prinzenpaar am 6. Februar in der festlich geschmückten Residenzstadt Potsdam ein und besuchte am folgenden Tag den Gottesdienst in der Garnisonkirche. Im August 1858 reiste Queen Victoria mit ihrem Prinzgemahl Albert nach Preußen. In diesem Zusammenhang fand am 17. August, dem Todestag Friedrichs des Großen, nach der Parade im Lustgarten ein Besuch des britischen Königspaares in der Garnisonkirche statt.[51]

1871: Reichsgründung

Mit der von Napoleon erzwungenen Abdankung des letzten römisch-deutschen Kaisers Franz II., der jedoch von 1804 bis zu seinem Tode den Titel »Kaiser von Österreich« führte, war das »Heilige Römische Reich Deutscher Nation« 1806 sang- und klanglos untergegangen. Nach mehreren vergeblichen Versuchen einer deutschen Einigung sowie den kriegerischen Auseinandersetzungen mit Dänemark 1864 und Österreich 1866 hatte sich unter preußischer Hegemonie

Altardecke der Garde-Infanterie-Division, die 1871 für den Gottesdienst im Spiefgelsaal von Versailles benutzt wurde

Der Hofprediger Rogge

der Norddeutsche Bund gebildet. Diesem erklärte Frankreich am 19. Juli 1870 den Krieg. Darauf traten Bayern, Württemberg und Baden aufgrund von Geheimbündnissen an der Seite Preußens in den Krieg ein, Frankreich wurde besiegt und die von Otto von Bismarck betriebene deutsche Einigung »von oben« vollzogen.

Das Jahr 1871 ist – abgesehen von dem anlässlich des Friedensschlusses am 18. Juni gehaltenen Dankgottesdienst und dem Gefallenen-Gedenken am Totensonntag[52] – für die Geschichte der Garnisonkirche insofern von Bedeutung, als der seit 1862 hier amtierende Hofprediger Bernhard Rogge die Predigt im Gottesdienst zur Kaiserproklamation am 18. Januar 1871 in Versailles hielt. 1701 hatte am gleichen Tag die Krönung Friedrichs I. in Königsberg stattgefunden. Zur Feier war der Spiegelsaal erkoren worden. »In der Mitte der Fensterwand ist ein mit einer Purpurdecke bekleideter Altar errichtet, der das Symbold des Eisernen Kreuzes trägt, sechs Geistliche in schwarzen Talaren umstehen ihn.«[53] Als Altartisch diente ein Tisch aus dem Audienzzimmer Ludwigs XIV., der vom Antependium (Altardecke) der 1. Garde-Infanterie-Division eingehüllt war.[54] Rogge predigte über 1. Thimotheus 1, 17: »Gott, dem ewigen Könige, dem Unvergänglichen und Unsichtbaren und allein Weisen, sei Ehre und Preis in Ewigkeit. Amen.«

Nicht den Sieg über Frankreich stellte er in den Mittelpunkt seiner Predigt, sondern Demut! So zitierte er Psalm 2, 10-11: »So lasst euch nun weisen, ihr Könige, und lasst euch züchtigen, ihr Richter auf Erden. Dienet dem Herrn mit Furcht und freuet euch mit Zittern« und Genesis 32, 11: »Herr, wir sind zu gering aller Barmherzigkeit und Treue, die Du an Deinen Knechten getan hast.« Die gottesdienstliche Feier endete mit dem Choral »Nun danket alle Gott«.

Bismarck trug anschließend die von Wil-

Gottesdienst am 18. Januar 1871 in Versailles, Skizze von Anton von Werner

Die Proklamation des Deutschen Kaisers Wilhelm I. in Versailles am 18. Januar 1871, nach einem Gemälde von Anton von Werner

helm I. verfasste Proklamation vor, die mit folgenden Worten endete: »Uns aber und Unsern Nachfolgern an der Kaiserkrone wolle Gott verleihen, allzeit Mehrer des Deutschen Reichs zu sein, nicht an kriegerischen Eroberungen, sondern an den Gütern und Gaben des Friedens auf dem Gebiete nationaler Wohlfahrt, Freiheit und Gesittung.«[55]

Der erwähnte, bei dieser Gelegenheit benutzte Altarbehang wurde später der Garnisonkirche zur Aufbewahrung überwiesen. In der »Potsdamer Tageszeitung« vom 18. Januar 1931 wurde er abgebildet und beschrieben: »Die Altardecke, die vor 60 Jahren im Versailler Spiegelsaal bei der kirchlichen Handlung der Kaiserproklamation gebraucht wurde, ist im Besitz der Garnisonkirche. [...] Der Stoff zeigt ein bläuliches Rot, der schwarze Samt des Kreuzes ist zerschlissen. Die Decke ist mit weißer Borte eingefaßt. Bei Denkmalseinweihungen wurde die Altardecke noch einige Male zum Feldgottesdienst verwendet. Jetzt ist der Stoff so brüchig geworden, daß sie kaum noch herausgegeben werden kann.«[56] Dieses Antependium befindet sich heute im Besitz des Deutschen Historischen Museums.[57]

1886: Hundertster Todestag Friedrichs des Großen (vgl. Abb. S. 144)

Das Gedenken an den 100. Todestag Friedrichs des Großen am 17. August 1886 ist durch einen Holzstich von Wilhelm Geißler überliefert, der damals weite Verbreitung fand. Auf ihm sind drei Generationen der Hohenzollern dargestellt: Kaiser Wilhelm I. und Kronprinz Friedrich Wilhelm, der spätere Kaiser Friedrich III. legen in der Gruft einen Kranz nieder, »während die Orgel ein von Friedrich dem Großen selbst componirtes ›Adagio‹ spielte«.[58] In der offiziellen Mitteilung heißt es: »Zur hundertjährigen Gedächtnißfeier des Todes Friedrichs des Großen fand an dessen Ruhestätte, im Grabgewölbe unter der Kanzel in der Garnisonkirche zu Potsdam, auf Befehl des Kaisers eine erhebende Feier statt, an welcher der gesammte Hof, der Kaiser, die Kaiserin, das Kronprinzenpaar mit seinen Töchtern, Prinzessin Friedrich Karl, Prinz Heinrich, der Prinzen Friedrich Leopold, Alexander, Erbprinz von Meinigen, die Prinzen von Hohenzollern, Prinz Ludwig von Baden, die Generalität, Deputationen der Truppen von Potsdam, Gemeine und Unteroffiziere theil nahmen. Der Kaiser hatte die Anordnung getroffen, daß keine allgemeine öffentliche Feier stattfinden solle.«[59]

1910: Zarenbesuch

Am 4. November 1910 traf der russische Zar Nikolaus II. auf Einladung Wilhelms II. mit seinem Hofzug im Kaiserbahnhof am Neuen Palais in Potsdam ein.[60] Unter dem Eindruck britischen »Verrats« an Russland in der Bosnienkrise besiegelten sie in der Hof- und Garnisonkirche ein Abkommen, dass sich beide Mächte feindlicher Bündnispolitik enthalten würden. Es sollte allerdings nur vier Jahre halten, denn das russische Heer kämpfte als Verbündeter Serbiens, Frankreichs und Großbritanniens im Ersten Weltkrieg gegen das Deutsche Reich.[61]

1913: Thronjubiläum

Anlässlich des 25. Thronjubiläums predigte Hofprediger Walter Richter-Reichhelm am 15. Juni auf Wunsch und in Anwesenheit Wilhelms II. in der Garnisonkirche über den Bibeltext Römer 5, 3-5. »Wir rühmen uns auch der Trübsale, dieweil wir wissen, daß Trübsal Geduld wirket, Geduld aber bringet Erfahrung, Erfahrung aber bringt

Gottesdienst mit Hofprediger Richter-Reichhelm zum Thronjubiläum, 1913

Aussegnungsgottesdienst am 9. August 1914 im Potsdamer Lustgarten links im Vordergrund der Feldaltar aus der Garnisonkirche, vor ihm Hofprediger Richter-Reichhelm, Aufnahme von Ernst Eichgrün

Pfarrer Richter-Reichhelm in der Amtstracht der Feldprediger

Hoffnung, Hoffnung aber läßt nicht zuschanden werden.«[62] Ein Jahr darauf begann der Erste Weltkrieg, an dessen Ende 1918 die Abdankung des Kaisers stand.

1914: Kriegsbeginn

Nach dem Attentat von Sarajewo erklärte Österreich-Ungarn am 28. Juli 1914 Serbien den Krieg, am 30. folgte die russische Generalmobilmachung gegen Österreich-Ungarn, am 1. August die Generalmobilmachung in Deutschland und die Kriegserklärung gegen Russland. Hofprediger Richter-Reichhelm berichtete vom 5. August, »daß ich von einhalb zehn Uhr früh bis einhalb acht Uhr abends ununterbrochen in der Kirche war und nichts getan habe als gepredigt, getraut, getauft und Abendmahl gehalten. Die Leute strömten beim Portal D, das der Kaiser immer benutzte, herein, beugten sich am Tisch des Herrn – ich werde die Augen nie vergessen – nahmen das heilige Abendmahl wahrhaftig nicht als Sterbesakrament, sondern als Lebensflamme mit in Kampf und Not und verließen die Kirche wieder durch Portal A oder B auf der anderen Seite. Und am 9. August durfte ich in dem Lustgarten in Potsdam die kaiserliche Familie mit dem 1. Garde-Regiment und dem 1. Garde-Reserve-Regiment zum großen Waffengang aussegnen. [...] Ich stand zum ersten Mal in der Uniform des Felddivisionspfarrers mit dem Feldkreuz vor Kaiser und Kaiserin [...].«[63]

1928: Wegfall des Titels »Hofkirche«

Einer Grundbuchabschrift vom 27. August 1903 gemäß war »der Königlich Preußische Staat« Eigentümer der Garnisonkirche,[64] und auch wäh-

Der Kirchenraum im festschmuck zur Zweihundertjahrfeier, Aufnahme Herrmann, Juli 1932

Pfarrer Koblanck während des Festgottesdienstes zur 200-Jahrfeier am 31. Juli 1932 der Garnisonkirche, Abbildung aus der Potsdamer Tageszeitung

rend der Weimarer Republik blieb sie Staatseigentum. Die Administration lag beim Präsidenten des Regierungsbezirks Potsdam. Dieses Amt übte ab 1924 Wilhelm Momm aus. Auf dessen Anregung beschloss der Gemeindekirchenrat der Zivilgemeinde am 14. Juni 1928, im Kirchensiegel die Worte »Hof- und« aus dem Namen der Garnisonkirche zu tilgen. Als Patronatsbehörde[65] bestätigte die Regierung dies »am 30.6.1928 und sprach zugleich mit der Genehmigung die Umbenennung der Kirche aus. Der Evangelische Oberkirchenrat erteilte als kirchliche Behörde am 26.4.1929 die kirchenaufsichtliche Genehmigung [...].«[66] Darauf folgte am 13. Juli 1929 der endgültige Erlass des Regierungspräsidenten.

Nach dem »Tag von Potsdam« versuchte der Gemeindekirchenrat durch Beschluss vom 4. Dezember 1933, in dem nun die »Deutschen Christen« über eine Mehrheit verfügten, die Rückbenennung durchzusetzen,[67] was jedoch am 2. Februar 1934 vom Regierungspräsidenten Dr. Fromm und am 9. März 1934 vom Evangelischen Oberkirchenrat endgültig abgelehnt wurde.[68]

1932: Die Zweihundertjahrfeier

Nach der rechtzeitigen Beendigung der umfassenden Außensanierung 1925–30 konnte man gut gerüstet die Zweihundertjahrfeier der Garnisonkirche begehen. Sie wurde »mit Rücksicht auf die Anwesenheit der Truppen« auf den 31. Juli 1932 vorverlegt. Die Festpredigt hielt Feldpropst Friedrich Schlegel.[69] Aus diesem Anlass erschien erstmals ein illustriertes Büchlein zur Geschichte der Kirche, unter anderem mit bau- und kunstgeschichtlichen Beiträgen von Eugen Thiele, Otto Becker, Alfred Rittner und Hans Kania sowie historischen Erinnerungen der Pfarrer Koblanck, Grunwaldt, Keßler, Richter-Reichhelm

Der Brand des Reichstags
am 27. Februar 1933

und Vogel.

Noch am 6. Mai 1932 hatte der Regierungspräsident Wolfgang Jaenicke den Gemeindekirchenrat für die Gestattung eines Vorbeimarschs der SA an der geöffneten Turmtür gerügt: »Die Garnisonkirche ist staatliches Eigentum. Es ist völlig unzulässig [...], die Garnisonkirche in den Dienst der Propaganda einer Partei – hier der nationalsozialistischen Partei, miteinzubeziehen [...]!«[70] Prompt wurde Jaenicke am 19. April 1933 durch den NSDAP-Parteigenossen Dr. Ernst Fromm ersetzt.

1933: Der »Tag von Potsdam«

Eine eigentümliche Mischung aus Trauer über die Vergänglichkeit des Ruhmes und Ehrfurcht vor den Ahnherren des preußischen Staates ließ die Garnisonkirche zur Ruhmeshalle und »Wallfahrtsstätte für eine große Nation«[71] werden. Die Nationalsozialisten sollten diesen Umstand für ihre Zwecke zu nutzen wissen. Da der Reichstag in der Nacht vom 27. zum 28. Februar 1933 ausgebrannt war, hatte Hitler schon vor der am 5. März stattfindenden Reichstagswahl das Potsdamer Stadtschloss für die Zeremonie der Reichstagseröffnung ins Auge gefasst.[72] Doch dessen Marmorsaal stellte sich als zu klein heraus. Dann stand der »Lange Stall« als Tagungsort zur Debatte, und Baurat Hans Berger-Schaefer erhielt den Auftrag für einen Entwurf zu dessen Umbau in einen Plenarsaal.[73]

Nach eigenem Bekunden war es der Potsdamer Magistratsrat und Parteigenosse Friedrich Bestehorn, der am 1. März 1933 auf Anfrage der NSDAP-Leitung, wo in Potsdam ein zur Eröffnung des Reichstages geeignetes Gebäude bestehe, antwortete: »Es gibt im ganzen Preußen-Deutschland nur einen Ort, an dem der 1. Reichstag des nationalsozialistischen Staates eröffnet werden kann, nämlich die Garnisonkirche Potsdam.«[74] Bestehorn berichtete weiter: »Am folgenden Tage kam es bei einer ersten Ortsbesichtigung in der Kirche zu peinlichen Auseinandersetzungen zwischen dem Schreiber dieser Zeilen und Vertretern des Oberkirchenrats, geführt vom damaligen Generalsuperintendenten der Kurmark, Dr. Dibelius, die aus religiösen Gründen glaubten Widerstand leisten zu müssen und sich auf den Standpunkt stellten, daß die Kirche über aller politischen Ordnung stehe und völlig unabhängig sei, sowohl im faschistischen Staat wie auch im kommunistischen. Niemals würde die oberste Kirchenbehörde zulassen, daß ein Reichstag das Gotteshaus zu einer Versammlung benutzen dürfe.«[75]

Doch hatte Joseph Goebbels bereits am 2. März über den Deutschlandsender verkünden lassen: »Das Reichskabinett hat unter dem Vorsitz des Reichskanzlers soeben den Beschluß

»Plenarsaal im Langen Stall – Exerzierhaus Fr. W. I. zu Potsdam. Entwurf Preuß. Hochbauamt II Potsdam. 8. März 1933. Berger-Schaefer, Regier.-Baurat«

Der Innenraum des Langen Stalls, in dem anfangs die Reichstagseröffnung stattfinden sollte, Aufnahme A. Frankl, um 1935

Der Bekenntnispfarrer Otto Dibelius mit seinem Amtsbruder Martin Niemöller, der wegen seines Widerstandes gegen die Nazidiktatur 1937–1945 als »Hitlers persönlicher Gefangener« im KZ Sachsenhausen interniert wurde

gefaßt, den 1. Reichstag des nationalsozialistischen Staates in der Garnisonkirche in Potsdam zu eröffnen.«[76] Adolf Hitler erklärte: »Es gibt kein höheres Symbol, als daß nach dem Verbrechen im Reichstag jetzt die nationale Regierung nach Potsdam geht, um an der Bahre des großen, unsterblichen Königs in der Garnisonkirche das neue Werk des deutschen Wiederaufbaus zu beginnen.«[77] Der Reichstagsbrand wurde bekanntlich den Kommunisten angelastet. Bestehorn meinte, die beiden toten Könige hätten »ihre Freude daran« gehabt, »die kampftüchtigsten Vertreter ihres deutschen Volkes zu erneuter Aufbauarbeit zusammentreten zu sehen«.[78]

Da die Garnisonkirche unter dem Patronat des preußischen Staates stand, war es aussichtslos, ihren Missbrauch zu verhindern, und so nahm die »Potsdamer Rührkomödie« (Friedrich Meinecke) ihren Lauf.

Während der Gemeindekirchenrat der Zivilgemeinde am 6. März 1933 zustimmte,[79] erreichte der evangelische Oberkirchenrat immerhin, dass außer dem Staatsakt nicht auch noch die Eröffnungssitzung des Reichstages in der Kirche stattfand. Auch Reichspräsident Paul von Hindenburg hatte dies abgelehnt mit der Erklärung, »daß am Grabe Friedrichs des Großen unmöglich politische Debatten geführt werden dürfen. Die Garnisonkirche ist ein besonderes nationales Heiligtum.«[80] Hierauf bezugnehmend schrieb der Preußen-Bund am 5. März 1933 an den Gemeindekirchenrat: »Mit dem Gefühl großer Erleichterung hat der Preußen-Bund aus der Potsdamer Tageszeitung von gestern entnommen, daß die Gefahr der Verwendung der Garnisonkirche für Sitzungen des neuen Reichstages als gebannt angesehen werden kann. Für jeden Preußen ist es ein unausdenklicher Gedanke, daß diese heilige Stätte, die zugleich Ruhestätte zweier großer Preußenkönige ist, durch Parlamentssitzungen mit allen ihren unerfreulichen Auswüchsen entweiht werden könnte.

Der Preußen-Bund hat nicht einen Augenblick daran gezweifelt, daß der Gemeindekirchenrat, dem die Betreuung der ehrwürdigen Garnisonkirche anvertraut ist, jeder mißbräuchlichen Benutzung des Gotteshauses stärksten Widerstand entgegenstellen würde. Es muß gefordert werden, daß bei einer etwaigen Eröffnungssitzung in der Garnisonkirche alles vermieden wird, was geeignet ist, die Heiligkeit und Würde des Gotteshauses zu beeinträchtigen. Der Preußen-Bund vertraut darauf, daß der Gemeindekirchenrat sich in der Wahrung der Interessen der Kirche gegen alle entgegengesetzten Strömungen durchsetzen wird.

In vorzüglicher Hochachtung

v. Dommes«[81]

Die Erwartung, welche die Menschen damals mit diesem Tag verbanden, betitelte die Wochenzeitung »Der Tag« am 19. März 1933: »Deutsches

Sitzung des Gemeindekirchenrats
vom
6. März 1933.

Die Versammlung ist beschlußfähig.

1. "Der Gemeindekirchenrat begrüßt den gerade im gegenwärtigen Augenblick so sinnvollen Gedanken, den Sitz des deutschen Reichstags vorübergehend in die Residenzstadt Potsdam zu verlegen, auf das wärmste und stellt zu seiner Durchführung die [illegible] einzig bestehende Garnisonkirche Potsdam, auf deren Ehrfurcht gebietende Hoheit und Würde sicherlich alle Beteiligten weitgehendste Rücksicht nehmen werden, zur Verfügung. Er bittet jedoch im Hinblick auf die Heiligkeit des Ortes von parlamentarischen Verhandlungen in der Kirche absehen zu wollen."

1. [illegible]
2. Rumanowsky
3. Rittner
4. v. König
5. v. Lilienthal
6. Werner
7. Frl. Schmidt
8. Krüger
9. Hilbert

Sup. Görnandt als Commissar des E. O. K.

Koblank als Gast

Beschluss des Gemeindekirchenrats vom 6. März 1933

Deutsches Bekenntnis zum christlichen Staat

Drei Gotteshäuser im Mittelpunkt der Potsdamer Weihestunden

Erhabener Dreiklang

Von **Hans Zappe**

Wer sich zu dieser preußischsten der preußischen Kirchen bekennt, der muß sich auch zu ihrem erhabenen Dreiklang bekennen: Gott, König und Vaterland.

Stolz reckt sich die Potsdamer Garnisonkirche über der herrlichen friderizianischen Altstadt, ein Grenadier Gottes. Sie ist die Krönung jener metaphysischen Stadt, die ein König in die Herzen der Bürger und Soldaten baute: Suum cuique!

Jedem das Seine: dem Herrn der Heerscharen vertrauen; denn er wird's wohl machen. Gott, der ist noch immer der beste Verbündete. Mit Gott marschieren, das bedeutet an den Sieg glauben!

Jedem das Seine: das heißt dem Könige gehorchen; denn Preußens König ist Diener am Staate. Er ist Führer des Volkes und Vater des Vaterlandes. Gottesgnadentum ist ihm kein Geschenk, sondern eine Pflicht und hehre Aufgabe. Hohenzollern, die diese Kirche bauten, sie sind Hüter des Rechts und sind Mehrer der Macht. Nur ein starker Staat und eine sittliche Ordnung wahren dem Volke Frieden und Freiheit.

Jedem das Seine: das ist das Vaterland lieben mit jener großen Liebe, die das Opfer und die Hingabe zu einem Gut macht. Wer dem Vaterlande gibt, dem wird gegeben! Der preußische Mensch wächst mit seinen Pflichten. Gott fragt ihn nicht danach, was er will, er fragt ihn auch nicht, was er vermag. Er fordert einfach. Er will den ganzen Menschen und verlangt den Einsatz des ganzen Seins. Er ist der Gott, der Eisen wachsen ließ und keine Knechte wollte.

*

Immer ist diese Kirche ein Bekenntnis zur Mannhaftigkeit; zum Soldatentum. Bis hoch hinauf ist sie geschmückt mit kriegerischen Emblemen und Trophäen. Helme und Speere und Fahnen . . . Eine Soldatenkirche; ein Gotteshaus, das der König errichtete für seine

Der Potsdamer Dom

An der Stelle, wo sich als eines der Wahrzeichen Potsdams die Nicolaikirche über die Häuser der Stadt erhebt, stand ursprünglich ein einfacher Feldsteinbau, dessen Entstehungsgeschichte bis in das dreizehnte Jahrhundert zurückgeht. Diese Pfarrkirche, später St.-Katharinen-Kirche genannt, ist das einzige Bauwerk aus der Zeit vor dem großen Kurfürsten, von dem man Abbildungen hat. Die Kirche wurde mehrfach erweitert, das Innere war der Ueberlieferung nach schlicht und schmucklos. Wegen Baufälligkeit ließ Friedrich Wilhelm I. im Jahre 1721 das ehrwürdige Gotteshaus, das die ganze Stadtgeschichte Potsdams erlebt hatte, abbrechen. Der Soldatenkönig errichtete an derselben Stelle eine neue Kirche, die 1724 von Gerlach vollendet wurde und die Friedrich der Große 1753 mit einem Vorbau nach römischen Vorbildern schmückte. 1795 brannte die Kirche ab, ein trauriges Ereignis, das aber für Potsdam eine gewisse kommunalpolitische Bedeutung hatte. Friedrich Wilhelm II. stellte bei dem Brand fest, daß das Feuerlöschwesen außerordentlich schlecht geleitet war, und jagte infolgedessen den Polizeibürgermeister und einige Mitglieder des Magistratskollegiums fort.

Die ersten Entwürfe Schinkels für den Bau der Nicolaikirche auf dem Alten Markt stammen aus dem Jahre 1826. Der Meister ging dabei auf den Basilikenstil der ersten christlichen Gotteshäuser zurück. Der Bau wurde in den Jahren 1831—37 ausgeführt. Die Riesenkuppel war von vornherein vorgesehen, aber Friedrich Wilhelm III. nahm der hohen Kosten wegen und weil man fürchtete, daß der Unterbau das Gewicht nicht würde tragen können, von der Ausführung Abstand. In der Tat zeigten die großen Gewölbebogen infolge des sumpfigen Untergrundes Risse. So begnügte man sich mit einem flachen Dach. Erst Friedrich Wilhelm IV. ließ in der Zeit von 1843 bis 1849 durch Persius und Stüler die wundervolle Kuppel schaffen, nachdem man den Unterbau mit verstärkten Widerlagern versehen hatte.

Das Innere der Kirche ist von Cornelius und seinen Schülern ausgemalt worden

Titel in »Der Tag« vom 19. März 1933 – er belegt, wie damals der »Tag von Potsdam« in der Öffentlichkeit aufgefasst wurde

Die Rede Hindenburgs

Die Rede Hitlers, Aufnahme Heinrich Hofmann

Bekenntnis zum christlichen Staat – Drei Gotteshäuser im Mittelpunkt der Potsdamer Weihestunden«.

Der damalige französische Botschafter André François-Poncet nannte die Veranstaltung in der Garnisonkirche »Die Potsdamer Komödie« und schilderte seine Eindrücke: »Wenn Hitler hier die Abgeordneten des dritten Reiches in einem feierlichen Staatsakt versammelt, ist er sicher, der romantischen Phantasie seines Volkes ein Symbol zu bieten, dessen Bedeutung ihm nicht entgehen und das es mit Begeisterung erfüllen wird. [...] Marschall Hindenburg tritt ein. [...] Man bewundert seine hohe Gestalt, seine Ruhe, seine Würde, den vornehmen Ausdruck seines traurigen Gesichts. Er schreitet langsam vorwärts, auf seinen Stock gestützt. [...] An seiner Seite geht Hitler wie ein befangener Neuling, den ein mächtiger Beschützer in eine Gesellschaft einführt, in der er fremd ist. Wer

Der angebliche symbolische Händedruck, neben der Garnisonkirche, Aufnahme 21. März 1933

Der angebliche symbolische Händedruck mit aufrechter Haltung Hitlers, Gemälde von Georg Marschall, 1933

Bannfahnenweihe am 24. Januar 1939, Abbildung aus dem Berliner Lokalanzeiger vom 25. Januar 1939

HJ-Fühertagung 1934, Aufnahme Heinrich Hoffmann

möchte annehmen, daß dieser bleiche Mann mit den gewöhnlichen Gesichtszügen, der einen schlecht sitzenden Anzug trägt und so ehrerbietig und bescheiden aussieht, die stärkere diese beiden Persönlichkeiten ist, der Mächtigere, der die Oberhand gewinnen wird?«[82]

Die Behauptung, es gebe eine gradlinige Verbindung der politischen Absichten Friedrichs II. über Bismarck zu Hitler, von Goebbels propagandistisch geschickt angelegt, war dennoch eine Farce. Eigenartigerweise wird sie heute gerade von solchen Menschen vertreten, die sich gegen nationalsozialistisches Gedankengut wenden. Sebastian Haffner bemerkte hierzu: »Höhepunkt und Endpunkt dieses deutschnationalen Preußenschwindels war der peinliche ›Tag von Potsdam‹ am 21. März 1933, die feierliche Eröffnung des unter dem neuernannten Reichskanzler Hitler neugewählten Reichstages, mit der das kurzlebige und für die Deutschnationalen verhängnisvolle Bündnis zwischen Papen und Hitler besiegelt werden sollte. Dieses Bündnis kostümierte sich am Tag von Potsdam als ein Bündnis preußischer Tradition mit nationalsozialistischer Revolution. Die Potsdamer Garnisonkirche mußte als Bühnenbild dafür herhalten, der deutschnationale Stahlhelm paradierte neben der nationalsozialistischen SA, die Reichswehr stellte die Statisterie, und der greise Reichspräsident Hindenburg, der als junger preußischer Leutnant bei Königgrätz gekämpft hatte, durfte in seiner Rede an ›das alte Preußen‹ erinnern [...]. Preußen, was immer es sonst war, war ein Rechtsstaat gewesen, einer der ersten in Europa. Der Rechtsstaat aber war das erste, was Hitler abschaffte. In seiner Rassen- und Nationalitätenpolitik hatte Preußen immer eine noble Toleranz und Indifferenz walten lassen. Hitlers Rassen- und Nationalitätenpolitik war das extreme Gegenbild der preußischen. Das extreme

Gegenbild preußischer Nüchternheit war auch Hitlers politischer Stil, seine Demagogie und theatralische Massenberauschung.«[83]

Bald nach dem »Tag von Potsdam« wurde der Schnappschuss eines amerikanischen Fotografen zu einem »symbolischer Händedruck« stilisiert. Eine gleichzeitige Filmaufnahme[84] belegt jedoch, dass dieser Handschlag nur einer von vielen war, die Hindenburg erwiderte, und zudem besonders flüchtig ausfiel. Dieses Meisterstück Goebbelsscher Propaganda verfehlt seine Wirkung bis heute nicht, doch lässt sich wissenschaftlich belegen, dass Hitler an jenem Tag von Potsdam lediglich eine Nebenrolle spielte. Noch.

Die Garnisonkirche wurde alsbald zur »Weihestätte des Dritten Reiches« deklariert, und ihre Glockenspielmelodie ertönte als Pausenzeichen des Deutschlandsenders. Zum Jahrestag des »Tages von Potsdam« gab die Reichsbank 1934 Münzen im Wert von einer, zwei und fünf

»Fridericus immortalis«, Gemälde von Georg Schöbel

Mackensen, Blomberg und Fritsch (v.l.n.r.) vor der Gruft Friedrichs II., Aufnahme am 17. August 1936, dem 150. Todestag des Monarchen

Besuch Hortys am 25. August 1938, Aufnahme Heinrich Hoffmann

Mark heraus. Es hätte kaum überrascht, wenn die Kirche nun stetig für nationalsozialistische Propagandaveranstaltungen genutzt worden wäre. Doch war sie bis auf zwei Ausnahmen, und zwar »Bannfahnenweihen« unter Teilnahme des Reichsjugendführers Baldur von Schirach am 24. Januar 1934 und aus Anlass der »Heimkehr der Ostmark« (= Österreich) und des Sudentengaues am gleichen Tag des Jahres 1939, nie wieder Schauplatz solcher Spektakel. Hitler hat diese Kirche nie wieder betreten.[85]

1936: 150. Todestag Friedrichs des Großen

Den Anlass des 150. Todestages Friedrichs II. nutzten die Nationalsozialisten schamlos für ihre Propaganda aus. Hitler, erklärter Verehrer dieses Königs, ließ sich jedoch nicht sehen. Unter denjenigen, die Kränze in der Gruft niederlegten, war lediglich sein Stellvertreter Rudolf Heß. In einer gesonderten Veranstaltung des Militärs hatten sich die Generalfeldmarschälle August von Mackensen und Werner von Blomberg sowie der Oberbefehlshaber des Heeres, Werner von Fritsch, vor der Gruft verbeugt.[86]

1937–41: Staatsbesuche ohne Hitler

Am Tag von Potsdam war Hitler lediglich eine Nebenrolle zuerkannt worden. Wegen dieser Demütigung hat er die Garnisonkirche nie wieder besucht. Dies ist ein deutliches Indiz dafür, dass dieses Ereignis erst nachträglich zu einem für die nationalsozialistische Bewegung bedeutenden stilisiert wurde. Sein Verbündeter, der faschistische italienische Staatschef Benito Mussolini, besichtigte während seines Staatsbesuchs in Deutschland am 28. September 1937 die Gruft Friedrichs des Großen in der Garnisonkirche und das Schloss Sanssouci – ohne Hitler.[87] Anlässlich eines Besuches des Reichsverwesers von Ungarn, Admiral Nikolaus v. Horthy, fand am 25. August 1938 eine Kranzniederlegung in der Garnisonkirche statt – wiederum in Abwesenheit des »Führers«.[88]

Der am 27. September 1940 geschlossene Dreimächtepakt zwischen Deutschland, Italien und Japan regelte die gegenseitigen Machtinteressen. Ihm traten bald darauf Ungarn, Rumänien, die Slowakei, Bulgarien, Jugoslawien und Kroatien bei.[89] Der neue japanische Außenminister Yosuke Matsuoka traf am 26. März 1941 zu einem viertägigen Staatsbesuch in Deutschland ein. Auch hieran nahm Hitler nicht teil. Der Leiter der »Präsidentialkanzlei des Führers«, Staatsminister Otto Meißner, der schon unter Friedrich Ebert und Paul von Hindenburg Leiter des Präsidentenbüros war, begleitete die Delegation auch in die Garnisonkirche und Schloss Sanssouci nach Potsdam.[90]

1942–45: Ein Zwangsarbeiter an der Orgel der Garnisonkirche

Pfarrer Rudolf Damrath wurde trotz mehrfacher, durch Versetzungen im Krieg bedingter Abwesenheit bis zum Ende seiner Gefangenschaft am 16. Mai 1945 als Pfarrer der Garnisonkirche geführt. Während seiner Abwesenheit wurde er von Pfarrer Gerhard Schröder im Nebenamt vertreten.

Dieser brachte 1947 seine Erinnerungen unter dem Titel »... aber von innen gesehen« zu Papier. Zwei Passagen darin handeln von dem am 11. November 1922 in Maassluis (Niederlande) geborenen Adriaan Strybos, der 1942 als Zwangsarbeiter in die Arado-Flugzeugwerft

Adriaan Strybos 1944 an der Orgel der Garnisonkirche, Abbildung aus den Potsdamer Neuesten Nachrichten

in Babelsberg verbracht worden war. Unter der Überschrift »Glaubensgemeinschaft der Oekumene« heißt es: »Eigenartigerweise wurde ich häufig mit Holländern zusammengeführt. Der erste war Gefangener in der Wehrmacht-Haftanstalt [...]. Der andere war als Zivilarbeiter nach Deutschland gekommen. Er hat sich kaum über seine innere Situation ausgesprochen; denn er hatte eine andere Möglichkeit, alles was ihn bewegte auszusprechen. Er war Kirchenmusiker und saß an der Orgel unserer geliebten Kirche ungezählte Male in der Woche abends und am Sonntag nach den Gottesdiensten. Oft konnte er auch im Gottesdienst, Kindergottesdienst, bei Taufen und Trauungen spielen, und es war ein wirklich tiefgehendes Band der Gemeinschaft, das der Mann da oben an der Orgel mit uns am Altar und auf der Kanzel verband. Schöner als alle anderen, die ich an unserer Orgel hörte, konnte er den Choral ›Nun danket alle Gott‹

spielen. Aber am schönsten die Psalmen seiner niederländischen Kirche. Oftmals war ich der einzige Zuhörer, wenn er spielte. Dann setzte ich mich nach beendetem Dienst im Talar in eine Kirchenbank und hörte diese starken Glaubenslieder eines anderen Volkes an, Ökumenische Verbundenheit!«[91]

Ein paar Seiten weiter ist zu lesen: »Das letzte Mal bin ich unserem Freund, dem Organisten, nach Kriegsende begegnet. Die Niederländer waren nun alle frei und warteten auf den Abtransport in die Heimat. Als wir Weihnachten einen eigenen Gottesdienst für sie beabsichtigt hatten, wurde er von der Polizei untersagt, jetzt hatten wir alle Freiheit. Am 25. Mai [1945] kam eine kleine Schar von Niederländern in der Friedenskirche am Nachmittag zusammen, am 26. fuhren sie in die Heimat. Unser Freund an der Orgel, sangen sie ihre Psalmen, die ich in meiner Bibel im deutschen Text wenigstens mitgelesen habe. Danach haben wir gebetet und unsere Wege dem Herrn befohlen. Ich habe ihnen ein Abschiedswort gesagt von dem, was in allem Wandel der Zeiten, im Werden und Vergehen, Fallen, Brechen und Stürzen von Menschen, Dingen und Einrichtungen bleibt und Bestand hat: Glaube, Hoffnung und Liebe. Das Vaterunser beteten wir gemeinsam und von der Stätte des Friedens habe ich sie in die Heimat mit dem Segen und dem Friedensgruß unserer Kirche entlassen. Es hat zwischen ihnen und uns in jenen Jahren ihrer Arbeit hier viel Unüberbrückbares gestanden. Aber das haben sie mir zum Abschied gesagt: sie haben in der Not der Fremde und Heimatlosigkeit in unseren Gottesdiensten Heimat gefunden. Und ihre Glaubenstreue im fremden Land hat uns gestärkt.«[92]

Der seit 1951 in Kanada lebende, inzwischen 76-jährige Strybos besuchte Potsdam am 25. und 26. Mai 1995 noch einmal, genau 50 Jahre nach seinem unfreiwilligen Aufenthalt. Keine Spur von Groll war zu spüren, nur dankbare Erinnerung an einen Pfarrer der Garnisonkirche, der es an menschlicher Wärme nicht fehlen ließ.[93] Adriaan Strybos starb am 31. Januar 2002 in Sarnia, Kanada.[94]

1943: Die Odyssee der Königssärge beginnt

Unter diesem Titel hat Hans-Joachim Giersberg in seiner Schrift »Die Ruhestätte Friedrichs des Großen zu Sanssouci« die Auslagerung und das weitere Schicksal der Königssärge 1991 geschildert. Gestützt auf eine Mitteilung des Augenzeugen Otto Becker (nicht zu verwechseln mit dem namensgleichen Organisten und Glockenisten der Garnisonkirche), gibt er das Frühjahr 1943 als Zeitpunkt der Auslagerung an. Dies deckt sich mit dem Zeitzeugenbericht von Peter Kraske, dessen Wortlaut weiter unten folgt. Somit ist die Angabe des Jahre 1945 in anderen Quellen[95] unrichtig. Einige wichtige Passagen aus dem Bericht Beckers seien hier zitiert: »Am 20. März 1943 16.00 Uhr, hat Hitler ein Telegramm an General v. Wulfen [Wulffen] (Stadtkommandant von Potsdam) gesandt mit dem Auftrage, daß die beiden Könige Friedrich d. Große und Friedrich Wilhelm I. aus der Potsdamer Garnisonkirche, Richtung Wildpark, Hauptquartier Hermann Göring, sofort zu entfernen sind. Ich war seiner Zeit als Werkmeister bei der Heeresstandortverwaltung Potsdam tätig und gut bekannt mit Herrn General v. Wulfen. [...] In der Garnisonkirche (18.00) angekommen, gab mir sofort Herr General bekannt, um was es sich handelt. Der Sarkophag von Friedrich d. Großen war derartig schwer, daß es nicht möglich war, denselben aus der Gruft hinter dem Altar nach dem Innern der Kirche zu transportieren. Wir waren genötigt, den Deckel vom Sarkophag mit dem Schneidgerät abzubrennen. Der Sarg blieb im unteren Teil des Sarkophags stehen. Beide Teile transportierten wir zunächst vor den Altar. Anschließend öffneten wir den Marmor-Sarkophag Friedrich Wilhelms I. Nachdem wir den Marmordeckel abgenommen hatten, sahen wir, daß der Sarg vollständig morsch war u. bei meinem Berühren sofort einfiel. Herr General v. Wulfen hat darauf einen anderen Sarg kommen lassen, nachdem wir dann die Umbettung vorgenommen haben. Beim Hinaustragen der beiden Särge aus der Kirche standen 10 aktive Offiziere Spalier und 10 aktive Offiziere haben die beiden Särge auf je einen LKW gestellt. Ungefähr 22.00 war dann die Abfahrt zum Bestimmungsort. Wir mußten durch fünf Sperrketten. Im Hauptquartier angekommen, wurden die Särge von den Offizieren wieder abgetragen. Der Transport ins Innere des Hauptquartiers (Beton-Bunker) war durch den schmalen Korridor so schwierig, daß wir am Eingang die Särge vorn hoch heben mußten um in den Korridor zu kommen, dadurch fielen die Leichen in sich zusammen. […] Der Sarkophag Friedrich Wilhelms I. u. sämtliche Fahnen sind in der Gruft geblieben.«[96]

Dem widerspricht allerdings ein Faksimile der »Uebergabe-Verhandlung« vom 24. März 1943, wonach auch »114 Fahnen und Standarten« sowie »14 Bandoliere« abtransportiert worden waren.[97] Volker Schobeß ergänzt, dass die Überführung der Särge in der Nacht zum 23. April 1943 unter der Leitung des Hauptmanns Paul Klasen geschah und Helmut von Gottberg, einer der Verschwörer des 20. Juli 1944, ebenfalls zugegen gewesen war.[98]

Die nächste Verlagerung der Särge schildert Peter Kraske, damals Offizier, in seinen Jugend- und Kriegserinnerungen 1923–1946 unter der Überschrift »Das Ende (Januar – April 1945): […] Am Dienstagmorgen (13.3.) erreichte mich in der Priesterstraße plötzlich die Nachricht, ich hätte mich zwecks Übernahme eines Sonderauftrags um 12 Uhr beim Stadtkommandanten von Potsdam, General von Wulffen, zu melden. Dieser hätte einen zuverlässigen Offizier des Ersatz-Bataillons 9 angefordert. Daraufhin hätte das Bataillon mich gemeldet. […] General von Wulffen erläuterte mir in kurzen Worten meinen Auftrag. Der Führer hätte den Befehl gegeben, die beiden Särge Friedrich Wilhelms I. und Friedrichs des Großen sowie die Särge des ehemaligen Reichspräsidenten Paul von Hindenburg und seiner Frau aus Potsdam zu evakuieren und in Sicherheit zu bringen.

Die Hohenzollernsärge, die ursprünglich in der Garnisonkirche ihren Standort hatten, waren mit Rücksicht auf drohende Bombenangriffe schon vor zwei Jahren, im März 1943, klammheimlich aus der Garnisonkirche in die Bunkeranlage »Kurfürst« im Hauptquartier des Oberbefehlshabers der Luftwaffe in Potsdam-

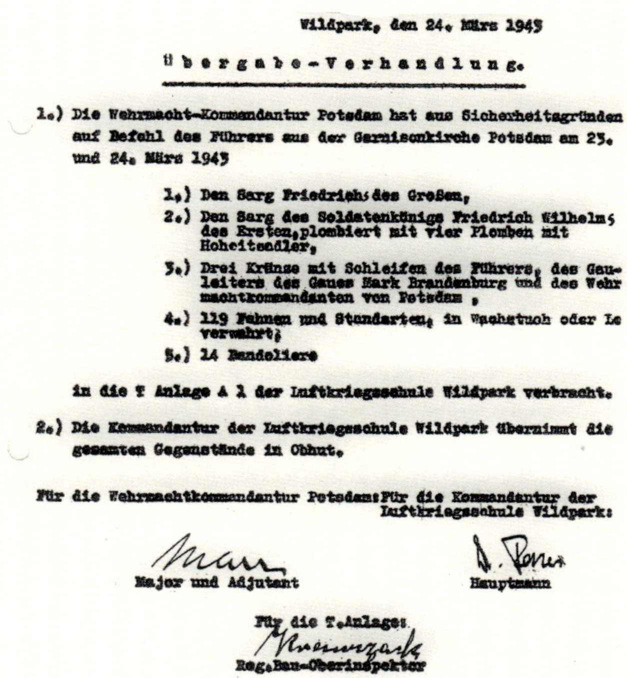

Wildpark, den 24. März 1943

Übergabe-Verhandlung.

1.) Die Wehrmacht-Kommandantur Potsdam hat aus Sicherheitsgründen auf Befehl des Führers aus der Garnisonkirche Potsdam am 23. und 24. März 1943

1.) Den Sarg Friedrichs des Großen,
2.) Den Sarg des Soldatenkönigs Friedrich Wilhelms des Ersten, plombiert mit vier Plomben mit Hoheitsadler,
3.) Drei Kränze mit Schleifen des Führers, des Gauleiters des Gaues Mark Brandenburg und des Wehrmachtkommandanten von Potsdam ,
4.) 119 Fahnen und Standarten, in Wachstuch oder Le verwahrt;
5.) 14 Bandoliere

in die T Anlage A 1 der Luftkriegsschule Wildpark verbracht.

2.) Die Kommandantur der Luftkriegsschule Wildpark übernimmt die gesamten Gegenstände in Obhut.

Für die Wehrmachtkommandantur Potsdam: Für die Kommandantur der Luftkriegsschule Wildpark:

Major und Adjutant

Hauptmann

Für die T. Anlage:

Reg.Bau-Oberinspektor

Befehl zur Verlagerung der beiden Königssärge sowie der Kränze und Fahnen, 24. März 1945

Standarte des Kürassier-Regiments Garde du Corps aus der Königsgruft, 1943 geborgen, heute im Besitz des Deutschen Historischen Museums Berlin

Eiche gebracht worden. Als im Januar [1945] das Ehrenmal in Tannenberg (Ostpreußen) aufgegeben und gesprengt werden sollte, hatte man nun auch die beiden Hindenburgsärge nach Eiche überführt.

Dort sollte ich am Abend die vier Särge und etwa 200 Fahnen und Feldzeichen der alten Armee sowohl aus der Garnisonkirche, wie auch aus Tannenberg übernehmen. Die Heeres-Feldzeug-Inspektion würde für den Transport einen Lastzug mit Fahrer, Beifahrer und zwei Mann Begleitpersonal bereitstellen. Ich hätte den Transport zu gewährleisten und in der Munitionsanstalt Bernterode in der Provinz Sachsen zu übergeben.

Damit war ich entlassen und begab mich, wie befohlen, am Abend nach Potsdam-Eiche mit seiner für damalige Verhältnisse hochmodernen und äußerst komfortabel ausgestatteten Bunkeranlage. Als ich mich dort um 19 Uhr zur Stelle meldete, war alles schon vorbereitet. Ehe ich aber den Transport übernehmen konnte, wurden die dafür vorgesehenen Leute und ich zunächst zur allerstrengsten Verschwiegenheit verpflichtet. Eine entsprechende Verpflichtungserklärung, die mit schweren Konventionalstrafen bewehrt war, mußte jeder einzelne von uns persönlich unterschreiben.

Hitler hatte offensichtlich große Sorge, daß die Evakuierung der Särge bekannt werden könnte. Denn gegen Bomben hätte die Bunkeranlage ja auch weiterhin ausreichend Schutz geboten. Der Abtransport der Särge war also gar nicht anders zu verstehen, als daß man höheren Orts Mitte März schon mit der Einnahme von Potsdam durch die Russen rechnete. Und das durfte sich natürlich unter keinen Umständen herumsprechen. [...] Unser Lastzug, der aus einer Zugmaschine mit Ladefläche und einem Anhänger bestand, stammte wohl aus dem Panzerzeugamt in Magdeburg-Buckau, so daß wir möglicherweise dort einen ersten Zwischenstop eingelegt haben. Sicher weiß ich noch, daß wir in der Morgendämmerung nach Naumburg kamen und tanken mußten. [...] Wir sind daraufhin, sobald das Tankgeschäft erledigt war, erst mal weitergefahren und haben auf dem Hof des Heeresfeldzeugamtes in Naumburg, wo ohnehin eine Frühstückspause vorgesehen war, die Plane wieder befestigt.

Was nun folgte, war der bei weitem unangenehmste Teil unserer Reise. Denn jetzt war es hell, und wir hatten obendrein einen fast wolkenlosen Himmel, so daß wir auf jedem Abschnitt dieser restlichen Strecke von Naumburg über Nordhausen nach Bernterode mit englischen Spitfires rechnen mußten. [...] Erfreulicherweise sind wir, obwohl die Spitfires uns mindestens zweimal ins Visier genommen haben, am frühen Nachmittag schließlich heil und unbeschädigt in Bernterode angekommen.

Unser Ziel war ein stillgelegtes Kalibergwerk [Bernterode bei Heiligenstadt, A. K.], das bis vor einiger Zeit als Munitionsdepot gedient hatte und auch mit einer Munitionsfabrik verbunden war. Inzwischen lagerte aber in den unterirdischen Stollen, die angeblich eine Gesamtlänge von 47 km gehabt haben sollen, auch wertvolles Museumsgut, das man vor den Bomben hier in Sicherheit gebracht hatte.

Der Schacht, den unsere Särge und Fahnen passieren mußten, war nicht geräumiger als ein durchschnittlicher Fahrstuhlschacht. Die Särge ließen sich daher nicht anders als senkrecht stehend transportieren. Das verursachte einige Mühe, zumal wir natürlich sehr behutsam vorgehen mußten. Der Förderkorb, der uns zur Verfügung stand, war leicht gebaut und nach oben offen. Ich erinnere mich noch genau, daß wir unterwegs ziemlich naß geworden sind. Trotzdem muß der Feuchtigkeitsgrad auf der Talsohle für die Konservierung unserer wertvollen Güter fast optimal gewesen sein.

Mit dem Förderkorb sind wir bis auf eine Tiefe von 563 m heruntergefahren. Da ich noch nie zuvor ein Bergwerk besucht hatte, war allein dies für mich ein großes Erlebnis. In meinem Tagebuch habe ich damals notiert: ›So tief unten sind Preußens große Könige noch nie gewesen!‹ Aber in diesen letzten Wochen des Krieges hatten sie es hier unten fast besser, als wir 563 m höher.

Nachdem wir die Särge und Standarten in einem der vielen seitlich vom Hauptgang befindlichen Gelasse abgestellt hatten und meine Mission damit erfüllt war, habe ich mich verabschiedet und anschließend in einem bescheidenen Gasthaus am Ort, in dem ich dann auch übernachtet habe, Abendbrot gegessen. Nach dem Frühstück hat ein Auto der Munitionsanstalt mich nach Nordhausen gebracht, wo ich auch sehr schnell einen Zug nach Berlin bekam.

Sarkophage Friedrich Wilhelms I. (links) und Friedrichs des Großen (rechts) in der evangelischen Christuskapelle auf der Burg Hohenzollern

Jahrzehnte später meldete sich eines Tages ein leitender Mitarbeiter eines Berliner Museums bei mir, der im Auftrag der Stiftung Preußischer Kulturbesitz Nachforschungen anstellte nach Kulturgütern, die seit 1945 verschollen waren. Erst bei dieser Gelegenheit erfuhr ich, daß es offenbar in derselben Nacht, auf derselben Strecke und mit demselben Ziel auch noch andere Transporte gegeben haben muß, mit denen Kronjuwelen und erhebliche Bestände aus dem Inventar der Potsdamer Schlösser in Sicherheit gebracht werden sollten. Koordiniert waren diese Transporte in keiner Weise, so daß ich damals weder in Potsdam, noch unterwegs, noch auch am Zielort davon irgendetwas wahrgenommen habe. [...] Mir war es eine Freude und eine Ehre,

Aufbahrung Friedrichs II. im Ehrenhof von Sanssouci, Aufnahme Roland Handrick, 1991

daß mein Regiment zum Ende meiner Dienstzeit gerade mich für diese Fahrt nach Bernterode ausersehen hatte.«[99]

Die in Thüringen einmarschierenden Amerikaner wollten die Särge beim Gebietstausch mit Berlin-West nicht den Russen überlassen. Sie verlagerten sie deshalb am 27. April 1945 nach Marburg, wo sie zunächst in Keller des Schlosses und ab Februar 1946 in einem Kellerraum des Staatsarchivs untergebracht wurden. Kurz darauf wurde die dortige Elisabethkirche als Ruheort vorgesehen. Am 21. August 1946 folgte die Beisetzung der Könige im Elisabethchor.

Während das am 25. August 1946 in der nördlichen Turmhalle beigesetzte Ehepaar Hindenburg noch heute dort ruht, kamen die Königssärge in der Nacht zum 28. August 1952 auf die Burg Hohenzollern, wo sie in der evangelischen Kapelle standen, bis sie am 17. August 1991 auf Veranlassung des Prinzen Louis Ferdinand nach Potsdam zurückkehren konnten.[100] Erst an seinem 205. Todestag ging die testamentarische Verfügung des »Philosophen von Sanssouci« in Erfüllung, die da lautet: »Man bestatte mich in Sanssouci auf der Höhe der Terrassen in einer Gruft, die ich mir habe bereiten lassen.«[101]

Der den Sarg umgebende Sarkophag aus Englischem Zinn, angefertigt von dem aus Maastricht eingewanderten Berliner Zinngießermeister Jeremie Michaut, ist bis heute erhalten.[102] Dagegen wird der Sarg Friedrich Wilhelms I. von einem aus Kupfer getriebenen Sarkophag umgeben, den Prinz Louis Ferdinand in der Form des marmornen Vorbildes anfertigen ließ. Vorläufig fand dieser König 1991 im Kaiser-Friedrich-Mausoleum bei der Friedenskirche eine Ruhestätte, inmitten des von ihm angelegten Marlygartens. Ob er je zurückkehrt – in eine wiederaufgebaute Garnisonkirche?

Der Sarkophag Friedrichs II. in der Gruft bei Sanssouci, Aufnahme Roland Handrick, 1991

Der Sarkophag Friedrich Wilhelms I. im Kaiser-Friedrich-Mausoleum, Aufnahme Wolfgang Pfauder

8. bis 14. April 1945: Geistliche Rüstwoche

Unter dem Eindruck der immer näherrückenden Roten Armee lud Pfarrer Dr. Hans Mühle Anfang April 1945 die Gemeinde zu einer geistlichen Rüstwoche in der Garnisonkirche ein, in der er die Bitten des Vaterunsers auslegen wollte. Der Eröffnungsgottesdienst fand am Sonntag, dem 9. April, um 9 Uhr statt. Thema war die erste Bitte (geheiligt werde Dein Name), die er als »Das Gebet, unsere Waffe aus der Ewigkeit« interpretierte. An den folgenden Wochentagen traf man sich jeweils um 19 Uhr in der Kirche, und Mühle legte die weiteren Bitten aus – Montag: »Der grosse Alliierte« (Dein Reich komme) – Dienstag: »Unser Kampf mit dem Schicksal« (Dein Wille geschehe, wie im Himmel, also auch auf Erden) – Mittwoch: »Unser Sieg über die Sorge« (Unser täglich Brot gib uns heute) – Donnerstag: »Unsere wahre Freiheit« (Vergib uns unsere Schuld, wie wir vergeben unseren Schuldigern) – Freitag: »Unsere Bewährung« (und führe uns nicht in Versuchung) – Sonnabend: »Unser Sie über das Böse« (sondern erlöse uns von dem Übel).

Die Zeitzeugin Martha Thilo berichtete dem Autor in den 1980er Jahren aus ihrem Tagebuch: »In der Nacht zum Sonnabend fielen Bomben in der Nähe der Garnisonkirche. Alle Fenster der Kirche waren kaputt, das Licht brannte nicht mehr. | Sonnabend, 14. April in der Kirche mit kaputten Fenstern, der Abendhimmel leuchtete hinein, Krezenbeleuchtung. [...] | In tiefem Schweigen verließ die große Gemeinde die Garnisonkirche, in der die Lichter verloschen. 1½ Stunden später wurde die Garnisonkirche ein Opfer des Bombenterrors. Der Abschlußgottesdienst am Sonntag, 15. April, konnte dort nicht mehr stattfinden.«[103] Weil man wegen der

Programm der geistlichen Rüstwoche im April 1945

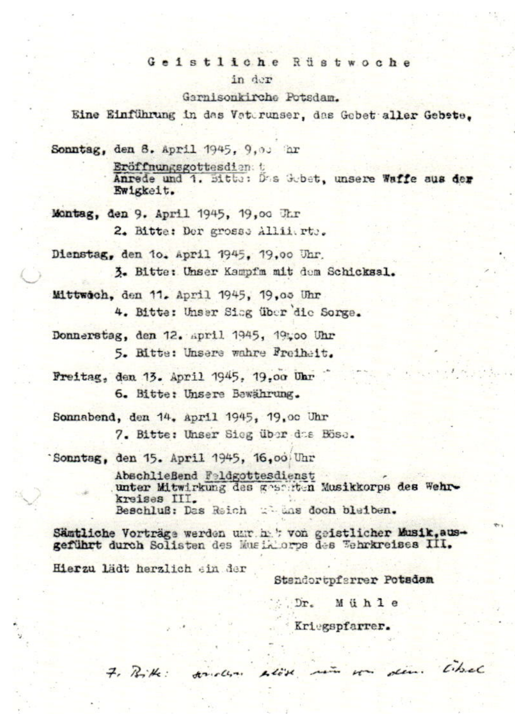

G e i s t l i c h e   R ü s t w o c h e
in der
Garnisonkirche Potsdam.
Eine Einführung in das Vaterunser, das Gebet aller Gebete,

Sonntag, den 8. April 1945, 9,oo Uhr
Eröffnungsgottesdienst
Anrede und 1. Bitte: Das Gebet, unsere Waffe aus der Ewigkeit.

Montag, den 9. April 1945, 19,oo Uhr
2. Bitte: Der grosse Alliierte.

Dienstag, den 1o. April 1945, 19,oo Uhr.
3. Bitte: Unser Kampfm mit dem Schicksal.

Mittwoch, den 11. April 1945, 19,oo Uhr
4. Bitte: Unser Sieg über die Sorge.

Donnerstag, den 12. April 1945, 19,oo Uhr
5. Bitte: Unsere wahre Freiheit.

Freitag, den 13. April 1945, 19,oo Uhr
6. Bitte: Unsere Bewährung.

Sonnabend, den 14. April 1945, 19,oo Uhr
7. Bitte: Unser Sieg über das Böse.

Sonntag, den 15. April 1945, 16,oo Uhr
Abschließend Feldgottesdienst
unter Mitwirkung des gesamten Musikkorps des Wehrkreises III.
Beschluß: Das Reich muß uns doch bleiben.

Sämtliche Vorträge werden umrahmt von geistlicher Musik, ausgeführt durch Solisten des Musikkorps des Wehrkreises III.

Hierzu lädt herzlich ein der

Standortpfarrer Potsdam
Dr. M ü h l e
Kriegspfarrer.

zerstörten Fenster befürchtete, Kruzifix, Leuchter und Altarbibel könnten entwendet werden, verwahrte man sie an jenem Abend im Stahlschrank, der sich in der Sakristei befand. Nur aus diesem Grund sind sie bis heute erhalten.

1949: Umbenennung in »Heilig-Kreuz-Kirche«

Das Kirchengebäude war anfangs Immediateigentum des Königlichen Hauses, das es auf den Militärfiskus übertrug, Nach 1918 ging es auf den preußischen Staat, 1945 in DDR-Volkseigentum über. Die Zivilgemeinde wurde mit Grundbucheintragung vom 30. April 1947 zum Eigentümer der Kirche.[104] Diesen Vorgang kommentierte ein nicht genannter SED-Genosse in einem Vermerk vom 11. August 1966 so: »Die ehemalige Garnisonkirche, jetzt Heilig-Kreuz-Kapelle, war bis 1946 Volkseigentum und wurde durch die Machenschaften des ehem. Ministerialrat Grünbaum bei der Landesregierung Brandenburg und jetzigen Oberkonsistorialrat in der Kirche Berlin-Brandenburg zugeschoben.«[105]

Der Wegfall der Patronatsverpflichtungen des Staates und die Auflösung der Militärgemeinde ergaben eine völlig neue Situation für die Zivilgemeinde. Nach Kriegsende war ihre Seelenzahl auf etwa 1.100 Personen zurückgegangen und nahm wegen der kirchenfeindlichen kommunistischen Propaganda stetig ab. Ohne entsprechende Einnahmen hatte sie anderserseits nun für die Baulast ihrer Gebäude aufzukommen. Außerdem war sie fortan »nicht mehr unmittelbar dem Ev. Oberkirchenrat, sondern in gleicher Weise wie die anderen Kirchengemeinden in Potsdam dem Evangelischen Konsistorium der Provinz Mark Brandenburg unterstellt«.[106]

Um zu demonstrieren, dass die evangelischen Christen Lehren aus der Vergangenheit gezogen hatten, wohl aber auch, um die DDR-Oberen von ihrem bereits damals reifenden Plan abzubringen, die Ruine der Garnisonkirche zu schleifen, fasste die Kirchenleitung am 25. Juli 1949 auf Anregung von Bischof Otto Dibelius den Beschluss, diese in »Heilig-Kreuz-Kirche« umzubenennen.[107] Die Zivilgemeinde der Garnisonkirche hatte zuvor beantragt, das Gotteshaus in »Versöhnungskirche« umzubenennen.

1966: Der Anfang vom Ende

Die Ideologie des DDR-Regimes richtete sich gegen die Kirche als Institution und stellvertretend gegen die gebauten Zeugnisse christlicher Tradition. Kirchen passten nicht in das Bild, das der Staatsratsvorsitzende und SED-Chef Walter Ulbricht und seine Gefolgsleute von einer modernen »sozialistischen Bezirkshauptstadt« hatten.

So wurde im Sommer 1968 die Leipziger Universitätskirche (Paulinerkirche) gesprengt, die den Krieg unbeschadet überdauert hatte. Den Menschen sollte vor Augen geführt werden, dass die Wissenschaft den Glauben überwunden habe. Eine sozialistische Universität brauche keine Kirche! Und die Garnisonkirche in Potsdam sollte durch ein Datenverarbeitungszentrum ersetzt werden – ebenfalls als Inbegriff der neuen Zeit.

Ein internes Papier der SED-Bezirksleitung vom 11. August 1966 vermerkt: »Von der staatlichen Bauaufsicht wurde bereits 1960 eine Turmsicherung gefordert, 18.000 MDN [Mark der Deutschen Notenbank – Währung der DDR vom 1.8.1964 bis 31.12.1967].

Nachdem sich Steine gelöst hatten, wurde ein Sicherungszaun gesetzt […]«.[108] Kirchenbaurat Winfried Wendland hat diese angeblich herabgestürzten Mauerziegel sofort begutachtet und festgestellt, dass sie gar nicht vom Turm stammen konnten, weil sie völlig andere Maße hatten, als die dort verwandten. Somit stand fest, dass diese »Gefahr« von der SED inszeniert war.[109]

In dem SED-internen Vermerk heißt es weiter: »Sup. Stolte gibt öffentlich zum Ausdruck, daß die ehem. Garnisonkirche als Oratorienkirche ausgebaut werden soll und aus Westdeutschland sofort finanzielle Mittel für den Wiederaufbau zur Verfügung gestellt würden […]. Das eingeführte Stahlrohgerüst war von der Kirche für den Wiederaufbau der Garnisonkirche vorgesehen. Mit Befürwortung der Bezirke Cottbus, Frankfurt/Oder, dem Magistrat von Groß-Berlin und Potsdam wurde jedoch das Gerüst besonders für die Nikolaikirche in Potsdam und andere Großkirchen in den genannten Bezirken vorgesehen«.[110]

Eine solche Bevormundung der Kirche war zu jener Zeit nicht ungewöhnlich.

In der Hoffbauerstiftung auf Hermannswerder wurden um diese Zeit mehrere Waggonla-

Die Heilig-Kreuz-Kapelle im Turm, Aufnahme Helmut Spelda, 1968

dungen Bauholz für den Wiederaufbau eingelagert – eine über die Schwedische Landeskirche »eingeschleuste« Spende der westdeutschen Bruderkirche (das Holz wurde später zur Reparatur anderer Kirchen in Berlin-Brandenburg genutzt).[111] Um solchen für die Machthaber unerwünschten Aktionen Einhalt zu gebieten, ersannen die SED-Funktionäre Schikanen. Die für die Garnisonkirche bestimmte Rüstung sollte im September 1965 »in Vorbereitung der 8. Arbeiterfestspiele noch sichtbar an der Nikolaikirche verwendet wird. In dieser gleichen Beratung beauftragte Genn. [Genossin Oberbürgermeisterin] Hanke den Gen. [Stadtarchitekten] Berg, die Baumaßnahmen an der Nikolaikirche persönlich zu kontrollieren […].« Mit diesem Ablenkungsmanöver sollte der Öffentlichkeit demonstriert werden, dass man etwas für ›die Kirche‹ tue. Der zitierte Vermerk endet mit zwei Vorschlägen:

Die halbe Straße blockierender Zaun vor der Garnisonkirche, Aufnahme Lutz Hannemann, 1968

»1. Durch die Kommission des Bezirksbauamtes unter Leitung des Bezirksbaudirektors wird die Notwendigkeit der Sicherungsmaßnahmen an der ehem. Garnisonkirche überprüft.
2. Die Benutzung der Heilig-Kreuz-Kapelle für Gottesdienste wird wegen der Gefahr der verwitterten Bausubstanz baupolizeilich verboten, ehe ein Unglück passiert.«[112]

Die hohen SED-Funktionäre Herbert Puchert und Werner Wittig wurden in der Parteigruppensitzung der Bezirksleitung am 12. August 1966 deutlicher – sie forderten: »Sofortige Beendigung der aufwendigen Sicherungsarbeiten an der Garnisonskirche [sic!] 1966 und 1967 [...] Wird generell Material erarbeitet zur Garnisonskirche, um dann an das Sekretariat der ZK [Zentralkommitees] durch das Sekretariat der Bezirksleitung den Antrag auf Abriss der Ruine der Kirche zu stellen.«[113]

Schon am folgenden Tag, am 13. August 1966, fasste die SED-Bezirksleitung die entsprechenden Beschlüsse, und am 21. September ordnete der Stadtbaudirektor Hans Sander einen Baustopp an.[114] Es folgten am 29. September der schriftliche Widerruf der Baugenehmigung und am 27. Oktober 1966 die baupolizeiliche Sperrung.[115]

Öffentlich wurde weiter verlautbart, man denke nicht an einen Abriss. Doch begannen die SED-Funktionäre unter strengster Geheimhaltung mit der Vorbereitung des Abrisses. Als dies ruchbar wurde, wandte sich Generalsuperintendent Horst Lahr mit Schreiben vom 9. Oktober 1967 an Oberbürgermeisterin Brunhilde Hanke und fügte eine zehnseitige Anlage mit gewichtigen Argumenten für den Erhalt der Garnisonkirche bei.[116]

Nach hinhaltenden Auskünften sandte der »Verwalter des Bischofsamtes«, Generalsuperintendent Albrecht Schönherr, am 20. März 1968 ein dringliches Schreiben an den Vorsitzenden des Rates des Bezirkes Potsdam, Herbert Puchert, da ihm berichtet worden sei, »daß der Rat der Stadt Potsdam in disen Tagen die Sprengung der Heilig-Kreuz-Kirche beschließen will«, und zwar »ohne vorherige Aussprache mit den verantwortlichen Vertretern der Kirche«. Er sprach sich für den Erhalt des Turmes aus, in dem sich »für längere Zeit der einzige Kirchenraum der Potsdamer Innenstadt befindet«.[117] Letzteres trifft zu, da die Heiligengeistkirche zerstört war, die Französische Kirche baufällig und die Nikolaikirche erst 1981 wieder genutzt werden konnte.

Am 26. April 1968 wurde unter Ausschluss der Öffentlichkeit eine Sitzung der Stadtverordnetenversammlung durchgeführt, die ohne Nennung dieses Tagesordnungspunktes anberaumt worden war. Fast alle Abgeordneten stimmten unter massivem Druck der »Sozialistischen Ein-

Keine Dauerlösung

27.10.66

Ich möchte mich heute mit einem Problem an Sie wenden, das mir schon längere Zeit am Herzen liegt. Als Berufskraftfahrer fahre ich täglich kreuz und quer durch Potsdam und komme wiederholt durch die Wilhelm-Külz-Straße an der Garnisonkirche vorbei. Irgendwie befürchte ich immer, daß sich aus dieser Ruine Steine lösen. Das ist doch eine Gefahr für jeden, der hier vorbeikommt. Jetzt wurde ein Zaun gezogen, der wohl dagegen Schutz bieten soll. Wer aber täglich sieht, wie sich auf dem noch verbleibenden schmalen Straßenstück Fußgänger, Radfahrer und PKW drängen, muß sich doch fragen: Wie lange soll das denn so bleiben in einer Straße, die ja wohl den starken Verkehr in der Innenstadt entlasten soll? Ich möchte deshalb die Verantwortlichen vom Rat der Stadt fragen: Wie soll es hier weitergehen? Unsere Stadtväter müßten auch daran denken, daß diese Ruine, die wirklich keine rühmliche Vergangenheit hat, keine gute Visitenkarte für Potsdam ist und dem guten Eindruck, den unsere Bezirkshauptstadt macht, Abbruch tut.

A. Kirle, Potsdam

Lancierter Leserbrief in der »Märkischen Volksstimme« vom 27. Oktober 1966

heitspartei« dem Abriss der Garnisonkirche zu, nur vier ließen sich nicht manipulieren. Nach einem Appell des Vorsitzenden des Kulturausschusses, Dr. Gebhard Falk (LDPD)[118], stimmten außer ihm selbst auch Dr. Werner Oehme (LDPD) sowie Gerda Albrecht (CDU) und ein weiteres CDU-Mitglied gegen den Abriss – ein für damalige Verhältnisse ungeheuerlicher Vorgang![119]

Diese Abstimmung war eine Farce, denn der Auftrag zur Sprengung war bereits am 15. Februar an den »VEB Bohr- und Sprengtechnik Berlin« erteilt worden.[120] Am 2. Mai 1968 erhielt der Gemeindepfarrer Uwe Dittmer vom Rat der Stadt, Abteilung Finanzen, den »Bescheid über die Inanspruchnahme eines Grundstückes auf Grund § 14 des Aufbaugesetzes vom 6. 9. 1950«, in dem es u.a. heißt: »Gemäß § 9 des Entschädigungsgesetzes geht das Grundstück lastenfrei in das Eigentum des Volkes über«. Als Entschädigung erhielt die Gemeinde später 599.080 Mark,[121] die für ein Bauvorhaben »zum Zwecke der Ersatzbeschaffung«[122], nämlich für den Ausbau des Gemeindehauses in der Kiezstraße 10, verwendet wurde. Der Gemeindekirchenrat unternahm am selben Tag einen letzen, verzweifelten Versuch, die Sprengung zu verhindern. Er tat dies unter Berufung auf den Artikel 18 der wenige Tage zuvor, am 6. April 1968, in Kraft getretenen neuen Verfassung der DDR, in dem es heißt: »Die sozialistische Gesellschaft […] pflegt alle humanistischen Werte des nationalen Kulturerbes und der Weltkultur […]«.[123]

Sogar aus dem Ausland wurden Stimmen gegen die Zerstörung dieses einzigartigen Kulturdenkmals laut, u.a. vom Präsidenten der »Eidgenössischen Kommission für Denkmalpflege« aus Bern, Alfred A. Schmid. Dieser informierte den Generalkonservator Ludwig Deiters, er habe sich »telegrafisch an den Herrn Staatsratsvorsitzenden Walter Ulbricht und den Rat der Stadt

Abschrift

(Brieftelegramm vom 29. 4. 1968)

An den
Vorsitzenden des Staatsrates
der Deutschen Demokratischen Republik
Herrn Walter Ulbricht

Berlin
Staatsratsgebäude

Sehr geehrter Herr Vorsitzender des Staatsrates!

In Übereinstimmung mit zahlreichen christlichen Bürgern Potsdams bitte ich Sie dringend um Ihre Hilfe zur Erhaltung zumindest des Turmes und der Kapelle der Heilig-Kreuz-Kirche in Potsdam. Die Potsdamer Stadtverordneten, die am 26. April 1968 den Abriß der Kirche beschlossen, sind nach unserer Auffassung über die Bedeutung dieses Kulturdenkmals und über die Möglichkeiten seiner Erhaltung nicht ausreichend informiert worden.

Mit ausgezeichneter Hochachtung
Dr. Lahr
Generalsuperintendent
Potsdam, Eisenhartstr. 18

Den ehemaligen Mitgliedern des Ausschusses Heilig-Kreuz-Kirche zur Kenntnis.

gez. Dr. Lahr

F.d.R. Weise

Ref. Kirchenfragen den 18.4.1968

Vermerk über tel. Rücksprache mit Gen. Nuthbom

Vorbereitungsarbeiten laufen

Erste Schwierigkeiten mit Schlüssel usw. sind überwunden.

Gerüst wird zur Nikolaikirche übergeführt.

Rest findet Verwednung im Grenzgebiet - ist jederzeit für Rat der Stadt verfügbar.

Koll. Rö n n Stadtbauamt hat Rücksprache mit Apolda - Glockengießerei genommen.

Orgel ist bereits entfernt.

Es fehlt noch Unterbringungsmöglichkeit für das Gestühl.

Sprengmeister kommt am 22.4.1968 zur Festlegung des Sicherheitsradius und der ersten Bohrarbeiten zum Gen. Nuthbom.

1. Sprengung voraussichtlich am 15.5.1968

Eingabe des Generalsuperintenden Horst Lahr an den Staatsratsvorsitzenden Walter Ulbricht vom 29. April 1968

Interner Vermerk des Referats für Kirchenfragen der Stadt Potsdam über die Information zur Sprengungsvorbereitung durch den Stadtrat für Inneres, Heinz Nutbohm, vom 18. April 1968

Potsdam gewandt, um, wenn möglich, diese Selbstverstümmelung Potsdams zu verhindern. Philipp Gerlachs Turm gehört nicht nur zu den Wahrzeichen Potsdams, sondern darüber hinaus auch zu den schönsten Kirchtürmen des nördlichen Europa, und er ist ein Bauwerk absolut internationalen Ranges. Ganz abgesehen von seiner historischen Bedeutung für Potsdam hat er auch seinen festen Platz in der Architekturgeschichte, denn er ist für viele Turmbauten des 18. Jahrhunderts in- und außerhalb Deutschlands richtungweisend gewesen.«[124]

Architekten, Kunstwissenschaftler und weitere engagierte Menschen wandten sich unter großem persönlichen Risiko und Verfolgungen durch die Staatssicherheit gegen den Abriss, darunter der ehemalige Pfarrer der Zivilgemeinde, nunmehrige Superintendent in Zossen, Gerhard Schröder[125], und der Oberstufenlehrer Dr. Ewald Gerth[126]. Ebenso wandte sich der bekannte Potsdamer Orgelbaumeister Hans-Joachim Schuke mit einem schriftlichen Einspruch an die politisch Verantwortlichen. Der Potsdamer Architekt Günter Vandenhertz unternahm den Versuch, durch Umwandlung in einen Konzertsaal die Erhaltung des Baudenkmals zu erreichen.[127]

Die staatlichen Stellen reagierten jedoch hinhaltend. Auch ein Brieftelegramm, das Generalsuperintendent Dr. Horst Lahr am 29. April 1968 an Walter Ulbricht sandte, bewirkte nichts. Sein Inhalt lautete:

»Sehr geehrter Herr Vorsitzender des Staatsrates!

In Übereinstimmung mit zahlreichen christlichen Bürgern Potsdams bitte ich Sie dringend um Ihre Hilfe zur Erhaltung zumindest des Turmes und der Kapelle der Heilig-Kreuz-Kirche in Potsdam. Die Potsdamer Stadtverordneten, die am 26. April 1968 den Abriss der Kirche beschlossen, sind nach unserer Auffassung über die Bedeutung dieses Kulturdenkmals und über die Möglichkeiten einer Erhaltung nicht ausreichend informiert worden.«[128]

Nochmals appellierten die kirchlichen Stellen an die Stadt, den Rat des Bezirkes, das Staatssekretariat für Kirchenfragen, den Ministerrat und den Volkskammerpräsidenten Johannes Dieckmann – doch es war zu spät. Die Vorbereitungen liefen bereits.

1968: Die Hinrichtung eines Bauwerks

Schon am 16. November 1949 hatte das Sekretariat der SED-Landesleitung Brandenburg den Abriss der Garnisonkirche auf die Tagesordnung setzen lassen, doch die Abstimmung scheiterte am Widerstand des CDU-Abgeordneten Arno Voigt. Später waren es die Spitzenvertreter der SED-Bezirksleitung, allen voran der Vorsitzende des Rates des Bezirkes, Herbert Puchert, der mit Schreiben vom 27. Dezember 1966 den Vorsitzenden des Ministerrats, Willi Stoph, aufforderte, »dieses Symbol des preußischen Militarismus aus dem Gedächtnis der Stadt zu tilgen«. Alle Anfragen vonseiten der Kirchenvertreter und Kulturinteressierten wurden in der SED-üblichen Praxis zwischen den einzelnen Entscheidungsebenen (Rat der Stadt, Bezirksleitung, Zentralkommitee der SED) hin- und hergeschickt und – wenn überhaupt – hinhaltend oder irreführend beantwortet. Ohne Information, dass es sich um die Inanspruchnahme des Garnisonkirchen-Grundstücks handelte, sollte die Stadtverordnetenversammlung am 8. Februar 1968 über den Baubeginn eines Rechenzentrums auf der Plantage votieren. Nur der FDJ-Vertreter Siegfried Lachmann, der durch Rückfrage klarstellen ließ, dass hier um den Abriss der Kirche ging, stimmte gegen der gesamten Jahresvolkswirtschaftsplan – ein für DDR-Verhältnisse erstaunlicher Vorgang.[129]

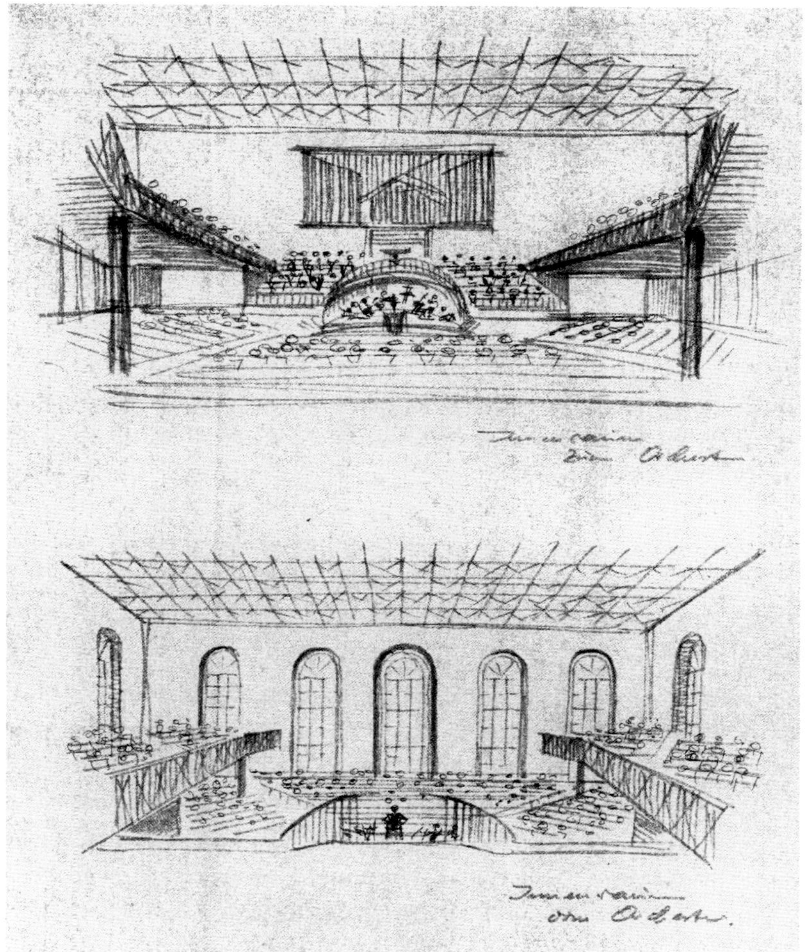

Entwurfsskizze des Architekten Günter Vandenhertz zur Umgestaltung der Garnisonkirche in einen Konzertsaal, 1968

In dem 1992 von Kurt Tetzlaff geschaffenen Dokumentarfilm »Die Garnisonkirche – Protokoll einer Zerstörung« kommen wichtige Zeitzeugen zu Wort. So berichtet die damalige Oberbürgermeisterin Brunhilde Hanke (SED), der Staatsratsvorsitzende Walter Ulbricht habe die Garnisonkirche zur »Chefsache« erklärt und die Beseitigung der Ruine gefordert.[130] In seiner Rede vor Vertretern der Stadt formulierte er es so: »So wie das hier vorgesehen ist, wird das kein neues Potsdam. […] Potsdam soll doch einen bestimmten Charakter haben. Nachdem es schon einmal das Zentrum der preußischen Könige

Blick vom Turm in die Ruine des Kirchenschiffes, Aufnahme Dietmar Saretz, Mai 1968

war, soll hier die neue Architektur zum Ausdruck gebracht werden, die neue Lebensweise. Anstelle der Garnisonkirche muss ein Objekt stehen, das wirkt. [...] Auf Grund der vielen Touristen ist es besonders wichtig, dass die Gestaltung von Potsdam in Ordnung geht. Die Ruine der Garnisonkirche kann man auch auf Fotografie zeigen und sie verkaufen als Postkarten an Ausländer.«[131]

Im Interview berichtet Stadtarchitekt Werner Berg vom Ulbricht-Besuch Folgendes: »Im Anschluss an diese Beratung sind wir nach Potsdam gefahren, und während dieser Fahrt wurde an der Garnisonkirche gehalten. Wir sind ausgestiegen, haben sie betrachtet, und ich merkte, dass ihn ein großes Unbehagen [...] bewegt hatte [...]. Und dann standen die Turmruinen der Heilig-Geist-Kirche, der Garnisonkirche und die noch nicht vollendete Nikolaikirche dirket in seinem Blickfeld. Und das war etwas, was ihn aus meiner Sicht unerhört bewegt hat, und wo er innerlich – so muss ich es annehmen – zunächst den Beschluss gefasst hat, diese Ruinen müssen verschwinden. [...] ich möchte sagen, dass die Begegnung im Juni 1967 der entscheidende Ausgangspunkt [für die Sprengung der Garnisonkirche, A. K.] war. Denn er stand mit seiner Frau Lotte Ulbricht, mit dem Ersten Sekretär der Bezirksleitung, Werner Wittig (und auch ich war zugegen), direkt vor dem Portal des Langen Stalls, schaute sich den Turm an und sagte: ›Diese Ruinen müssen verschwinden‹.«[132]

In den buchstäblich letzten Stunden, in denen sich die Gemeinde noch als Eigentümer betrachten konnte, in der Nacht des 2. Mai gegen 22 Uhr, hielt eine kleine, namentlich eingeladene Gruppe eine Andacht in der Heilig-Kreuz-Kapelle, denn öffentlich durfte nicht geworben werden – es lag ja eine bauaufsichtliche Sperrung vor. Von dieser Andacht gibt es eine bewegende Tonbandaufzeichnung.[133]

Blick aus der Ruine zum Interhotel, rechts im Bild die beiden Pfarrhäuser der Garnisonkirche in der heutigen Henning-von-Tresckow-Straße, Aufnahme Joachim Briesemann, Mai 1968

Am 3. Mai 1968 wandte sich der »Verwalter des Bischofsamtes«, Albrecht Schönherr, schriftlich an Ulbricht, ging auf den »Tag von Potsdam« ein und fragte mit scharfen Worten, »ob das eingeschlagene Verfahren der Wirklichkeit entspricht, die von unserer durch die Volksabstimmung vom 6.4.1968 eingeführten Verfassung gegeben ist«. Er versichert, »daß uns diese Vergangenheit und ihre furchtbaren Auswirkungen vor Augen stehen. Aber gerade darum scheint uns diese Kirche als der geeignete Ort, an dem christliche Bürger sich auf ihr Verhältnis zu dieser Vergangenheit besinnen können, notwendig zu sein. Sie könnte eine ähnliche Aufgabe erfüllen, wie sie die Mahnmale von Sachsenhausen und Buchenwald für alle Bürger haben. Ein solcher Ort ist für uns eine ständige Verpflichtung, unser eigenes Tun und Reden im Blick auf die Vergangenheit, auch auf die Vergangenheit christlicher Bürger, zu überprüfen. Das ist in gewissem Maße dadurch geschehen, daß sich schon während des Krieges in der damaligen ›Garnison-Kirche‹ im Widerstand gegen den Faschismus eine bekennende Gemeinde gesammelt hat. Nach dem Kriege wurde die Kirche in ›Heilig-Kreuz-Kirche‹ umbenannt. Damit ist in unserer christlichen Sprache die schärfste Abkehr von der Vergangenheit ausgesprochen worden. Für uns bedeutet das Kreuz den immerwährenden Hinweis auf Leiden, Sühne und die Notwendigkeit eines neuen Anfangs. [...] Ist hier nicht ein unersetzliches nationales Kulturerbe vorhanden, das trotz der Ereignisse des Jahres 1933 erhalten werden sollte?«[134]

Doch das Urteil über die Garnisonkirche war gesprochen. Am 9. Mai 1968 veröffentlichte die Presse, ohne den Namen der Garnisonkirche auch nur zu erwähnen, eine amtliche Bekanntmachung: »Erklärung eines bebauten Grundstücks zum Aufbaugebiet der Stadt Potsdam«.[135]

Baubeginn für das Datenverarbeitungszentrum im Herbst 1968, Aufnahmen: Unbekannt, Sammlung Olaf Thiede

Das Rechenzentrum im Bau, Aufnahme Martin Seidel, August 1970

Das fertiggestellte Rechenzentrum, Aufnahme Martin Seidel, 1981

Das Rechenzentrum mit den Mosaiken, rechts das Gewölbesegment des Turminnerender Garnisonkirche, Aufnahme Andreas Kitschke, 2014

1968–72: Ein Paradigmenwechsel – das Datenverarbeitungszentrum

Dem neuen Datenverarbeitungszentrum (»Rechenzentrum«) war 1966 ein »Standort westlich der vorhandenen Nicolaikirche an der Friedrich-Ebert-Straße zugewiesen« worden (dort 1970-74 Bau der wissenschaftlichen Allgemeinbibliothek und Lehrerbildungsinstituts).[136] Auf Ulbrichts direkten Einfluss hin wurde es unmittelbar an Stelle der Garnisonkirche erbaut. Das Projekt des »Kollektivs Sepp Weber« umfasste einen viergeschossigen Hauptbau in Montagebauweise an der Breiten Straße (damals Wilhelm-Külz-Straße) und ein großflächiges, zweigeschossiges Rechnergebäude in der Dortustraße. Unmittelbar nach der Sprengung der Garnisonkirche begann der Bau, welcher wegen des schlechten Baugrundes zu einer immens teuren Investition wurde. Hier sollte ein Zeichen gesetzt werden: Die Kirche stand für das Gestrige, das Rechenzentrum für die Zukunft. Um dies zu verdeutlichen, wurde der Künstler Fritz Eisel beauftragt, ein monumentales Mosaik »Der Mensch bezwingt den Kosmos« zu gestalten. Es sollte das Erdgeschoss der beiden straßenseitigen Fronten des Hauptgebäudes zieren und so vom »neuen Geist« künden.[137] Ein Mosaikfeld zeigt übrigens zwei MIG-Kampfflugzeuge, die durchaus als militärische Drohgebärde verstanden werden können.

Als neue Dominante hatte das 1967–69 ebenfalls nach einem Entwurf Sepp Webers in Plattenbauweise errichtete »Interhotel Potsdam« (momentan »Mercure«) die Garnisonkirche abgelöst, und der Lustgarten wurde in der Folge zum »Karl-Liebknecht-Forum« umfunktioniert.[138]

Instandsetzungen und Umgestaltungen der Kirche

1737: Montierungskammern auf dem Dachboden

Was bisher nur von der Potsdamer Heiligengeistkirche bekannt war, dass nämlich der Kirchenboden als Montierungskammer genutzt wurde, trifft auch für die Garnisonkirche zu! Am 17. Mai 1737 erließ Friedrich Wilhelm I. folgende Kabinettsordre: »S. K. M. [Seine Königliche Majestät] befehlen dero p. Berger hierdurch in Gnaden, vor die beyde Grenadier Compagnien des 1t. u. 2t. Battaill: auf der hiesigen Guarnison Kirche, vor jede Compagnie besonders eine Mondirungs Cammer aptiren zu laßen, und solche den Capitaine v. Rochow u. v. Schwerin anzuweisen.«[1] Somit blieb, wie jener auf der Heiligengeistkirche, auch der Dachboden der Garnisonkirche nicht ungenutzt. Die Grundfläche von 825 Quaadratmetern eignete sich hervorragend zum Ausbau solcher Räumlichkeiten. Die historische Schnittdarstellung auf der folgenden Seite vermittelt einen guten Eindruck von der Geräumigkeit des Dachraumes, der drei Etagen enthielt und dessen Gesamthöhe von 17 Metern der des Kirchenschiffs entsprach.

Für die laufende Instandhaltung der Potsdamer Garnisonkirche und ihres Turmes wies der König mit Ordre vom 10. Oktober 1737 den Dispositions-Kassen-Verwalter Friedrich Gotthold Köppen an, jährlich 200 Taler gegen Quittung an den Stadtkommandanten Adam von Weyher auszuzahlen.[2]

1793: Instandsetzung der Turmlaterne

Ein »ganz gehorsamster Bericht von der Schadhaftigkeit des hiesigen Garnison Thurmes« vom 29. Juni 1791 erwähnt starke Schäden an der hölzernen Turmlaterne. Die Instandsetzung aller drei Potsdamer Türme war am 14. Oktober 1793 beendet, wie das Hofbauamt berichtete.[3] Ergänzend berichtet Schmidt: »Bei einer großen Reparatur 1795 wurde der Thurm mit einem Blitzableiter versehn.«[4]

1810: Instandsetzung des Innenraumes

In einem Schreiben des Pfarrers Wilhelm Budach, »Prediger am Waisenhause u. von Sr. Maj. ad interim mit der Verwaltung der Garnison Prediger Stelle beauftragt« vom 4. Juli 1810 an den Staatsminister und Oberpräsidenten der Provinz Brandenburg, Georg Christian von Heydebreck, heißt es: »[...] In der Nacht vom 1 zum 2ten Julii fiel ein Fensterflügel zusammt mit Angel und Riegel herab; und von der unbedeutenden Höhe von 10 Fuß in kleinen Stücken auseinander; und der große Adler, der in der Mitte der Decke gerade über dem Königlichen Chore angebracht ist, hat seit kurzem eine so schiefe Neigung, daß er den Sturtz dräuet, weil wahrscheinlich der Kranz, worin er gelegt ist, verfault ist; hin und wieder ist auch Kalck herabgefallen.«[5] Für die

Das »Königliche Monument« mit den allegorischen Statuen, darüber die Wagner Orgel, Computersimulation von Andreas Kümmel Arte4D, Dresden

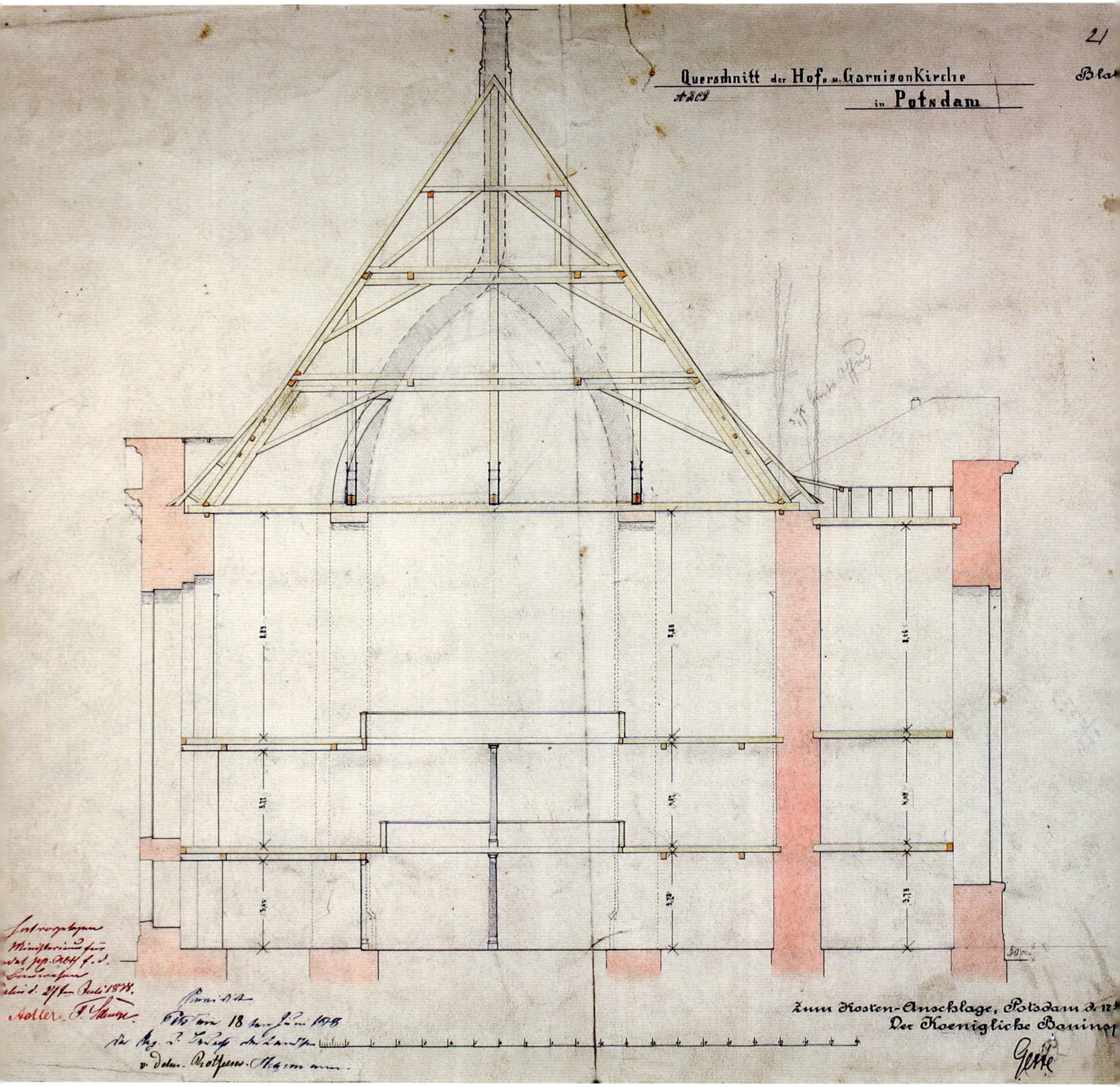
21
Querschnitt der Hof u. GarnisonKirche
in Potsdam
Zum Kosten-Anschlage, Potsdam

Instandsetzung des Innenraumes erstellte Bauinspector Carl Friedrich Quednow am 3. September 1810 einen Reparaturanschlag über 1.039 Taler, 19 Groschen und 1 Pfennig[6] und veranlasste die erforderlichen Maßnahmen.[7] 1812 folgte eine Reparatur des Schieferdaches auf dem Kirchenschiff.[8]

1814: Kruzifix und Leuchter

Vom Wiener Kongress aus schrieb König Friedrich Wilhelm III. am 29. November 1814 an den Hofprediger Rulemann Friedrich Eylert in Potsdam, »worin zur Pflicht gemacht wird das von des Königs Majestät ausgewählte Cruzifix u. zwei Altar Leuchter von Berlin holen, jenes u. diese auf den Altar der hiesigen Garnison-Kirche stellen zu lassen u. die Gemeine von dieser Anordnung zu unterrichten. [...] indessen habe Ich ein von mir ausgewähltes Cruzifix aus der Bronze-Fabrik von Werner und Miethe in Berlin ankaufen lassen und dieses für den Altar der Garnison Kirche zu Potsdam bestimmte Cruzifix soll jetzt aufgestellt werden. [...].« Weiterhin bat Friedrich Wilhelm den Hofprediger, zwei Leuchter einstweilen von der genannten Firma »bis zum Ankauf solcher von Mir nach Meiner Rückkunft [...] zu borgen«.[9] Das schließlich aufgestellte Leuchterpaar aus feuervergoldeter Bronze wurde von Karl Friedrich Schinkel entworfen. Jeweils eine konische Säule mit Blattornamentik wird von drei Adlern mit ausgebreiteten Flügeln am Leuchterfuß getragen. Gleichartige Leuchterpaare wurden später auch für den Brandenburger und Berliner Dom sowie für die Potsdamer Nikolaikirche angeschafft.[10] Durch glückliche Umstände sind Kruzifix und Leuchterpaar der Kriegszerstörung entgangen und bis heute erhalten. Allerdings musste man einen der Leuchter, der im Januar 1920 gestohlen worden war, nachgießen lassen.[11] An der unterschiedlichen Patina ist noch heute zu erkennen, welcher Leuchter das Original, und welcher die Kopie ist.

Original erhaltener Altartisch von 1800 mit Kruzifix und Leuchtern von 1814 in der zweiten Garnisonkirchen-Ausstellung, Aufnahme Andreas Kitschke, 2006

1818: Schinkels Ideen – mehr Farbe im Raum

Die 1814 von Karl Friedrich Schinkel entworfene Zeichnung zur Drapierung des Grufteingangs hat erstmals Hans Joachim Giersberg 1981 im Katalog zur Potsdamer Schinkel-Ausstellung als »Entwurf einer Dekoration der Kanzelwand in der Garnisonkirche« veröffentlicht und »um 1817« datiert. Sie zeigt einen Vorhang zwischen vier kandelaberähnlichen Säulen, die von Adlern bekrönt sind. Dieser Vorhang sollte den Eingang zur Königsgruft verdecken. Auf einer Klappe (Überlegblatt) ist ein klassizistischer

Querschnitt mit Dachkonstruktion, Aufmaß von Emil Gette, 1878. Der geräumige Dachboden wurde ab 1737 als Montierungskammer genutzt

Das Innere der Garnisonkirche mit den Schinkelschen Tuchbespannungen an den Emporenbrüstungen, den Fahnentrophäen und den Gemälden an den Pfeilern. An der Decke die Lüftungsöffnung mit dem Adlermotiv, Farblithografie von August Kenneberg, um 1840

Säulenaufsatz für den Altar zu erkennen, den Schinkel mit einem Kruzifix, zwei Leuchterpaaren und zwei Kelchen (offenbar als Symbole für die beiden evangelischen Konfessionen) schmücken wollte. Außer der detailgetreuen Darstellung des Kanzelaufbaues ist auf der Zeichnung links zu erkennen, wie sich Schinkel die Dekoration der Emporenbrüstungen vorstellte, deren schlichte Holzkonstruktion er auf der rechten Seite zeigte.[12]

Einem Schreiben vom 16. Dezember 1814 an die geistliche und Schuldeputation legte Hofprediger Rulemann Friedrich Eylert die Abschrift einer in Wien verfassten Kabinettsordre vom 29. November bei, »worin zur Pflicht gemacht wird das von des Königs Majestät ausgewählte Cruzifix u. zwei Altar Leuchter von Berlin holen, jenes u. diese auf den Altar der hiesigen Garnison-Kirche stellen zu lassen u. die Gemeine von dieser Anordnung zu unterrichten«. In dieser Ordre heißt es weiter: »Es war, wie Sie wissen Meine Absicht, noch vor Meiner Abreise aus Berlin, die Garnisonkirche zu Potsdam durch eine Drapperie, zu welcher der Architect Schinkel die Zeichnung entworfen hatte, zu verzieren [...]. Der Altartisch bleibt unverrückt auf seiner jetzigen Stelle. Ich bin Willens ihn nach meiner Rückkunft mit einem niedrigen Geländer umgeben zu laßen, und werde alsdann, auch wegen der beabsichtigten weiteren Verzierung des Inneren der Kirche das Erforderliche bestimmen. Ob unterdessen der Eingang zur Gruft unter der Kanzel durch einen Vorhang zu bedecken, oder dies auszusetzen seyn möchte, will Ich Ihrem Gutbefinden überlassen. Wann und wie Sie diesem Meinem Auftrage Genüge geleistet haben, darüber erwarte ich demnächst Ihre Anzeige.«[13]

Doch einen Monat später, am 29. Dezember 1814, schrieb der Monarch, wiederum aus Wien, an Hofprediger Eylert: »Die beabsichtigt gewesene Verhüllung der Gruft unter der Kanzel so wie die durch den Architekt Schinkel vorgeschlagene und gezeichnete Verzierung der Kirche soll unterbleiben [...].«[14]

Entwurfsblatt Schinkels für die Draperie, um 1814 (nicht ausgeführt)

Stattdessen kam eine reduzierte Fassung zur Ausführung, von der Hofprediger Bernhard Rogge berichtete: »[...] die getäfelten hölzernen Brüstungen dieser Emporen waren ursprünglich mit arabeskenartigen Malereien versehen. Seit dem Jahre 1818 sind dieselben mit Draperien von rothem Tuch bekleidet, die Friedrich Wilhelm III. zu Ehren seiner Tochter Charlotte, der späteren Kaiserin von Rußland, bei dem ersten Besuch, den sie nach ihrer Vermählung dem preußischen Hofe machte, nach dem Vorbild russischer Kirchen hat anbringen lassen«[15] Diese mit Borten, Quasten und Fransen aus Goldstickerei versehenen Tuchbespannungen existierten bis zur neobarocken Überformung des Raumes 1897.

1817–1830: Die Gemälde

Kaum bekannt ist, dass die Garnisonkirche aus Anlass der Union beider evangelischer Konfessionen, die zugleich die Überwindung der reformierten Bilderfeindlichkeit bedeutete, mit einer Anzahl Ölgemälde der sogenannten Nazarener Schule ausgestattet wurde. Dazu erließ Friedrich Wilhelm III. am 12. Dezember 1816 eine Kabinettsordre: »Ich habe beschlossen, die Garnisonkirche zu Potsdam mit den Gemälden ausschmücken zu lassen, welche die Akademie der Künste in der Anlage bemerkt findet. Zu dem Ende will ich den Vorschlag der Künstler, denen diese Arbeiten am angemessensten zu übertragen seien, und die Anzeige der Preise, auf welche sie sich belaufen werden, von der Akademie der Künste erwarten, um demnächst über die Ausführung selbst zu bestimmen.«[16]

Am Reformationstag 1817 erhielten zunächst kleinere Gemälde der Evangelisten (1,00 × 1,40 Meter im Hochformat) ihren Platz an den Pfeilern der Nordseite in Höhe der ersten Empore. Nach den Vorbildern in der Justinianischen Galerie malten Ernst Friedrich Bussler den Matthäus, August Grahl den Markus, Johann Gottlieb Puhlmann den Lukas und Heinrich Schönfeld den Johannes. Sechs weitere Gemälde mit zentralen Themen aus dem Leben Jesu sollten folgen. Dazu hatte die Akademie am 2. Januar 1817 vorgeschlagen, die nachfolgenden Künstler zu beauftragen, die vorgegebenen Themen bis zum Jahresende auszuführen: Friedrich Georg Weitsch: Geburt Jesu, Johann Gottfried Niedlich: Taufe Jesu, Johann Erdmann Hummel: Einsetzung des Abendmahls, Heinrich Anton Dähling: Kreuzabnahme, Wilhelm Schumann: Auferstehung Christi, Carl Wilhelm Kolbe: Himmelfahrt Christi. Kolbe verlangte 1.200 Taler, Dähling 1.000 und alle übrigen jeweils 800 Taler. Die beigefügten Skizzen sandte Friedrich Wilhelm III. am 20. Januar mit eigenen Änderungswünschen zurück: Das Thema der Auferstehung wurde geändert in die Szene, bei der der »ungläubige Thomas« seine Hand auf die Wunde des Auferstandenen legt. Am Heiligen Abend 1817 schmückten diese größeren Gemälde (Hochformat ca. 1,60 × 2,50 Meter) die Garnisonkirche. Vier von ihnen wurden unterhalb der Evangelistenbilder, zwei an den äußeren Pfeilern auf der Kanzelseite plaziert. Über den letzteren brachte man 1827 noch die 1,15 × 2,00 Meter großen Gemälde zweier Apostel an. Franz Joseph Gotthard malte den Petrus, Eduard Daege den Paulus. Karl Friedrich Schinkel hatte sein Gutachten über die Gemälde abzugeben.[17]

Noch auf Veranlassung Friedrich Wilhelms III. sind die Gemälde von Weitsch, Niedlich und Schumann gegen Werke anderer Meister, aber gleicher Thematik ausgetauscht worden: Karl Begas schuf 1823 die Taufe Jesu, Wilhelm von Schadow ein Jahr darauf die Geburt Jesu und Peter Rittig im Jahr1830 den Ungläubigen Thomas. Darüber hinaus befanden sich im Besitz der Garnisonkirche Historienmalereien von Hohenzollernregenten, deren Verbleib noch nicht im Einzelnen erforscht ist.

Nach dem Krieg gegen Frankreich 1871 entfernte man sämtliche Gemälde und brachte sie in Nebenräumen unter. An ihre Stelle traten nun die erbeuteten Kriegstrophäen. Anlässlich der neobarocken Umgestaltung kamen die Gemälde in das Militärwaisenhaus.[18]

Einige Zeit nach dem Zweiten Weltkrieg hingen die Bildnisse der Himmelfahrt und Kreuzabnahme in der Französischen Kirche von Potsdam, und das des Ungläubigen Thomas im evangelischen Bürgerstift in der Ludwig-Richter-Straße. Bis auf das letztgenannte befinden sich die Gemälde derzeit als Leihgaben der Heilig-Kreuz-Gemeinde bei der Stiftung Preußische Schlösser und Gärten Berlin-Brandenburg.[19]

Der Evangelist Matthäus, Ölgemälde von Ernst Friedirch Bussler, zusammen mit Gemälden der übrigen drei Evangelisten zum Reformationsjubiläum und ersten Gottesdienst der Altpreußischen Union am 31. Oktober 1817 der Garnisonkirche von Friedrich Wilhelm III. gestiftet

Der Apostel Petrus, Ölgemälde von Franz Joseph Gotthard, 1827

Der Apostek Paulus, Ölgemälde von Eduard Daege, 1827

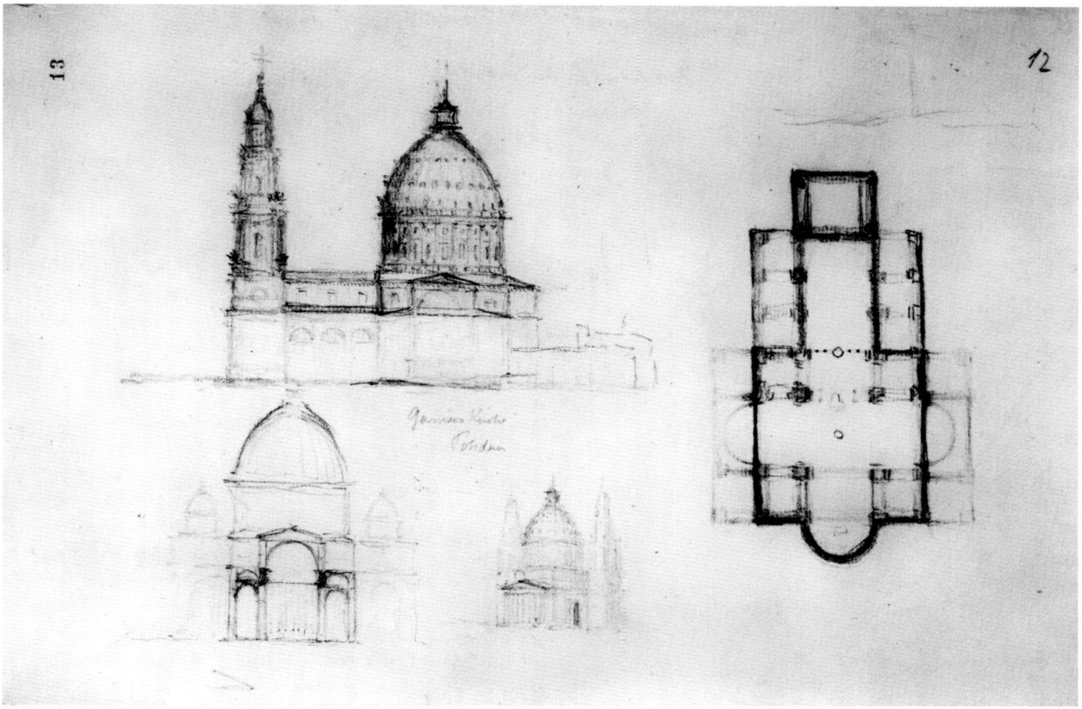

Entwurfsskizze des Kronprinzen als Zentralbau mit Turmverdoppelung und Kuppel, Ansicht von Osten, Grundriss, Schnitt und Variante in Perspektive, um 1822

1822–45: Erweiterungspläne Friedrich Wilhelms IV.

Besonders nach seinen Italienreisen 1828 und 1835, also noch als Kronprinz, beschäftigte sich Friedrich Wilhelm IV. ausgiebig mit landschaftsverschönernden Maßnahmen um Potsdam, wobei es ihm bei Bauwerken auf malerische Wirkung ankam. Umzusetzen hatten die Ideen des Thronfolgers in erster Linie der bedeutendste preußische Landschaftsgärtner des 19. Jahrhunderts Peter Joseph Lenné sowie die Architekten Karl Friedrich Schinkel und August Stüler. Dem Potsdamer »Architekten des Königs« Friedrich Ludwig Persius gelang es schließlich am einfühlsamsten, sich in die italianisierenden Phantasien Friedrich Wilhelms IV. hineinzudenken. Davon zeugen heute noch die Friedenskirche im Park von Sanssouci und die Sacrower Heilandskirche oder die zahlreichen, asymmetrischen »Turmvillen« in Potsdam, wie beispielsweise die Fasanerie, die Römischen Bäder, die Villa Schöningen an der Glienicker Brücke oder die kürzlich wiederaufgebaute Villa Jacobs am Jungfernsee. Die Umgestaltungspläne, die der »Romantiker auf dem Throne« bereits als Kronprinz für Potsdam und die sie umgebende, an Havelseen und Höhenzügen so reiche Landschaft entwickelte, dürfen als eine der großartigsten Ideen der deutschen Romantik gelten. Nach und nach wurden die sanften Hügel mit Architekturwerken bekrönt, die in Blickbeziehung zueinander stehen und dadurch die Wirkung einer weitläufigen Parklandschaft entfalten.

Auch die Garnisonkirche bezog er ein, und die hiermit zusammenhängenden Ideen erschließen sich nur im Kontext mit den Wiederaufbauplänen für die 1795 abgebrannte Nikolaikirche und den Umgestaltungsplänen für die angeblich baufällige Heiligengeistkirche. Wäh-

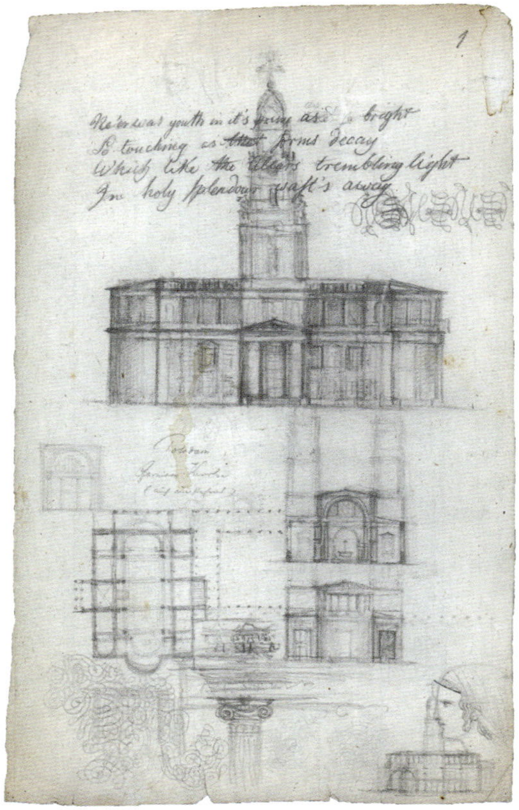

Entwurfsskizze des Kronprinzen mit Grundrissvariante der Maxentiusbasilika und Fassadengliederung des Petersdoms in Rom, Ansicht von Süden, Grundriss, Schnitt und Teilansicht von Osten, um 1833

Entwurfsskizze des Kronprinzen mit Innenraumperspektive der Maxentiusbasilika-Variante, um 1833

rend die Pläne hierfür lange bekannt und veröffentlicht waren, überging man lange Zeit die Entwürfe für die Garnisonkirche. Erst 2009/10 widmete sich Andreas Meinecke diesem Thema, kam allerdings teils zu unrichtigen Schlüssen und Zuordnungen.[20]

Auf einem Notizzettel findet sich die wohl erste kronprinzliche Skizze einer Grundrissänderung. Wegen der darauf befindlichen Mitteilung lässt sie sich auf Ostern 1822 datieren.[21] Dargestellt ist ein das Kirchenschiff ersetzender Zentralbau mit hoher Tambourkuppel, welche die Höhe des hier verdoppelten Barockturmes erreicht.[22] Eine Variante dazu lässt das Kirchenschiff, wenn auch in eine Basilikaform gebracht, bestehen und schließt den Zentralbau nördlich an.[23]

Andere Skizzen zeigen das Schiff um das steile Dach reduziert und mit unterschiedlichen Fassadendekorationen versehen – mit geradem Architrav über Kolossalsäulen[24], mit basilikaler Abstufung[25] und verbreitert mit seitlichen Durchgangsbögen und aufgesetztem Attikageschoss nach dem Vorbild der Eingangsfassade des Petersdoms in Rom.[26]

Dann wird das Raummotiv der Römischen Maxentiusbasilika variiert. Der Kirchenraum sollte in Ost-West-Ausrichtung um Apsiden verlängert und ein zweiter, gleichartiger Turm im Norden errichtet werden.[27] Varianten hierzu lassen eine große Vorhalle (Nartex) im Westen und eine Apsis im Osten erkennen.[28] Sogar eine Innenansicht ist dieser Raumidee zuzuordnen, zumal die Beschriftung in Devanagari-Zeichen »Garnisonkirche« bedeutet.[29] Es folgen eintürmige Varianten mit nach Norden verlängertem Schiff.[30]

Zehn Jahre später folgte eine intensivere Beschäftigung des Kronprinzen mit diesem Projekt. Sein Architekt Ludwig Persius forderte am 13. Oktober 1832 die Königliche Regierung auf, einen Aufriss des »Portals und Thurmes« der Garnisonkirche einzureichen,[31] und fügte eine Abschrift der kronprinzlichen Ordre vom 10. Oktober 1832 bei.[32] Baurat Carl Wilhelm Redtel schrieb am 30. Januar 1833, dass solche Zeichnungen nicht vorhanden seien, deshalb »haben wir die Kirche u. den Thurm neu aufnehmen lassen u. überreichen nun Ew. Kgl. Hoheit unterthänigst: ein Blatt mit der Hauptfaçade oder dem Portal nebst Thurm und ein Blatt, worauf der Grundriß der gedachten Kirche«.[33] Diese Zeichnung hatte Bauconducteur Becker angefertigt.[34] Am 12. Februar 1833 bedankte sich der Kronprinz für die überwiesenen Zeichnungen.[35]

In dieser Phase steigerte sich die Größe des Projektes. So taucht nun eine fünfschiffige Basilika mit Doppelturmfassade und dazwischenliegender Apsis auf. Im zugehörigen Grundriss ist unmittelbar hinter den Türmen ein Querschiff zu sehen, in dem nahe dem rechten Turm die Gruft angedeutet ist, was diesen als den originalen kennzeichnet. Westlich der Apsis ist ein zweiter, baugleicher Turm angeordnet, und der eigentliche Kirchenraum erstreckt sich nach Norden, wo sich Nartex und Peristyl anschließen. Das Bauwerk hätte – unter Aufgabe des Langen Stalls – nahezu die gesamte Fläche der Plantage und der rückwärtigen Grundstücksbereiche von Mammonstraße und Am Kanal eingenommen.[36]

Eine weitere Idee stellt den freigestellten Turm mit nördlich anschließender Wandelhalle dar, an deren Nordende, nahe dem Stadtkanal, nun ein zweiter Turm erscheint. Hinter dieser Wandelhalle ist in der Mitte ein Zentralbau mit Kuppel, zu beiden Seiten von Kreuzgängen umgeben, skizziert.[37] Dazu gibt es eine Variante mit kreuzförmigen Aufweitungen des Wandelgangs, dessen Mittelteil nun vom Querschiff einer fünfschiffigen Basilika anstelle des Zentralbaues eingenommen wird.[38] Ein durch die Aufschrift

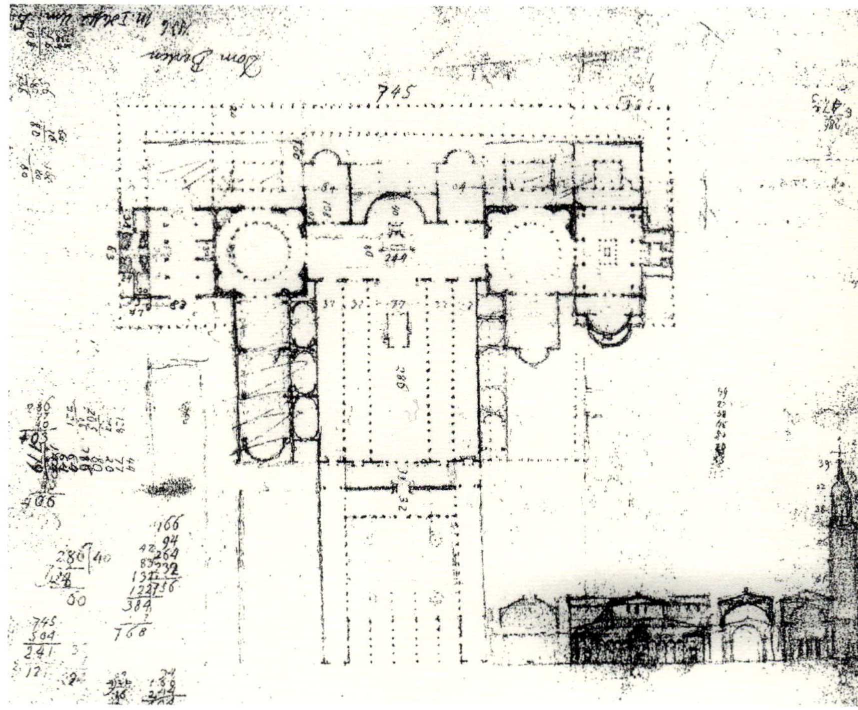

Skizze Friedrich Wilhelms IV. für eine fünfschiffige Basilika-Variante auf der Rückseite eines Vortragsverzeichnisses vom 13. Dezember 1836. Der Grundriss der historischen Garnisonkirche erscheint links oben, der Turmaufriss rechts unten

»Vortrags-Verzeichniß zu der Sitzung Eines Königlichen Hohen Geheimen Staats Ministerii vom 16ten Februar 1836« datiertes Blatt enthält eine zwischen dem Grundriss der barocken Garnisonkirche und einem zweiten Turm am Nordende der Plantage eingespannte Halle, die in der Mitte eine riesige, überkuppelte Eingangshalle zeigt, während sich dahinter nach Osten wiederum eine Basilika mit Querschiff und Apsis erstreckt. Hier ist das Vorbild der römischen Basilika San Paolo fuori le mura unverkennbar.[39] Nahezu identisch findet sich diese Darstellung auf einem weiteren Blatt.[40]

Ähnlich der bereits teilweise baulich umgesetzten, 1848 unterbrochenen und später aufgegebenen Domplanung für Berlin sollte auch in Potsdam eine fünfschiffige Basilika verwirklicht werden. Die Erweiterung der Garnisonkirche plante der Thronfolger unter Preisgabe des »Langen Stalls« und einiger Wohnhäuser. Eine

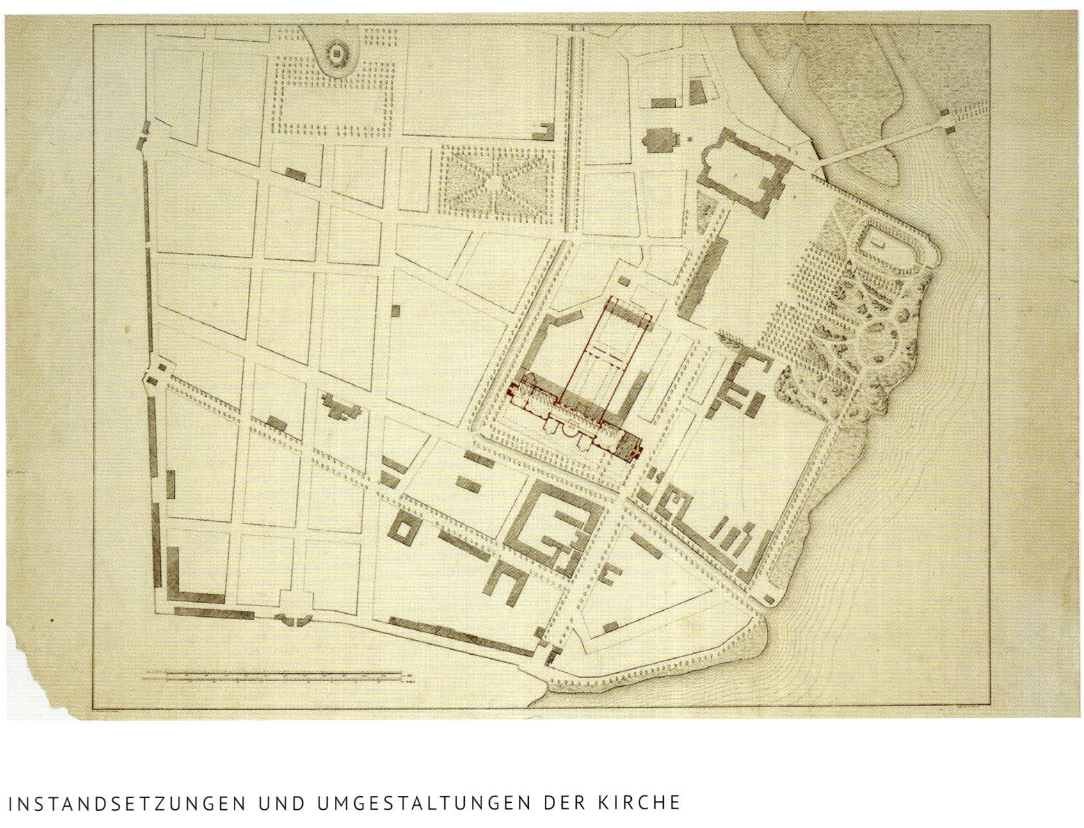

Aufriss der Westseite des Basilika-Entwurfs mit Säulenhalle am Stadtkanal, Reinzeichnung von Ludwig Persius, 1836/37

Lageplan mit Grundriss der Basilika-Variante, Reinzeichnung von Ludwig Persius, 1836/37. Zur Verwirklichung hätten der Lange Stall und der Kutschstall am Neuen Markt abgerissen werden müssen

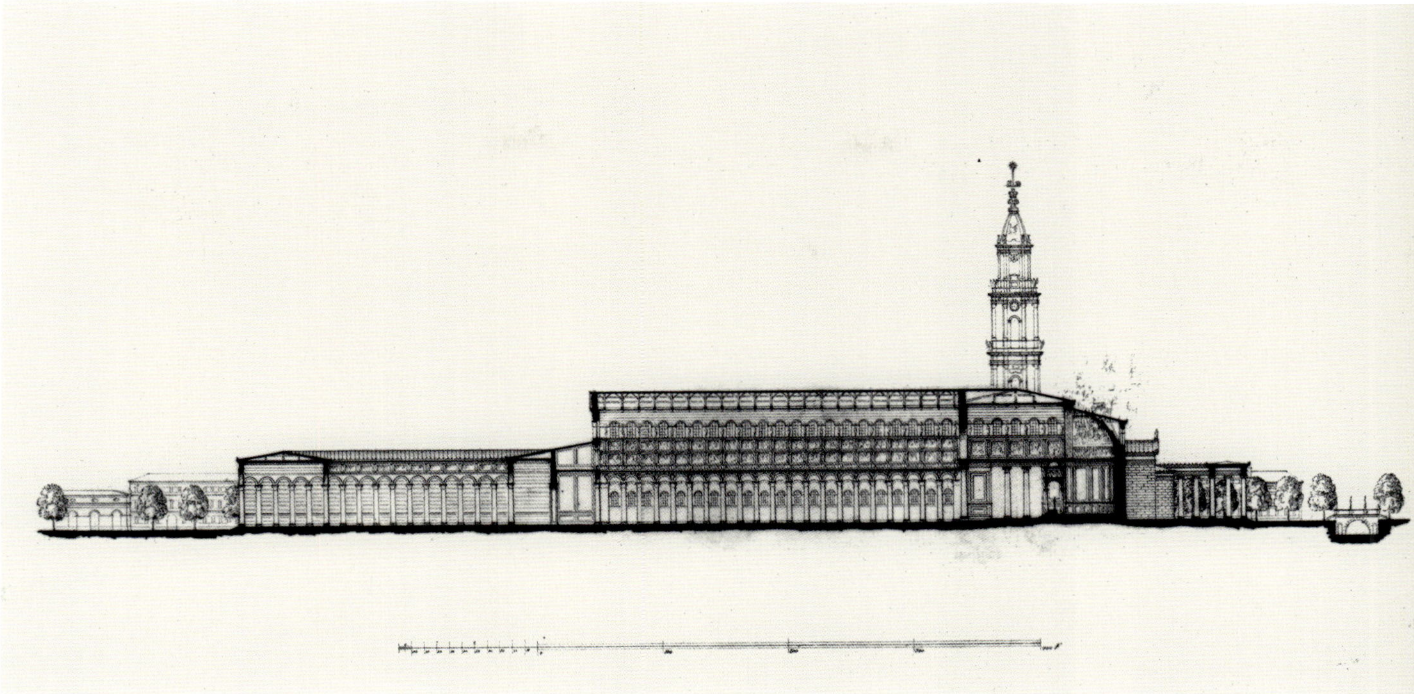

Schnitt durch den Basilika-Entwurf (links der Neue Markt, rechts die Breite Brücke), Reinzeichnung von Ludwig Persius, 1836/37

Aufriss der Ostseite des reduzierten Basilika-Entwurfs mit Eingangshalle am Neuen Markt und italianisierender Turmüberformung, aquarellierte Zeichnung von Ludwig Persius, um 1837

Gesimsergänzungen aus Zink, Zustand um 1928

ausgedehnte Anlage mit Arkadengängen, Innenhöfen, Kapellen und einer riesigen Kreuzbasilika mit fünf Schiffen findet sich auf weiteren Skizzen von seiner Hand. Die aus theologischen Gründen angestrebte Ausrichtung der Altarseite nach Osten erwies sich als undurchführbar, weil sich im Westen wegen des dort angrenzenden Stadtkanals keine vernünftige Eingangssituation herstellen ließ. So wurde der Gesamtkomplex kurzerhand um 180 Grad gedreht. Eine Säulenhalle vor dem Peristyl (offener Vorhof) sollte nun die Stelle des Kutschstalls am Neuen Markt einnehmen, während ein Säulengang im Westen, am Ufer des Stadtkanals, die Gesamtanlage zu begrenzen und zusammenzufassen hätte. Der nicht eben kleine historische Barockbau war dabei lediglich als Grabkapelle der beiden Könige vorgesehen, während der neue Kirchenraum dessen sechsfachen Flächeninhalt haben sollte.[41] Die letzten beiden Skizzenblätter zeigen nahezu identische Raumfolgen, eines ist auf den 13. Dezember 1836 datiert.[42] Um diese Zeit beauftragte der Kronprinz seinen Hofarchitekten Ludwig Persius mit der Ausarbeitung konkreter Pläne auf der Grundlage dieser beiden letztgenannten Skizzen. Von dessen Zeichnungen ist nur der Lageplan original erhalten[43], von Ansicht und Schnitt existieren nur noch Photografien.[44] War bis dahin wenigstens die charakteristische Form des Gerlachschen Barockturmes erhalten geblieben, so verschwand während der weiteren Projektbearbeitung auch diese hinter einem italianisierenden Stilkleid.[45]

Auf einigen der kronprinzlichen Skizzen finden sich Zahlenkolonnen der Kostenermittlung, deren schwindelerregende Höhe (4.181.547 Taler) die Verwirklichung dieser Entwürfe verhinderte. Nach der Thronbesteigung hat sich Friedrich Wilhelm IV. offenbar nicht länger mit diesen Erweiterungsplänen beschäftigt.

1843–50: Turminstandsetzung

Da die Kirche unter königlichem Patronat stand, wurden die Baukosten für die jährlichen Instandhaltungsmaßnahmen vom königlichen Immediat-Baufonds übernommen. So kostete die Orgelpflege jeweils 24 Taler, die Instandhaltung des Schieferdaches 50 Taler.[46] Über die Notwendigkeit einer größeren Reparatur am Turm berichtete Bauinspektor Ludwig Stappenbeck am 8. August 1842.[47] Friedrich Wilhelm IV. genehmigte per Kabinettsordre vom 15. September 1842, »die nöthigen Anordnungen wegen vollständiger Herstellung der schadhaften Thurmkuppel der dortigen Hof- und Garnisonkirche [...], und will auch gestatten, daß bei dieser Gelegenheit die Vergoldung der auf jener Kuppel befindlichen Königlichen Embleme erneuert werden. Die gegen den zu dieser Reparatur vorläufig ausgesetzten Betrag entstehenden Mehrkosten sind in den Plan zur Verwendung des Immediatbaufonds für Potsdam pro 1843. aufzunehmen.«[48] 1845/46 bewilligte Friedrich Wilhelm IV. weitere 26.000 Taler für die Turmreparatur.[49] Statt die abgewitterten Sandsteinprofile durch Einsetzen von Vierungen wiederherzustellen, bildete man das Hauptgesims in Gusszink nach.[50] Auch die unteren Turmgeschosse wurden in Angriff genommen. Laut »Special-Bau-Rechnung« vom 4. Januar 1850 betrugen die Gesamtkosten schließlich 25.149 Taler, 5 Groschen und 7 Pfennige.[51]

1856: Instandsetzung des Kirchenraumes und Bau der Taufkapelle

Mit Kabinettsordre vom 22. Dezember 1855 bewilligte der König 5.655 Taler, 8 Groschen und 4 Pfennige für den »inneren Ausbau der hiesigen Hof- und Garnison-Kirche«, der im Folgejahr

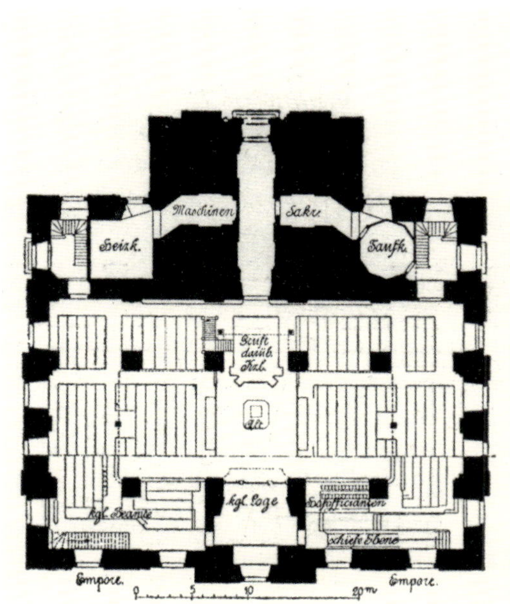

Grundriss der Garnisonkirche seit 1857 mit Lage der zehneckigen Taufkapelle im südwestlichen Treppenhaus (rechts oben)

Die zehneckigeTaufkapelle mit Kuppelansatz, Taufstein und dem Feldaltar, Aufnahme um 1930

ausgeführt wurde.[52] Während der Arbeiten wurde die Heiligengeistkirche von den Gemeinden der Garnisonkirche mitgenutzt.[53] Um unangenehme Zugluft zu vermeiden, erhielt jeder Eingang nun einen Windfang.[54]

Es entsprach den liturgischen Vorstellungen Friedrich Wilhelms IV., anders als in der reformierten Praxis den Altar während der Sakramentshandlung als Tauftisch zu nutzen, besondere Kapellen nach Art italienischer Baptisterien anzulegen. In einem Promemoria berichtete Baurat Friedrich Wilhelm Horn: »In der Südwest-Ecke der Kirche befindet sich eine völlig unbenutzte, sehr geräumige Vorhalle von 29 Fuß Länge und 17 Fuß Breite [9,11 × 5,34 m], welche bloß zum Durchgang dient, um aus der Kirche u. von den Emporen nach der Thurmthür zu gelangen. Diese Vorhalle eignet sich vortrefflich zur Einrichtung einer Taufkapelle, welche [...] im Zehneck anzulegen ist. In der Mitte wird der neu anzuschaffende Taufstein aufgestellt. Sie ist von 2 Seiten, sowohl von außen als von der Kirche aus, für die Gemeindeglieder zugänglich und steht eben so bequem auch mit der Sacristei mittelst des durch den Thurm führenden Corridors in Verbindung.« August Stüler hat den Entwurf zumindest revidiert.[55] Das Gewölbe wurde nach dem von Stüler bereits im Neuen Museum in Berlin und an der Binnenkuppel der Potsdamer Nikolaikirche angewandten System mit hohlen Tonkörpern gewölbt.[56] Die Wände und Kuppelfelder erhielten eine Marmorierung. Letztere wurden mit musivischen Ornamenten eingefasst und die Grate mit säulenähnlichen Rundstäben geschmückt, deren Konsolen Engelköpfe zeigten.[57] Da der Zugang zu den Emporentreppen nun nicht mehr über den Turmeingang möglich war, wurde hierfür die südliche Tür des Kirchenschiffes mitbenutzt. Die Schlussrechnung für die Instandsetzung des Kircheninneren wurde am 29. November 1859 gelegt, wonach die Gesamtkosten für die Ausbaumaßnahmen 7.546 Taler, 13 Groschen und 5 Pfennig betrugen.[58] Den erwähnten, wohl aus Kunststein hergestellten Taufstein schmückten Reliefs nach Bertel Thorvaldsen, darunter die Taufe Jesu im Jordan. Als 1910 der historische Altartisch aus der Kirche in die Taufkapelle gelangte, konnte der Taufstein nicht mehr im Zentrum des kleinen Dekagons verbleiben und wurde seitlich aufgestellt. Das Fenster der Taufkapelle war übrigens 1886 auf Initatiative der Zivilgemeinde mit dem Glasgemälde »Taufe Jesu im Jordan« von Paul Gerhard Heinersdorff versehen worden.[59]

Der 1857 eingerichtete kurbelgetriebene Läutemechanismus, Aufnahme Willy Römer, um 1928

1857–58: Läutemechanismus und Kreuze auf dem Kirchendach

Da die Kirche kein schwingendes Geläut besaß, konstruierte Schlossermeister Hermann Dietrich einen Kurbelmechanismus mit einer kleinen Spielwalze. Hierdurch wurden die den tiefsten Dur-Dreiklang ergebenden Spielglocken in unregelmäßiger Reihenfolge angeschlagen und auf diese Weise ein Geläut vorgetäuscht. Am 28. August 1857 erhielt er für die »Ausführung des auf Allerhöchsten Befehl aufgestellten Mechanismus zum Läuten der Glocken auf dem hiesigen Garnison-Kirchthurm« 200 Taler.[60]

Nachträglich erließ der Prinzregent im Auftrag des Königs am 15. März 1858 folgende Kabinettsordre: »Auf Ihren Bericht vom 6. März d. Js. will Ich hiermit genehmigen, die Kosten für Aufstellung zweier vergoldeter Kreuze auf dem Dache der Hof- und Garnison-Kirche zu Potsdam und Herstellung eines Mechanismus zum Läuten der drei den tiefsten Dreiklang bildenden Glocken des Glockenspiels der gedachten Kirche mit 330 rt: 23 sg: auf den Potsdamer Immediat-Bau-Fonds übernommen werden, und Sie, den Minister für Handel, zu deren Anweisung auf den genannten Fonds ermächtigen.«[61] Diese bis zur Anschaffung des schwingenden Geläutes 1939 genutzt »Läuteanlage« erzeugte – wie historische Tonaufnahmen beweisen – einen sehr unschönen Klang.

Der Altarraum mit den Kandelabern der Gasbeleuchtung nach Motiven der Altarleuchter Schinkels, Aufnahme von Hermann Selle, um 1890

Der erwähnte Klempnermeister Friedrich Kahle hatte 1837 eine eigene Werkstatt und 1841 eine Zinkgießerei in Potsdam gegründet, in der zahlreiche Bauornamente gefertigt und als Katalogware angeboten wurden.[63]

1867: Gasbeleuchtung

Eine Folge der technischen Entwicklung war 1867 der Einbau einer Gasbeleuchtungsanlage. »Zu beiden Seiten des Altarraumes sind je zwei siebenarmige Kandelaber von vergoldeter Bronze aufgestellt worden, deren Styl dem der Altarleuchter angepaßt ist. Der übrige Raum der Kirche wird durch ein- bis dreiarmige ebenfalls vergoldete bronzene Armleuchten von den Pfeilern und Wänden aus erhellt. Die geschmackvollen Lichtträger sind aus der Kunstwerkstätte des Herrn Kahle hierselbst hervorgegangen.«[62]

1870: Das Adlerpult

Der 100. Geburtstag König Friedrich Wilhelms III. am 3. August 1870 war für die Damen des königlichen Hauses Anlass, der Garnisonkirche einen selbstgefertigten Altarteppich zu stiften. Königin Augusta, deren Schwester, Prinzessin Marie, die Königinwitwe Elisabeth und die Kronprinzessin Victoria hatten ihn gemeinschaftlich bestickt.

»Bei derselben Gelegenheit schenkte die Königin Augusta einen kunstvoll geschnitzten reichvergoldeten Ambon, dessen Lesepult ein

Das Exemplar des Adlerpultes im Berliner Dommuseum, angeblich von Andreas Schlüter

Die wohl 1860 angefertigte Kopie des Adlerpultes in der Garnisonkirche, Aufnahme, um 1930

Adler auf seinen ausgebreiteten Flügeln trägt.«[64] Bisher war über die Herkunft dieses Pultes nichts bekannt, doch ließ sich etwas »Licht ins Dunkel« bringen: Auf dem 1861–65 entstandenen Gemälde Adolf Menzels, das die Krönung König Wilhelms I. am 18. Oktober 1861 in der Schlosskirche zu Königsberg zeigt, sind zwei solcher Adlerpulte dargestellt.[65] Nach einem Bericht des Historikers Rudolf von Stillfried-Rattonitz wurden sie eigens zu diesem Zweck hergestellt.[66]

Ein solches Pult, das zwischenzeitlich in der Charlottenburger Schlosskapelle gestanden hatte, ist heute im Potsdamer Neuen Palais zu bewundern – im Sterbezimmer Friedrichs III., direkt unter dem originalen Menzel-Gemälde. Hier blickt der Adler nach rechts und trägt ein über die Flügel hinausreichendes Buchpult.[67] Die vollständig vergoldete Lindenholz-Schnitzerei stammt vermutlich vom Holzbildhauer Jacob Alberty.[68]

Dieser dürfte auch das in der Garnisonkirche befindliche Pendant geschaffen haben, das jedoch (wie das Berliner Original) einen nach links blickenden Adler und schmaleres Pult zeigte, über das die Adlerflügel etwas hinausreichten – vermutlich Folge einer Reparatur. Nach dem wilhelminischen Umbau der Garnisonkirche wurde es nur noch selten genutzt, jedoch für den »Tag von Potsdam« von Robert Sandfort restauriert.[69] Es fiel vermutlich dem Kirchbrand in der Nacht zum 15. April 1945 zum Opfer.

Ihrer beider Vorbild war augenscheinlich das – der Sekundärliteratur zufolge von Andreas Schlüter geschaffene – Pult, das Königin Augusta um die gleiche Zeit dem (Schinkelschen) Berliner Berliner Dom gestifetet hat.[70] Dieses wurde 1905 in den Domneubau übernommen: »Das Lesepult ist demjenigen, welches sich in der Garnisonkirche zu Potsdam befindet und Sr. Majestät bekannt sein dürfte, ähnlich.«[71] Dass es sich tatsächlich um ein altes Stück handelte, legt ein Bericht der Dombauverwaltung an Hausminister Wilhelm von Wedel nahe: »Das von Ihrer Majestät der hochseeligen Kaiserin Augusta gestiftete Lesepult, in sehr schöner Form in Holz geschnitzt und vergoldet, befand sich in sehr verbrauchtem Zustand. Dasselbe ist hergestellt, neu vergoldet und in dem neuen Dom vor dem Altar aufgestellt.«[72] Es gelangte schließlich in die Tauf- und Traukirche.[73] Eine kürzlich angefertigte Kopie befindet sich heute im Altarraum der Predigtkirche, während das historische Pult im Dommuseum ausgestellt ist.

1879–94: Instandsetzungen

Umfangreiche Instandsetzungarbeiten erfolgten 1879–81 unter dem Kreisbauinspektor Emil Gette. Dabei wurde der Turm bis zur Spitze eingerüstet, und Bauführer Friedrich Julius Lohse konnte die Wetterfahne bei dieser Gelegenheit genau aufmessen und beschreiben. Die durch eine 2,65 Meter hohe Königskrone mit Reichsapfel und Kreuzbekrönung geführte, 14 Zentimeter starke Helmstange trug auf einer pfannenähnlich ausgeschmiedeten Spitze eine Achatkugel, welche die darüber gestülpte Haube der Turmzier drehbar lagerte. Die bekrönende Sonne hatte einen Durchmesser von 2,40 Metern, der Querbalken eine Ausladung von 5,50 Metern, der auf dessen einem Ende sitzende Adler maß 2,50 Meter, das königliche Monogramm ihm gegenüber 2,20 Meter.[74]

Aus baupolizeilichen Gründen erhielten die Treppenhausanbauten zu beiden Seiten des Turmes 1879/80 direkte Zugänge von außen. Hierzu wurden unterhalb der hohen Fenster sandsteingerahmte Portale eingefügt, die jenen im Kirchenschiff nachgestaltet wurden. Während man den östlichen Eingang zusätzlich schuf, wurde der westliche lediglich vom Kirchenschiff um eine Fensterachse nach Süden ins Treppenhaus verlegt. Der Turmeingang verlor seine Funktion. Durch die Berliner Firma Rietschel und Henneberg[75] wurde eine Warmluft-Heizungsanlage eingebaut. Da kein Kellerraum zur Verfügung stand (die Fundamentplatte reichte bis unmittelbar unter den Fußboden) wurde zur Kohlebevorratung die vom östlichen Treppenraum abgetrennte Sakristei geopfert und ein direkter Zugang von der Südseite – rechts neben dem Turm – geschaffen. Die Sakristei erhielt nun ihren Platz im westlichen Turmgang und stand mit der Taufkapelle in Verbindung, während der östliche Gang die gusseisernen Heizaggregate aufnahm.[76] Eine aus preußischen Kappen gewölbte Zwischendecke im Turmgang nahm den Kanal auf, der die erwärmte Luft in den Kirchenraum leitete (1927 durch eine Niederdruckdampfheizung von Haag in Berlin ersetzt).[77]

In einem Kostenanschlag des Maurermeisters Friedrich August Hasenheyer vom 15. April 1884 werden »hochkantiges Klinker-Traufpflaster« und »stark ausgetretene Sandstein-Platten des Podestes der Eingangsthür der Südseite« sowie »Feldsteinpflaster im Anschluß dieses Klinkerpflasters« und im Materialbedarf »2600 Eisenklinker« erwähnt.[78]

Kreisbauinspektor Emil Gette reichte im Mai 1886 zwei Mappen mit Kostenanschlag, Zeichnungen und Fotografien zur Umgestaltung des Innenraumes ein, den die Königliche Regierung am 21. Mai an den Oberpräsidenten der Provinz Brandenburg, Heinrich von Achenbach, weitersandte.[79] Am 8. Januar 1887 erklärte das Ministerium der geistlichen, Unterrichts- und Medizinalangelegenheiten hierzu, »daß den seitens der dortigen Königl. Regierung beabsichtigten Aenderungen an den architectonischen und dekorativen Verhältnissen des Innern der Königlichen Hof- und Garnisonkirche zu Potsdam nicht

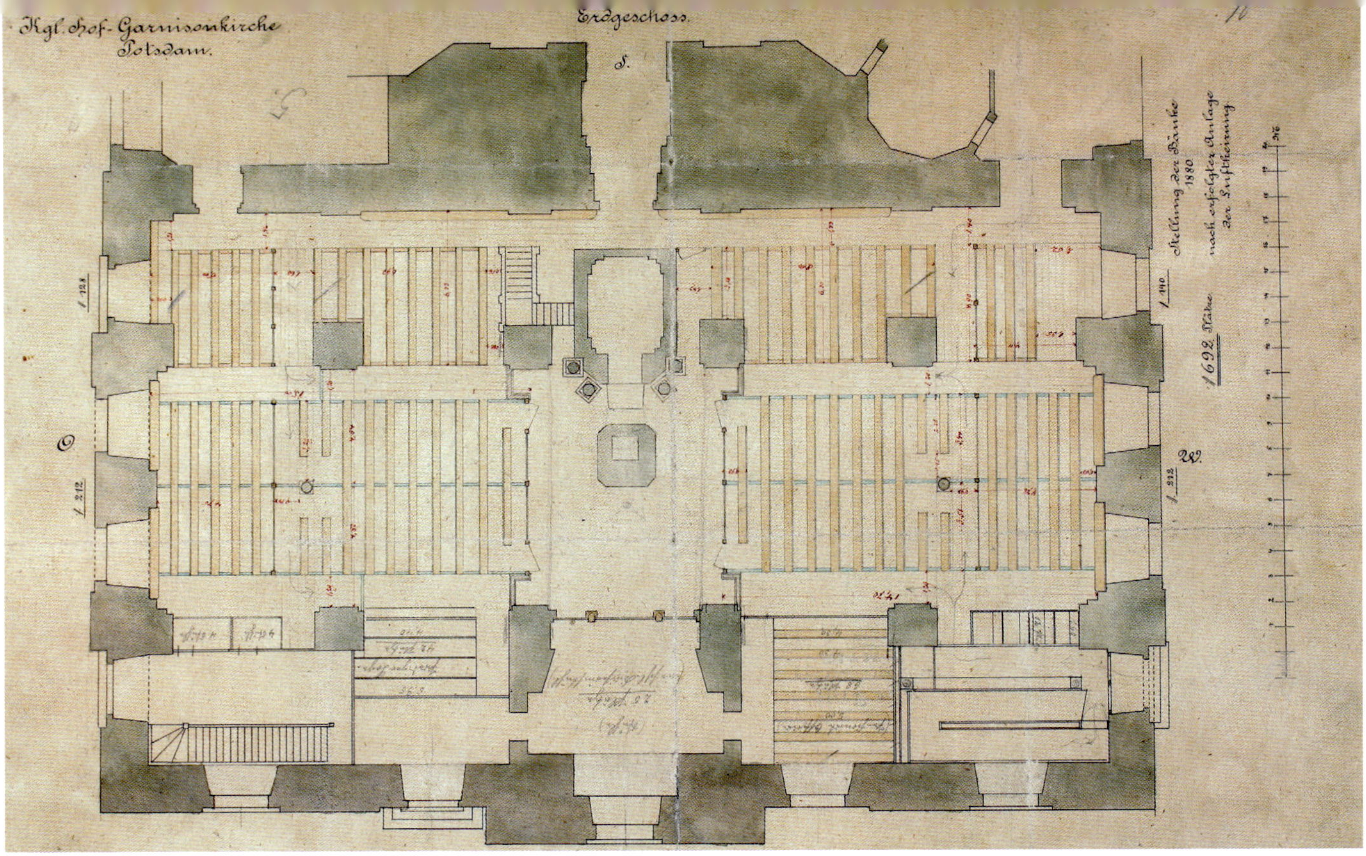

Grundrissänderungen zum Heizungseinbau 1880

zugestimmt werden kann. Namentlich ist die bestehende Verkleidung der Emporenbrüstungen mit Schweizer-Kattun, so lange als möglich zu erhalten, und, falls nöthig, in Stand zu setzen, sowie die auf persönlicher Bestimmung Sr. Majestät des Kaisers und Königs beruhende Anordnung von Fahnen und Emblemen unverändert zu belassen. Ferner kann eine Erweiterung der Kirche durch Anbau nicht für zulässig erachtet werden, da das Gebäude durch einen solchen verunstaltet würde, ohne einen entsprechenden Gewinn an brauchbaren Zuhörerplätzen zu gewähren.«[80]

Am 8. August 1887 genehmigte das Kultusministerium, »daß die fünf Thüren der Hof- und Garnisonkirche in Potsdam nach außen aufschlagend eingerichtet werden und daß außerdem eine sechste Tür neben der Königlichen Loge als Notausgang angelegt wird«. Die diesbezügliche Kabinettsordre hatte Kaiser Wilhelm I. in »Bad Gastein, den 22ten Juli 1887« unterzeichnet.[81]

Die Arbeiten wurden von Schlossermeister Julius Tschepke, Steinmetzmeister Oskar Fiebiger, Hofmaurermeister Friedrich August Hasenheyer, Tischlermeister Gebrüder Seidel, Zimmermeister Kneib, Klempnermeister Putzmann, Hofsteinsetzmeister Siegmund Hein, der Verwaltung der Gasanstalt sowie Glasermeister Lieske ausgeführt und kosteten insgesamt 5.004,34 Mark. Kleinere Instandsetzungsarbeiten an der Schieferdeckung durch Meister Adolf Paul Japel und an Gesimsabdeckungen vom Turm durch Putzmann folgten im Dezember 1888. Am 12. Juni 1889 berichtete Kreisbauinspektor Eduard Saal über größere Putzschäden am Turm.[82] Er übergab am 6. September 1889 Kostenanschlag, Erläuterungsbericht und Massenberechnung »über die Instandsetzung des äußeren Putzes pp. der Königlichen Hof- und Garnisonkirche

Innenraum nach Demontage der Stoffdraperien an den Emporenbrüstungen, 1897

hier, sowie eine Mappe mit 6 Blatt Zeichnungen der Grundrisse und Fassaden der Kirche«.[83]

Den erwähnten Anbau brachte Hofprediger Bernhard Rogge als Vorsitzender des Gemeindekirchenrats am 5. März 1889 in einem Schreiben an die Königliche Regierung nochmals ins Gespräch: »Vor Einrichtung der Heizanlage befand sich die Sakristei auf der Südostecke der Kirche, sie war geräumig und gut beleuchtet; gegenwärtig liegt sie in einem zwischen Thurm, Taufkapelle und Kirche eingezwängten Gang, der kümmerlich erleuchtet u. mehr einer Gefängnißzelle, als einem geweihten Raume ähnlich ist.« Rogge schlug niedrige, von gewölbten Dächern überdeckte Anbauten auf der Südseite, links und rechts vom Turm vor.[84] Dazu liegt in der Akte eine Bleistiftskizze.[85]

Es blieb jedoch bei reinen Instandsetzungsmaßnahmen, wobei die Gerüstarbeiten an Hofmaurermeister Hasenheyer[86] vergeben wurden.[87] Auf einer von Ludwig von Tiedemann revidierten Zwischenrechnung vom 17. November 1892 sind die übrigen ausführenden Handwerksmeister benannt: Steinmetzmeister Oskar Fiebiger, Klempnermeister Emil Kahle, Zimmermeister Hermann Kneib, Hofvergolder Otto Waßmannsdorf, Schlossermeister Julius Tschepke, Maurermeister Gebrüder Adolf Bolle und Hermann Bolle.[88] Bauführer Saal berichtet 1893: »Nachdem im Jahre 1880 eine umfassende Instandetzung der oberen Thurmstockwerke der Potsdamer Garnisonkirche stattgefunden hatte [...], war es im Laufe der Zeit nothwendig geworden, auch die unteren Theile des Thurmes und das ganze übrige Kirchengebäude gründlich auszubessern [...]. Als Putzmörtel wurde Wasserkalk, mit scharfem, grobkörnigem Sand gemischt, verwandt. [...] Das Hauptgesims, welches bisher aus Ziegeln vorgemauert war, wurde aus Postelwitzer Sandstein, seine Abdeckungen wurden aus des Kirchenraumes unausweichlich wurde. Kaiser Wilhelm II. beauftragte im Herbst 1897 den Regierungsoberbaurat Ludwig von Tiedemann und den Kreisbauinspektor Friedrich Laske mit Konkurrenzentwürfen für den inneren Ausbau der Garnisonkirche. Während v. Tiedemann schwere neobarocke Formen vorschlug, hatte Laske die ursprünglichen Entwürfe Philipp Gerlachs zugrunde gelegt, die ja bekanntlich stark vereinfacht ausgeführt worden waren. Nach Erlass einer entsprechenden Kabinettsorder des Kaisers vom 16. November 1897 leiteten Laske und Bauinspektor Arthur Kickton die Ausführung.[91] Die Fachaufsicht führten der Dezernent für Kirchenbau im Handelsministerium, Friedrich Adler, und der Erste Konservator der preußischen Kunstdenkmäler, Reinhold Persius.[92] Die Bauanlaufbesprechung fand am 12. Dezember 1897 statt.[93] Während des Umbaues verlegte man die Gottesdienste in den benachbarten Langen Stall.[94]

Wieder-Eröffnung

der erneuerten

Königl. Hof- und Garnison-Kirche

zu

Potsdam

am

IV. Adventssonntage, den 18. Dezember 1898.

Titelseite des Programms zur Wiedereinweihung

Kupferblech hergestellt. Die reichen, aus einer Zusammenstellung von Rüstungen und Waffen bestehenden Sandstein-Bildwerke am Thurm, die Ballustern und Vasen der Attika wurden einer sorgfältigen Ueberarbeitung unterzogen; der Sockel der Kirche ist neu aus Granit hergestellt worden. Die Instandsetzung hat einen Kostenaufwand von rund 118 500 Mark verursacht.«[89] Am 12. Februar 1894 wurde das Dach des Kirchenschiffs durch Sturm beschädigt. Die Reparatur veranlasste Kreisbauinspektor Th. Oehmke umgehend.[90]

1898: Wilhelminische Pracht

Im Laufe der Zeit war die unter Wilhelm I. nur ausgebesserte rote Tuschbespannung der Emporen derart verschlissen und die Farbfassung so unansehnlich geworden, dass eine Renovierung

Die von Gustav Kuntzsch verzierten Emporenbrüstungen – in der Mitte die Königs- und Offiziersloge, darunter die Hofdamenloge, Messbildaufnahme von 1911

Unverändert blieben das »Königliche Monument« und der Orgelprospekt erhalten. Unten im Kirchenschiff wurde neues Gestühl aus Zypressenholz für die Zivilgemeinde aufgestellt, dessen Wangen mit geschnitzten Adlern geschmückt waren, die eine bronzene, vergoldete Krone trugen. Die alten Bänke kamen auf die zweite Empore und wurden so stark amphitheatralisch ansteigend eingerichtet, dass unter den hinteren Reihen Gänge angeordnet werden konnten, die ein schnelles Verlassen der Kirche ermöglichten. Auf der ersten Empore erhielten die Bänke erstmals Rückenlehnen. Die Balkenlagen der Emporen wurden unterseitig verschalt und geputzt. Die sogenannte Schurre (die Rampe für den Rollstuhl des gichtkranken Soldatenkönigs) wurde bei dieser Gelegenheit mit flachen Stufen versehen.[95]

Kaiser Wilhelm II. übernahm die »dem Fiskus nicht zur Last fallenden Baukosten beim Ausbau

Glaube an den Herrn Jesum Christum, so wirst du und dein Haus selig.
Gebet dem Kaiser, was des Kaisers ist und Gott, was Gottes ist.
Meine Augen sehen nach den Treuen im Lande und habe gern fromme Diener.

Innenraum nach der neobarocken Umgestaltung nach Südosten, Postkarte, um 1910

Hinweisschild zur Besichtigung der Garnisonkirche im Besitz des Potsdam Museums, Aufnahme Andreas Kitschke, 2006

Eintrittskarte für die Besichtigung der Garnisonkirche, um 1935

der Hof- und Garnisonkirche in Potsdam« aus seinem Dispositionsfonds. Dazu zählten Marmorsäulen und seitliche Pilaster mit eichenen Kapitellen in der Kaiserin-Loge unter Herausnahme der Holzsäulen, das Polieren des Kanzelaufbaues und der Außenwände der Gruft, das Anbringen von profilierten Holzleisten an der Decke des Mittelschiffs, von Stuckleisten an den Decken der Seitenschiffe und Vouten der Decken unter den Emporen, Stuckleisten für die Decke der Königsloge, die Neuherstellung sämtlicher Emporenbrüstungen einschließlich Modellkosten, Stuckrosetten an der Decke über den Kronleuchtern sowie Goldverzierungen, im Gesamtwert von 55.000 Mark.[96]

Laske berichtete am 4. Juni 1898, die Bildhauer Stracke, Meuter und Wollstädter hätten die Modelle und Abgüsse der Kartuschen zu den Emporenbrüstungen, der Kaiserlichen Loge und der Wangen des Gestühls fertiggestellt.[97] Die Emporenbrüstungen erhielten als plastischen Schmuck Kartuschen mit den Initialen der Hohenzollernregenten. Sämtliche Holzbildhauerarbeiten übernahm Gustav Kuntzsch aus Wernigerode.[98] Heinrich Didden und Carl Busch fertigten die »künstlerische Fensterverglasung« mit grün ornamentiertem Randmotiv[99], Eduard Schulz das Gestühl im Mittelschiff.[100] Persönlichen Einfluss nahm der Kaiser auf die Gestaltung der »Fahnenkörbe«[101] an den Pfeilern zur Präsentierung der Kriegstrophäen (117 französische, 25 dänische Fahnen sowie eine Standarte und 7 österreichische Feldzeichen) und der beiden großen feuervergoldeten Bronzekronleuchter mit elektrischen Glühlampen.[102]

In Raummitte ließ Laske an der Decke wieder einen preußischen Adler als Stuckrelief anbringen. Die Brüstung der Orgelempore wurde in der

Mitte abgesenkt und durch ein schmiedeeisernes Gitter ersetzt, das den freien Blick zur Orgel ermöglichte und vom Potsdamer Schmiedemeister Eduard Glauert angefertigt wurde. Dieser schuf auch die den Altarraum begrenzenden beiden Ziergitter aus Schmiedeeisen und Bronze, welche die Monogramme Kaiser Wilhelms II. und seiner Gemahlin Auguste Victoria schmückten. Die Fußböden in den Treppenhäusern erhielten »quadratische Ziegelplatten in Zement verlegt«, der Fußboden zwischen Königsgruft und Kaiserinloge ein Pflaster aus schwarzen und weißen Marmorplatten wurde instandgesetzt und die übrigen Flächen im Parterre als »Eichenstabboden auf Asphalt, durchweg mit braunem Linoleum belegt«.[103] Die Gesamtkosten des Innenausbaues beliefen sich laut Endabrechnung auf 169.757,33 Mark.[104] Am 4. Advent, dem 18. Dezember 1898, fand die feierliche Wiedereinweihung der umgestalteten Garnisonkirche statt.[105]

Da nun das Interesse der Öffentlichkeit an der Besichtigung der Königsgruft stark zunahm, legte das Hofmarschallamt am 7. Mai 1899 fest, dass künftig pro Besucher 25 Pfennig, von Schülern und Vereinsmitgliedern 10 Pfennig zu entrichten seien. Die Verwendung der erzielten Einnahmen sollte zu je einem Drittel dem Küster, den beiden Hofpredigern und wohltätigen Zwecken zufließen.[106]

1899: Orgelumbau durch Sauer

Die Hofprediger Bernhard Rogge und Johannes Keßler beantragten am 29. Dezember 1897 die »Verbesserung der Orgel« für 13.000 Mark[107] und fügten zur Begründung ein Schreiben des Organisten Baltin vom 30. Dezember 1897 bei, in dem dieser die Orgel erläutert: »Aber schon der berühmte Erbauer desselben, Joachim Wagner, hatte für den Kirchenraum ein bedeutend

Der Orgelspieltisch nach dem Umbau durch Fa. Sauer, 1899

umfangreicheres Werk disponiert. Es wurden ihm jedoch – vielleicht aus der gebotenen Sparsamkeit des Königs Friedrich Wilhelm I. – 8 Orgelstimmen gestrichen und dadurch die Tonfülle auf 5/6 der beabsichtigten Kraft reduziert.« Baltin verwies interessanterweise auf das Gutachten des Musikdirektors Bach vom 17. Oktober 1849 und Johann Samuel Halles »Werkstätte der Künste Band III pag. 332«.[108]

Das Ministerium der geistlichen, Unterrichts- und Medizinalangelegenheiten teilte der Königlichen Regierung am 1. April 1898 mit, dass die Firmen Gebr. Dinse (Berlin), Sauer (Frankfurt/Oder) und Schlag & Söhne (Schweidnitz) aufgefordert worden seien, Angebote zur Instandsetzung der Orgel abzugeben.[109]

Schlag & Söhne aus Schweidnitz wollten eine Orgel mit 48 Registern für 12.972 Mark bauen (Anschlag vom 12. April 1898), dagegen verlangten die Gebrüder Dinse aus Berlin für ein 50-stimmiges Werk 16.960 Mark (12. April 1898), Wilhelm Sauer aus Frankfurt/Oder 11.472 Mark (6. April 1898) und der ortsansässige Alexander Schuke als Mindestbietender nur 10.510 Mark (9. April 1898).

Doch nicht der letztgenannte günstigste Bieter, sondern Hoforgelbauer Wilhelm Sauer erhielt – auf ausdrücklichen Erlass des Kaisers Wilhelm II. vom 28. Juli 1898, der die Mehrkosten als »Gnadengeschenk« aus seiner Privatschatulle trug – den Neubauauftrag. Von vornherein stand fest, dass das historische Orgelgehäuse bestehen bleiben sollte. Deshalb wurde die Disposition schließlich auf nur 46 Register festgelegt. Der Klaviaturumfang der Manuale wurde auf C-f''' erweitert, der des Pedals umfasst nun C-d' – hier wurde also nur Cis eingefügt. Das III. Pfeifenwerk des Manual wurde eingehaust und mit einem Jalousieschweller versehen. Nachträglich wünschte der Kaiser die Wiederherstellung der barocken Figurenspielereien des Glockenspiels. Zusammen mit weiteren Dispositionsänderungen betrugen die Gesamtkosten schließlich 14.534 Mark.

Auf das Engagement des damaligen Organisten Hermann Baltin ist es zurückzuführen, dass immerhin 21 der Wagner-Register Wiederverwendung fanden. Auch die sechs Wagnerschen Keilbälge wurden beibehalten. Doch kamen ausschließlich pneumatische Windladen zum Einsatz. Die technischen Spielhilfen jener Zeit kamen ebenfalls zur Anwendung: drei Manual- und drei Pedalkoppeln, zwei freie Kombinationen und eine Creszendowalze. Auch das »mechanische Beiwerk« erhielt einen pneumatischen Antrieb. Die Abnahme der neuen Orgel, deren 46 Register nun einen symphonischen Klangcharakter trugen, geschah am 12. März 1899 durch Professor Heinrich Reimann, den Organisten der Kaiser-Wilhelm-Gedächtnis-Kirche in Berlin.[110]

Disposition der Wagner-Sauer-Orgel der Garnisonkirche, 1899[111]

I. Manual – Hauptwerk C-f'''

1. Bordun	16'	[Wagner, aus Pedal]
2. Principal	8'	[Wagner]
3. Gambe	8'	[Sauer]
4. Gemshorn	8'	[Schultze, aus UW]
5. Rohrflöte	8'	[Wagner]
6. Hohlflöte	8'	[Sauer]
7. Oktave	4'	[Wagner]
8. Rohrflöte	4'	[Wagner, aus UW]
9. Rauschquinte 2fach		[Wagner, aus Quinte 3' und Octave 2' HW]
10. Mixtur 4fach		[Wagner, Scharff ohne Terz]
11. Kornett 3-4fach	8'	[Wagner/Sauer]
12. Fagott	16'	[Sauer]
13. Trompete	8'	[Sauer]

II. Manual – Mittelwerk C-f'''

1. Bordun	16'	[Wagner, aus HW]
2. Principal	8'	[Wagner]
3. Salicional	8'	[Sauer]
4. Gedackt	8'	[Wagner]
5. Quintatön	8'	[Wagner, aus UW]
6. Flöte	8'	[Sauer]
7. Oktave	4'	[Wagner]
8. Portunalflöte	4'	[Schultze]
9. Mixtur 4fach		[Wagner]
10. Cornett 3fach		[Sauer]
11. Euphon	8'	[E. Gesell]

III. Manual – Schwellwerk C-f'''

1. Gedackt	16'	[C-h Sauer, ab c' Wagner, aus Quintadena 16' OW]
2. Principal	8'	[C-H Sauer, ab c Schultze, aus UW]
3. Konzertflöte	8'	[Sauer]
4. Gedackt	8'	[Wagner]
5. Schalmei	8'	[labial, Sauer]
6. Aeoline	8'	[Sauer]
7. Voix cèleste	8'	[E. Gesell, Aeoline aus UW]
8. Flauto dolce	4'	[Sauer]
9. Fugara	4'	[Wagner]
10. Rauschquinte 2fach		[Wagner, aus Nassat 3' und Octave 2' UW]

Pedal C-d'

1. Untersatz	32'	[Sauer]
2. Principal	16'	[L. Gesell, aus Violon 16']
3. Violon	16'	[Sauer]
4. Subbaß	16'	[Sauer]
5. Quinte	10 2/3'	[Sauer]
6. Principal	8'	[Sauer]
7. Cello	8'	[Sauer]
8. Baßflöte	8'	[Sauer]
9. Oktave	4'	[Wagner]
10. Posaune	16'	[Sauer]
11. Trompete	8'	[Sauer]
12. Clairon	4'	[Wagner]

Nebenregister

Carillon, 6 Normalkoppeln, 2 freie Kombinationen, Tutti, Einschaltungen für den Paukenmechanismus und die beweglichen Figuren.

Die Wagner-Sauer-Orgel,
Aufnahme, um 1935

Entwurfszeichnung zum Turmportalgitter, Hans Wichgraf, 1907

366: Das erhaltene Turmportalgitter vor der Ausstellung in der Breiten Straße, Aufnahme Andreas Kitschke, 2003

Der historische Prospekt blieb bestehen, bis 1917 die Prospektpfeifen beschlagnahmt wurden. Der Erlös wurde auf 3.304,70 Mark festgesetzt, das Orgelinnere war fortan hinter einer Tuchbespannung verdeckt. Erst 1925 wurde diese durch Prospektpfeifen ersetzt, nun jedoch aus Zink mit Aluminiumbronzeüberzug. Alexander Schuke, der beim Ausbau der Pfeifen genaue Aufzeichnungen angefertigt hatte, bemühte sich dabei, das alte Erscheinungsbild wiederherzustellen.[112]

1907: Das Turmportalgitter

Kreisbauinspektor Friedrich Laske berichtete der Königlichen Regierung am 25. Februar 1905: »Der Vorraum zum Eingange unter dem Thurm wird wegen seiner geschützten Lage häufig von Obdachlosen als Schlupfwinkel benutzt und auch wegen seiner Dunkelheit während der Abend- und Nachtstunden öfter von Passanten in grober Weise verunreinigt [...].« Er schlug deshalb den Einbau eines Gitters für etwa 1.200 Mark vor.[113] Die Königliche Regierung leitete das Anliegen am 2. November 1905 an das Ministerium der geistlichen, Unterrichts- und Medizinalangelegenheiten weiter und bemerkte: »Der Provinzialkonservator, dem der Entwurf vorgelegen hat, trägt vom Standpunkt der Denkmalpflege keine Bedenken gegen die Ausführung desselben.«[114]

Kreisbaumeister Hans Wichgraf bezog sich anfangs »ausdrücklich auf die Laske'sche Skizze vom 25. Februar 1905«,[115] berichtete aber am 11. Mai 1907 der Königlichen Regierung: »Für das schmiedeeiserne Gitter im Turmportal hiesiger Hof- und Garnisonkirche ist bestimmungsgemäß nach der Skizze des Herrn Provinzialkonservators Büttner vom 6. August 1906 eine neue Zeichnung angefertigt worden, welche ich zur weiteren Veranlassung vorlege.« Die Gesamtkos-

Singet dem Herren ein neues Lied,
denn er thut Wunder.
Heilig, heilig, heilig ist der Herr Zeb
alle Lande sind seiner Ehre voll.

ten wurden nun auf 2.510 Mark eingeschätzt.[116] Aus der Ausschreibung ging die Potsdamer Firma Reichner & Sohn unter Gustav Reichner als günstigster Bieter hervor. Sie führte das Portalgitter nach der Zeichnung vom 11. Mai 1907 aus. »Anstatt der Kaiserkrone ist die Königskrone anzubringen.«[117] Hierfür erhielt sie am 20. Januar 1908 nach Anforderung durch den Kreisbaumeister Hans Wichgraf 2.377 Mark.[118]

1910: Der Marmoraltar

In einem Schreiben des Ministeriums der geistlichen, Unterrichts- und Medizinalangelegenheiten vom 31. August 1907 heißt es: »Seine Majestät wollen der Hof- und Garnisonkirche in Potsdam aus Anlaß ihres 175jährigen Jubiläums einen marmornen Altartisch stiften. Das beifolgende, von dem Professor Laske im Anschlusse an die Renovation des Innern der Kirche entworfene Projekt hat nicht ganz den Beifall Seiner Majestät gefunden. Allerhöchstdieselben wünschen, daß der Altar unter der Platte geschlossen bleibt und die anzubringenden Ornamente und Embleme weniger schwer gehalten werden und wollen der Einreichung eines entsprechend umgearbeiteten Entwurfes entgegensehen.«[119] Laske reichte am 31. Dezember 1907 eine Mappe mit neun Blatt Originalentwürfen, sieben Blatt Kopien davon und drei Blatt Zeichnungen im Maßstab 1:13 ein.[120] Der Kaiser bestimmte »Entwurf 5« zur Ausführung und bewilligte hierfür laut Erlass vom 14. Juli 1908 ein Gnadengeschenk von 23.750 Mark.[121]

Das Gipsmodell fertigte der Bildhauer Carl Stracke an.[122] Sein Kollege Fritz Heinemann erhielt 900 Mark »für die künstl. Herstellung von zwei Engelfiguren«, die Jubel und Gesang versinnbildlichten.[123] Die zum Grufteingang ge-

Der neobarocke Altar vor der barocken Kanzel-Gruft-Anlage, Postkarte mit historischer Farbaufnahme von Fritz Laske, 1910 (nicht koloriert!)

Der neobarocke Altar, Forntalansicht, um 1910

Abbildung Seite 228: Der neue Marmoraltar und das »Königliche Monument«, Messbildaufnahme von 1911

Pause während der Einrüstung des fast 90 Meter hohen Glockenturmes der Garnisonkirche, Aufnahme von Georg Pahl, November 1925

wandte Seite zeigte eine Kartusche mit flach reliefiertem Abendmahlskelch. Nach dem Bericht Laskes vom 29. Mai 1909 besichtigte der Kaiser am 28. Mai 1909 das Modell für den Altartisch, befahl jedoch, die auf beide Könige in der Gruft hinweisende, »aus Helm, Zepter und Schwert pp bestehende Gruppe an der Vorderseite des Altars nicht aus Bronze, sondern aus Marmor herzustellen. Es sollen für das Podium Nassauer Marmor vom Auberge bei Weilburg, für die vier Säulen, Grund- und Tischplatte Sieneser Marmor und für den Altarkern Calacatta, entsprechend den zur Schau gestellten Steinproben, für die Ausführung gewählt werden.«[124] Laut Schlussrechnung vom 2. Juni 1909 erhielt Stracke für die Modellarbeiten insgesamt 2.347 Mark.[125] Die Gruppe mit Emblemen an der Vorderseite des Altars modellierte der Potsdamer Steinmetzmeister Oskar Fiebiger[126], der für die Lieferung des Marmors, Ausführung des Podiums und die Montage aller Einzelteile 11.360 Mark erhielt, wie Laske am 26. Juli 1910 an die Königliche Regierung berichtet.[127] Die Ausführung »sämtlicher reicheren Teile in Marmor« lag in den Händen des Bildhauers Jaroslaw Klazar aus Berlin-Halensee. Am 7. Mai 1910 fand die Übernahme des neuen Altars statt.[128] Die Einweihung folgte am Pfingstsonntag, dem 15. Mai, »in Anwesenheit des Kaisers, der Kaiserin, der sechs kaiserlichen prinzen und der Prinzessin Victoria Luise« durch Hofprediger Max Schmidt.[129] Wie erwähnt, gelangte der Feldaltar nun in die Taufkapelle.

1925–30: Restaurierung des Äußeren

Sehr umfangreiche Arbeiten erfolgten 1925/30 unter örtlicher Bauleitung von Erich Daubitz. In diesem Zusammenhang wurde erstmals ein komplettes Aufmaß des Äußeren und Inneren der Kirche angefertigt. Man erneuerte den

Restaurierte Turmlaterne mit Kupfertrophäen, 1929

gesamten Außenputz und beseitigte Schäden an den Holzkonstruktionen des Glockengeschosses und des 17 Meter hohen Kirchendaches. Die beiden oberen Sandsteingesimse des Turmes wurden komplett ersetzt, wobei statt des zu weichen sächsischen Sandsteins solcher aus dem schlesischen Warthau zur Anwendung kam. Die Reliefs, Trophäen und Flammvasen aus Sandstein wurden vom Bildhauer Jaroslaw Klazar und seinen Mitarbeitern ergänzt, teils auch völlig kopiert. Statt der am stärksten verwitterten Sandsteintrophäen in Höhe der Spielwerkskammer wurden Kopien aus Kupfer angebracht, angefertigt vom Berliner Kupferschmied Albert Hensel.[130] Die aus mehreren Balkenlagen bestehende Holzkonstruktion der Turmlaterne musste in den Fußbereichen wegen Befalls von Echtem Hausschwamm fast völlig erneuert werden. Zur Hinterlüftung und künftigen Vermeidung solchen Schädlingsbefalls wurden Luftkanäle

Längsschnitt duirch den Kirchenraum, Aufmaßzeichnung, 1928

unter der Kupferverblechung geschaffen.[131] Bei den Wiederherstellungsarbeiten fand man rote Farbspuren auf dem Turmdach, also den Bolus (Haftgrund) einer früher auf der Kupferverblechung vorhandenen ornamentalen Vergoldung. Es wurden nun vom Gerüst aus auch die stattlichen Ausmaße der eisernen Wetterfahne erkennbar, die stark korrodiert war und in Messing und Kupfer kopiert wurde. Diese drehbare Turmbekrönung hatte über der 2,60 Meter hohen preußischen Königskrone eine Höhe von sechs Metern, der Querbalken war 5,20 Meter lang. Auf der windabgewandten Seite befand sich der 2,10 Meter hohe kupfergetriebene Adler, ihm gegenüber das 2,25 Meter hohe vergoldete königliche Monogramm. Und über allem strahlte das freundliche Gesicht der vergoldeten Sonne! Zum Abschluss erhielten die Putzflächen einen ocker getönten Anstrich aus Keimscher Mineralfarbe. Die umfassende Instandsetzung setzte sich auch an der vom Echten Hausschwamm befallenen Decke und dem Dachstuhl des Kirchenschiffes fort. Die Gesamtkosten betrugen 789.143,56 RM.[132]

1928: Opferstock der Potsdamer Künstler-Gilde

In der Potsdamer Tageszeitung vom 9. Oktober 1928 wurde berichtet: »Die Gilde der Potsdamer Künstler hatte gestern abend einer großen Gemeinde in der Garnisonkirche eine weihevolle Stunde bereitet. Der Opferstock für die Witwen und Waisen der Gefallenen der Potsdamer Garnison wurde feierlich enthüllt. Den Festakt umrahmten musikalische Vorträge mit einer Uraufführung von Professor Wilhelm Kempff-Stuttgart. Unter den Ehrengästen sah man u.a. die Herren Regierungspräsident Dr. Momm, den an künstlerischen Dingen besonders interessierten Regierungsvizepräsidenten Dr. Mayer, Postpräsident Thilo, Oberstleutnant Brenner für das Standortkommando, Rabbiner Dr. Schreiber, Pfarrer Grunwaldt mit dem Gemeindekirchenrat der Garnisonkirche. [...] Professor Otto Becker, der Orgelmeister, spielte einleitend Max Regers Trauerode zum Gedächtnis der im Weltkriege Gefallenen. [...] Und dann das große, musikalische Ereignis: Uraufführung »Heldenklage« op. 34 von Wilhelm Kempff. [...] Musikmeister Hagemann verlieh dem aufwühlenden Werk durch seine einfühlsame Stabführung einen gewaltigen Ausdruck. Die Kapelle des Infanterieregiments 9 folgte jedem Wink seiner Stabführung, so daß die schwierigsten Partien scharf herausgearbeitet wurden. Professor Becker wirkte an der Orgel, die Violine, der ein großer Anteil am Gelingen vorbehalten ist, wurde von Konzertmeister Nicolas Lambinon meisterhaft gespielt. Ergriffenes Schweigen lag nach dieser Uraufführung über dem Kirchenraum. [...] Vor dem verhüllten Opferstock sprach Divisionspfarrer Koblanck der Gilde der Potsdamer Künstler warmen Dank für die erhebende Feierstunde aus. [...] Schriftmeister Hans Zappe, der zweite Gildemeister, dessen ureigenster Anregung der Opferstockgedanke entstammt, sprach im Namen der Künstlerorganisation. Deutsche treue hat aus deutschem Holz und deutschem Stahl das Werk geschaffen. Uneigennütziger, frommer Gestaltungswille der Künstler hat es zu schöner Einheit vollendet. Vom Architekten Hans Lindner stammt der Gesamtentwurf, mit dem Bildhauer Ernst Richard Otto und dem Maler Walter Bullert wurde er ausgeführt.«[133] Das hoch aufragende Kunstwerk war in der Art eines Triptychons gestaltet und von einem Schwert, mit nach oben gerichteter Spitze bekrönt. Die beiden von Otto mit farbig gefassten Flachschnitzereien trauernder Gestalten versehenen Flügel flankierten einen obeliskähn-

Opferstock, Stiftung der Künstlergilde für die Garnisonkirche.

Opferstock von 1928

Die Turmhalle mit dem Wandschmuck, Aufnahme von Walter Eichgrün, 1936

lichen Mittelteil mit dem Relief eines sterbenden Kriegers von Bullert im Zentrum. Darüber war ein Ausspruch aus Hölderlins 1799 entstandenen Poem »Tod fürs Vaterland« zu lesen: »Lebe droben, o Vaterland, und zähle nicht die Toten! Dir ist, liebes, nicht einer zuviel gefallen!«. In der Mitte trat der eigentliche Spendenkasten hervor, dessen Vorderseite das stilisierte Adlerwappen der Weimarer Republik zeigte. Der im Eingangsbereich von Portal B (westliches Treppenhaus neben dem Turm) aufgestellte Opferstock wurde in der Brandnacht vom 14. April 1945 zerstört.[134]

1936: Ausschmückung der Turmeingangshalle

Die Halle hinter dem Turmeingang war während des Heizungseinbaues 1880 mit einer tonnengewölbten Zwischendecke versehen worden. In den Bauakten ist ein Schreiben des Regierungspräsidenten Dr. Ernst Fromm, der die Administration der Garnisonkirche innehatte, vom 22. Juni 1936 erhalten. Fromm erklärt darin, mit dem Vorschlag des Kirchenmalers Robert Sandfort, »den friderizianischen Adler in der Turmeingangshalle anzubringen, bin ich einverstanden [...]. Die Inschrift, die ohne Zierat herzustellen ist, hat zu lauten: ›Bis zum letzten Atemzuge werden meine Wünsche dem Glück dieses Staates gelten. Möge er stets mit Gerechtigkeit, Weisheit und Stärke regiert werden. Möge er durch die Milde der Gesetze der glücklichste, finanziell der bestverwaltete und durch ein Heer, das nur nach Ehre und edlem Ruhm strebt, der am tapfersten verteidigte sein. Möge er blühen bis an das Ende der Zeiten! – Aus dem Testament Friedrichs des Großen – 8. Januar 1769.‹«[135]

1939: Schwingendes Bronzegeläut

Mit Schreiben vom 27. August 1934 setzte sich Studienrat Eugen Thiele, dem seit 1929 die Instandhaltung des Glockenspiels oblag, bei Oberregierungs- und Baurat Karl Rudolph in Potsdam »für ein großes, würdiges 4stimmiges Geläut« ein, dessen Klang auf die benachbarten Kirchen abgestimmt war,[136] und stellte alle notwendigen Unterlagen hierfür zur Verfügung. Am 11. Januar 1935 bekräftigte er seinen Vorschlag unter Verweis auf die Schädigung des Glockenspiels durch den »Läuteapparat« von 1857. Trotz Ablehnung der kirchlichen Körperschaften wegen der hohen Kosten und eines Gutachtens, das die Beibehaltung des »Läuteapparates« als unproblematisch darstellte, versuchte Thiele weiter, ein schwingendes Geläut zu beschaffen. Am 18. Juni 1938 berichtete er, dass er Stifter für die Glocken gefunden habe: die Evangelische Wehrmachtsgemeinde für die größte Glocke as, die Zivilgemeinde der Garnisonkirche für die Glocke c', den Verlag Bonness & Hachfeld[137] für die Glocke es' und den Kyffhäuserbund für die kleinste Glocke f'.[138]

Aus dem Erläuterungsbericht des Hochbauamtes II, Regierungsbaurat Jacob, vom 4. November 1938 (mit Kostenanschlag über 19.000 RM) geht hervor: »Das aus vier Glocken bestehende Geläut soll in dem ersten freien Turmgeschoß in etwa 35 m Höhe untergebracht werden, und zwar die drei kleinen Glocken in einem Stuhl in dem unteren Teil und die große Glocke in einem Stuhl im oberen Teil des Geschosses.« Hierzu war der Umbau der Geschosstreppen erforderlich. Der Glockenstuhl wurde aus Eichenholz gefertigt, die Glockenjoche gekröpft. Den elektrischen Glockenantrieb lieferte die Firma Plagens in Berlin.[139]

Am 28. Oktober 1938, vormittags um 11 Uhr, wurde durch die Firma Schilling Söhne der Guss durchgeführt, am 25. Januar 1939 das Geläut auf dem Werkplatz in Apolda erstmals zum Klingen gebracht. Das Preußische Staatshochbauamt II teile am 28. Januar 1939 unter Bezug auf einen Bericht Thieles mit: »Klangfarbe und Stimmung jeder einzelnen Glocke seien ausgezeichnet.«[140] Die endgültigen Maße und Gewichte betrugen:

»**Glocke I, Ton As**, wiegt 6628 Kilogramm; der untere Durchmesser beträgt 2,09 Meter.
Glocke II, Ton C, wiegt 3116 Kilogramm; der untere Durchmesser beträgt 1,64 Meter.
Glocke III, Ton Es, wiegt 1805 Kilogramm; der untere Durchmesser beträgt 1,37 Meter.
Glocke IV, Ton F, wiegt 1200 kg Kilogramm; der untere Durchmesser beträgt 1,21 Meter.«[141]

Der Initiator des Geläutes, Eugen Thiele, berichtete: »In den Monaten März und April waren die Einbauten im Turm soweit fortgeschritten, daß am Sonnabend, dem 29. April die feierliche

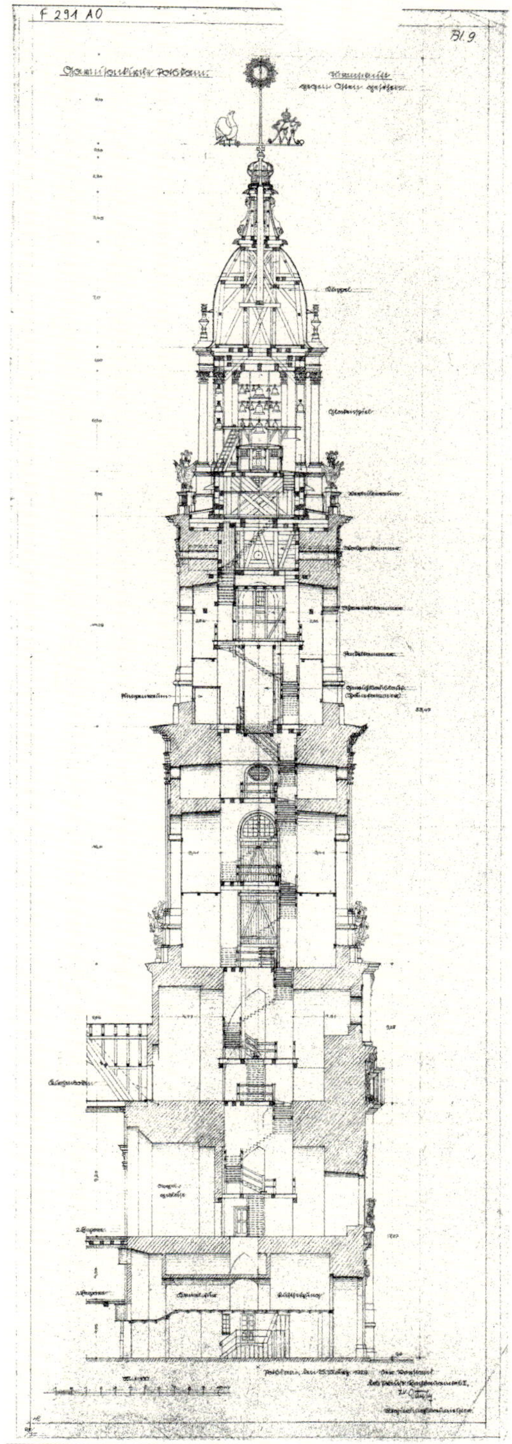

Turmschnitt, Aufmaßzeichnung, 1928. Die Glocken des schwingenden Geläuts fanden in der mittleren Turmetage ihren Platz.

Delegation zur Glockenabnahme in Apolda, Ende Januar 1939

Einholung der Glocken erfolgen konnte. [...] Am Nachmittage des 3. Mai bewegte sich die kleinste Glocke, von einem starken Drahtseil gezogen, Zentimenter für Zentimeter nach oben. [...] Am nächsten Tage folgten ihr die Luisen- und die Friedrichglocke.
Das größte Interesse erregte die 132 Zentner schwere Friedrich-Wilhelm-Glocke. Ohne Zwischenfall ließ auch sie sich in den luftigen Glockenraum des Turmes einholen. [...] Der Sonntag Exaudi mit dem Introitus ›Herr höre meine Stimme, wenn ich rufe‹ schien für die Einweihung besonders geeignet. So füllte sich am 21. Mai 1939 das ehrwürdige Gotteshaus bis auf den letzten Platz. Fast 3000 Menschen wohnten der festlichen Stunde bei.«[142] Erstmals erdröhnten nun die tiefen Basstöne des beeindruckenden melodischen Geläuts.

Der Predigt des Heerespfarrers Rudolf Damrath zur Glockenweihe lagen die Verse 37 und 38 aus dem 7. Kapitel des Johannes-Evangeliums zugrunde: »Aber am letzten Tage des Festes, der am herrlichsten war, trat Jesus auf, rief und sprach: Wen da dürstet, der komme zu mir, und trinke; Wer an mich glaubet, wie die Schrift sagt, von deß Liebe werden Ströme lebendigen Wassers fließen.«[143] Diese Kanzelrede, in der übrigens kein einziges Mal der »Führer« vorkam, endete mit den Worten: »Mögen diese Glocken seinen [des Herrn Jesu Christi] Ruf aufnehmen und weitertragen uns Menschen zur Stärkung, Gott zur Ehre. Amen!«[14]

Die Inschriften der Glocken lauteten:

Glocke as: »Wenn ich baue und verbessere das Land und mache keine Christen, so hilft mir alles nichts. Wer Gott nicht getreu ist, wird viel weniger mir Menschen getreu sein. – Dem Andenken des Soldatenkoenigs Friedrich Wilhelm I.«

Der vier Glocken auf dem Güterbahnhof Potsdam, Aufnahme Ernst Eichgrün, Ende April 1939

Glocke c': »Nun danket alle Gott mit Herzen, Mund und Händen. – Dem grossen Koenig Friedrich II.«

Glocke es': »Die mit Tränen säen werden mit Freuden ernten – Der unvergesslichen Koenigin Luise von Preussen † 19. Juli 1810«

Glocke f': »Ora et labora. – Dem Gedächtnis unseres verewigten Generalfeldmarschalls Paul von Hindenburg in soldatischer Treue gewidmet«[145]

Bereits am 1. August 1939 wurde von einem Riss in der Adlerkrone der großen Glocke As berichtet. Nachdem sich herausgestellt hatte, dass eine Adlerfigur wegen Porosität des Gusses abgängig war, erfolgte in Absprache mit der Firma Schilling eine zusätzliche Befestigung der Glocke durch Bohrungen und starke Bolzen, die durch die Glockendecke und die Krone geführt wurden. Dies übernahm der Potsdamer Schmiedemeister Eduard Glauert, der auch die Montage ausgeführt hatte. Der Bericht über die gelungene Reparatur ist vom 22. August 1939 datiert.[146] Die mächtigen Glocken sollten bald schwere Zeiten einläuten, denn am 1. September 1939 begann Adolf Hitler mit dem Einmarsch in Polen den Zweiten Weltkrieg.

Der Versuch des Regierungsprädidenten in Potsdam vom 30. Januar 1942, das Geläut der Garnisonkirche als »Gedächtnisglocken« von der Requirierung durch die Rüstungsindustrie zu befreien, misslang, weil sich der Oberpräsident Emil Stürtz dieser Meinung nicht anschließen wollte (Schreiben vom 6. Februar 1942). Die Reichsstelle für Metalle, Hauptabteilung M, erklärt am 19. Februar 1942 unter Verweis darauf, dass die kleinste Läuteglocke und das komplette Glockenspiel von der Beschlagnahme ausgeschlossen seien, gegenüber dem Regierungs-

Die große Glocke vor dem Aufziehen, 1939

Aufziehen der Glocken, Aufnahme Ernst Eichgrün, 1939

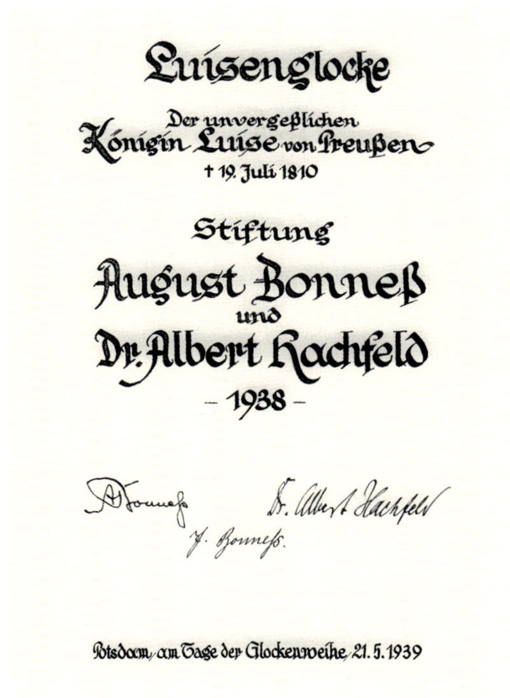

Luisenglocke

Der unvergeßlichen
Königin Luise von Preußen
† 19. Juli 1810

Stiftung
August Bonneß
und
Dr. Albert Hachfeld
– 1938 –

A. Bonneß   Dr. Albert Hachfeld
J. Bonneß

Potsdam, am Tage der Glockenweihe 21. 5. 1939

Die von Bonness & Hachfeld gestiftete Luisen-Glocke im Glockenstuhl, im Hintergrund die Hindenburg gewidmete Glocke, Aufnahme Albert Weinsheimer, 1939

Stiftungsurkunde für Bonness & Hachfeld

präsidenten in Potsdam: »Es kann nur im Sinne Friedrichs des Grossen und des Soldatenkönigs und Erbauers der Garnisonkirche liegen, wenn die in Betracht kommenden restlichen Glocken dem Vaterland in Notzeiten, in einem alle Kräfte und Materialreserven beanspruchenden Totalkrieg, zur Verfügung gestellt werden. Die Ablehnung Ihres Antrags ist endgültig.«[147]

Daraufhin wurden die Glocken beschlagnahmt. Die Demontage übernahm Baumeister Wilhelm Kahmann im Mai 1942. Anschließend wurde die bereits im Turm zerschlagene größte Glocke mit den beiden anderen in das Hamburger Glockenlager abtransportiert.[148] Nur die kleinste verblieb im Turm, wo sie nach dem Luftangriff vom 14. April 1945 wie das komplette Glockenspiel dem Brand zum Opfer fiel.[149] Die beiden mittleren Glocken hingegen kehrten 1948 nach Potsdam zurück und hängen seitdem in der Erlöserkirche.[150]

23. März 1945: Sicherstellung der Altardecken

Drei Wochen vor dem Luftangriff auf Potsdam, bei dem das gesamte Inventar der Garnisonkirche mit Ausnahme von Altartisch, Kruzifix, Altarleuchterpaar und Abendmahlsgeräten vernichtet wurde, wurden die historischen Antependien in Sicherheit gebracht. Es handelte sich um die beiden roten Altardecken von 1722 und 1732, eine violette Altardecke, die zur Kaiserkrönung in Versailles genutzt worden war, und eine weitere kleine Altardecke unbekannter Herkunft, rot mit grauem Kreuz. Eine weitere, graurote Feldaltardecke des Ersten Weltkriegs aus dem Großen Hauptquartier (Stiftung des Barmer Paramentenvereins zum Geburtstag Kaiser Wilhelms II. am 27. Januar 1915, hergestellt von F. W. Jul. Assmann in Lüdenscheid) war nach Kriegsende ebenfalls der Garnisonkirche über-

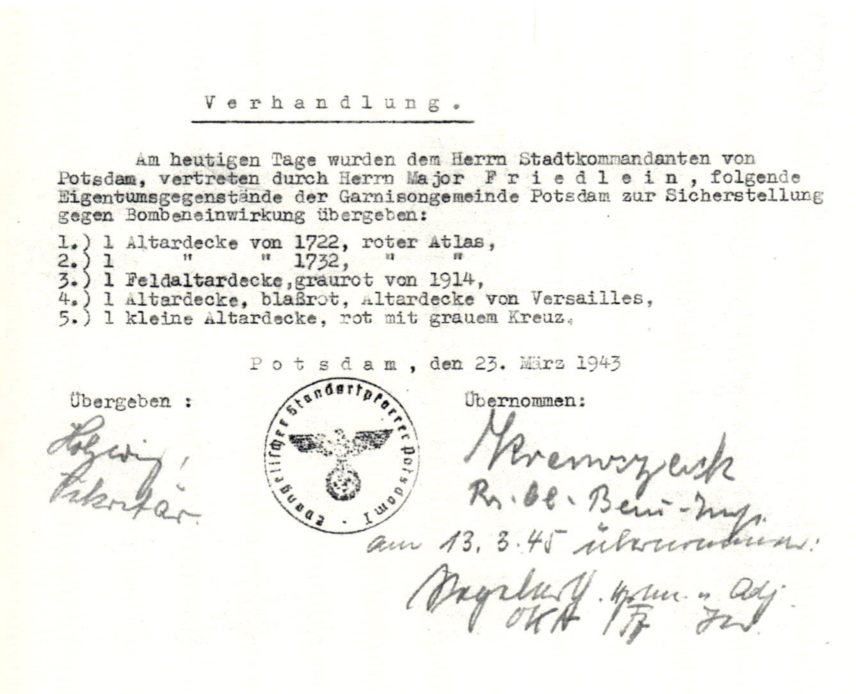

Verhandlung.

Am heutigen Tage wurden dem Herrn Stadtkommandanten von Potsdam, vertreten durch Herrn Major F r i e d l e i n , folgende Eigentumsgegenstände der Garnisongemeinde Potsdam zur Sicherstellung gegen Bombeneinwirkung übergeben:

1.) 1 Altardecke von 1722, roter Atlas,
2.) 1 " " 1732, " "
3.) 1 Feldaltardecke, graurot von 1914,
4.) 1 Altardecke, blaßrot, Altardecke von Versailles,
5.) 1 kleine Altardecke, rot mit grauem Kreuz.

P o t s d a m , den 23. März 1943

Übergeben :

Übernommen:

Krawczack

am 13.3.45 übernommen.

Übergabeprotokoll für die fünf historischen Altardecken vom 23. März 1943

Die in der Garnisonkriche aufbewahrte Feldaltardecke von 1914 – heute im Deutschen Historischen Museum Berlin

wiesen worden und lag bis zum Herbst 1931 über der Brüstung der Kaiserinloge.[151] Am 23. März 1945 unterzeichnete Oberbauinspektor Wilhelm Krawczack das Protokoll der Übernahme dieser Antependien in die Obhut der Kommandantur der Luftkriegsschule in Potsdam-Wildpark.[152] Alle fünf historischen Altardecken befinden sich heute im Besitz des Deutschen Historischen Museums in Berlin.[153]

1945: Der große Brand

Seit dem 9. April 1945 fand sich die Zivilgemeinde allabendlich während einer geistlichen Rüstwoche in der Garnisonkirche zusammen. In der Nacht zum 13. April wurden durch die Druckwelle einer Luftmine, die einen Flügel des nahen Reichsrechnungshofes traf, die Kirchenfenster zertrümmert, sodass die Zusammenkunft am folgenden Abend bei Zugluft und Kerzenschein stattfinden musste. Als die große Gemeinde das Gotteshaus wieder verließ, ahnte noch niemand, dass dies die letzte Andacht in der intakten Kirche gewesen war.

Eineinhalb Stunden später, gegen 22.15 Uhr, heulten die Sirenen auf, doch die Potsdamer behielten die Ruhe. Zu oft hatte es in den letzten Tagen Fliegeralarm gegeben, und jedes Mal waren die Bomber nach Berlin geflogen.

Diesmal jedoch galt der Einsatz, der später als »Nacht von Potsdam« bezeichnet werden sollte,[154] der alten Preußenresidenz. Innerhalb von nur 20 Minuten verwandelten 490 britische »Mosquito« und »Lancaster«-Bomber mit einem Flächenbombardement, in dem über 1.751 Tonnen Spreng- und Brandbomben zum Abwurf kamen, die Innenstadt in ein flammendes Inferno. Der auf dem Garnisonkirchturm postierte Beobachter meldete: »Außer den westlichen

Der Innenraum unmittelbar nach der »Nacht von Potsdam«, Aufnahme Heinrich Hoffmann, 17. April 1945

Das zerstörte »Königliche Monument«, Aufnahme Dietmar Saretz, Mai 1968

Wohngebieten stehen Zentrum und Altstadt in Flammen, Einschläge nicht mehr zu zählen!« Die nach diesem Großangriff einsetzenden, vereinzelten Löscharbeiten mussten bald aufgegeben werden, denn Trümmer versperrten die Straßenzüge, und die städtische Wasserversorgung war zusammengebrochen.[155]

Zunächst schien es, als sei die Garnisonkirche verschont geblieben, nur kleinere Brandstellen waren zu sehen. Pfarrer Schröder organisierte Löscharbeiten, Schläuche wurden auf den Turm gezogen, doch der Wasserdruck war zu schwach. Als starker Wind aufkam, griff die lodernde Glut vom benachbarten Langen Stall auf das Kirchendach über. Eilig wurde bewegliches Inventar, darunter Feldaltar, Kruzifix und Leuchter, geborgen. Dann detonierte ein Blindgänger im Kirchenraum, den die Brandhitze gezündet hatte. Dabei wurde nicht nur alles Brennbare, sondern auch die Marmorbekleidung des »Königlichen Monuments« (Kanzel und Gruft) völlig zerstört.

Innerhalb weniger Stunden wurde das stolze Bauwerk zu einer rauchenden, rußgeschwärzten Ruine mit gähnenden Fensterhöhlen. Dass das Glockenspiel nach dem Luftangriff ununterbrochen »Üb' immer Treu' und Redlichkeit« gespielt habe, darf getrost in das Reich der Legende verwiesen werden. Einerseits wäre dies wegen der Stückefolge auf der Walze technisch gar nicht möglich gewesen, andererseits widerspräche es den Aufzeichnungen des direkt beteiligten Augenzeugen Pfarrer Gerhard Schröder.[156] Pfarrer Rudolf Brinckmeier notierte am 16. April über die Schreckensnacht: »Wir sind länger als nötig im Keller geblieben, weil wir die Detonationen für weiter abliegende Bomben hielten. In Wirklichkeit war das der Munitionszug, der auf dem Bahnhof Potsdam getroffen war und der bis in die Morgenstunden Stück für Stück explodierte.

Die Garnisonkirche von Osten wenige Tage nach dem Luftangriff auf Potsdam, Aufnahme Heinrich Hoffmann, 17. April 1945

Die Garnisonkirche von Osten mit dem freischwebenden, tonnenschweren Kapitell der weggeschossenen Südost-Säule, Aufnahme, Frühjahr 1946

[...] Ich wollte eigentlich losgehen, habe es aber auf Anraten des Oberst unterlassen, der meinte, das hätte ja doch keinen Zweck. Hinterher habe ich es sehr bereut. Wilde, Schröder Heidland und Mühle [ebenfalls Pfarrer der Garnisonkirche] sind bei der Garnisonkirche gewesen. Ich kam mir fahnenflüchtig vor. Schröder sagte, er wäre traurig gewesen, daß ich nicht dagewesen wäre. Er alleine hätte nichts machen können, aber zu zweit ... Wilde wäre wie betrunken gewesen, Mühle hätte mit den Händen in den Hosentaschen auf der Kanalbrücke gestanden. Der obere Teil des Turms mit den Glocken ist heruntergestürzt, das ganze Kirchengebäude ist ausgebrannt. Ich sah am nächsten Morgen noch durch die Flammen den Gruftbogen, wo die Särge von Friedrich dem Großen und seinem Vater gestanden hatten, die von der Hitze gesprungenen Marmorsäulen des Kanzelbaus und die durch das herabfallende Gestein zerstörte Kanzelmuschel. ›Der Herr, unser Gott ist gerecht in allen seinen Werken, die er tut.‹ (Losung vom 15.4.).«[157]

Vom Kirchenschiff standen nur noch die Umfassungswände und Emporenpfeiler, von dem »Königlichen Monument« waren durch die Explosion des Blindgängers die Marmorverkleidungen abgeplatzt, die leere Gruft erweckte den Eindruck einer düsteren Höhle. In der Sakristei, die im Untergeschoss des Turmes lag, hatten im Tresor die Tauf- und Abendmahlsgeräte sowie einige Bücher den Brand überstanden. Das obere, hölzerne Turmgeschoss war abgebrannt, das Glockenspiel zu großen Klumpen zusammengeschmolzen und abgestürzt. Das Turmbuch mit den Eintragungen vieler bekannter Persönlichkeiten war verloren, ebenso eine Unmenge wertvoller Notenhefte. Doch der massive Turmschaft, dessen plastischer Schmuck überwiegend erhalten war, ragte wie ein Menetekel noch 57 Meter aus der Trümmerlandschaft empor. Artilleriebe-

Ein Säulenkapitell in der Ausstellung zur Garnisonkirche, Aufnahme Andreas Kitschke, 2006

Turm-Aufblick um 1960, rechts die gemauerte Säule, Aufnahme Erich Borchhardt, um 1960

schuss der vom Brauhausberg vorrückenden Roten Armee führte am 26. April 1945 zu weiteren Zerstörungen. Die südöstliche Turmsäule wurde dabei weggeschossen, doch das tonnenschwere Kapitell hielt über Jahre in seiner bleivergossenen Verankerung.

1950: Die Heilig-Kreuz-Kapelle

Die kleine Zivilgemeinde bemühte sich nach Kriegsende um die Sicherung der Ruine, doch war bis 1947 die Eigentumsfrage (und damit die Bauherrschaft) nicht geklärt. Schon am 24. Juli 1946 hatte Pfarrer Gerhard Schröder dem Evangelischen Oberkirchenrat ein Gutachten des Bausachverständigen Friedrich Bolle vom 1. April 1946 vorgelegt. Für die Wiederherstellung »in sparsamster Weise« errechnete er für das Kirchenschiff 350.000 RM und den Turm 200.000 RM an Wiederherstellungskosten.[158] Doch hatte die Sicherung des akut einsturzgefährdeten Kuppelbaues der Nikolaikirche absoluten Vorrang.

Erst am 13. Juli 1949 konnte Kirchenbaurat Winfried Wendland bei Stadtbaurat Heinrich Richard (CDU) die Unterstützung der Stadt erreichen. Richard informierte ihn zunächst über die Pläne der SED, die Ruine des Kirchenschiffes zu sprengen und die gewonnenen Mauerziegel für den Wohnungsbau zu verwenden, während der Turm erhalten bleiben sollte. Den von Wendland vorgestellten Ausbau der Turmkapelle und die Einrichtung von Gemeinderäumen in den beiderseits anschließenden ehemaligen Treppenhäusern begrüßte er und betonte, »dass es notwendig sei, dass an der Kirche gearbeitet würde und dass sie im Gebrauch sei«.[159]

Wendland ließ zunächst das bedrohlich schwebende, tonnenschwere Säulenkapitell an

Der Zustand der Potsdamer Nikolaikirche 1945 verdeutlicht, dass sie in ihrer Statik beeinträchtigt war und ihre Instandsetzung absoluten Vorrang hatte. Aufnahme Max Baur

der südöstlichen Turmkante in einer abenteuerlichen Aktion des Maurermeisters Carl Schöning und seines Poliers Brandenburg vom Leitergerüst aus untermauern. Da kein Sandstein zur Verfügung stand, wurde die neue Säule mit Mauerziegeln hergestellt.[160] Anschließend gestaltete Wendland den kreuzförmigen Turmraum in eine Kapelle mit 96 Plätzen für die kleine Zivilgemeinde um. Hierzu wurden drei der sich kreuzenden, etwa 3,50 Meter breiten und 7,50 Meter hohen, spitzbogig überwölbten Turmgänge von ihren nachträglichen Einbauten (Heizung, Zwischendecke für Heizkanäle) befreit und die mittige Deckenöffnung zugewölbt. Auf diese Weise entstand ein kreuzförmiger Raum, dessen östlicher, mit einem niedrigeren Kappengewölbe versehener Kreuzarm den Altar aufnahm. Die Pfeiler-Ecken zu den beiden hierzu quer verlaufenden Kreuzarmen wurden abgeschrägt, damit die dort Sitzenden in den um zwei Stufen erhöhten, mit einem Ziegelpflaster belegten Altarraum blicken konnten.

Die Brüstung der hölzernen, gebeizten Kanzel für das vor dem linken Pfeier halbrund vorspringende Podest ließ Wendland mit fünf gewundenen Säulen schmücken. Damit korrespondierend gestaltete er den Taufständer als achteckigen, nach unten verjüngten Kubus auf vier gewundenen Säulen, der inmitten der Gewölbevierung seinen Platz erhielt. Beide Stücke fertigte der Potsdamer Tischlermeister Bremer.[161] Als Altar diente der historische Feldaltar mit Kruzifix und Leuchterpaar von 1814, jedoch mit modernen Antependien versehen.

Mit Bezug auf die jüngste Vergangenheit zierte der Spruch »ER machte Frieden durch das Blut an seinem Kreuz« die Stirnwand über dem Altarraum. Hinter diesem waren ein Heizraum und die winzige Sakristei angeordnet. Der nördliche, zum Kirchenschiff gerichtete Flügel erhielt

Die Heilig-Kreuz-Kapelle nach Osten, Aufnahme Helmut Spelda, 1968

Die Heilg-Kreuz-Kapelle nach Norden mit Orgel, Aufnahme Helmut Spelda, 1968

eine Empore, auf der 1966 ein Orgelpositiv Aufstellung fand. Darüber wurde ein Rundfenster mit kreuzförmiger Farbverglasung eingebaut.[162]

Am 18. Juni 1950 wurde diese Gottesdienststätte unter dem Namen »Heilig-Kreuz-Kapelle« eingeweiht. Kurze Zeit später erklang vom Turmstumpf das von Schilling in Apolda aus zwei durch die Brandhitze verformten Bassglocken des berühmten Carillons umgegossene Geläut. Der Vertrag wurde am 9. Mai 1950 geschlossen, und schon am 25. Mai telegrafierte Franz Schilling an Pfarrer Gerhard Schröder: »Glocken soeben gegossen Guss ausgezeichnet gelungen.«[163] Die größere Glocke a' (Durchmesser 92 cm) erhielt die Inschrift »Lobe den Herrn«, die kleinere mit dem Ton c'' (Durchmesser 78 cm) den Spruch »Herr erbarme dich unser«. Beide wurden darüber hinaus mit einem Relief der Garnisonkirche und folgenden Texten geschmückt: »Sie soll aufnehmen und weiterklingen lassen den Lobgesang des Glockenspiels« sowie »Anno Domini 1734 goss der Glockengiesser Meurer in Berlin eine Bassglocke für das Glockenspiel der Garnisonkirche. Anno Domini 1945 sank diese Glocke mit der ganzen Kirche in Trümmer. Anno Domini 1950 goss der Glockengiesser Schilling in Apolda aus den Resten der alten Bassglocke diese Glocke.«[164] Sie werden bis heute in der Heilig-Kreuz-Gemeinde bewahrt.

So war aus der Ruine ein Gotteshaus mit lebendiger Gemeinde wiedererstanden, eine Kirche mit besonderer Atmosphäre, die weit über die Gemeindegrenzen hinaus besonders beliebt war, insbesondere für Wochenschlussandachten, Taufen und Trauungen.

Doch sein Engagement für den Wiederaufbau der Potsdamer Kirchen, vor allem aber sein Eintreten für die private Bauwirtschaft, kostete den Stadtbaurat Heinrich Richard Ende März 1950 das Amt. Seine diesbezügliche Denkschrift vom 30. Juli 1950 wurde als Sabotage ausgelegt.

Die Schilling-Glocken in der westlichen Schallöffnung, Blick zu den Hiller-Brandtschen Häusern, Aufnahme Helmut Spelda, 1968

Das Orgelpositiv in der Heilig-Kreuz-Kapelle, Aufnahme Erich Borchardt, 1966

Schuttberäumung im Kirchenraum, Aufnahme Joachim Briesemann, 1961

Die damalige politische Säuberungswelle traf auch den CDU-Bürgermeister Erwin Köhler, der mit seiner Frau Charlotte in die Sowjetunion deportiert wurde, wo man beide wegen angeblicher Spionage hinrichtete. Während Heinrich Richard, Stadtrat Grasshof und die Stadtverordneten Arno Voigt und R. Rautenberg rechtzeitig fliehen konnten, wurden die Stadtverordneten Ludwig Baues, Friedrich Bolle (Bauunternehmer), Else Dau, Erich Ebert, Willi Niermann und Robert Wiele (Malermeister) verhaftet.[165] Die SED-Vorherrschaft in Potsdam war auf diese Weise gesichert.

1966: Turmsicherung

Im November 1952 erfolgte der »Einbau von Treppen-Leitern durch Zimmermeister Richard Popp, Potsdam«,[166] doch unmittelbar darauf

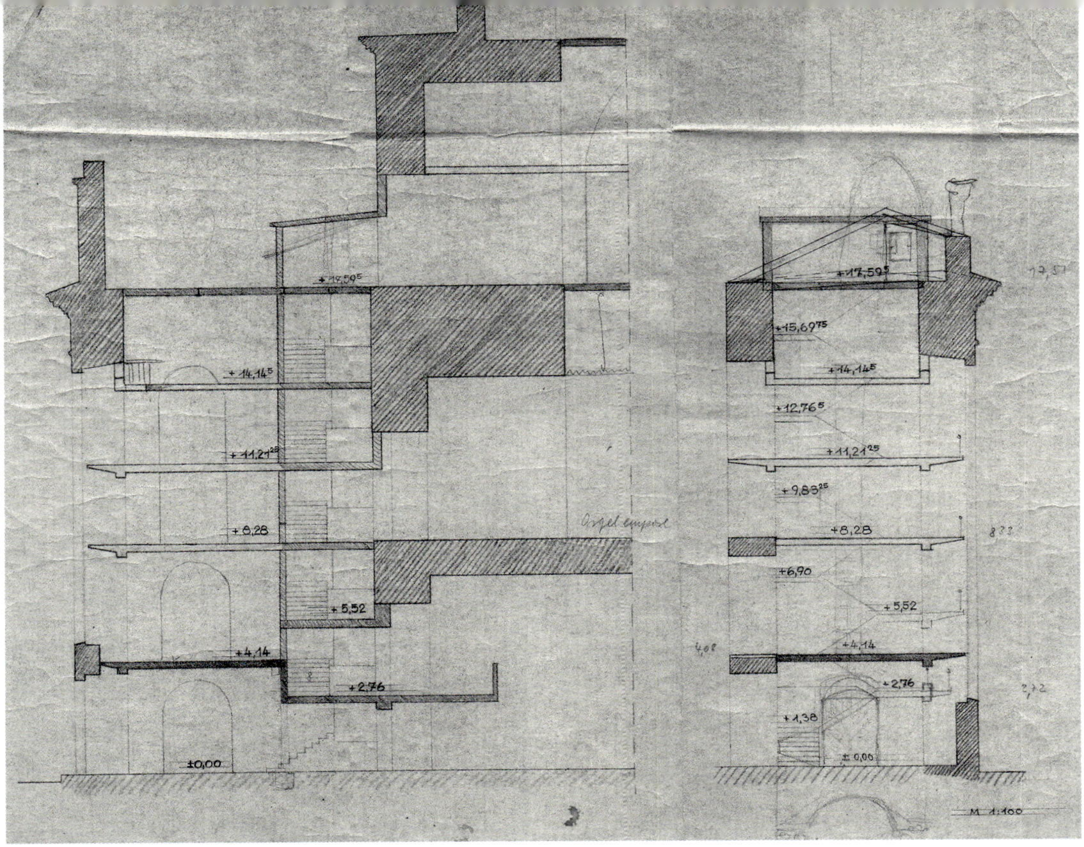

Ausbau und Sicherung der Turmseitenflügel (ehem. Treppenhäuser), Zeichnung von Joachim Briesemann, 1962

musste die Fortführung der Sicherungsarbeiten an der nunmehrigen Heilig-Kreuz-Kirche unterbrochen werden, weil die staatlichen Stellen keine Baukapazitäten mehr zur Verfügung stellten.

Erst am 13. Juni 1961 besichtigte der international gefragte »Ruinenstatiker« Wolfgang Preiß aus Dresden im Auftrag des Generalkonservators Ludwig Deiters die Ruine. Teilnehmer waren neben Deiters und Jochen Haß vom Institut für Denkmalpflege auch Pfarrer Kurt Kunkel, Rendant Wannemacher und Statiker Dietrich Gülzow als Vertreter der Kirchengemeinde. Preiß führt in seinem Gutachten vom 20. Juni 1961 aus: »Die Umfassungswände des Kirchenschiffes und des Turmes sind aus Ziegelmauerwerk, das sich trotz Brand und Witterung sehr gut erhalten hat. Irgendwelche Verformungen, die auf das Nachlassen der Standfestigkeitschließen lassen könnten, sind nicht vorhanden. […] Größere Schäden haben die weit auskragenden Werksteingesimse, deren Kupferabdeckung zerstört ist.« Preiß empfahl 13 einzelne Sicherungsmaßnahmen und fasste zusammen: »Obwohl sich das tragende Mauerwerk der Ruine der Garnisonkirche in Potsdam noch in gutem Zustand befindet, wird der öffentliche Verkehrsraum durch lose Steine bedroht, die sich von den stärker beschädigten Werksteingesimsen und nachträglichen Ausmauerungen lösen können. Zur Abwendung dieser Gefahren werden Sicherungsmaßnahmen empfohlen, die zunächst am Turm von oben nach unten fortschreitend mit verhältnismäßig geringer Baukapazität ausgeführt werden sollen […].«[167]

Zur Vorbereitung dieser Maßnahmen wurde das Kirchenschiff vom 4. Juli bis 15. August 1962 durch freiwillige Einsätze der Gemeindeglieder enttrümmert. Im November 1965 traf die aus Westdeutschland gespendete Stahlrohrrüstung ein (14 Kilometer Rohrmaterial und 36 Quad-

Die wiederaufbaubare Ruine von Norden, Aufnahme Dietmar Saretz, 1968

ratmeter Rüstbretter umfassend). Der Statiker Dietrich Gülzow entwickelte gemeinsam mit dem Architekten Horst Görl und dem Bauingenieur Joachim Briesemann das Sicherungsprojekt, dessen Baugenehmigung am 15. Dezember 1965 durch den Leiter der Bauaufsicht, Karl-Heinz Rönn, für ein Bauvolumen von 19.000 MDN erteilt worden war.[168] Briesemann betreute die Ausführung, und bald begannen die Potsdamer Firma Curt Klocke und die Produktionsgenossenschaft des Bauhandwerks Potsdam-West mit den Sicherungsarbeiten. Am 3. April 1966 war die erste Stahlbetondecke fertig, am 8. Juni die zweite. Nun sollte die obere Turmdecke folgen, um von dort aus die weiteren Sicherungsmaßnahmen ausführen zu können.

Die SED-Oberen hintertrieben die Weiterführung des Projektes. Der Stadtbaudirektor ordnete am 21. September 1966 einen Baustopp an.[169] Zur Begründung hieß es, die Baukapazitäten würden für andere Vorhaben dringender benötigt, und im Übrigen gelte der Bauschein nur für ein Jahr. Es folgten am 29. September der schriftliche Widerruf der Baugenehmigung und am 27. Oktober 1966 die baupolizeiliche Sperrung.[170]

Der Versuch des Pfarrers Uwe Dittmer, diese Sanktionen unter Bezugnahme auf geltende DDR-Vorschriften aufheben zu lassen, scheiterte. In seinem Einspruch vom 10. November 1966 heißt es: »Diese Verfahrensweise ist im höchsten Maße unerfreulich und geeignet, das Vertrauen in die Arbeit unserer Staatsorgane zu erschüttern. Ganz abgesehen davon, daß das Zurückziehen der Baugenehmigung durch die Verordnung vom 14.5.1964 und § 41 der Deutschen Bauordnung nicht gedeckt und mithin ungesetzlich ist, wird hier das vertrauensvolle Eingehen auf erklärte Kapazitätsschwierigkeiten geradezu mißbraucht. Es muß der Eindruck entstehen, als ob es sich bei den Entscheidungen vom 29.9. und 27.10. um eine gezielte Gesamtmaßnahme handelt.«[171]

1968: Potsdam ohne Garnisonkirche – die Sprengung

Aus den inzwischen zugänglichen Akten geht hervor, dass bereits am 7. Dezember 1966 durch »Prüfingenieur Rattke« ein baufachliches Gutachten erstellt wurde, in dem 4.060.000 MDN für die »Beseitigung der Ruine« aus 11.600 Kubikmeter »Mauerwerk und Trümmermassen« ausgewiesen sind.[172] Trotz des darauf befindlichen Vermerks »Streng vertraulich!« verdichtete

Die wiederaufbaubare Ruine von Südosten, Aufnahme Herbert Andreß, 1965

Abtansport der Schilling-Glocken, Aufnahme Joachim Briesemann, Mai 1968

sich das Gerücht, die ehemalige Garnisonkirche solle abgerissen werden.

Am 6. März 1968 besichtigten Vertreter der Staatlichen Bauaufsicht und des Rates des Bezirkes die Kirchenruine, angeblich um das dort lagernde (von der westlichen Bruderkirche für den Wiederaufbau der Garnisonkirche gestiftete) Gerüstmaterial auf eine Verwendbarkeit für die Nikolaikirche zu prüfen. Kurze Zeit, nachdem man das Gelände betreten hatte, kam ein weiterer Herr hinzu und stellte sich vor: »Guten Morgen, mein Name ist Weber, ich komme von Bohr- und Sprengtechnik Berlin.«[173] Die anwesenden Vertreter der Heilig-Kreuz-Gemeinde wussten nun, was es mit diesem Besuch auf sich hatte.

Am 22. April 1968 wurde das Inventar der Kapelle (Altar, Lesepult, Orgel, Gestühl, Glocken usw.) durch den Rat des Bezirkes Potsdam zwangsweise entfernt, das Gestühl später im Grenzgebiet Klein-Glienicke eingelagert und dort offenbar verheizt.[174]

Einem Bericht des Stadtrats für Inneres, SED-Genosse Heinz Nutbohm, vom 14. Mai 1968 an die Kreisleitung der SED zufolge, wurde an diesem Tag »planmäßig um 14.00 Uhr nachdem am vorangegangenen Tage wiederum die notwenigen Agitatoreneinsätze in 40 Gebäuden und Institutionen stattfanden, mit dem Ziel der Durchsetzung von Verhaltensmaßregeln, die 1. Testsprengung von 7 Pfeilern einschließlich der Gruft innerhalb des Kirchenraumes durchgeführt. [...] Insgesamt werden 7 Sprengungen erforderlich [...], nach bisheriger Vorgabe des Betriebes wird die 4. oder 5. Sprengung den gesamten Turm in seiner Länge in Richtung Plantage legen mit einem Gewicht von ca. 18000 Tonnen.« Am 19. Juni sprengte man auf der Nordseite einen großen Keil aus dem Erdgeschoss des Turmes und hoffte, dieser würde dann zur Plantage hin umfallen. Doch nach der Sprengung reckte sich die südliche Turmhälfte nach wie vor in die Höhe, während die andere abgerutscht war und nun an jener lehnte.[175] Eiligst wurden sechs gegenüberliegende Häuser evakuiert, weil die akute Gefahr bestand, dass die südliche Turmhälfte dorthin umstürzte.[176] Die letzte Sprengung am 23. Juni, zynischerweise während des Sonntags-Gottesdienstes im nahe gelegenen Heilig-Kreuz-Haus, ließ nur noch einen gewaltigen Trümmerhaufen übrig, der danach noch durch mehrere kleine Sprengungen in transportable Stücke zerlegt werden musste. Erst jetzt wurde es Mitarbeitern des städtischen Museums gestattet, Schmuckdetails zu bergen. Lakonisch berichtete die »sozialistische Tagespresse« (Brandenburgische Neueste Nachrichten vom 25. Juni 1968): »Turm fiel – Nach gründlicher Vorbereitung und dem Treffen aller notwendigen Sicherheitsmaßnahmen wurde am Sonntagvormittag der Turm der ehemaligen

Das Heraussprengen eines Keils sollte den ganzen Turm zum Einsturz bringen, was missglückte, Aufnahme Klaus Pospiech, 19. Juni 1968

Im Augenblick der Turmsprengung, Aufnahme Martin Seidel, 19. Juni 1968

Vorbereitung der letzten Sprengung, Aufnahme Wolfgang Rennebarth, Juni 1968

Die Turmruine nach missglückter Sprengung, Aufnahme Martin Seidel, Juni 1968

Im Augenblick der letzten Sprengung am 23. Juni 1968 um 10:20 Uhr, Aufnahme Martin Seidel

Der haushohe Trümmerberg nach der letzten Sprengung, Aufnahme Martin Seidel, 23. Juni 1968

Garnisonkirche gesprengt. Gegen 10.20 Uhr erfolgte die Sprengung, die die Reste des Turmes in sich zusammenbrechen ließen. Damit sind jetzt die Voraussetzungen für den Ausbau der Wilhelm-Külz-Straße und für den Beginn des Baues des vorgesehenen Rechenzentrums auf der Plantage gegeben.«[177]

1984: Das Iserlohner Glockenspiel für Potsdam

Die von Oberstleutnant Max Klaar am 19. Dezember 1984 in Iserlohn gegründete »Traditionsgemeinschaft Potsdamer Glockenspiel e.V.« (TPG) ließ auf dem Gelände der dortigen Winkelmann-Kaserne des Fallschirmjägerbataillons 271 einen Nachbau des historischen Potsdamer Glockenspiels anfertigen. In der ersten Ausbaustufe wurden die kleinsten neun Glocken installiert und am 30. November 1984 eingeweiht. Den Glockenguss übernahm die ›Koninklijke Klockengieteij Petit & Fritsen B.V.‹ in Aarle-Rixtel, Holland. Am 14. April 1986 (42. Jahrestag des großen Bombenangriffs auf Potsdam) kamen 15 weitere Glocken hinzu, bis schließlich am 17. Juni 1987 (30. Jahrestag des gescheiterten Aufstands in der DDR) die Vollendung des 40-stimmigen Glockenspiels folgte.[178]

Eine Textpassage der Stiftungsurkunde, formuliert in einer Zeit, als die Realisierung der deutschen Einheit noch unerreichbar schien, möge hier als Dokument der jüngsten Zeitgeschichte folgen: »Dem Fallschirmjägerbataillon 271 wurde am Tag der Deutschen Einheit 1987 das wiederhergestellte POTSDAMER GLOCKENSPIEL in die treuhänderische Obhut übergeben. Das Bataillon möge das Geläut in Ehren pflegen, bis unser Deutsches Vaterland nicht mehr gewaltsam geteilt ist. Alsdann soll

es die Glocken nach Potsdam stiften; dies ist ihr endgültiger Bestimmungsort. Das POTSDAMER GLOCKENSPIEL wurde damit zum Symbol für die Sehnsucht der Deutschen nach Wiederherstellung ihrer staatlichen Einheit in Freiheit.«[179]

Nach der deutschen Wiedervereinigung übereignete die TPG das Glockenspiel satzungsgemäß der Stadt Potsdam. Abgeschirmt vom Verkehrslärm der Breiten Straße erschallt es seit dem 14. April 1991 auf der Plantage nördlich des Garnisonkirchenstandortes. In der Tonhöhe entsprechen die neuen Glocken etwa dem historischen Vorbild, nicht jedoch hinsichtlich der Metallegierung[180], Form[181] und Klangfarbe[182]. Auch die Glockeninschriften weichen von denen der Originale ab. Diejenigen mit Bezug auf ehemals preußische Gebiete im Osten[183] wurden vor der Aufstellung in Potsdam entfernt.

Über den Verlauf des 14. April 1991 berichtete der Hamburger Organist Ernst-Ulrich von Kamecke, der das Glockenspiel in Potsdam erstmals von Hand spielte: »Um 10.00 Uhr gab es einen Gottesdienst in der überfüllten Nikolaikirche. Anwesend waren u.a. Ministerpräsident Dr. Stolpe, Lothar de Maizière, der Potsdamer Oberbürgermeister Dr. Gramlich, Bundesminister Schwarz-Schilling, Dr. Klaus v. Dohnanyi und viele weitere Ehrengäste. Es folgte die Einweihung an der Plantage mit Festansprachen des Oberbürgermeisters, des Oberstleutnants Max Klaar, des Generalsuperintendenten Bransch, zweier Zeitzeugen und vor allem mit einem kurzen, mit großem Charme vorgetragenen Grußwort der 93jährigen Witwe Professor Otto Beckers (1910-1945 Organist und Glockenist), Elisabeth Becker, der in seiner folgenden Rede Ministerpräsident Dr. Stolpe spontan bestätigte, wenn er gewußt hätte, über welch großartige Eloquenz sie verfügt, sie auch im Namen der Landesregierung hätte sprechen können. Ein abschließendes Wort sagte unter viel Beifall Seine Kaiserliche Hoheit Prinz Louis Ferdinand v. Preußen. Dazwischen sollte das Glockenspiel zur vollen Stunde mit ›Lobe den Herren‹ (schon auf der Walze eingespielt) und zur halben Stunde mit ›Üb' immer Treu und Redlichkeit‹ erklingen. Ich selbst habe weitere Choräle, kleine Stücke von Bach und Mozart sowie Volkslieder zwischen und nach den Ansprachen gespielt.«[184]

1990: Erste Wiederaufbaugedanken

Die im September 1989 entstandene Bürgerbewegung »Neues Forum«, die wesentlich zum Ende der SED-Diktatur beitrug, gedachte am 23. Juni 1990 der 22 Jahre zuvor erfolgten Kirchensprengung und diskutierte über den Wiederaufbau. Die 1990 gegründete »Arbeitsgemeinschaft für den Wiederaufbau der Potsdamer historischen Innenstadt« (AGAPHI) begann mit der Herausgabe von Veröffentlichungen und dem Anbringen von Gedenktafeln eine weithin desinteressierte Öffentlichkeit über die historische Stadtgestalt zu informieren. Am Standort der Garnisonkirche ließ sie am 23. Juni 1993, dem 25. Jahrestag der Sprengung, eine Erinnerungstafel aus Granit in den Gehweg einfügen. Der Stukkateur Siegfried Lieberenz fertigte mehrere maßstäbliche Modelle der Kirche an, die z. T. in öffentlichen Räumen aufgestellt wurden.

Der nach der »Wende« gewählte Vorsitzende des Kulturausschusses, Horst Prietz (CDU), hat wesentlichen Anteil an der Vorbereitung der Stadtverordnetenversammlung vom 24. Oktober 1990, in der die Wiederannäherung der Potsdamer Mitte an den historischen Stadtgrund- und -aufriss beschlossen wurde, die den Weg zum Wiederaufbau der Stadtschlossfassaden und der Garnisonkirche ebnete.

In dem anlässlich der Aufstellung des Glockenspiels 1991 in Potsdam erschienenen Heft

Flugblatt des ›Neuen Forums‹ vom Juni 1990

äußerte sich der Historiker Goerd Peschken folgendermaßen zur prinzipiellen Frage des Wiederaufbaus gänzlich zerstörter Bauwerke: »Was man baut, abreißt, wieder aufbaut, ist eine Frage des politischen Willens. […] Die Denkmalpflege ist eine Fachbehörde wie andere Fachbehörden auch, es kommt ihr nicht zu, baupolitische Entscheidungen zu treffen. Sie ist dazu da, anzugeben, wie das, was politisch entschieden wird, geleistet werden kann, welcher Aufwand erfordert wird, damit das Vorhaben gelingen kann […].

Gegenüber den zerstörten westdeutschen Städten und auch den meisten Städten in der einstigen DDR, wo die alten Bürgerhäuser verschwunden sind, aber Kirchen und Rathäuser repariert stehen, fehlen in Potsdam die großen Monumente: das Schloß, der Kanal mit seinen Brücken, die Garnison- und Heiliggeistkirche mit ihren Türmen. Die Stadt hat heute einen

Das neue, von der (inzwischen aufgelösten) Traditionsgemeinschaft gestiftete Glockenspiel auf der Plantage hinter der Garnisonkirche, Aufnahme Andreas Kitschke, 2014

ANNO
1735

furchtbar fragmentarischen Charakter. Da es der modernen Architektur nicht gelungen ist – und aus kunsttheoretischen Gründen auch nicht gelingen kann –, diese Wunden zu schließen, verstehe ich den Wunsch, diese wieder aufzubauen. Darf man? In der modernen Kunst ist erlaubt, was gedacht werden kann. Man darf. Das Kriterium der modernen Kunst (schon seit der Aufklärung) ist die Wahrheit und nicht irgendeine Moral. Die Wahrheit eines modernen Kunstwerkes spürt man, sobald man es versteht (was manchmal nicht sogleich gelingt). Der Künstler darf uns nicht belügen, selbstverständlich, aber er darf sich auch nicht selbst betrügen. Der Wiederaufbau eines Monumentes muß als Neubau diesen Kriterien standhalten. Die Wahrheit liegt da im wahren Ort und in der wahren Form: wenn es das historische Monument sein soll, muß es genau an seiner Stelle stehen, darf kein Schnörkel fehlen, muß jedes Gesims genau sitzen, jedes Profil genau stimmen.

Kann man? Da ist u.a. das Urteil der Denkmalpflege gefragt. Also: genügen die erreichbaren Unterlagen, um die Formen genau genug ein zweitesmal zu realisieren? […]

Den dritten Teil der Frage: muß man? darf ich ein bißchen variieren. Man muß überhaupt nicht, die Frage ist: will man, d.h. will man sich die Mühe, die Kosten machen, die ein guter, ein richtiger Wiederaufbau erfordert. Ein schlechter, bloß so ungefähr, käme natürlich billiger, würde aber die Stadt nur dauerhaft verunzieren. Auch vor einem verbessernden Wiederaufbau muß gewarnt werden, Korrekturen am Original, so wie es übermittelt ist, würden sich bald als Besserwisserei herausstellen. Es gibt unzählige Beispiele besserwisserischer Restaurierungen. Spätestens die folgende Generation sieht so etwas immer sofort und findet es abscheulich.«[185]

Ermutigt durch den damaligen Oberbürgermeister Horst Gramlich (SPD), begann die TPG nun, für den Wiederaufbau der Ganisonkirche zu sammeln. Deren Vorsitzender, Max Klaar, bemühte sich, hauptsächlich über die lokale Presse, die Evangelische Kirche für den Wiederaufbaugedanken zu gewinnen. Diese sträubte sich lange Zeit gegen eine Beteiligung. So fasste die Kreissynode Potsdam am 15. September 1993 einen Beschluss gegen den Wiederaufbau. Davon unbeirrt verfolgte die TPG ihr Ziel weiter und beauftragte das Architekturbüro Patzschke & Partner mit Vorentwürfen und das Beratungsunternehmen Drees & Sommer mit einer Machbarkeitsstudie für den Wiederaufbau des Turmes als Stahlbetonkonstruktion (!) mit Ziegel-, Putz- und Sandsteinverblendung. Die Studie vom 11. Mai 2001 weist Gesamtkosten von 22.724.000 DM aus.[186] Für diesen Betrag wäre eine materialgerechte Rekonstruktion aus Ziegelmauerwerk mit Sandsteingliederungen nicht annähernd finanzierbar!

Insbesondere durch die Bestrebungen des Potsdamer Stadtkirchenpfarrers Martin Vogel wurde schließlich doch eine Bereitschaft der Kirche erkennbar, den Wiederaufbau zumindest ideell zu unterstützen. Angesichts der Situation, dass die Kirchenmitgliedzahlen beständig sanken und weite Teile der Öffentlichkeit die Geschichte der Garnisonkirche auf die Dreiviertelstunde des Missbrauchs am Tag von Potsdam reduzierten, erarbeiteten Vogel und sein Amtsbruder Gregor Hohberg ein Nutzungskonzept, das die Positionen der Kirche klar auswies. Eine kirchliche Nutzungskommission, geleitet vom Generalsuperintendenten Hans-Ulrich Schulz, hat auf dieser Grundlage weiter ausformuliert, wofür das wiederaufgebaute Gotteshaus genutzt werden soll: Stadtkirchenarbeit »Suchet der Stadt Bestes und betet für sie« (Jeremia 29, 7) – Symbolkirchenarbeit »Lass dich nicht vom Bösen überwinden, sondern überwinde das Böse mit Gutem« (Römer 12, 21) – Friedens- und Ver-

Kirchenmodell von Siegfried Lieberenz, Aufnahme Monika Schulz-Fieguth, 2014

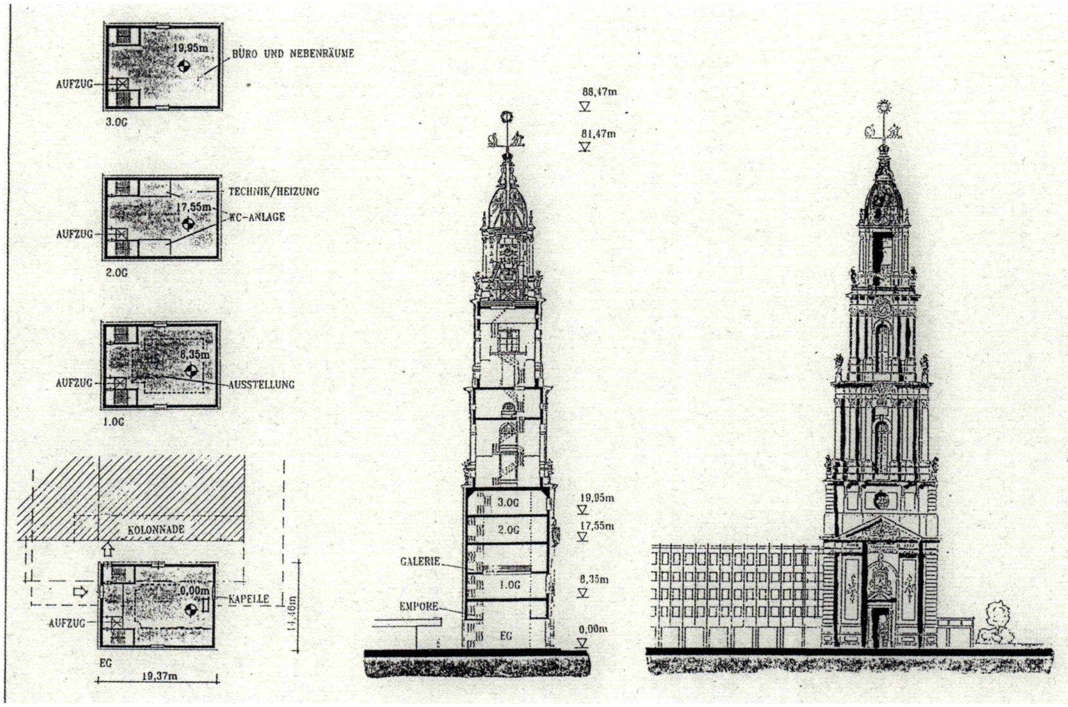

Eine Seite aus der Machbarkeitsstudie von 2001

Grundrissidee des Verfassers und des Architekturbüros Bernd Redlich für den Wiederaufbau unter Beibehaltung der historischen Strukturen unter Verlegung der Treppen in die südlichen Turmpfeiler, Anordnung von Aufzug und Nebenräumen in den nördlichen Turmpfeilern, Eingangsvestibül im östlichen und zweigeschossiger Kapelle im westlichen einstigen Treppenhaus, Bestandteil des Nutzungskonzeptes von 2005

söhnungsarbeit »Mein Haus wird ein Bethaus heißen für alle Völker« (Jesaja 56, 7). Kaum war die von der TPG jahrelang reklamierte Beteiligung der Kirche erreicht, erhob Klaar weitreichende Forderungen, welche sich die Kirche nicht diktieren lassen konnte.[187]

2004: Ruf aus Potsdam

Nachdem die TPG eine Zusammenarbeit mit der Evangelischen Kirche aufgekündigt hatte, erging am 15. Januar 2004 auf Initiative von Dr. Hans-Peter Rheinheimer der »Ruf aus Potsdam«, in dem folgende Zielsetzung formuliert ist: »Die Garnisonkirche soll zukünftig als offene Stadtkirche ein Gotteshaus für Suchende und Glaubende werden. Der befreiende Ruf des Evangeliums soll von hier wieder erschallen. In diesem Gotteshaus könnte zukünftig das Gedächtnis geprägte, das Gewissen geschärft und die Zukunst gestaltet werden.«

Ministerpräsident Matthias Platzeck, Innenminister Jörg Schönbohm und Bischof Prof. Dr. Wolfgang Huber übernahmen gemeinsam die Schirmherrschaft über das Wiederaufbauprojekt. Die anschließend in Potsdam gegründete »Fördergesellschaft für den Wiederaufbau der Garnisonkirche Potsdam e.V.« mit zahlreichen Projektgruppen und Freundeskreisen wurde nun zur treibenden Kraft des Wiederaufbaugedankens – in engem Zusammenwirken mit der Evangelischen Kirche und der Landeshauptstadt Potsdam, deren Stadtverordnetenversammlung am 23. Januar 2002 die Unterstützung des Wiederaufbaus beschloss.

Am 14. April 2005, dem 60. Jahrestag der »Nacht von Potsdam«, fand unter großer öffentlicher Beteiligung in Anwesenheit der beiden Schirmherren die Grundsteinlegung zum Wiederaufbau statt. Einige Monate später war ein

»Ruf aus Potsdam« vom 15. Januar 2004 – vorn, v. l. n. r.: Superintendent Bertram Althausen, Innenminister Jörg Schönbohm, FWG-Gründer Hans-Peter Rheinheimer, Ministerpräsident Matthias Platzeck, Oberbürgermeister Jann Jakobs, Bischof Wolfgang Huber

Gewölbebogen als wiedererrichetes Segment der 1950 im Sockelgeschoss des Turmes eingerichteten Heilig-Kreuz-Kapelle fertiggestellt. In einer bewegenden Feier am 3. September 2005 setzte Dr. Gebhard Falk den Schlussstein. Er war einer der vier Stadtverordneten, die 1968 gegen den Abriss der Kirche gestimmt hatten. Statt die Kräfte für den Wiederaufbau nun zu bündeln, löste sich am gleichen Tag die Traditionsgemeinschaft Potsdamer Glockenspiel (unter vorherigem Ausschluss derjenigen Mitglieder, die für den Weiterbestand des Vereins eintraten) auf und transferierte die bisher gesammelten 5,5 Millionen Euro an die 2001 – ebenfalls von Max Klaar – initiierte »Stiftung Preußisches Kulturerbe« (die sie dem Wiederaufbauprojekt seither vorenthält). Nur wenige durchschauten die Hintergründe und ließen ihre Spendenbeträge auf die FWG übertragen oder banden sie an einen konkreten Bauzweck, darunter der Versandhausgründer Werner Otto, der seine 1,5 Millionen-Spende ausdrücklich für die Rekonstruktion der Wagner-Orgel bestimmte.

2008: Gründung der Stiftung Garnisonkirche Potsdam

Der 2006 zum Vorsitzenden der FWG gewählte Johann Peter Bauer setzte sich vehement für die

Grundstein-Plakette, Aufnahme Daniel Wetzel, 2005

Gründung einer Stiftung ein, welche die Funktion des Bauherrn, Eigentümers und Betreibers übernehmen sollte. Am 23. Juni 2008, auf den Tag genau 40 Jahre nach der zweiten Turmsprengung der Garnisonkirche, fand im Anschluss an einen Festgottesdienst in der Nikolaikirche die Gründung der Stiftung statt. Nach Anerkennung durch das Brandenburgische Ministerium des Innern erfolgte die Eintragung in das Stiftungsverzeichnis des Landes Brandenburg am 8. Dezember 2008 unter der Nummer 150. Zweck und Ziel ist der Wiederaufbau der Potsdamer Garnisonkirche, die als offene Stadtkirche, als Symbolkirche und als Schule des Gewissens genutzt werden und das verdorbene Stadtbild an historischer Stelle heilen soll. Eingedenk ihrer wechselvollen Geschichte soll sie nach derzeitigem Planungsstand (2015) auch an die Widerstandskämpfer des 20. Juli 1944 und an die Opfer zweier Diktaturen gemahnen.

2011: Die Wiederaufbauplanung

Die jahrzehntelangen intensiven Archivforschungen des Verfassers flossen in das virtuelle Aufmaß ein, das 2011 durch das Potsdamer Architekturbüro Bernd Redlich erstellt wurde. Sämtliche anhand der historischen Unterlagen nachvollziehbaren Details, vom verwendeten Baumaterial bis zu den Profilen der Gesimse und Ausstattungen, flossen in die computeranimierte, dreidimensionale Rekonstruktion des gesamten Äußeren und Inneren der Garnisonkirche ein.

Auf der Grundlage dieser historisch getreuen Darstellung entwickelte das Architekturbüro Hilmer & Sattler und Albrecht in Berlin das Wiederaufbauprojekt bis zur Entwurfsplanung. 2012 folgte die Planung von Turm und ehemaligen Treppenhäusern bis zur Genehmigungsreife.

Die detaillierte, maßstabsgerechte, dreidimensionale Aufmaßrekonstruktion erarbeitete das Architekturbüro Bernd Redlich (Potsdam). Die für das Bauvorhaben gebildete Arbeitsgemeinschaft besteht aus folgenden Planungsbüros: Projektsteuerung: teamproject GbR (Sitz Berlin), Gesamtplanung: Hilmer & Sattler und Albrecht (Berlin), Architektur: Architekturbüro Selle (Berlin), Steintechnik: Thomas Bolze (Potsdam), Landschaftsarchitektur: Bernard und Sattler Landschaftsarchitekten (Berlin), Brandschutz-, Tragwerkplanung: Krone Hamann Reinke Ingenieurbüro (Berlin), Haustechnikplanung: Innius DÖ GmbH (Dresden), Akustik-, Bauphysik-, Immissionsschutzplanung: Müller-BBM GmbH (Sitz Berlin), Geologie: Brandenburger Bauingenieure und Geotechniker GmbH (Potsdam), Vermessung: Malon und Cuda Vermessungsbüro (Potsdam).

Wie vom künftigen Nutzer gewünscht, wurden in den Turmetagen und den beiderseits angefügten ehemaligen Treppenhäusern in drei

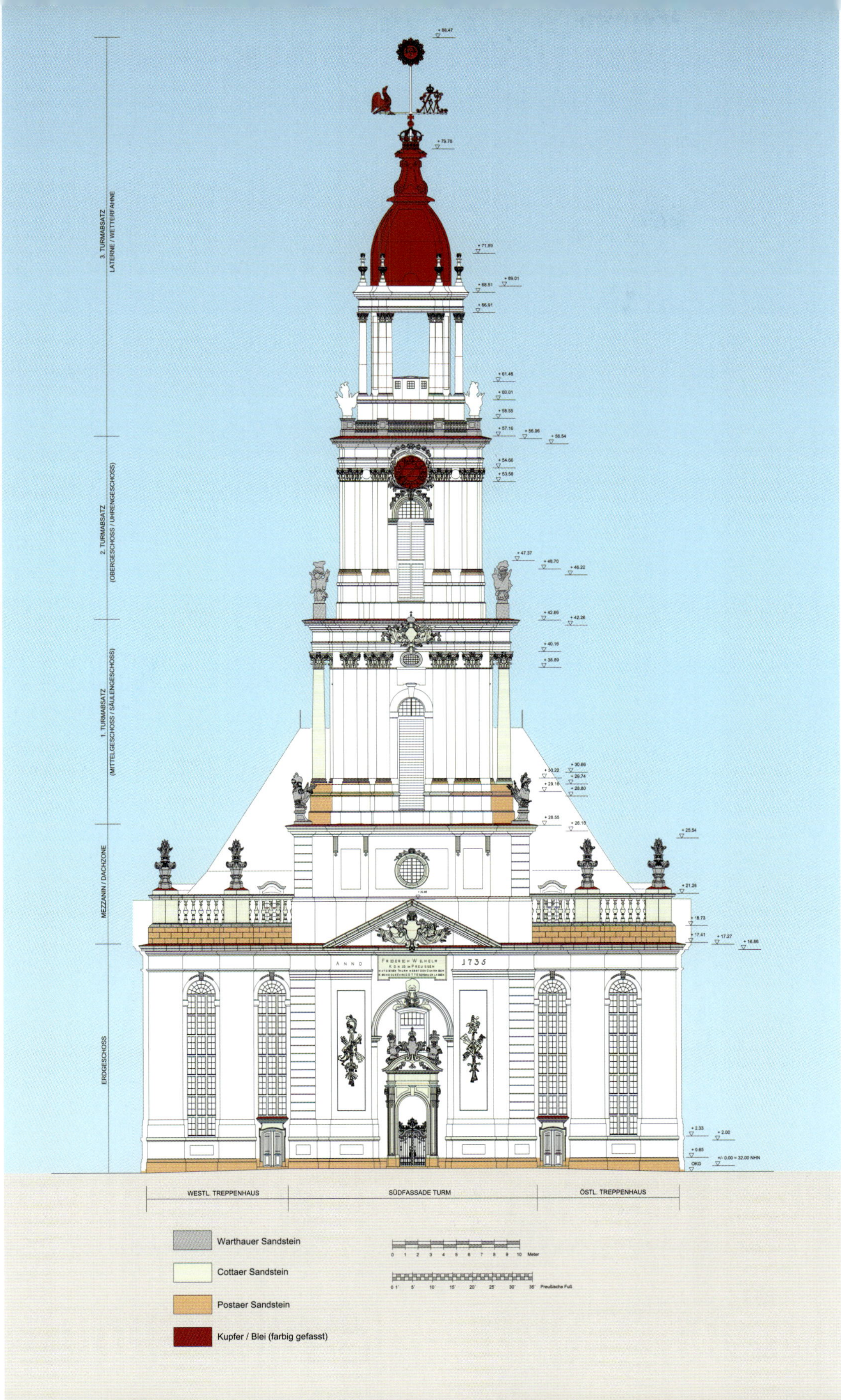

Planung der Arbeitsgemeinschaft Wiederaufbau Garnisonkirche Potsdam – 1. BA Turm – Fassadenaufriss mit Angabe der Materialien für die Oberflächen der Außenhaut

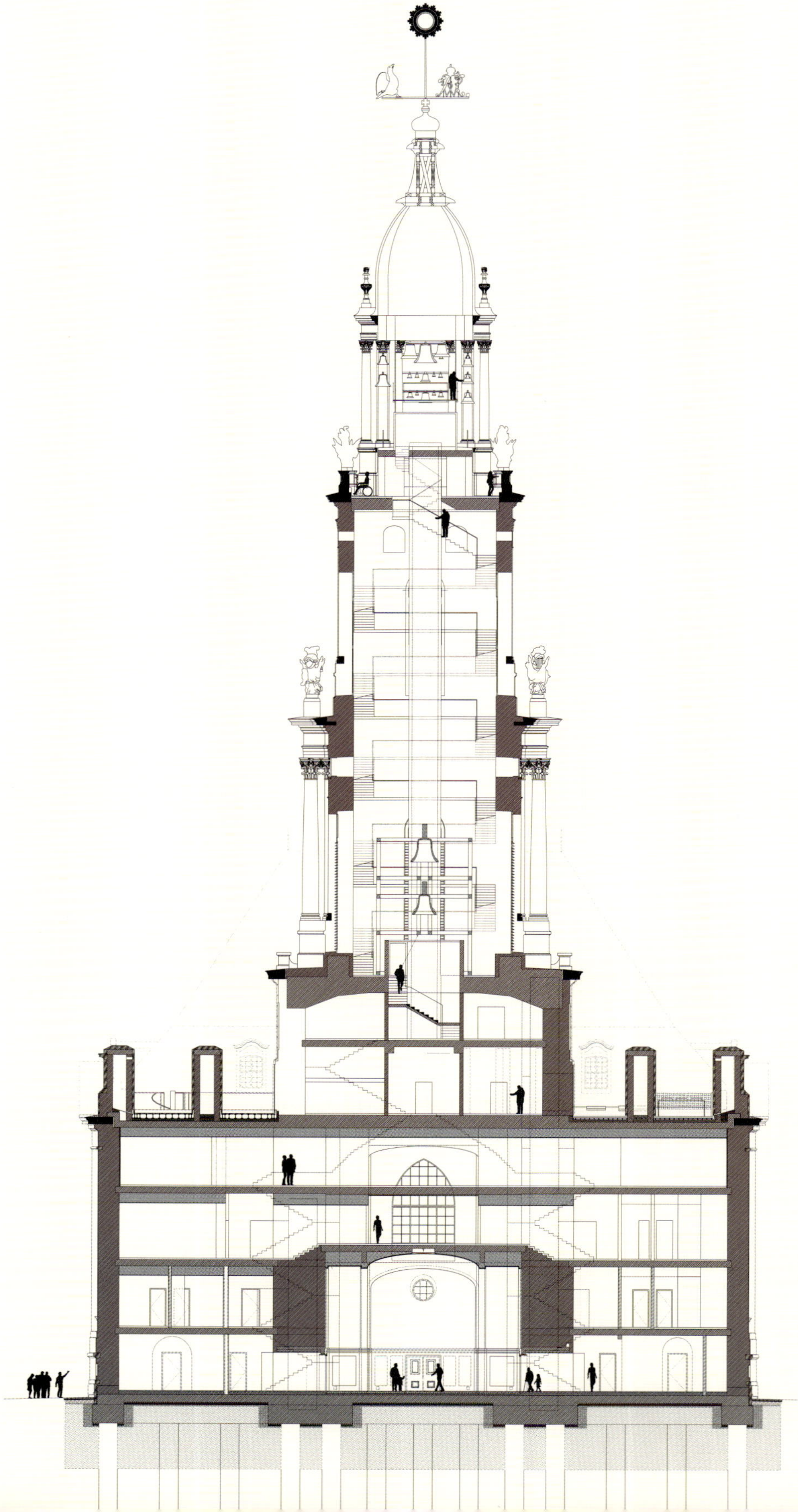

Planung der Arbeitsgemeinschaft Wiederaufbau Garnisonkirche Potsdam – 1. BA Turm – mit zentraler Kapelle mit 100 Plätzen, über 300 Quadratmetern Ausstellungsfläche, Tagungs-, Büro- und weiteren Räumen sowie der rollstuhlgerecht erreichbaren Aussichtsplattform

Geschossen Funktionsräume eingeplant. Deren Gestalt weicht vom historischen Vorbild ab, während das Äußere und der eigentliche Kirchenraum, dessen Bau in einem zweiten Bauabschnitt folgen wird, originalgetreu rekonstruiert werden sollen. Die Turmplattform in 56 Metern Höhe wird auch von Rollstuhlfahrern genutzt werden können.

Modell des ersten Bauabschnittes – Turm und Turmseitenflügel, hergestellt von »werk 5 digital craft«, Aufnahme Wieland Eschenburg, 2015

Der wiederaufgebaute Innenraum als Computersimulation von Andreas Hummel, Arte4D/Dresden, 2015

Epilog: Die neue Potsdamer Mitte

Nach dem großen britischen Bombenangriff in der Nacht vom 14. zum 15. April 1945 ragte der ausgebrannte Turmstumpf der Garnisonkirche aus den Trümmern. Die Kuppel der Nikolaikirche war lediglich an einer Stelle durchschlagen worden, und der Turm der Heiligengeistkirche war nahezu unversehrt geblieben, doch beide fielen den Kampfhandlungen am 26. April zum Opfer, als sie von sowjetischen Artilleriegeschossen getroffen wurden. Trotzdem war eine Wiederherstellung der berühmtesten Potsdamer Bauten, darunter auch des Stadtschlosses, möglich und bis in die Mitte der 1950er Jahre sogar geplant.

Die Verantwortlichen der Ulbricht-Ära formten das Stadtzentrum Potsdams ohne Rücksicht auf historisch gewachsene Strukturen derart brutal um, dass ihm selbst die 1950 rekonstruierte Kuppel der Nikolaikirche kaum Unverwechselbarkeit zurückzugeben vermochte. Dem Abriss des intakten Berliner Tores 1951 folgten 1960 die des Stadtschlosses und des Kirchenschiffs der Heiligengeistkirche. Eine erhebliche Einbuße für die Atmosphäre der Stadt war die Zuschüttung des Stadtkanals 1964–69. Weitere Sprengungen tilgten 1966 das ausgebrannte Schauspielhaus, 1968 die Garnisonkirche und noch 1974 das Turmmassiv der Heiligengeistkirche aus dem Stadtbild.[1] Der Abrisswut fielen nicht nur solch hervorgehobene Bauten, sondern reihenweise barocke Bürgerhäuser zum Opfer – nachweislich mehr historische Substanz als dem Krieg. In der alten Stadtmitte eroberte die Raster-Architektur der Plattenbauten immer mehr Raum. So wird das Innenstadtgebiet östlich des Alten Marktes gar nicht mehr als dem Zenturm zugehörig empfunden, und die mitten auf dem Platz stehende Nikolaikirche ist an den Rand gedrängt. Das erklärte Ziel der sozialistischen Stadtplaner, Potsdams Zentrum ein neues Gesicht zu geben, ist zwar bis zur Wende 1989 nur bruchstückhaft umgesetzt worden, hat aber dennoch das Stadtbild bis zur Unkenntlichkeit entstellt.

Schon einmal, in der sogenannten Gründerzeit nach 1871, gab es eine Stadtentwicklungsphase, die zu wenig Verständnis für den besonderen Reiz des kleinstädtischen Charakters der einstigen Barockresidenz zeigte und unmaßstäbliche Bauten zuließ. Ausgerechnet in der Zeit der Nazidiktatur, die sonst nicht zimperlich im Errichten von Großbauten war, kam es zu einer Rückbesinnung auf die Qualität des barocken Stadtbildes. Überall wurden die Schaufensterlöcher der Erdgeschosse wieder verkleinert, die Putzfassaden mit historisch überlieferten Farbfassungen versehen. Es erfolgten sogar Rückbauten der schlimmsten Bausünden, und Hans Kania, der damals beste Kenner der Potsdamer Baugeschichte, wurde zum Hüter des Stadtbildes – eingesetzt vom Oberbürgermeister und NSDAP-Mitglied Hans Friedrichs.

Blick vom Alten Markt in die wiedererstehende Humboldtstraße mit rekonstruierten Barockfassaden, rechts der Landtag mit der wiederhergestellten Stadtschloss-Fassade und der Obelisk, Aufnahme Andreas Kitschke, November 2015

Alter Markt mit Blick zur Garnisonkirche, Gemälde von Wilhelm Barth, um 1823
Die im linken und mittleren Bildbereich dargestellten Gebäude sind bis 2015 bereits wiedererstanden, die Blockbebauung hinter dem Obelisken befindet sich in der Planung – die Garnisonkirche im Hintergrund fehlt noch …

Nach 40 Jahren real-sozialistischer Baupolitik war die überkommene Substanz in desolaten Zustand geraten. Nach der deutschen Wiedervereinigung konnte die noch erhaltene originale Bausubstanz gerettet und dank der Stringenz der städtischen Denkmalpflegebehörde vorbildlich saniert werden. Zukunftsweisend für die städtebauliche Entwicklung beschloss die neue Stadtverordnetenversammlung am 24. Oktober 1990 die behutsame Wiederannäherung an den historischen Stadtgrund- und -aufriss in der Potsdamer Mitte. Dazu gehört neben der Wiederherstellung des Straßennetzes (vor allem im Bereich des Alten Marktes, dessen Platzgestalt bis 1945 europäischen Rang besaß) auch die Rekonstruktion des Stadtkanals. Zwangsläufig ergab sich auch die Notwendigkeit einer weitgehenden Verkehrsberuhigung, die wiederum dem Tourismus als einem wesentlichen Wirtschaftsfaktor der Stadt entgegenkommen sollte. Der Rückbau maßstabsprengender Gebäude begann 1991 mit dem Abriss des Theater-Rohbaues am Alten Markt, setzte sich im Herbst 2009 fort mit dem an Stelle der friderizianischen Alten Post 1971 errichteten ›Reisebüro-Hochhaus‹ und im Frühjahr 2011 mit dem »Wasserwirtschaftsgebäude«. Unter dem Vorwand des »Erhalts von DDR-Baukultur« wurde das Bibliotheksgebäude am Platz der Einheit 2011–13 nach Plänen des Architekten Reiner Becker völlig überformt. Vorlaut und kantig dominiert es die Umgebung und verleugnet seinen Ursprung als DDR-Architektur.

Solche städtebaulichen Fehlentscheidungen sind leider auch an anderer Stelle in Potsdams Mitte gefällt worden – so in der sogenannten Speicherstadt am Südufer der Havel, am Fuße des Brauhausberges. Die dort seit Beginn des dritten Jahrtausends entstehende, viel zu enge und hohe Bebauung treibt einen Riegel zwischen die Innenstadt und die Teltower Vorstadt. Der

Blick von der Nikolaikirche auf das Fortunaportal während der Fundamentfreilegung des Stadtschlosses, Aufnahme Ivo Dressler, Februar 2007

Brauhausberg, über Jahrhunderte Blickfang und schönster Aussichtspunkt auf die Innenstadt, droht dahinter zu verschwinden. Das Unverständnis für die Einmaligkeit der Sichtachsenbeziehungen oder deren Ignorierung wird sich bitter rächen, wenn die sanften Anhöhen hinter den spiegelnden Wasserflächen nicht mehr wahrnehmbar sein werden!

Doch es scheint ein Umdenken einzusetzen. Auf Initiative und mit Mitteln des bekannten Fernsehmoderators Günther Jauch wurde 2000–02 das Fortunaportal des Stadtschlosses auf den historischen Fundamenten originalgetreu wiedererrichtet. Insbesondere zwei Potsdamer Architekten sind hier zu nennen: Auf der Grundlage einer Machbarkeitsstudie von Christian Wendland folgte die Rekonstruktionsplanung und Baubetreuung durch Bernd Redlich.

Es bedurfte dann allerdings weiterer harter Kämpfe der Bürgerinitative »Mitteschön« und einer großzügigen Spende Hasso Plattners von 20 Millionen Euro, bis in den Jahren 2010 bis 2013 der Brandenburgische Landtag in der historischen, 1744 von Georg Wenzeslaus von Knobelsdorff entworfenen Außengestalt des Potsdamer Stadtschlosses annähernd originalgetreu wiedererstand. Allerdings hat der Architekt Peter Kulka dabei einige nutzungsbedingte, aber zugleich selbstgefällige Änderungen vorgenommen. Er verhinderte auch die ursprünglich vorgesehene Rekonstruktion des historischen Treppenhauses unter Verwendung erhaltener »Spolien«.

Von diesem eminent wichtigen historischen Kern der ganzen Stadtanlage Potsdams und den noch bestehenden Leitbauten im Umkreis des Alten Marktes – der Nikolaikirche, dem Alten Rathaus mit dem sogenannten Knobelsdorffhaus, dem letzten erhaltenen Acht-Ecken-Haus – ausgehend, wurde 2010 durch ein Team

Wiederaufgebautes Fortunaportal, Aufnahme Andreas Kitschke, 2014

von Architekten, Stadtplanern und Standortentwicklern ein »Integriertes Leitbautenkonzept« erstellt, das am 1. September 2012 die Zustimmung der Stadtverordnetenversammlung fand.[2] Mit dem Ziel der Rückgewinnung der historischen Stadtraumstrukturen wurde untersucht, welche der Vorkriegsbauten derart charakteristisch waren, dass die Rekonstruktion ihrer Fassaden geboten erschien. Ausschlaggebend war, ob ausreichend detaillierte Unterlagen hierfür zur Verfügung stehen. Schließlich einigte man sich auf einen Leitbau (Palast Barberini), sieben Leitfassaden sowie fünf Bauten mit besonderen Gestaltvorgaben, die an die historische Bauform erinnern. Alle übrigen Grundstücke sollen Einzelbauten in moderner Architektur erhalten, die sich an den Grundstücksbreiten, Trauf- und Firsthöhen der früheren Bebauung orientieren. Im Unterschied zum Vorbild des Neumarktes in Dresden sollten nicht ganze Quartiere an Investoren vergeben, sondern Einzelparzellen gebildet werden, die etwa dem Vorkriegszustand entsprechen.[3] Die Absicht der Planungsbeteiligten war die bruchlose Anbindung der neuen Potsdamer Mitte an die daran angrenzenden historischen Stadtquartiere. Die Krönung dieser Stadtentwicklung wäre zweifellos die wiedererstandene Garnisonkirche mit ihrem weit in die Landschaft hineinwirkenden Glockenspielturm als einzigartiger Aussichtspunkt auf ein attraktives Stadtbild.

Blick von der Freundschaftsinsel auf die Uferbebauung Humboldtstraße 1-6 des wiedererstehenden Zentrums, Aufnahme Andreas Kitschke, November 2015

Anhang

Zeittafel zur Geschichte Potsdams und seiner Garnisonkirche

Napoleon in der Gruft, Illustration »Die Woche« vom 15. April 1933

1539 Am 1. November nimmt Kurfürst Joachim II. in der Spandauer Nikolaikirche am ersten evangelischen Gottesdienst teil; nach damaligem Recht wird die Mark Brandenburg nun lutherisch.

1540 Der Kurfürst erlässt eine Kirchenordnung; die »neue Lehre« wird dabei behutsam eingeführt. Die Pfarrer tragen weiter die alten Messgewänder, lassen sich von Ministranten assistieren und singen die Liturgie. Doch ist der Zölibat abgeschafft, Predigt und Abendmahlsfeier folgen der lutherischen Lehre.

1613 Am 25. Dezember erfolgt der Übertritt des Kurfürsten Johann Sigismund zur reformierten (calvinistischen) Konfession, wobei er auf Anwendung des Rechtsgrundsatzes »cuius regio eius religio« (wes die Herrschaft, des die Religion) verzichtet. Seitdem waren Herrscherhaus und ein Gutteil des Hofstaates reformiert, die Bevölkerung überwiegend lutherisch.

1657 Kurfürst Friedrich Wilhelm beginnt mit dem Ausbau der Stadt Potsdam zur zweiten Residenz.

1660 Durch den Vertrag von Oliva wird das Herzogtum Preußen (das spätere Ostpreußen) als souveräner Besitz Brandenburgs anerkannt und damit die Grundlage für das spätere Königreich geschaffen.

1661 Der Kurfürst erlässt das erste Einwanderungspatent zur Repeuplierung der durch die Folgen des Dreißigjährigen Krieges noch immer weitgehend entvölkerten Landes (bis 1683 folgen weitere sechs solcher Patente). Es kommt zur Ansiedlung von Emigranten, vor allem aus den Niederlanden, der Pfalz, der Schweiz.

1664 Kurfürst Friedrich Wilhelm erlässt am 16. September ein (zweites) Toleranzedikt, das Reformierten und Lutheranern das gegenseitige Verketzern verbietet.

1671 Mit einem Edikt vom 21. Mai kommen 50 aus Wien vertriebene jüdische Familien nach Brandenburg; allerdings werden nur Anwärter mit einem Mindestvermögen von 10.000 Talern angenommen.

1675 Mit nur 5.700 Mann entscheidet Kurfürst Friedrich Wilhelm am 28. Juni 1675 gegen eine schwedische Übermacht von 11.000 Soldaten die »Schlacht bei Fehrbellin« für sich und schafft damit die Grundlage für den Aufstieg Brandenburgs. Er wird fortan der »Große Kurfürst« genannt.

1685 Zur Hebung der Landeskultur verfügt der Große Kurfürst am 5. März, dass die Pfarrer keine Paare mehr trauen dürfen, die nicht zuvor sechs Obstbäume gepfropft und sechs junge Eichen gepflanzt haben.

Am 29. Oktober (nach gregorianischem Kalender am 8. November) 1685 erlässt der Große Kurfürst das »Edikt von Potsdam«, in dessen Folge sich etwa 10.000 protestantische Glaubensflüchtlinge aus Frankreich (Hugenotten) in Brandenburg niederlassen. Sie tragen wesentlich zum wirtschaftlichen Aufschwung bei.

1690 Es erfolgt die Ansiedlung von etwa 1.875 Schweizer Kolonisten, unter anderem in Nattwerder (heute Stadtteil von Potsdam).

1700 Am 11. Juli erhält Berlin (als dritte europäische Stadt) eine Sozietät der Wissenschaften.

1701 Kurfürst Friedrich III. gründet durch seine Selbstkrönung am 18. Januar in Königsberg das Königreich Preußen. In Potsdam errichtet Jean de Bodt aus diesem Anlass das Fortunaportal des Stadtschlosses.

1713 Bei seinem Regierungsantritt wählt Friedrich Wilhelm I., der später so genannte »Soldatenkönig«, Potsdam zu seiner ständigen Residenz und macht es zur Garnisonstadt.

1714 *Die Schlosskapelle im Stadtschloss wird nach dem Einbau von Emporen zur Garnisonkirche. Die deutsch-reformierte Hofgemeinde, die französisch-reformierte Gemeinde und die lutherische Garnisongemeinde nutzen sie simultan.*

1721 *Der Bau der ersten Garnison- und reformierten Stadtkirche für die Hof- und Soldatengemeinde (durch Reformierte und Lutheraner simultan genutzt) beginnt.*

1722 *Am 1. Januar wird die (erste) Garnisonkirche eingeweiht. Vom Turmaufsatz erschallt erstmals das 35-stimmige Glockenspiel des Holländers Jan Albert de Grave. Am folgenden Tag erlässt Friedrich Wilhelm I. ein handgeschriebenes »Reglement«, das Einzelheiten der Nutzung für die reformierte und die lutherische Gemeinde regelt.*

1722 Am 1. November werden das Große Militärwaisenhaus und seine eigens gebaute Kirche eingeweiht. Mehrere Säle stehen anderen Glaubensgemeinschaften zur Verfügung.

1723 Der Bau einer ersten katholischen Kapelle in Potsdam wird vollendet.

1724 Am 12. November wird die neue lutherische Stadtkirche St. Nikolai am Alten Markt eingeweiht.

1726 Als Simultankirche für Reformierte und Lutheraner wird am 10. November die Heiligengeistkirche eingeweiht (Turmbau 1728 vollendet).

1728 *erlässt Friedrich Wilhelm I. eine Ordre an die Hof- und Garnisonprediger Cochius und Carsted zur Kanzelabkündigung »auff was art und Weise es fortmehr hierselbst bey denen Hochzeiten, Kindtauffen, und Begränbissen, so wohl bey Soldaten alß Bürgern gehalten werden soll«. Sie wirkte der häufigen Verarmung der Bevölkerung durch solche Festlichkeiten entgegen.*

Das Königspaar über dem Panorama der erweiterten Stadt Potsdam, Kupferstich von Johann Georg Wolfgang, 1730

1730 *Wegen des sumpfigen Baugrundes sinkt eine Seite der Garnisonkirche ein; am 14. Juli 1730 befiehlt der König die Abnahme des Glockenspiels und den Abbruch des Turmaufsatzes. 10. September: Der letzte Gottesdienst wird in der alten Garnisonkirche gehalten; im Oktober folgt der Abbruch. An gleicher Stelle wird die neue Kirche errichtet.*

1731 Im Potsdamer Militärwaisenhaus lässt Friedrich Wilhelm I. für muslimische Tataren, die in seiner Armee dienen, einen Saal als Moschee einrichten und stellt einen Imam an. Dies ist die erste islamische Gebetsstätte in Deutschland.

1732 *Am 17. August weihen Hofprediger Christian Johann Cochius und Garnisonprediger Johann Gottfried Hornejus die neue Hof- und Garnisonkirche zum Gebrauch beider evangelischer Konfessionen ein. Zur Abendmahlsfeier dient der sog. Feldaltar aus der Vorgängerkirche (erhalten). Zugleich wird die große Orgel von Joachim Wagner (1690–1749) mit 42 Registern auf drei Manualen und Pedal sowie einem chromatischen Glockenspiel eingeweiht.*
Das auch in der Bevölkerung gewachsene Toleranzbewusstsein äußert sich 1732 darin, dass auch Juden und Katholiken den vertriebenen Protestanten aus Salzburg helfen: »Den 30. April und 1. May Abends um 6 Uhr kamen die vertriebenen Saltzburger an der Zahl bei 800 hier an [...] Se. Königl. Majestät haben dieselben zu Potsdam in offenen Feld speisen lassen, sind selbst hinaus zu Ihnen gekommen, und haben sie getröstet. [...] Von denen Evangelischen Einwohnern ward Ihnen sehr viel Gutes gethan, wie denn auch selbst die Römisch Katholischen Einwohner Ihnen große Barmherzigkeit erwiesen, ja sogar Juden haben eine Summa Geldes zusammengebracht.«

Friedrich Wilhelm I. empfängt die Salzburger Emigranten im Frühjahr 1732 vor Potsdam, Historiendarstellung, 1927

1734 Am 11. April wird für russische Soldaten in der preußischen Armee die am Nordende des »Langen Stalls« errichtete »Moskowitische Kirche« eingeweiht. Als erste russisch-orthodoxe Kirche auf deutschem Boden bleibt sie bis 1755 in Nutzung.

1735 *Am 21. Januar befiehlt Friedrich Wilhelm I., in der Garnisonkirche ein marmornes »Königliches Monument«, bestehend aus Gruft und Kanzelaufbau, errichten zu lassen. Zu beiden Seiten finden die allegorischen Marmorstatuen »Mars« und »Bellona« von Johann Georg Glume Aufstellung.*
Anlässlich der Vollendung des Glockenturmes besuchen König und Kronprinz am 2. August das Glockenspiel, das nun auf 40 Glocken erweitert und neben dem Walzenbetrieb mit einem Stockenspieltisch zum freien Spiel ausgestattet ist.

1736 Der »Soldatenkönig« lässt die noch immer getragenen katholischen Gewänder und die gesungene Liturgie im lutherischen Gottesdienst »ohne viel Geräusch« abschaffen.

1738 21. September: Weihe der neuen, mit 1.000 Plätzen im Hof der Gewehrfabrik errichteten katholischen Garnisonkirche St. Peter und Paul (sie bleibt bis zum Bau der Kirche auf dem Bassinplatz 1870 bestehen).

1740 *Am 31. Mai stirbt Friedrich Wilhelm I. und wird am 22. Juli in der Gruft der Garnisonkirche beigesetzt.*
Am 3. Juni erlässt Friedrich II. eine Kabnettsordre zur Abschaffung der Folter. Im Dezember beginnt er den Ersten Schlesischen Krieg.

1744 Im August marschiert die preußische Armee in Böhmen ein; es beginnt der Zweite Schlesische Krieg. Er endet am 25. Dezember 1745 mit dem Dresdener Friede. Schlesien ist nun preußisch.

1747 *Am 7. und 8. Mai besucht Johann Sebastian Bach Potsdam und wird zu allen hier befindlichen Orgeln geführt. Die Wagner-Orgel der Garnisonkirche soll er für ein »gar prächtig Werck« erklärt haben.*
In der Heiligengeistkirche gibt Johann Sebastian Bach am 8. Mai 1747 ein öffentliches Orgelkonzert.

1750 Friedrich der Große lässt die Weberkolonie »Nowawes« für lutherische Glaubensflüchtlinge aus Böhmen und Kolonisten aus anderen (deutschen) Ländern anlegen, das heutige Babelsberg.

1753 Am 6. Mai wird die Kirche in Nowawes (= Friedrichskirche Babelsberg) für böhmische und deutsche Lutheraner eingeweiht.
Die Einweihung der Französische Kirche für reformierte Einwanderer folgt am 23. September.

1756 Friedrich der Große überschreitet am 29. August die Grenze des mit Österreich verbündeten Sachsen; der Siebenjährige Krieg beginnt.

1757 Die am 28. Juni verstorbene Königinmutter Sophie Dorothea hatte testamentarisch bestimmt, nicht an der Seite ihres Mannes in der Garnisonkirche, sondern im Berliner Dom beigesetzt zu werden. So bleibt ihr Platz in der Potsdamer Gruft leer.

1763 Der Friede von Hubertusburg beendet am 15. Februar den Siebenjährige Krieg. Preußen bleibt im Besitz Schlesiens und wird so zu einer europäischen Großmacht.

1783 Mit Kabinettsordre vom 10. Oktober untersagt Friedrich der Große das »abergläubische Läuten bei Gewitter«.

1786 Am 17. August stirbt Friedrich der Große und wird – entgegen seinem testamentarischen Wunsch – *am folgenden Tag in der Garnisonkirche an der Seite seines Vaters beigesetzt.*

1788 Am 9. Juli erläßt Friedrich Wilhelm II. das »Wöllnersche Edikt«, das die lutherische Orthodoxie bevorzugte (1797 durch Friedrich Wilhelm III. aufgehoben).

1795 Am 3. September fällt die Stadtkirche St. Nikolai einem Brand zum Opfer. Die Gemeinde wird vorerst auf die anderen Potsdamer Kirchen aufgeteilt.

1797 *Auf Wunsch der Königin Luise erklingt von nun an zu jeder vollen Stunde der Choral »Lobe den Herrn« und zu jeder halben Stunde* »Üb' immer Treu' und Redlichkeit« *vom Glockenspiel (der Melodiesatz wurde dann 1862 letztmals verändert). Nur aus Anlass von Trauerfällen im Königshaus wurden die Melodiefolgen verändert.*

1805 *Am 5. November, nachts um 1 Uhr, schließt Zar Alexander I. mit Friedrich Wilhelm III. und Luise einen Bund gegen Napoleon, der jedoch erst viel später zum Tragen kommen sollte. Diese Szene spielt sich in der Gruft am Sarge Friedrichs des Großen ab.*

1806 *Nach der preußischen Niederlage bei Jena und Auerstedt vom 14. Oktober steht Napoleon am 25. Oktober vor dem Sarg Friedrichs des Großen.*

Die Heiligengeist- und die Französische Kirche dienen während der Besatzungszeit als Fouragemagazine der französischen Kavallerie, hiervon bleibt die Garnisonkirche auf Befehl Napoleons verschont.

1808 In Folge der Stein-Hardenberg'schen Reformen kommt es am 19. November zur Einführung der neuen Städteordnung.

1809 *Am 3. August folgt in der Garnisonkirche die Amtseinführung des ersten frei gewählten Potsdamer Magistrats.*

1811 Friedrich Wilhelm III. bestimmt Talar und Barett als Amtstracht für evangelische Pfarrer.

1813 Mit der Kriegserklärung Friedrich Wilhelms III. am 16. März gegen Frankreich beginnen die Befreiungskriege der Verbündeten Russland, Österreich und Preußen.
Die ersten Potsdamer Freiwilligen werden am 29. April in der Garnisonkirche vereidigt.

1814 Nach der Abdankung Napoleons wird Europa während des Wiener Kongresses neu aufgeteilt.

1815 Napoleon greift nach seiner Flucht von Elba erneut an, wird jedoch in der Schlacht bei Waterloo am 18. Juni vernichtend geschlagen.

1816 *Am 4. Juli finden überall in Preußen Dankgottesdienste statt; in der Potsdamer Garnisonkirche unter Teilnahme des Königs.*
Mit der inneren Umgestaltung durch Karl Friedrich Schinkel, der die Emporenbrüstungen mit rotem Tuch bespannen und an den Pfeilern links und rechts der Kanzel erbeutete Fahnen sowie Gedenktafeln für die Gefallenen anbringen lässt, wird die Garnisonkirche am 25. Dezember zur Gedenkstätte für die Befreiungskriege.

1817 *Zum 300. Jubiläum der Reformation findet am 31. Oktober in der Garnisonkirche unter Teilnahme des Königs der erste gemeinsame Gottesdienst von Reformierten (Kalvinisten) und Lutheranern statt. Die »Kirche der altpreußischen Union« hat bis heute in den ehemals preußischen Gebieten Bestand. Nach Entwürfen Schinkels erhält die bisher reformiert eingerichtete Garnisonkirche erstmals Kruzifix und Leuchterpaar, es folgt die Anbringung von Gemälden (Evangelisten, Szenen aus dem Leben Jesu, Apostel Petrus und Paulus).*

1827 Kronprinz Friedrich Wilhelm (IV.) heiratet nach Auseinandersetzungen mit seinem Vater die katholische Prinzessin Elisabeth von Bayern.

1829 Am 10. September 1829 wird die russisch-orthodoxe Kirche des Heiligen Alexander Newski auf dem danach benannten Potsdamer Kapellenberg geweiht.

1833 *Kronprinz Friedrich Wilhelm (IV.) entwirft bis etwa 1855 mehrere Erweiterungspläne für die Garnisonkirche, die jedoch nicht realisiert werden.*

1837 Am 13. August wird St. Peter und Paul auf Nikolskoe als Pfarrkirche für Klein-Glienicke (heute Stadtteil von Potsdam) am Havelufer nahe der Pfaueninsel eingeweiht. Die nach Plänen Schinkels neu errichtete Stadtkirche St. Nikolai wird am 17. September eingeweiht (der Kuppelbau folgt erst 1843/50).

1840 Nach dem Tod seines Vaters am 7. Juni übernimmt Friedrich Wilhelm IV. die Regierung.

1844 Einweihung der Heilandskirche Sacrow (heute Stadtteil von Potsdam) am 21. Juli.

1848 *Die neu erbaute Friedenskirche im Park von Sanssouci wird am 24. September eingeweiht und löst die Garnisonkirche als Hofkirche ab.*

1850 Durch Bildung des Evangelischen Oberkirchenrates erhält die Landeskirche am 29. Juni eine unabhängige Selbstverwaltung.

1856 *Das Innere der Garnisonkirche wird renoviert und im westlichen Treppenvorraum eine zehneckige überkuppelte Taufkapelle eingebaut.*

1864 Preußen und Österreich kämpfen erfolgreich gegen Dänemark um die Herausgabe Schleswig-Holsteins. *Die dabei erbeuteten Fahnen werden später der Garnisonkirche überwiesen.*

1866 **S**ieg Preußens gegen Österreich (3. Juli Schlacht bei Königgrätz) und das mit diesem verbündete Sachsen; Frankfurt am Main und Schleswig-Holstein werden zu preußischen Provinzen. *Auch die hierbei eroberten Fahnen gelangen in die Garnisonkirche.*

1870 *Königin Augusta stiftet ein barockes Adler-Lesepult für die Garnisonkirche.*
Die neue katholische Pfarr- und Garnisonkirche St. Peter und Paul auf dem Bassinplatz wird geweiht.

1871 Kaiserkrönung in Versailles am 18. Januar; die gottesdienstliche Handlung dabei nimmt Hofprediger Rogge von der Garnisonkirche vor.

1873 Am 10. September wird die evangelische Kirchengemeinde- und Synodalordnung erlassen, welche den »Laien« in den Gemeinden größeren Einfluss sichert.

1874 Ab 1. Oktober erfolgt die Führung der Personenstandsregister durch Standesämter (nicht mehr durch die Pfarrämter).

1880 *Eine Instandsetzung des Turmes der Garnisonkirche erfolgt.*

1886 *Am Gedenkgottesdienst zum 100. Todestag Friedrichs des Großen am 17. August in der Garnisonkirche nehmen drei Generationen der Hohenzollernherrscher teil: Kaiser Wilhelm I., Friedrich (III.) und Wilhelm (II.).*

1890 Am 18. Oktober Einweihung des Kaiser-Friedrich-Mausoleums an der Friedenskirche. Hier ist seit 1991 auch Friedrich Wilhelm I. bestattet.

1898 *Nach einem Jahr Bauzeit wird am 18. Dezember der in wilhelminischer Pracht neugestaltete Innenraum der Garnisonkirche wieder in Gebrauch genommen.*

1906 *Der Turmeingang der Garnisonkirche erhält ein schmiedeeisernes Portalgitter (erhalten).*

1910 *Vor dem »Königlichen Monument« wird ein neubarocker Marmoraltar aufgestellt; der alte »Feldaltar« kommt in die Taufkapelle.*

1914 Beginn des Ersten Weltkriegs am 1. August (ausgelöst durch die Ermordung des österreich-ungarischen Thronfolgers Franz Ferdinand am 28. Juni in Sarajevo). Am 9. August findet im Lustgarten ein Gottesdienst unter freiem Himmel für die ausrückenden Soldaten statt. *Für diese Feier wird der Feldaltar der Garnisonkirche genutzt.*

1918 des Ersten Weltkriegs: Am 9. November Ausrufung der Republik, 11. November Waffenstillstand; 28. November Abdankung des Kaisers. Preußen ist während der Weimarer Zeit SPD-regiert.
Am 24. November findet in der Hof- und Garnisonkirche eine Gedenkfeier für die im Weltkrieg Gefallenen statt.

1926 *Beginn einer umfassenden Instandsetzung des Äußeren der Garnisonkirche.*

1928 *Der Zusatz »Hof- und« wird aus dem Namen der Garnisonkirche getilgt.*

1932 Die seit 1921 von dem SPD-Ministerpräsidenten Otto Braun geführte preußische Staatsregierung, die als »rote Bastion« gilt, wird am 20. Juli 1932 durch Reichskanzler Franz v. Papen für abgesetzt erklärt und er selbst zum Reichskommissar in Preußen ernannt.

1933 In der Nacht vom 27. auf den 28. Februar 1933 brennt der Reichstag. Bei den Reichstagswahlen vom 5. März 1933 erreicht die NSDAP 43,9 Prozent der Stimmen und ist damit die stärkste Partei, gefolgt von SPD (18,3), KPD (12,3), Zentrum (11,2) und DNVP (8,0). Am 13. März werden die KPD-Abgeordneten aus dem Reichstag ausgeschlossen. *Am 21. März, dem »Tag von Potsdam«, wird die Garnisonkirche für den Staatsakt zur Eröffnung des Reichstages missbraucht. Der Evangelische Oberkirchenrat kann nur verhindern, dass auch noch die konstituierende Sitzung hier stattfindet. Politisch relevante Beschlüsse sind hier nicht getroffen worden.*

Die SPD-Abgeordneten bleiben dem Staatsakt zur Reichstagseröffnung in Potsdam geschlossen fern. Die erste Sitzung findet in der Berliner Kroll-Oper gegenüber dem abgebrannten Reichstagsgebäude statt. Das am 24. März gegen die Stimmen der SPD-Fraktion beschlossene »Ermächtigungsgesetz« setzt die Verfassung weitgehend außer Kraft.

1935 *Der langjährige Kantor und Organist der Garnisonkirche, Otto Becker, veröffentlicht im November ein »Choralbuch zu den Liedern der Deutschen Evangelischen Kirche für Militär-Musik sowie für Bläser- und Posaunenchöre«.*

1939 *Am 21. Mai erklingt erstmals ein schwingendes Geläut vom Turm der Garnisonkirche, bestehend aus vier großen Bronzeglocken (zwei davon heute in der Potsdamer Erlöserkirche, die anderen zerstört).*

1943 *Unter Geheimhaltung werden die Särge Friedrich Wilhelms I. und Friedrichs des Großen aus der Gruft entfernt; zurück bleiben der leere Sarkophag des »Soldatenkönigs« und eine Attrappe des Friedrich-Sarges.*

1944 Der Attentatsversuch vom 20. Juli gegen Hitler scheitert.

1945 *Am späten Abend des 14. April bombardiert die englische Luftwaffe Potsdam. Die Garnisonkirche scheint zunächst unversehrt, doch greift das Feuer vom benachbarten Langen Stall über. Der Feldaltar, Paramente, Altarbibeln und Kirchengeräte können während des Brandes in Sicherheit gebracht werden. Dann verwüstet ein explodierender Blindgänger das Kirchenschiff. Das oberste, hölzerne Turmgeschoss mit dem berühmten Glockenspiel wird völlig zerstört.*
Am 8. Mai ist auch für die Stadt Potsdam der Krieg zu Ende. Viele militärische Einrichtungen, doch auch Privathäuser werden von der Sowjetarmee beschlagnahmt und bis zum Ende der DDR-Zeit besetzt.

1949 *Am 25. Juli folgt auf Beschluss der evangelischen Kirchenleitung die Umbenennung der Garnisonkirche in »Heilig-Kreuz-Kirche«*

1950 *Im Erdgeschoss des baulich gesicherten Turmes wird am 18. Juni die »Heilig-Kreuz-Kapelle« eingeweiht. Aus Resten des zerstörten Glockenspiels hatte man in Apolda zwei neue Bronzeglocken gegossen, die fortan zum Gottesdienst riefen.*

1952 18. September werden der 55 Meter hohe Glockenturm und die Ruine der 1941 stark beschädigten Bethlehemkirche in Babelsberg gesprengt.

1959 Abtragung des Potsdamer Stadtschlosses (bis 1960).

1962 *Gemeindeglieder beginnen mit Aufräumungsarbeiten im Kirchenschiff der Garnisonkirche.*

1966 *Im Frühjahr wird die Turminstandsetzung durch Einzug von Stahlbetondecken begonnen.*
Ein am 29. September durch die staatliche Bauaufsicht verhängter Baustopp verhindert die Fertigstellung der obersten Deckenebene im Turm. Am 1. November wird der Gemeinde Nutzungsverbot erteilt.

1967 *Beim Politbüro der SED wird am 23. Dezember die Vorlage für einen Ersatzbau – ein Datenverarbeitungszentrum – anstelle der Garnisonkirche eingereicht.*

1968 *Am 15. Februar wird durch die SED-Verantwortungsträger der Auftrag an die Sprengfirma erteilt, am 7. März besichtigt ein Sprengmeister die Kirchenruine; das Vorhaben wird offiziell jedoch weiter bestritten.*

Am 2. Mai Überbringung des Enteignungsbeschlusses an den Gemeindepfarrer, darauf findet am späten Abend ein letzter Gottesdienst in der Heilig-Kreuz-Kapelle statt. Es folgt vom 6. bis 8. Mai die Sprengung des Kirchenschiffs, am 19. Mai die des Turms. Die missglückte Turmsprengung wird am Sonntag, dem 23. Juni, wiederholt.

1974 Am 20. April 1974 wird die Turmruine der Potsdamer Heiligengeistkirche gesprengt.

1984 In Iserlohn wird die »Traditionsgemeinschaft Potsdamer Glockenspiel e.V.« gegründet. Die ersten neun Glocken entstehen bis zum 30. November.

1987 Das zwischenzeitlich erweiterte Glockenspiel hat mit 40 Glocken den Umfang des Originals erreicht und wird am 17. Juni in Iserlohn eingeweiht.

1989 Politischer Zusammenbruch der »DDR«: Am 9. November fällt die Mauer zwischen Ost und West.

1990 Am 21. Oktober beschließt die Stadtverorndetenversammlung die behutsame Wiederannäherung an den historischen Stadtgrund- und -aufriss.

1991 *Potsdam erhält das Glockenspiel zum Geschenk; seit dem 14. April erklingt es auf der Plantage, nicht weit vom ursprünglichen Standort der Garnisonkirche.*

1993 *Beschluss der evangelischen Kreissynode gegen den Wiederaufbau der Garnisonkirche.*

1999 Die Stadtverorndetenversammlung beschließt am 27. Januar die Wiedererrichtung des Fortunaportals vom Stadtschloss. Es wird nach der Ausführungsplanung und unter der Leitung des Architekten *Bernd Redlich* auf den erhaltenen Fundamenten in originaler Bauweise rekonstruiert und am 12. Oktober 2002 vom Stifter, dem Fernsehmoderator *Günther Jauch*, feierlich der Stadt übergeben.

2001 *Am 26. Juli wird das kirchliche Nutzungskonzept für den wiederaufzubauenden Turm der Garnisonkirche vorgestellt: »Veränderung ist möglich – The Spirit of Change«.*
Auf der am 26./27. September tagenden Kreissynode wird das Nutzungskonzept angenommen. Die Kirchenleitung stimmt am 9. November ebenfalls zu.

2002 *Die Stadtverordnetenversammlung der Landeshauptstadt Potsdam beschließt am 23. Januar die Unterstützung des Konzeptes. Am 13. April wird eine erste »Gemeinsame Erklärung« von Vertretern der Evangelischen Kirche und der »Traditionsgemeinschaft Potsdamer Glockespiel e. V.« veröffentlicht, aus der Konsens- und Dissenspunkte deutlich werden. Ein zweites Gespräch vom 24. Juni bringt ebenfalls keine Einigung.*

2003 *Am 31. Mai eröffnet der Kirchenkreis Potsdam anlässlich des ersten Ökumenischen Kirchentags in den Räumen eines ehemaligen Cafés die »Ausstellung zur Garnisonkirche« (20 Meter vom einstigen Standort der Garnisonkirche). Zugleich wird eine Internetpräsenz gestartet.*

2004 *Am 20. Juli, dem 60. Jahrestag zum Gedenken an den militärischen Widerstand gegen Hitler, wird der Garnisonkirche das Nagelkreuz von Coventry verliehen. Die Festansprache hält Domkapitular Paul Oestreicher aus Coventry.*

2005 *Mit dem »Ruf aus Potsdam« tritt am 15. Januar die neue Initiative zum Wiederaufbau der Garnisonkirche in die Öffentlichkeit. Die Gründung der »Fördergesellschaft für den Wiederaufbau der Garnisonkirche Potsdam e. V.* « folgt am 28. Januar.

Am 14. April, dem 60. Jahrestag des englischen Luftangriffs auf Potsdam, wird durch die drei Schirmherren Bischof Dr. Wolfgang Huber, Ministerpräsident Matthias Platzeck und Innenminister Jörg Schönbohm auf dem erhaltenen Turmfundament der Grundstein zum Wiederaufbau der Garnisonkirche gelegt. Kreissynode und Kirchenleitung der Evangelischen Kirche beschließen das Nutzungskonzept, wonach das wiederaufgebaute Gotteshaus als offene Stadtkirche, Symbolkirche und internationales Versöhnungszentrum dienen soll.

Am 3. September wird der Schlussstein in den Gewölbebogen gesetzt. Am gleichen Tag löst sich die Traditionsgemeinschaft Potsdamer Glockenspiel e. V. auf.

2006 *Am Standort der Garnisonkirche, in der ehemaligen Mensa des Rechenzentrums, wird am 23. Juni die zweite Ausstellung zur Garnisonkirche eröffnet.*

2007 Am 4. Juli fällt der Beschluss der Stadtverordnetenversammlung zum Landtagsneubau in der historischen Außengestalt des Potsdamer Stadtschlosses.

2008 *Die Stadtverordnetenversammlung beschließt den Beitritt der Stadt Potsdam zum Kuratorium der Stiftung Garnisonkirche Potsdam.*

2009 *Am 21. Juni finden in der Nikolaikirche der Festgottesdienst zur Gründung und die konstituierende Sitzung der Stiftung Garnisonkirche Potsdam statt.*

2010 Die Stadtverordnetenversammlung beschließt das Integrierte Leitbautenkonzept Potsdamer Mitte, in dem die weitgehende Wiederherstellung der Straßenzüge um den Alten Markt und die Parzellierung in Anlehnung an die Vorkriegs-Grundstücke sowie die Beschränkung der straßenseitigen Bebauung auf die alten Trauf- und Firsthöhen festgehalten ist.

2011 *Am 25. Mai wird Juliane Rumpel in der Friedenskirche Sanssouci als Pfarrerin im Entsendungsdienst für die Kapelle an der Garnisonkirche eingeführt. Der Einweihungsgottesdienst der Kapelle findet am 25. Juni statt, die Predigt hält Bischof a. D. Wolfgang Huber.*

2011 *In der Kapelle an der Garnsionkirche wird am 14. Januar 2012 die dritte Ausstellung zur Geschichte der Garnisonkirche eröffnet.*

2014 *Die rekonstruierte Wetterfahne wird am 12. Mai der Öffentlickeit übergeben. Seit dem 1. April ist Cornelia Radeke-Engst Pfarrerin der temporären Kapelle an der Garnisonkirche, die am 20. Juli – zehn Jahre nach der Aufnahme in die Nagelkreuzgemeinschaft von Coventry – den Namen »Nagelkreuzkapelle« erhält.*

Ostergottesdienst 2014 mit Bischof a. D. Wolfgang Huber in der Nagelkreuzkapelle, Aufnahme Monika Schulz-Fieguth

Hofprediger Anton Brunsenius, Kupferstich von Johann Tschering nach einer Zeichnung von Andreas Tschering, 1678

Die Pfarrer der Hof- und Garnisonkirche[1]

a) Reformierte Pfarrstelle / Hof- und Garnisonprediger, auch Inspector der reformierten Zivilgemeinde (ab 1662 Schlosskapelle, 1722 Garnison- und reformierte Stadtkirche, 1732 Hof- und Garnisonkirche)

1662–1678 Friedebert **Flemming** [Fleming]
(* Sandersleben 1637–† 18.4.1687 Joachimsthal)
Nach dem Studium der Theologie in Frankfurt/Oder wurde Flemming am 2.3.1662 reformierter Hofprediger in Potsdam und ab 1678 in Joachimsthal.

1678–1680 Adolph Christoph **Stosch**
(* Reelkirchen/Lippe um 1653–† 17.2.1691 Berlin)
Seit 1673 reformierter Prediger in Liebenberg, Kreis Templin (Uckermark), wurde Stosch 1677 Waisenhausprediger in Berlin, 1677 Waisenvater, ab 23.12.1678 Hofprediger in Potsdam und war 1680 bis 1691 reformierter Pfarrer auf dem Friedrichswerder und in der Dorotheenstadt (heute Berlin).

1680–1693 Anton **Brunsenius**
(* Bremen 6.1.1641–† 17.10.1693 Berlin)
Nach dem Studium ab 1666 in Holland, Oxford und Duisburg war Brunsenius 1671 dritter, 1676 erster Hofprediger in Brieg, ging Brunsenius 1677 nach Ohlau, wurde im Dezember 1680 Hofprediger in Potsdam und 1683 zweiter Hof- und Domprediger in Berlin, 27. April–August 1689 erneut in Potsdam, dann Berlin.

1686–1695 Johann Friedrich Gottfried **Scholtz** [Scholtze, Schultze]
(* Brieg 1657–† 4.5.1731 Berlin)
An den Universitäten Frankfurt/Oder, Leyden und Qxford hatte Scholtze studiert, ehe er 1686 reformierter Prediger in Potsdam wurde, um Brunsenius bei Abwesenheit des kurfürstlichen Hofes zu vertreten. Er heiratete 1688 Adelheid Brunsenius, die Tochter seines Amtsvorgängers und erhielt am 19.4.1688 seine Vocation. 1695 ging er als reformierter Hofprediger an die Friedrichswerdersche Kirche (Berlin).

1695–1699 Johann Justus Christian **Rötcher** [Röttcher]
(* Altlandsberg 1670–† 1699 Potsdam)
Nach seiner Ordination am 17.2.1695 wurde Rötcher reformierter Garnison-, Herbst 1696–1699 Hofprediger in Potsdam. Er war verheiratet mit Anna Margarethe Brunsenius, die Witwe des früheren Hofpredigers.

1700–1721 Peter Ludwig **Hendreich** [Hendrich]
(* Berlin 2. Februar 1673–† August 1725 Frankfurt/Oder)
Der Sohn des königlichen Bibliothekars Christoph Hendreich wurde nach seiner Ordi-

nation am 27. Juni 1697 als zweiter Domprediger nach Halle/Saale berufen. Seit 1701 reformierter Hof- und Garnisonprediger in Potsdam, wurde er 1721 »wegen einer dem König missfälligen Predigt« an die Johanniskirche in Eberswalde versetzt, ging jedoch 1722 als Professor für Theologie nach Frankfurt/Oder.

1721–1727 Ferdinand **Stosch**
(* Berlin 29.6.1688–† 10.12.1727 Potsdam)
Der Sohn des Hofpredigers Adolph Christoph Stosch wurde 1713 nach Liebenberg berufen, ging 1720 als reformierter Prediger an die Johanniskirche Brandenburg/Havel und war 1721 bis zu seinem frühen Tode Hof- und Garnisonprediger in Potsdam.

1727–1741 Christian Johann **Cochius**
(* Solingen 3.5.1688–† 23.9.1749 Berlin)
Nach dem Studium an der Universität Königsberg/Preußen wurde Cochius 1719 ordiniert und zum Prediger in Bielefeld berufen, ging 1727 als Hof- und Garnisonprediger nach Potsdam. Als solcher reichte er dem sterbenden König Friedrich Wilhelm I. das Abendmahl [Christian Johann Cochius: Nachrichten von den letzten Stunden und dem Tode des Königs Friedrich Wilhelm von Preußen, Potsdam 1740]. Friedrich der Große berief ihn 1741 zum Oberhof- und Domprediger in Berlin.

1741–1750 Carl **Wilmsen**
(* Königsberg/Pr. 1697–† 14.7.1768 Berlin)
Ordiniert am 24.10.1726, wurde Wilmsen zum Feldprediger im Leibregiment und reformierten Prediger am Großen Militärwaisenhaus Potsdam berufen, wechselte 1741 als Hof- und Garnisonprediger in die Garnisonkirche (Antrittspredigt am 3. Oktober) und war von 1750 bis zu seinem Tode Oberhof- und Domprediger in Berlin.

1750–1779 Leonhard **Cochius**
(Königberg/Pr. 28.1.1718–† 30.4.1779 Potsdam)
Der am 26. Juni 1749 ordinierte Cochius (Sohn des Christian Johann C.) war seit 1743 Konrektor am Friedrichswerderschen Gymnasium in Berlin, 1746 Prorektor ebenda und wurde 1749 zur Hof- und Garnisonprediger in Potsdam und 1768 zum Mitglied der Akademie der Wissenschaften berufen. Er schrieb u.a. den Text zu C. Ph. E. Bachs 1756 komponierter Ostermusik »Gott hat den Herrn aufgewecket«. Seine Beisetzung fand am 3. Mai 1779 auf dem Bornstedter Friedhof statt.

1780–1799 Johann Peter **Bamberger**
(get. Magdeburg 6.4.1722–† 4.9.1804 Potsdam)
Nach dem Studium der Theologie in Halle/Saale wurde Bamberger am 8.8.1756 im Berliner Dom ordiniert und zum dritten Prediger auf dem Friedrichswerder berufen. 1762 zweiter Prediger an der Dreifaltigkeitskirche Berlin und 1766 zum Kirchenrat ernannt,

ging er am 28.5.1780 als Hof- und Garnisonprediger nach Potsdam und wurde 1799 emeritiert.

1799–1806 Johann Karl **Pischon**
(* Cottbus 12.10.1764–† 16.11.1805 Potsdam)
Dem Studium der Theologie in Frankfurt/Oder folgte am 21.11.1790 die Ordination, worauf Pischon zum dritten Domprediger in Halle/Saale, zwei Jahre darauf zum zweiten Domprediger und 1799 zum Hof- und Garnisonprediger in Potsdam berufen wurde. Er war verheiratet mit Wilhelmine Karoline Wilmsen, der Tochter des Waisenhauspredigers Friedrich Ernst Wilmsen in Potsdam.

1806–1852 D. Rulemann Friedrich **Eylert**
(Hamm/W. 3.4.1770–† 3.2.1852 Potsdam)
Nach dem Studium der Theologie in Halle/Saale folgte die Berufung als reformierter Prediger in Hamm/Westfalen und 1806 nach Potsdam an die Hof- und Garnisonkirche. Für seine Verdienste bei Gründung der »Kirche der Altpreußischen Union« wurde Eylert 1818 der Titel »Bischof« verliehen. Obwohl nun beide Pfarrstellen der Garnisonkirche uniert waren, behielten sie zunächst zur Unterscheidung ihren Namen (die lutherische war etwas geringer dotiert, die reformierte blieb zugleich Hofpredigerstelle).

1853–1868 D. Friedrich Wilhelm **Krummacher**
(* Moers 28.1.1796–† 10.12.1868 Potsdam)
Auf den Besuch des Gymnasiums in Bernburg folgte das Theologiestudium an den Universitäten Halle/Saale und Jena, worauf Krummacher 1823 zum Hofprediger in Frankfurt am Main berufen wurde, im gleichen Jahr nach Ruhrort, 1825 nach Gemarke-Barmen und 1834 nach Elberfeld wechselte. Seit 1847 Prediger an der Dreifaltigkeitskirche Berlin, wurde er 1853 zum Hofprediger in Potsdam berufen, wo er bis zu seinem Tode wirkte.

1870–1888 D. Adolph *Friedrich* **Strauß**
(* Elberfeld 1.6.1817–† 16.4.1888 Potsdam)
Der Sohn des Berliner Oberhofpredigers Gerhard Friedrich Abraham Strauß (1786–1863) studierte an der Universität Berlin und wurde am 27. Februar 1843 ordiniert, war fortan Domhilfsprediger, 1845 Divisionspfarrer und Professor für Theologie in Berlin, 1870 Hof- und Garnisonprediger in Potsdam und ab 1871 zugleich Superintendent der Stadt.

1889–1906 D. *Bernhard* Friedrich Wilhelm **Rogge**
(* Gr. Tintz/Schles. 22.10.1831–† 16.11.1905 Potsdam)
Der seit 1862 in der geringer dotierten ehemals lutherischen Pfarrstelle als Garnisonprediger in Potsdam wirkende Rogge (s.u.) wechselte 1889 in die Zivilgemeinde der Garnisonkirche und wurde Hofprediger.

1906–1908	Johannes **Keßler** (* Köstritz 8.5.1865–† 29.8.1944 Dresden) Seit 1893 Militärpfarrer an der Hof- und Garnisonkirche (s. u.), wechselte Kessler 1906 in die besser dotierte Hofpredigerstelle (Zivilgemeinde) und ging 1908 an die Lukaskirche in Dresden.
1908–1919	Friedrich Wilhelm Rudolf *Walter* **Richter-Reichhelm** (* Glogau 27.1.1873–† 5.9.1958 Berlin) Nach dem Studium in Halle/Saale am 11.5.1897 Ordination und Berufung zum Hilfsprediger. 1898 Divisionspfarrer in Spandau-Haselhorst. Richter-Reichhelm ging 1899 in gleicher Funktion nach Breslau, war ab 1908 Hof- und Garnisonprediger in Potsdam und ging 1919 als Oberpfarrer an die Luisenkirche (Berlin-) Charlottenburg.
1925–1934	Johannes **Grunwaldt** (* Treptow a. d. Rega 19.8.1863–† nach 1934) vorher Inhaber der ehemals lutherischen Pfarrstelle der Garnisonkirche.
1933	Dr. Hans **Ulrich**
1934–1937	*unbesetzt (von der Militärgemeinde mitverwaltet)*
1941–1946	Rudolf **Damrath** (* 26.3.1903–† 14.4.1959 Herford) [stand zeitweilig im Felde]
1945–1950	kommissarisch verwaltet von Gerhard **Schröder** (* 1900–† 1982) [zuvor Militärpfarrer i. N.]. In seiner Amtszeit wurde die Garnisonkirche in »Heilig-Kreuz-Kirche« umbenannt und die Turmkapelle eingebaut.
1954–1956	Kurt **Kunkel** (* Klein Kunterstein b. Graudenz/Westpreußen 30.3.1909–† 1990 Potsdam) [Heilig-Kreuz-Kirche]
1966–1999	Uwe **Dittmer** (* 1934) [bis zur Sprengung 1968 an der Heilig-Kreuz-Kirche, anschließend am Heilig-Kreuz-Haus in der Kiezstraße 10a]

b) Lutherische Pfarrstelle / Feldprediger, Feldpröpste (ab 1714 Schlosskapelle, 1722 Garnison- und reformierte Stadtkirche, 1732 Hof- und Garnisonkirche)

1713–1717 Friedrich **Roloff**
(* Oschersleben 24.11.1678–begr. 27.2.1743 Berlin)
Der Sohn des Feldschers und Chirurgen Ulrich Roloff studierte an den Universitäten Jena und Halle/Saale, wurde 1710 ordiniert und Pfarrer in Quitzow bei Perleberg. 1713 ging er als Feldprediger nach Brandenburg/Havel, bereits im Juli desselben Jahres nach Potsdam an die Garnisonkirche. In zweiter Ehe mit Dorothea Eleonore, der Tochter des Oberpfarrers Johann Benjamin Buntebart († 1726), verheiratet, wurde er 1717 in das zweite Diakonat an St. Marien in Berlin berufen, wirkte er von 1723 bis zu seinem Tode als erster Pfarrer an dieser Kirche.

1717–1719 Philipp **Michaelis**
(* Ellrich 1675 †–1719 Potsdam)
1700 als lutherischer Pfarrer der »Evangelisch-Lutherischen Hamburgischen Gemeinde« in Archangelsk ordiniert, wurde Michaelis 1717 nach Potsdam an die Garnisonkirche berufen, starb aber bereits zwei Jahre darauf.

1719–1726 Johann Gottfried **Hornejus**
(* Salzwedel 9.2.1689–† 10.9.1757 Stettin)
Seit 1718 Feldprediger beim Infanterie-Regiment Forcade in Berlin, wurde Hornejus im darauf folgenden Jahr Garnisonpfarrer in Potsdam, ging 1727 als Generalsuperintendent nach Stettin und wurde 1731 dort Konsistorialrat.

1726–1736 Johann Caspar **Carstedt**
(* Bismark/Altmark 1684–† 21.8.1752 Berlin)
Dem Studium in Halle/Saale folgte das Rektorat der v. Saldernschen Schule in Altstadt Brandenburg. Der König berief Carstedt 1726 zum Feldprediger seines Leibregiments. Als der Berliner Feldpropst Lambertus Gedicke (1682–1736), der ihn am 2. Advent 1726 in der Potsdamer Garnisonkirche in sein neues Amt eingeführt hatte, 1736 starb, erhielt Carstedt dessen Stelle an der Berliner Garnisonkirche.

1736–1746 Johann Friedrich **Oesfeld** [Ößfeld]
(* Brandenburg/Havel 9.4.1709–† 28.2.1746 Potsdam)
Nach dem Theologiestudium in Jena und Halle/Saale wurde Oesfeld am 18.10.1733 ordiniert und zum Prediger am Kadettenkorps in Berlin berufen. 1735 vierter Diakonus an St. Nikolai Berlin, folgte er 1736 dem Ruf an die Potsdamer Garnisonkirche. Friedrich Wilhelm I. stellte ihn als ersten *lutherischen* Hofprediger seinem reformierten Amtskollegen gleich. Er wurde auf dem Bornstedter Friedhof bestattet.

1746–1757 Johann Christoph **Decker**
(* 1716–† 1757)
Dem Studium in Halle/Saale folgte am 30.12.1742 die Ordination zum Feldpropst, zugleich war Decker von 1736 lutherischer Pfarrer an der Hof- und Garnisonkirche Potsdam. Er war mit der Tochter des Potsdamer Baumeisters *Pierre de Gayette* verheiratet. Während der Teilnahme am 3. schlesischen Feldzug Friedrichs des Großen starb er an »hitzigem Fieber«. Von ihm heißt es: »Er war ein sehr gelehrter und sehr geschickter, dabey munterer und lustiger Mann«.

1758–1779 Karl Andreas Friedrich **Balk**
(* Braunschweig–† 18.3.1779 Potsdam)
1748 als Feldprediger im Kürassier-Regiment v. Rochow in Ohlau berufen, folgte Balk 1757 der Berufung zum Feldpropst an der Potsdamer Garnisonkirche, wo er bis zu seinem Tode wirkte.

1779–1806 Johann Gottfried **Kletschke**
(* Crossen 27.8.1748–† 15.11.1806 Potsdam)
Der Sohn des Schneidermeisters Andreas Gottfried Kletschke ging auf die Gymnasien in Sorau und Berlin (Joachimsthal), studierte an den Universitäten Frankfurt/Oder und Halle/Saale. Er wurde 1771 Lehrer am Schindlerschen Waisenhaus und 1774 Feldprediger in Berlin, 1779 Feldpropst an der Garnisonkirche Potsdam.

1806–1810 unbesetzt; vom luth. Waisenhausprediger Wilhelm **Budach**
(* 1762–† 1844) verwaltet.

1810–1834 Friedrich Wilhelm **Offelsmeier**
(* Herford 27.12.1761–† 20.8.1834 Potsdam)
Als Sohn des Bürgermeisters Dietrich Offelsmeier in Herford studierte er in Halle/Saale Theologie, wurde 1783 ordiniert und zum Feldprediger im Infanterie-Regiment Erbprinz Friedrich v. Hessen-Kassel in Wesel berufen. 1788 Pastor in Kleve, 1805 Konsistorialrat in Münster, wurde Offelsmeier 1810 als Hof- und Garnisonprediger nach Potsdam berufen und 1813 zum Feldpropst ernannt. Nach seinem Tod blieb die Stelle fast drei Jahre unbesetzt und wurde von den Waisenhauspredigern mitverwaltet.

1837–1846 D. Karl Leopold *Adolf* **Sydow**
(* Berlin 23.11.1800–† 23.10.1882 Berlin)
Der Sohn des Charlottenburger Bürgermeisters Otto Ferdinand Sydow ging auf das Gymnasium zum Grauen Kloster, studierte an der Berliner Universität bei Daniel Friedrich Schleiermacher (1768–1834) und wurde am 27.1.1828 ordiniert. Zunächst Prediger am Kadettenkorps in Berlin, wurde er 1836 zum Garnisonprediger nach Potsdam berufen. Als streitbarer Geist fand er sich bald im Widerspruch zu den Kirchenreformplänen

Friedrich Wilhelms IV., der ihn 1846 an die Neue Kirche (sog. Deutscher Dom auf dem Gendarmenmarkt) in Berlin versetzen ließ. Als begnadeter Redner hat er dort mit bewegenden Worten die Trauerrede für die Märzgefallenen von 1848 gehalten, wurde darauf Abgeordneter und geriet noch mehrfach mit dem Königshaus in Konflikt. Er wurde 1876 emeritiert.

1847–1861 D. Ludwig August **Bollert**
(* 19.3.1801–† 26.5.1861 Potsdam)
Sohn eines Gastwirts, studierte Bollert an der Berliner Universität Theologie, wurde am 10. 9. 1826 in der dortigen Nikolaikirche ordiniert und zum Prediger der Zweiten Garde-Division berufen. Der König bestellte ihn 1832 zum Stellvertreter des Feldpropstes Offelsmeier, 1835 wurde er Militär-Oberprediger und 1836 Feldpropst, als welcher er ab 1847 an der Potsdamer Garnisonkirche wirkte. 1852 zum Mitglied des neu errichteten Konsistoriums der Landeskirche und 1854 zum Doktor der Theologie ernannt, starb er 1861 in Potsdam.

1862–1889 D. Bernhard **Rogge**
(* Gr. Tintz/Schles. 22.10.1831–† 16.11.1905 Potsdam)
Nach dem Studium an den Universitäten Halle/Saale und Bonn wurde Rogge am 21.5.1856 ordiniert und Prediger in Stolberg bei Aachen, 1859 Divisionspfarrer in Koblenz und 1862 Hof- und Garnisonprediger in Potsdam. Bei der Kaiserkrönung Wilhelms I. in Versailles hielt er die Weiherede. 1889 wechselte er als Hofprediger in die reformierte Stelle (Zivilgemeinde).

1889–1893 D. Karl Alfred **von Hase**
(* Jena 12.7.1842–† 1.1.1914 Breslau)
Nach dem Studium an der Universität Jena und der Ordination 1865 wurde v. Hase Hilfsprediger in Jena, 1868 Hofdiakon in Weimar, 1870 Feld-Divisions-Pfarrer in Hannover und 1876 Militär-Oberpfarrer und Konsistorialrat in Königsberg/Preußen. Nach seiner Tätigkeit an der Hof- und Garnisonkirche in Potsdam folgte er 1894 dem Ruf nach Breslau, wo er 1897 zugleich Professor der Theologie und 1904 Oberkonsistorialrat wurde.

1893–1906 Johannes **Keßler**
(* Köstritz 8.5.1865–† 29.8.1944 Dresden)
Der Prinzenerzieher Keßler wurde am 21. 4. 1893 ordiniert und zum Divisionspfarrer an der Potsdamer Garnisonkirche berufen. Am 8.7.1893 heiratete er Maria, die Tochter des Hofpredigers Emil Frommel (1828–1896) in Berlin. 1906 wechselte in die Hofpredigerstelle (Zivigemeinde) und ging 1908 an die Lukaskirche in Dresden.

1906–1912 Lic. *Max* Ludwig Friedrich Wilhelm **Schmidt**
(* Stargard/M. 13.3.1864–† 1925 Leipzig)
Nach der Ordination am 8.1.1893 Hilfsprediger in Neustrelitz, 1896 Divisionspfarrer in Düsseldorf, 1897 in Berlin, ging Schmidt 1900 nach Ostasien, wo er zunächst Divisions-Pfarrer, 1899 Felddivisions-Pfarrer wurde. 1901 Divisions-Pfarrer in Braunschweig, wurde er 1904 abermals ins Ausland berufen, als Feldgeistlicher nach Südwestafrika. D. em 1906 angetretenen Amt als Hof- und Garnisonprediger in Potsdam folgte 1911 die Berufung an die Nikolaikirche Leipzig; emeritiert 1924.

1912–1919 Dr. *Johannes* Gustav Martin **Vogel**
(* Sandow 30.11.1873–† 19.2.1933 Potsdam)
Der Sohn des Superintendenten Karl Vogel ging auf das Gymnasium in Zeitz, studierte dann an den Universitäten in Berlin, Leipzig und Halle/Saale. Nach seiner Ordination am 14.6.1903 wurde er zum Militär-Hilfsgeistlichen, 1904 zum Divisions-Pfarrer und 1912 zum Hof- und Garnisonprediger in Potsdam ernannt und wechselte 1919 an die dortige Friedenskirche.

1920–1934 Johannes **Grunwaldt**
(* Treptow a. d. Rega 19.8.1863–† ?)
Der Sohn eines Stellmachermeisters besuchte das Gymnasium in Treptow, studierte in Greifswald und Halle/Saale Theologie und wurde am 29. 11. 1893 ordiniert. Zunächst Pfarrer in Vielguth bei Öls, kam er 1897 als Divisions-Pfarrer nach Potsdam, wo er von 1920 bis zu seiner Emeritierung am 1.1.1934 an der Hof- und Garnisonkirche wirkte.

1925–1934 Kurt **Koblanck**
(Berlin 9.12.1885–† ?), Divisionspfarrer

1928–1937 Lic. Dr. Werner **Schütz**
(* Wesel/Rhein 24.7.1901–† ?)
Als Studieninspektor und Domstiftsprediger in Berlin 1925–1928 wirkend, ging Schütz 1928 als Wehrmachtsoberpfarrer nach Potsdam, wurde 1937 Ordinarius der Universität Bonn, war 1939 bis 1945 Wehrmachtsdekan, 1945 bis 1959 im Pfarramt in Düsseldorf tätig, anschließend bis 1969 Direktor des Seminars für praktische Theologie und Religionspädagogik und Universitätsprediger in Münster.[2]

1935–1937 Standortpfarrer Dr. Hans **Ulrich**

1936–1937 Heinrich **Ammer**,
zugleich pfarramtliche Betreuung der NaPoLa.

1937–1941 Rudolf **Damrath**
(wechselte 1941 in die »reformierte« Pfarrstelle)

1937–1939 Dr. Johannes **Doehring**
(* 16.9.1908–† 15.8.1997)

1946–1961 Direktor der Evangelischen Akademie in Hermannsburg (später Loccum), Mitbegründer der Evangelischen Aktionsgemeinschaft für Arbeitnehmerfragen, 1971 Großes Bundesverdienstkreuz.[3]

1939–1945 Dr. Hans-Wolfgang **Heidland**
(* Koblenz 20.7.1912–† 11.1.1992 Vogelbach bei Kandern)
Studium in Zürich, 1935 Promotion, 1936 Standortvikar in Karlsruhe und Studentenpfarrer in Heidelberg, 1946 Pfarrer in Heidelberg, 1960 Professor für praktische Theologie in Heidelberg, 1964–1980 Landesbischof der Evangelischen Kirche in Baden.

1940–1945 Standortpfarrer im Nebenamt Paul *Gerhard* Arthur **Schröder**
(* Konradswaldau/Schlesien 12.2.1900–† 20.5.1982 Zossen)

Vetretungen durch Standortpfarrer im Nebenamt 1935–1945:

1935 Standortpfarrer im Nebenamt **Mertens**
(aus Alt-Töplitz)

1935 Heerespfarrer Paul **Czekay**

1937 Standortpfarrer im Nebenamt **Albrecht**

1937 Standortpfarrer im Nebenamt Dr. Karl Martin Immanuel *Wilhelm* **Harnisch**
(* Berkau 9.10.1887–† 14.1.1960 Frankfurt am Main)

1937 Standortpfarrer im Nebenamt **Stebb**

1939 Standortpfarrer im Nebenamt **Stockburger**

1939–1941 Carl Wilhelm *Gustav* **Ehlert**
(* Neuhaldensleben 21.5.1866–† 29.12.1941) 1934 em. Pfarrer der Heiligengeistkirche Potsdam, Vertreter für Damrath

1939–1941	Standortpfarrer im Nebenamt Adolf **Brandmeyer** (* Rotthausen 30.1.1899–† 31.3.1944 Potsdam), 1935–41 Ltd. Pfarrer der Frauenhilfe
1940–1942	Standortpfarrer im Nebenamt Walter **Posth** (1908–1974) aus Werder/Havel
1940–1945	Standortpfarrer im Nebenamt *Karl* Friedrich Wilhelm **Catenhusen** (* Berlin-Weißensee 4.11.1889–† 11.8.1967 Potsdam), Pfarrer in Fahrland bei Potsdam
1940	Standortpfarrer im Nebenamt **Moos** (aus Heidelberg)
1940	Standortpfarrer im Nebenamt Paul **Le Seur** (* Berlin 15.7.1877–† 13.3.1963 Potsdam)
1940	Standortpfarrer im Nebenamt **Lau**
1940–1945	Standortpfarrer im Nebenamt **Wilde** (von der Berliner Stadtmission)
1941–1945	Standortpfarrer im Nebenamt **Albrecht**
1942	Standortpfarrer im Nebenamt **Heß**
1942	Standortpfarrer im Nebenamt **Schönborn**
1943	Standortpfarrer im Nebenamt **Salefsky**
1943–1944	Standortpfarrer im Nebenamt **Prochnow** (aus Werder/Havel)
1945	Standortpfarrer im Nebenamt Dr. Hans **Mühle** (* 1897–† ?)
1945	Standortpfarrer im Nebenamt **Schuchmann** (aus Werder/Havel)
1945	Standortpfarrer im Nebenamt Rudolf **Brinckmeier** (* 1906–† 1986) (2. Pfarrer der Reichsfrauenhilfe)

c) Reformierte Hilfspredigerstelle (zumeist Waisenhausprediger)

1741–1751 Johann[es] **Elsner**
(* ? Lissa/Posen–† 1756 Brandenburg/Havel)

1751–1755 Karl Friedrich **Rick**
(* um 1718–† 27.6.1767 Neuholland)

1755–1757 Ludwig Samuel **Noltenius**
(get. Berlin 2.12.1723–† 20.12.1777 Berlin)

1757–1762 Samuel **Dubendorf**
(* Stettin 1727–† nach 1790 in Pennsylvania/USA)

1762–1764 Friedrich Ernst Wilhelm **Wilmsen**
(* Halle/Sa. 29.1.1736–† 23.5.1797 Berlin)

1764–1769 Georg Ludwig **Franke**
(* Havelberg 31.1.1720–† 18.8.1782 Hammelspring)

1769–1791 Johann David Christoph **Hübenthal**
(* Potsdam 2.11.1727–† 14.8.1803 Potsdam)

1791–1803 Carl Friedrich **Cremer**
(* Neustadt/Dosse 1759–† 16.1.1823 Potsdam)

1803–1815 Friedrich Daniel **Dérège**
(* Gardelegen 1777–† 27.1.1837 Potsdam)

1815–1853 Carl **Grisson**
(* Hamburg 27.3.1803–† 4.8.1875 Potsdam)

1853–? Ernst Wilhelm *Emil* **Hering**
(* Stargard i. P. 19.6.1827–† 17.3.1896 Chicago)

?–1867 Julius August **Bollert**
(* Berlin 8.5.1838–† 10.6.1909 Flinsberg)

1867–1873 **Axt** (* ?–† 17.3.1873)

1873–1875 **Raabe** (* ?–† ?)

1875–1877 **Nielsen** (* ?–† ?)

1877–1879 *Paul* Maximilian **Zuppke**
(* Graudenz 1.1.1853–† 1908 [?])

1879–1881 Karl **Lind**
(* Laufdorf bei Wetzlar 28.5.1850–† 20.3.1920 Bad Kreuznach)

1882–1884 Johannes **Wangemann**
(* Eisleben 6.5.1856–begr. 25.3.1925 Grautzsch)

1885–1917 Johannes **Müller-Schlomka**
(* 11.3.1889–† 1942), Hilfsprediger an der GK bis zum 31.12.1917

1918–1919 *Reinhold* Hermann Hilmar **Kleinau**
(* Berlin 3.10.1888–† 17.2.1974 Potsdam-Babelsberg), Hilfsprediger an der GK 1.1.1918–17.3.1919.

1918–1919 Dr. Clemens **Otto**

1919–1923 Dr. Carl-Gunther **Schweitzer**
(Berlin 22.12.1889–† 20.6.1965 Bonn) Hilfsprediger, jüdischer Abstammung

d) Lutherische Hilfspredigerstelle (zumeist Waisenhausprediger)

1735–1738 Johann Julius **Hecker**
(* Werden a.d.R. 2.11.1707–† 24.6.1768 Berlin)

1738–1742 Johann Christoph **Stör**
(* ?–† ?), ordiniert 1738 in Berlin

1742–1744 Johann Thomas **Bindemann** (* ?–† ?)

1744–1746 Johann Friedrich **Dickmann**
(* ?–† 20.9.1773 Buchholz b. Treuenbrietzen)

1746–1748 Samuel Albrecht **Buchholtz**
(* Groß Welle 26.1.1717–† 1749 Potsdam)

1748–1751 David Gottlieb **Weber**
(* ?–† ?)

1751–1754 Joachim Dietrich **Bückling**
(* ?–† ?)

1754–1755 Karl Ludwig **Arndt**
(* ?–† ?)

1755–1761 Johann Albrecht **Junge**
(* Halberstadt 16.7.1731–† 20.5.1804 Potsdam)

1761–1763 Johann Gustav Wilhelm **Hesse**
(* Berlin 9.2.1737–† 12.9.1775 Berlin)

(1763–1780 *unbesetzt)*

1780–1785 Johann Friedrich **Strunk**
(* Havelberg ca. 1755–† 23.10.1795 Potsdam)

1785–1788 Wilhelm **Budach**
(1762–1844)

1788–1793 Christian Gottfried **Schmidt**
(* 10.6.1756–† 29.7.1841)

1793–1803 *Immanuel* Gottlieb Wilhelm **Mund**
(* Bliesendorf 28.5.1761–† 8.6.1834 Altlietzegöricke)

1803–1808 Georg August Heinrich **Klotz**
(* Calbe/Sa. 13.9.1776–† 10.3.1869 Potsdam)

(1808–1815 *unbesetzt)*

1815–1817 *Karl* Friedrich Christoph **Niemeyer**
(* Weferlingen 30.9.1789–† 6.4.1869 Groß Schönebeck)

1818–1864 Friedrich Wilhelm **Bernhardi**
(* Friedrichswerder 27.5.1789–† 12.8.1865 Krenzlin)
(danach nur noch eine Hilfspredigerstelle)

Die Kantoren, Organisten und Küster der Hof- und Garnisonkirche Potsdam

a) Kantoren

1721–1739	Johann Christoph **Hübenthal** (Halle/Saale um 1690–† ?), 1740 Pfarrer in Jerichow
1740–1787	Johann Heinrich Wilhelm **Röber** (?–† Dezember 1787/Januar 1788 Potsdam)
1788–1833	Johann Christian Alexander Pape (* Köthen um 1755–† nach 1830 Potsdam) [seit 1781 Hilfskantor]
1830–1843	**Krausnick** († 1838)
1843–1859	Gotthelf *Julius* **Kuhlow** (* 1815– † 1859), 1.8.1859 Titel »Hofkantor«
1859–1896	Johann *Carl* Wilhelm **Friesecke** (* 25.6.1827–† nach 1897)
1896–1909	Friedrich [Fritz] **Möller** (* 28.6.1859–† 1914) 1889 Stabshoboist, 9.2.1894 MD beim Ersten Gardergt. z. F. in Potsdam, quittierte 1909 den Dienst
7. Juli 1910	*Kantor- und Organistenamt zusammengelegt*
1910–1945	*Otto* August Carl **Becker** (* Breslau 24.2.1870–† 16.10.1954 Potsdam)
1939	Fritz Werner (* Berlin 15.12.1898–† 22.12.1977 Heilbronn), noch 1939 z. Kriegsdienst eingezogen

b) Organisten und Glockenisten

1732–1757	H. **Lossow** (* ?–† 5.3.1757)
1757–1797	Christoph Friedrich **Petzold** (* 1713–† 6.3.1797 Potsdam) **Peuck** [Peuk] (ab 1796 Lehrer am Militätwaisenhaus; Adjunctus Petzolds) Bernhard **Rötscher** (Adjunctus Petzolds)
1798–1810	Johann Samuel **Lange** (* Züllichau [?] Mitte 1757–† 20.7.1810 Potsdam)

1810–1841 Johann *Gottlieb* **Hoennicke** (* Calbe/Saale 1781–† 29.12.1843 Potsdam)

1842–1857 Johann Christian **Schärtlich** (* Dresden 25.3.1789–† 29.9.1859 Potsdam)[4]

1857–1909 Hermann **Baltin** (*16.8.1829–† 3.12.1910 Potsdam)

7. Juli 1910 Kantor- und Organistenamt zusammengelegt

1910–1945 *Otto* August Carl **Becker** (* Breslau 24.2.1870–† 16.10.1954 Potsdam), 1910–1939 Kantororganist und Glockenist, pens. 1.4.1939 (danach noch Glockenist), erneut im Dienst ab 1.9.1939

1939 Fritz **Werner** (* Berlin 15.12.1898–† 22.12.1977 Heilbronn) im gleichen Jahr zum Kriegsdienst eingezogen

c) Küster

1687–1742 Johann George **Kegeler** (* 1656–† um 1742)

1742–1753 Friedrich Ludwig **Stolcke** I († 1753)

1753–1802 Friedrich Ludwig **Stolcke** II († Juli 1814)

1802–1808 Friedrich Ludwig **Stolcke** III († 1808), als Adjunctus des Vaters

1808–1862 Johann Konrad **Geim** (*Juni 1774–† 18.8.1862), Lehrer an der Garnisonschule

1862–1872 Christian **Kursch** (*21.2.1801–† 1872)

1872–1897 Johann Ernst **Toepfer**

1897–1919 Karl August **Plötz**

1919–1945 Helmuth **Holzwig**

1932–1945 (?) Willy **Drews**

Grab von Kurt Freiherr von Plettenberg. Er war am 3. März 1945 verhaftet worden und hatte sich beim Gestapo-Verhör im Reichssicherheitshauptamt durch einen Sturz aus dem 4. Stock das Leben genommen, um unter Folter nicht gegen seine Freunde aussagen zu müssen

Männer des 20. Juli 1944, die zur Militärgemeinde der Garnisonkirche gehörten[5]

Boehmer, Hasso von
(9.8.1904–5.3.1944)
Oberstleutnant i.G., Infanterieregiment 9, 1934 Infanterieregiment 29
1944 Erster Generalstabsoffizier in Danzig, leitete hier den Umsturz in die Wege. Am 20. Juli 1944 verhaftet, am 5. März 1945 in Plötzensee hingerichtet.

Bussche-Streithorst, Axel Freiherr von dem
(20.4.1919–26.1.1993)
Major, 1937 Infanterieregiment 9, 1943 Grenadierregiment 9
Wollte sich während einer Vorführung neuer Uniformen gemeinsam mit Hitler in die Luft sprengen; die Vorführung fiel aus, weil das Uniformlager in Berlin bei einem Luftangriff zerstört worden war. Seine Mitverschwörung blieb unentdeckt.

Dieckmann, Dr. Wilhelm
(17.7.1893–13.9.1944)
Archivrat, Hauptmann d.R., Infanterieregiment 9, Mitglied der Bekennenden Kirche
Als Mitwisser am 25. Juli 1944 mit seiner Familie verhaftet, am 13. September 1944 im Gefängnis Lehrter Straße Berlin ermordet.

Fritzsche, Dr. Hans Karl
(3.1.1914–18.1.1999)
Hauptmann d.R., Grenadier-Ersatzbataillon 9
Nahm am Umsturzversuch teil, wurde nach dem 20. Juli 1944 verhaftet und am 14. September 1944 aus der Wehrmacht ausgestoßen. Unmittelbar nach Aufhebung wurde er am 14. Dezember 1944 an die Ostfront versetzt und gelangte in sowjetische Kriegsgefangenschaft, aus der er im Januar 1947 zurückkehrte.

Gottberg, Helmut von
(28.12.1914–11.3.1998)
Oberleutnant d.R., Infanterie-Regiment 9
Ihm gelang gemeinsam mit v. Oppen und Fritzsche am 20. Juli 1944 die Flucht aus dem Bendlerblock. Durch Absprache genauer Verhaltensmaßregeln konnte er mehreren Mitverschwörern helfen.

Hammerstein-Equord, Ludwig Freiherr von
(17.11.1919–26.2.1996)
Oberleutnant, Infanterie-Regiment 9
Seit 1934 im Widerstand, erlebte den 20. Juli 1944 im Bendlerblock, den er auf Grund seiner Ortskenntnisse unentdeckt verlassen konnte. Er überlebte versteckt in Berlin.

Hardenberg-Neuhardenberg, Carl-Hans Graf von
(22.10.1891–2.10.1958)
Gutsbesitzer, Major d.R., Infanterie-Regiment 9
Stellte sein Schloss Neuhardenberg häufig für Zusammenkünfte der Widerständler zur Verfügung. Versuchte sich kurz vor der Festnahme am 24. Juli 1944 zu töten, wurde in das KZ Sachsenhausen gebracht und dort 1945 befreit.

Hase, Paul von
(24.7.1885–8.8.1944)
Generalmajor, Infanterie-Regiment 9
Als Mitverschwörer ließ er am 20. Juli 1944 das Regierungsviertel in Berlin abriegeln, wurde am Abend verhaftet und am 8. August in Plötzensee hingerichtet.

Hassell, Ulrich von
(12.11.1881–8.9.1944)
Botschafter a.D., zeitweilig in Potsdam
Nahm ab 1939 außenpolitische Kontakte mit den Gegnermächten wahr, unterhielt Kontake zu vielen Oppositionellen, sollte nach dem Umsturz Außenminister werden. Am 28. Juli verhaftet, am 8. September 1944 in Plötzensee hingerichtet.

Klausing, Friedrich Karl
(24.5.1920–8.8.1944)
Hauptmann, Infanterie-Regiment 9, Grenadier-Regiment 9
Durch den befreundeten Schulenburg 1943 für den Widerstand gewonnen, hielt sich am 20. Juli 1944 im Bendlerblock auf. Obwohl er entkam, stellte er sich der Gestapo und wurde am 8. August 1944 in Plötzensee hingerichtet.

Kleist-Schmenzin, Ewald Heinrich von
(10.7.1922–8.3.2013)
Leutnant, Infanterie-Regiment 9
War bereit, sich mit Hitler am 7. Februar 1944 in die Luft zu sprengen, doch die geplante Uniformvorführung vor Hitler fiel aus. Am 20. Juli 1944 im Bendlerblock an der Festnahme des Generalobersten *Fromm* beteiligt, verhaftet und im Dezember 1944 gemeinsam mit seinem Freund v. Oppen in die Festungsbrigade Genua versetzt. Dort geriet er in amerikanische Kriegsgefangenschaft (20. Juli 1945 entlassen).

Lancken, Fritz von der
(21.6.1890–29.9.1944)
Oberstleutnant
In seiner Villa fanden mehrfach Besprechungen der Verschwörer statt, auch lagerte der Sprengstoff zeitweise dort. Am 20. Juli 1944 im Bendlerblock verhaftet, am 29. September 1944 in Plötezensee hingerichtet.

Linstow, Hans Otfried von
(16.3.1899–30.8.1944)
Oberst, zeitweise Infanterie-Regiment 9
Als Mitverschwörer am 30. August 1944 in Plötzensee hingerichtet.

Lüninck, Ferdinand von
(3.8.1888–14.11.1944)
Preußischer Staatsrat, Major d.R., Infanterie-Ersatzbataillon 9
Wegen Verbindung zu den Verschwörern des 20. Juli am 14. November 1944 in Plötzensee hingerichtet.

Mertz von Quirnheim, Albrecht Ritter
(25.3.1905–21.7.1944)
Oberst i.G., wohnte in Potsdam
Versuchte trotz Bekanntwerden des Attentats-Fehlschlags den militärischen Umsturz des 20. Juli 1944 zum Erfolg zu führen, wurde am späten Abend desselben Tages im Hof des Bendlerblocks erschossen.

Meyer, Dr. Herbert
(23.11.1898–25.8.1947)
Major d.R., Infanterie-Regiment 9
Deckte Mitverschwörer, war deren Anlaufpunkt. Blieb unentdeckt und geriet in sowjetische Kriegsgefangenschaft, aus der er nicht zurückkehrte.

Moltke, Helmuth James Graf von
(11.3.1907–23.1.1945)
Rechtsanwalt, Sachverständiger im Amt Ausland/Abwehr im OKW
Führender Kopf des Kreisauer Kreises, bereits am 19. Januar 1944 verhaftet. Wegen Beteiligung an Staatsstreichplänen am 11. Januar 1945 in Plötzensee hingerichtet.

Oppen, Georg-Sigismund von
(27.1.1923–22.2.2008)
Leutnant
Nahm am Umsturzversuch des 20. Juli teil, wurde erst am 12. August 1944 an der Ostfront festgenommen, wurde im Dezember 1944 aus der Haft entlassen und nach Genua versetzt; geriet dort in amerikanische Kriegsgefangenschaft (entlassen am 20. Juli 1945).

Plettenberg, Kurt Freiherr von (31.1.1891–10.3.1945)
Oberlandforstmeister, Generalbevollmächtigter des vormals regierenden Preußischen Königshauses
Erst spät entdeckte man seine Mitwisserschaft des Attentats auf Hitler.
Am 3. März 1945 verhaftet, nahm sich beim Gestapo-Verhör im Reichssicherheitshauptamt durch einen Sturz aus dem 4. Stock das Leben, um unter Folter nicht gegen seine Freunde aussagen zu müssen.

Priebe, Hermann
(10.2.1907–2.7.1997)
Feldwebel d.R. und OA
Hielt sich am 20. Juli 1944 in Berlin zur Verfügung, wurde Anfang August 1944 verhaftet, im Dezember zur »Frontbewährung« entlassen. Kehrte 1948 aus sowjetischer Kriegsgefangenschaft zurück.

Rabenau, Friedrich von
(10.10.1884–zw. 8. und 15.4.1945)
General, Theologe, 1943 Licentiat der Theologie
1934 mit dem NS-Regime in Konflikt geraten, befreundet mit vielen der Verschwörer, doch nicht in die Attentatspläne des 20. Juli eingeweiht, am 25. Juli 1944 verhaftet und zwischen dem 9. und 15. April 1945 im KZ Flossenbürg ermordet.

Roenne, Alexis Freiherr von
(22.2.1902–12.10.1944)
Oberst, zeitweise Infanterie-Regiment 9
Als Mitverschwörer am 12. Oktober 1944 in Plötzensee hingerichtet.

Schulenburg, Fritz-Dietlof Graf von der
(5.9.1902–10.8.1944)
Oberstleutnant, Infanterieregiment 9
Knüpfte Kontakte zu zahlreichen Mitverschwörern, hielt sich am 20. Juli 1944 im Bendlerblock auf, wurde dort verhaftet und am 10. August 1944 in Plötzensee hingerichtet.

Schwerin von Schwanenfeld, Ulrich-Wilhelm Graf
(21.12.1902–8.9.1944)
Gutsbesitzer, Hauptmann d.R.
Am 20. Juli 1944 in Berlin verhaftet, am 8. September 1944 zum Tode verurteilt und hingerichtet.

Stülpnagel, Carl-Heinrich von
(6.1.1886–30.8.1944)
General der Infanterie
Seit 1938 im militärischen Widerstand, führte die »Walküre-Pläne« am 20. Juli 1944 in seinem Befehlsbereich durch. Versuchte sich nach dem Scheitern des Attentats selbst zu töten, wurde schwerverletzt verhaftet und am 30. August 1944 zum Tode verurteilt.

Tresckow, Gerd von
(21.3.1898–6.9.1944)
Oberstleutnant, zeitweise Infanterieregiment 9
Als Mitverschwörer zunächst unentdeckt, offenbarte sich seinem Kommandeur, ging in den Freitod.

Gedenkstein für Henning von Tresckow auf dem Bornstedter Friedhof in Potsdam

Tresckow, Henning von
(10.1.1901–21.7.1944)
Generalmajor, Infanterie-Regiment 9
Nach anfänglicher Befürwortung des NS-Regimes entwickelte sich 1940 zu einem entschiedenen Gegener. Als führender Kopf der Umsturzpläne des 20. Juli ging er unmittelbar nach dem Scheitern an die Front und tötete sich am 21. Juli 1944 bei Ostrow in Polen.

Trott zu Solz, Dr. Adam von
(9.8.1909–26.8.1944)
Legationsrat im Auswärtigen Amt
Versuchte bei den Alliierten Unterstützung für die Umsturzpläne zu erhalten und arbeitete Grundlagen für einen neuen deutschen Staat aus. Wurde am 26. August 1944 in Plötzensee hingerichtet.

Voss, Hans-Alexander von
(13.12.1907–8.11.1944)
Oberstleutnant i. G.
Bereits 1940 bereit, einen Anschlag auf Hitler durchzuführen, der jedoch den entsprechenden Truppenbesuch absagte. Zunächst blieb seine Verbindung zum 20. Juli verborgen, doch am 8. November 1944 nahm er sich das Leben, um seine Familie zu schützen.

Willisen, Joachim Freiherr von
(31.1.1900–5.4.1983)
Hauptmann d. R., Oberlandforstmeister
Gehörte zum Kreis der Widerständler.

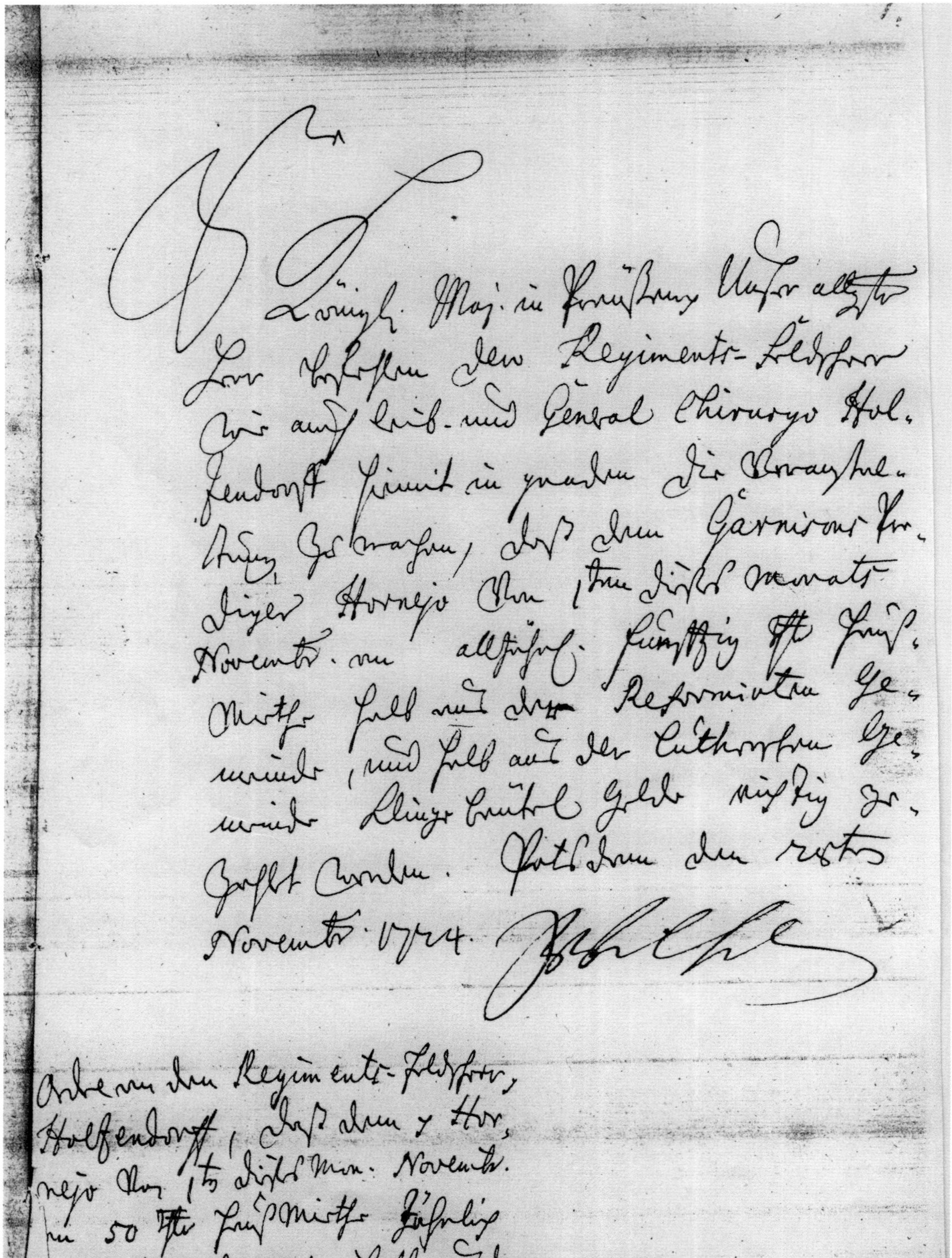

Kabinettsordre
Friedrich Wilhelms I.,
28. November 1722

Dokumenten-Anhang

Archivalia zum geistlichen Leben
an der Garnisonkirche

Verordnung vom 13. November 1722 an »Herrn Hoff Prediger und Inspectorem Stoschius nach Potstamp«:

»Unsern freundlichen Gruß zuvor.
HochEhrwürdiger und Hochgelahrter, Insonders Hochgeehrter Herr und Freund. Weilen Se. Königl. Mayt. Höchsteigenhändig Allergnädigst befohlen, daß die Soldaten, Sie mögen von Religion seyn wie sie wollen, von keinem andern Prediger als dem Guarnisons: oder Feld-Prediger vom Regiment proclamiret und copuliret werden sollen. Höchstgedachte Se. Königl. Mayt. auch, alle Heurathen, so nicht solchergestalt vollzogen worden, vor null und nichtig erklähren, und solchem Befehl bey Vermeydung Dero Höchsten Ungnad nachgelebet wißen wollen. Alß haben Wir Ihm solches hiedurch zuwißen thun wollen, umb sich darnach gehorsambst zuachten, und daß solches von den Predigern seiner Inspection gleichfalß beobachtet werde, die Verfügung zuthun. Seynd Ihm übrigens freundliche Dienste zuerweisen jederzeit erbötig. Geben Berlin den 13ten Nov: 1722.
Königl. Preuß. Zum Evang:
Reformirten Kirchen-Directorio
Verordneter Praesident u. Räthe
M. L. von Printz«[6]

Schreiben Feldpropst Lampertus Gedicke an Waisenhausdirektor A. H. Franke vom 10. Dez. 1726

»Negstdem habe Euer Hochwohlgeboren vermelden wollen, wie [ich] par Ordre von Seiner Königlichen Majestät vergangenen Sonntag [8. Dezember] Herrn [Johann Caspar] Carstedt in Potsdam in der Garnisonkirche introduciren müssen, er auch daselbst seinen Einzug nachmittags gethan. Ich hatte die Vormittags-Predigt und handelte um gewisser Ursachen willen, und weil der letzte Vers des Evangelii es mit sich brachte, von der Nothwendigkeit, Frucht und Nutzen des Gebeths. Nach der Predigt that [ich] eine kleine Introductionssermon vor den Tisch, und segnete unter Assistenz des Herrn [Garnisonpredigers Johann Gottfried] Hornejus und des Herrn [Waisenhauspredigers Joachim] Wägher Herrn Carstaedten öffentlich ein.
Nach der Predigt mussten Herr Hornejus und ich zur Taffel kommen und bezeugete sich Seine Königliche Majestät sehr gnädig, befahlen auch, daß die Predigt sollte drucken lassen, welches auch geschehen wird. [...] P. S.: Herr Carstaedt und Stoschius der Hoffprediger sind gestern als den Mittag zur königlichen Taffel geruffen, doch habe – weil nach Hause eilete – nicht erwarten können, zu vernehmen, was dabey vorgefallen.«[7]

Kabinettsordre Friedrich Wilhelms I. an Hofprediger Cochius vom 18. September 1728

»An den Hofprediger Cochius
würdiger lieber getreuer p. Ich habe beobachtet, daß ihr in dem großen Kirchlichen Gebeth die sonst gebräuchliche Vorbitte vor den Kaiser Churfürsten und Stände des Römischen Reichs außlaßet. Ihr sollet inskünfftige also diese Vorbitte wie solches in denen übrigen Kirchen geschiehet mit verrichten, und bin ich Euer wohlaff: König F. W.
Wusterhs. d. 18 oct. 1728«[8]

Kabinettsordre Friedrich Wilhelms I. an das Kgl. Reformierte Kirchendirektorium vom 4. April 1729

KO über die Versorgung der Witwe des Predigers Cochius, »daß des abgelebten Predigers Witwe, das gantze Salarium vom Sterbe Jahr gereichet werden soll«.[9]

Kabinettsordre Friedrich Wilhelms I. an Hofprediger Noltenius vom 22. November 1730

»Hoff-Prediger Noltenius
Würdiger, lieber getreuer. Weil Mein Sohn der Cron-Printz bevorstehenden Sonntag zum Heil. Abendmahl zugehen verlanget, u. Ich Euch dazu choisiret, Ihme solches zu administriren, so sollet Ihr morgen, als am Donnerstage anhero kommen, damit Ihr des Freytags von hier nach Cüstrin gehen könnet. Ich bin ... d. 22 9br. [November] 1730«[10]

Kabinettsordre Friedrich Wilhelms I. an Hofprediger Noltenius vom 1. Oktober 1733

»Ich habe auf eure Vorstellung v. 29. 7br. Resolviret, daß, anstatt des Prediger Wentzelmanns, der vorgeschlagene Inspector des Gymnasii, Nahmens Wistinghausen, zum Feld-Prediger angesetzt werden soll. Sonsten Bin Ich zufrieden, daß der Inspector Aschhoff bey Abwsenheit des Feld-Predigers Wilmsen, deßen Stelle vertrete. Wstrhs. 1. 8br. [Oktober] 1733.«[11]

Immediatschreiben der Prediger Cochius und Carstedt an Friedrich Wilhelm I. vom 20. September 1733

»Es ist zwar sonst nie der Brauch gewesen, den Michaelis-Tag [29. September] in der hiesigen Garnison Kirche zu feyren, da aber im verwichenen Jahre, auff Ew. Königl. Majt. Allergnädigsten Special Befehl wir beyde Prediger an bemeldten Tage, vor- und nachmittags, den oeffentlichen Gottesdienst verrichtet haben und wir nicht wißen, ob duch die damahlige Ordre, auch vors Künfftige, die beständige Feyer deßelben Tages gemeynet und verordnet worden sey so haben wir unserer allergehorsamsten Pflicht gemäß, hiemit allerunterthänigst Anfragen sollen Wie es hierunter, nach Ew. Königl. Majt. Allergnädigsten Willens Meynung, in diesem, und auch folgenden Jahren geschehen solle.
Potsdam den 20 Septembr. 1733
Christian Johann Cochius.
Joann Caspar Carsted.
[Marginalverfügung des Königs:]
sol Michalis gehalten werden hat Karstet hir den leten Sontag nach Mittag ge Prediget so Predigt Kochius Mich[aelis] Vor mittag so wie bis hero wie Sonst Ueblich gewesen FW«[12]

Kabinettsordre Friedrich Wilhelms I. an Hofprediger Noltenius vom 30. Mai 1734

»Ich habe euer Schreiben vom 25. dieses erhalten. Es thut mir von Hertzen leid, daß Ihr vom Schlage einen Zufall gehabt. Wenn Ihr Hoffnung habt, Euch durch eine Veränderung der Luft zu vorig. Kräfften zu verhelffen, So könnet Ihr in Gottes Nahmen auf so viel Zeit als es nöthig, auf das Land reysen. Vielleicht würde es Eurer Gesundheit zuträglich seyn, wenn Ihr nach Treplitz ins Bad ginget. Berlin d. 30. May 1734«.[13]

Kabinettsordre Friedrich Wilhelms I. an den Prediger Oesfeld vom 6. März 1736

»Würdiger p. Ich will daß Ihr bevorstehenden Freytag anhero kommen, und Sonntag vormittag vor Mich über das ordentl. Evangelium Predigen sollet. Potsd. d. 6. Mart. 1736.«[14]

Kabinettsordre Friedrich Wilhelms I. an den Feldpropst Carsted vom 22. März 1736

»Würdiger p. Nachdem Ich nunmehro resolviret habe an Eurer Stelle bey Meinem Regmt. den bißherigen Prediger in Berlin, Osefeld, zum Feld und Hoff Prediger zu bestellen, Ich auch will daß Ihr solchen demnegst künfftig. 2t. Osterfeyer Tag alhier dazu introduciren, Ihr aber zugleich Euer bißheriges Amt alhier abdancken u. niederlegen sollet; So mache Ich Euch solches hierdurch bekand. Wofern Ihr auch zu erwehnter Introducirung noch einige Prediger als assistenten nöthig habet, so sollet Ihr von denen

Feld Predigern, aus der Berlinischen Guarnison so viel als Ihr dazu nöthig findet, verschreiben. Potsd. d. 22. Mart. 1736.«[15]

Kabinettsordre Friedrich Wilhelms I. an die Pröpste Roloff und Reinbeck vom 22. März 1736

»Würdige p. Da Ich bekandter maßen den Prediger Oesfeld bey Meinem Regiment genommen, So will Ich daß Ihr examiniren und Mir berichten sollet, ob nicht der Candidatus Hizwedel in jenes Stelle bey der Nicolai Kirche in Berlin Bestellet, und dergestalt nach Meiner Euch bereits bekandten Intention employret werden könne. Potsd. d. 22. Mart. 1736.«[16]

Kabinettsordre Friedrich Wilhelms I. an den Garnison- und Hofprediger Oesfeld vom 24. März 1736

»Würdiger p. Ich habe Euer Schr. V. 20. Dieses wodurch Ihr Euch für die Euch ertheilte vocation bedancket, erhalten. Ich hege auch zu Euch das Vertrauen, daß Ihr derselben gemäß Euer wichtiges Amt führen werdet.
Potsd. d. 24. Mart. 1736.«[17]

Kabinettsordre Friedrich Wilhelms I. an Hofprediger Oesfeld vom 27. Mai 1736

»Feld u. Hoff Pred. Oesfeld
Würdiger p. Ich habe Eure Predigt, so Ihr an Sontag Rogate gehalten, nebst Eur. Schr. Wohl erhalten. Ich bin Euch für die communication sehr obligiret, und wie der Innhalt sehr Erbaulich ist, so hoffe Ich es werde bey denen Lesern nicht ohne Erbauung abgehen. Berl. d. 27. May 1736.«[18]

Kabinettsordre Friedrich Wilhelms I. an Hofprediger Jablonsky vom 22. August 1736

»Würdiger p. Ich brauche einen frommen Candidaten, von der Evangelisch Lutherischen Religion, welcher Ungarisch und Böhmisch Predigen kann, und soll er Monathl. 10 rthl. zum Anfang haben, Ich werde auch wenn er sich wohlhält, ihm Zulage geben, Ihr sollet also suchen Mir einen solchen Mann je eher je Lieber zu verschaffen und wenn Ihr auch einen Verschreiben sollet, und ist Mir viel daran gelegen. Indeßen könnet Ihr solches noch geheim halten. Potsd. d. 22. Aug. 1736.«[19]

Kabinettsordre Friedrich Wilhelms I. an Oberstleutnant v. Weyher vom 7. September 1737

»Obrist Lieut. v. Weyher v. K. Reg.
Mein p. Ich habe den bisherigen Caschauischen Rector Paul Pentzger, so nechstens nach Potsdam kommen wird, anstelle des Sartorii zum Ungarischen Prediger Meines Rgts. Vociret, und soll derselbe durch den Guarnison u. Hoff Prediger Oesfeld gehörig introduciret, und zu seinem Amte angewiesen werden. Wogegen Ich den bisherigen Prediger Sartorii aus erheblichen Ursachen seine Dimission ertheile, welches Ihr ihm ankündigen sollet. Wusterhs. d. 7. 7br. 1737«[20]

Kabinettsordre Friedrich Wilhelms I. an Johann Sartorius vom 18. September 1737

Dimission für Johann Sartorius, der »bei dero Leibregiment alhier, in die 3 Jahr als Ungarischer Prediger gestanden«.[21]

Kabinettsordre Friedrich Wilhelms I. an die Prediger Cochius und Oesfeld vom 24. Juni 1738

»S. K. M. p. befehlen dem Regiments und Hof Prediger Cochius, und Oesfeld, hierdurch weg. der bei dero Regimt. vor dieses wohl ertheileten vielen Trauscheinen, die Zahl derer auf Zubietende, unter sich beyde zu theilen, die Helffte davon des Vormittages, die andere Helffte aber des Nachmittages, in der Kirche zu proclamiren, und damit kommenden Sontag anzufangen. Potsd. d. 24. Juny 1738.«[22]

Das handschriftliche Reglement vom 2. Januar 1722

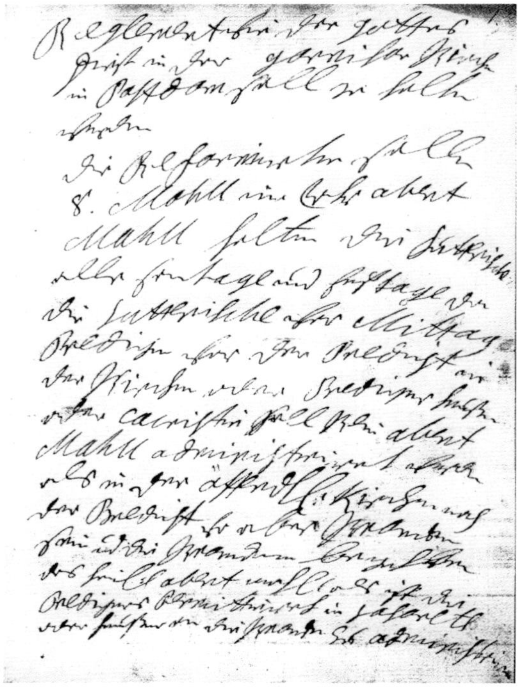

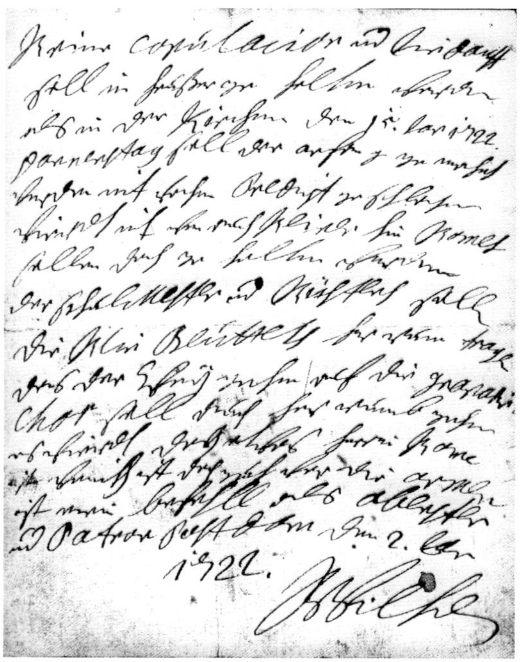

Kabinettsordre Friedrich Wilhelms I. an Hofprediger Cochius vom 8. September 1739

»Regiments u Hoff Prediger Cochius
Würdiger p. Da Ich auf das von Euch d. hiesig. Cantor Hübenthal ertheilte guthe Zeugniß dem reformirten Kirchen Directorio befohlen habe, daß solcher bey ersterer Vacanz mit einer Prediger Stelle versorget werden soll; So mache Euch solches hierdurch bekand, mit dem Befehl, daß wenn gedachter Hübenthal anderweitig employiret werden wird, Ihr Mir alsdann in seine Stelle zum Cantor allhier wieder einen guthen Menschen vorschlagen sollet. Potsd. d. 8. 7br. [September] 1739.«[23]

Kabinettsordre Friedrich Wilhelms I. an das reformierte Kirchendirektorium vom 2. November 1739

»Resol. für das Reformirte Kirchen Director.
S. K. M. p. ertheilen dero Evangel. Reformirten Kirchen Directorio auf deßen alleruthgst. Vorstell. v. 16. Octobr. So gestern eingelauffen zur allergnädigst. Resol. daß der Cantor bey der Potsdamschen Guarnison Kirche Hübenthal die vacante Prediger Stelle zu Tangermünde haben soll. Wusterhsn. d. 2« 9br. [November] 1739.«[24]

Kabinettsordre Friedrich Wilhelms I. an Hofprediger Cochius vom 21. November 1739

»Hoff Prediger Cochius
Würdiger p. Ich habe aus Eurem Schreiben vom 17‘ dieses ersehen, was Ihr wegen der Beyden aufgefundenen Subjecten zum vacanten Cantor-Dienst bey Meiner dortigen Guarnison Kirche, nemlich des Candidat Schultze und Cantoris und organisten in Alt Landsberg Roeber gemeldet, weilen nun der letztere beßer geübet ist, auch eine beßere Hand schreibet, dazu verheyrathet ist, so gebe Ich diesem die Praeferenz und soll Er dazu angenommen werden, dahero ihr ihn kommen laßen könnet. [...] d. 21. Novbr. 1739.«[25]

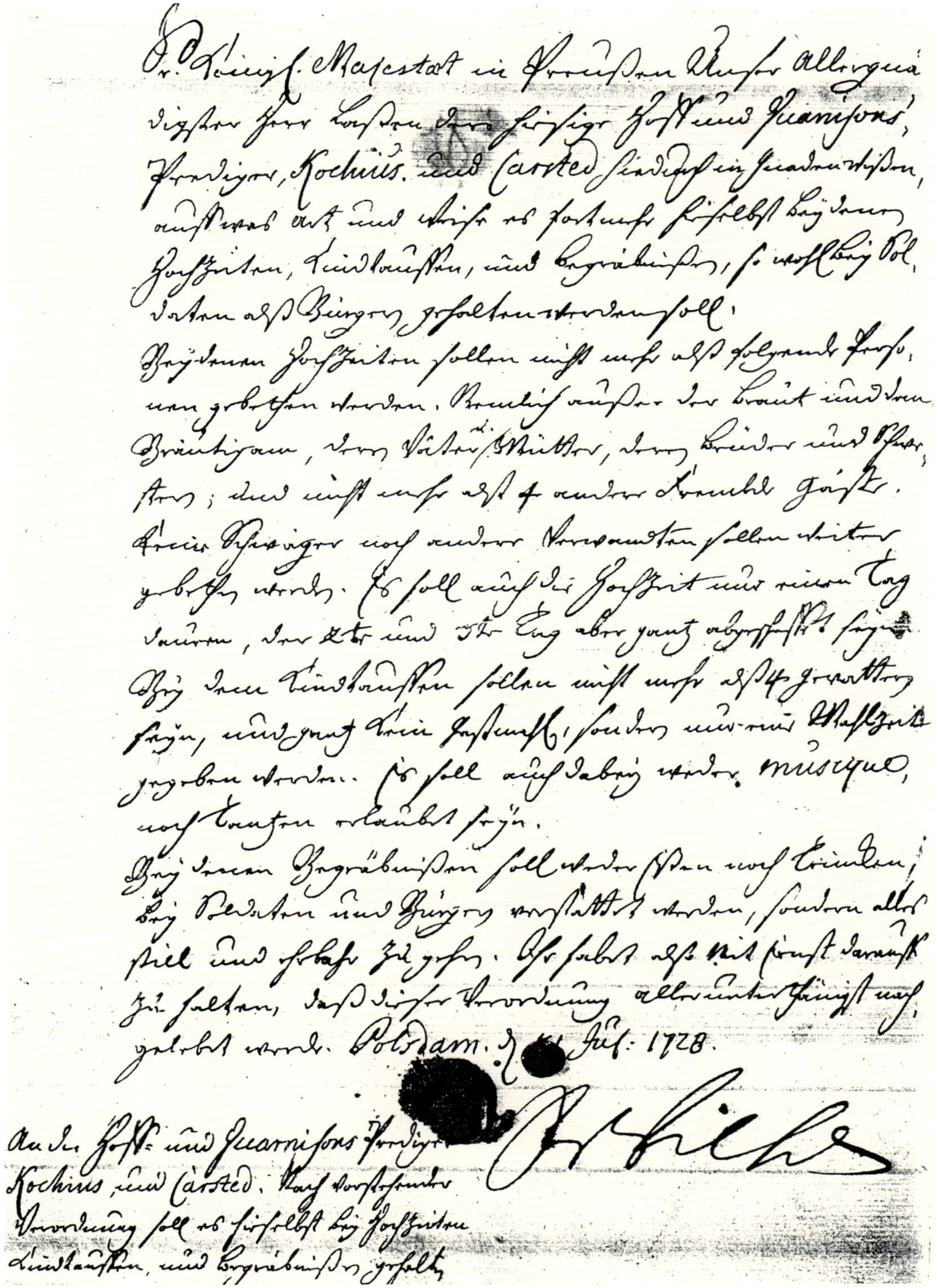
Sr. Königl. Majestät in Preußen Unser Allergnä-
digster Herr lassen dero hiesige Hoff und Guarnisons
Prediger, Kochius und Carsted hiedurch in Gnaden wißen,
auf was art und weise es fortan hieselbst bey denen
Hochzeiten, Kindtauffen, und Begräbnißen, so wohl bey Sol-
daten als Bürgern gehalten werden soll:
Bey denen Hochzeiten sollen nicht mehr als folgende Perso-
nen gebethen werden. Nemlich außer der braut und dem
Bräutigam, deren Väter u. Mütter, deren brüder und Schwe-
stern; und nicht mehr als 4 andere Freunde Gäste.
Keine Schwäger noch andere Verwandten sollen weiter
gebethen werden. Es soll auch die Hochzeit nur einen Tag
dauren, der 2te und 3te Tag aber gantz abgeschafft seyn.
Bey denen Kindtauffen sollen nicht mehr als 4 Gevattern
seyn, und gantz kein Gastmahl, sondern nur eine Mahlzeit
gegeben werden. Es soll auch dabey weder musique,
noch tantzen erlaubet seyn.
Bey denen Begräbnißen soll weder Essen noch Trinken,
bey Soldaten und Bürgern verstattet werden, sondern alles
still und ordentlich zugehen. Ihr habet also mit Ernst darauf
zu halten, daß dieser Verordnung allerunterthänigst nach-
gelebet werde. Potsdam d. 21. Jul. 1728.

Fr Wilhelm

An die Hoff- und Guarnisons Prediger
Kochius, und Carsted. Nach vorstehender
Verordnung soll es hieselbst bey Hochzeiten
Kindtauffen, und Begräbnißen gehalten

Verordnung vom 21. Juli 1728 über Hochzeiten, Kindtaufen und Begräbnissen (vgl. Seite 28)

Der Turmrisalit mit dem barocken bildplastischen Schmuck, der Widmungstafel, dem Baujahr und dem 1907 hinzugefügten Portalgitter, Aufnahme, 1911

Kabinettsordre Friedrich Wilhelms I. an Oberstleutnant Adam v. Weyher und Baurat Philipp Gerlach vom 27. Mai 1730

»Se. Königl. May. in Preußen p. Unser allergnädigster Herr, laßen dem Obrist Lieutenant v. Weyher u. Geheimte Rath *Gerlach* auf Ihre Vorstellung vom 25t. dieses [Monats] zur Resolution hiedurch ertheilen, daß, nachdem Sie nunmehro den von diesem überreichten Plan wegen der neuen Guarnison-Kirche alhier allergnädigst approbiret, und nach demselben die Kirche erweitert wird, sofort mit Aufführung des Fundaments zu denen Eckmauren, u. der einen Seiten-Mauer, so außer der jetzigen Kirche gemachet werden, angefangen, u. dieselben in diesem Sommer noch herausgeführet werden sollen, u. wenn Sie sehen, wie diese Arbeit avenciret, wollen Sie hernachmahls wegen Abbrechung der jetzigen Kirche schon weiter ordre ertheilen.
Potsdam d. 27. Maii 1730.«[26]

Kabinettsordre Friedrich Wilhelms I. an Oberstleutnant Adam v. Weyher und Baurat Philipp Gerlach vom 14. Juli 1730

»Se. Königl. May. in Preußen Unser allergnädigster Herr haben allergnädigst resolviret, daß in Dero Abwesenheit von der hiesigen Potsdamer Guarnison Kirche der Thurm soll abgebrochen und das Klocken-Spiel herunter genommen u. wohlverwahret werden, ingl.[eichen] auch die Orgel, die Kirche aber soll nicht eher abgebrochen werden, bis Sie nach Dero Zurückkunft deßhalb weiter ordre geben, dannhero befehlen Sie den Ober. Ltn. v. Weyher nebst dem Geheimte Rath *Gerlach* das nöthige dieserhalb zu veranstalten.
Potsdam d. 14. Juli 1730.«[27]

Kabinettsordre Friedrich Wilhelms I. an Oberstleutnant Adam v. Weyher vom 15. Oktober 1730

»Mein lieber Obrist Lietnt. v. Weyher. Ich habe aus Eurem Bericht ersehen, daß die zu dem Guarnison-Kirchen-Bau gezahlten 5000 Rthlr. mehrentheils außgegeben, dahero Ich denn auch von neuem 2000 Rthlr. dazu assignirt habe. Weilen doch aber das Abbrechen soviel Geld nicht kosten kann, und sonst noch nicht viel gemachet worden, So sollet Ihr ein Extract formiren laßen, wozu das Geld ausgegeben worden, dergestalt, was das Abbrechen kostet, was an Transport und Materialien ist bezahlt worden und dergleichen, und Mir solches einsenden, wie Ich denn auch dergl. Extract alle Monat haben will, darinn auffgeführet wird, was Ich zu dem Bau gezahlet, und was davon ausgegeben worden und wovor solches geschehen. Ich bin Euer wohlaffectionirter König.
Wusterhausen d. 15. 8br [Oktober] 1730.«[28]

Kabinettsordre Friedrich Wilhelms I. an Oberstleutnant Adam v. Weyher vom 9. November 1730

»Mein lieber Ober-Lieutt. v. Weyher. Ich habe auf Erhaltung Eures Berichts vom 8t. dieses [Monats] an den Geheimte Rath Bode und Kriegs Rath Schumacher ordre gegeben, an Euch zu Fortsetzung des Guarnison-Kirchen Baues 2000 thl. Zubezahlen.
Ich bin p. FW
d. 9. 9br. [November] 1730.«[29]

Kabinettsordre Friedrich Wilhelms I. an Oberstleutnant Adam v. Weyher vom 6. Februar 1731

»Mein p. Ihr sollet den Grenadier v. Busch 50/m [50 mille = 50.000 Stück] Rathenauer Mauer Steine von denen so zum Kirchen Bau vorräthig sind, verabfolgen laßen; Ihr müßet aber dahin

sehen, daß dieser Abgang sogleich wieder ersetzet werde, damit es bey den Bau der Kirche nicht an materialien fehle. Ich bin p.
Potsdam d. 6. Febr. 1731 FW.«[30]

An die Kurmärkische Kammer, 18. Februar 1731
»Se. Königl. Mayt: in Preußen p. befehlen dero Churmärkischen p. Cammer hiedurch in Ganden, die schleunige Verfügung zu machen, daß zu dem hiesigen Potsdamschen Guarnison Kirchen und Thurm Bau nachstehende Bau Materialien als zu denen Rüstungen 6 Schock [= 360 Stück] lange, starcke Bohl Bäume, 33 Schock [= 1.980 Stück] starcke Rüststangen, 48 Schock [= 2.880 Stück] Rüst Bretter, 9 Schock [= 540 Stück] Spunde Bretter zu Kum und Stein Karren und zu denen Chören und Schalung der Decke, 12 Schock [= 720 Stück] Kiehnen Spunde Bretter, 28 Schock [= 1.680 Stück] Tischer Bretter zum Kirchendache, noch 12 Schock [= 720 Stück] Tischer Bretter die Kirche auszuschalen, 8 Schock [= 480 Stück] Rüst Bretter zum Dache, 2230 Centner Schiefer und zum Thurm 1130000 Rathenauer Mauer Steine, 1050 Pr.[31] [= 96.931,8 m^3] Kalch, 4500 Rathenauer Simßsteine, 2000 Centner Giebs Steine, und 11000 Pflaster Steine fordersamst abgefolget und anhero nacher Potsdam geliefert werden müßen, und darunter nichts verabsäumet werde wie denn auch vor allen Dingen dahin muß gesehen werden, daß insonderheit diejenigen Bau Materialien, welche zu erst und am nothwendigsten gebraucht werden, auch ohnverzüglich angeschaffet werden müßen, deshalb die Krieges und Domainen Cammer mit dem Geheimte Rath *Gerlach* zu vernehmen und mit ihm alles nöthige zu concertiren hat, damit an nichts einiger Mangel sey, allermaßen Se. Königl. May. diesen Bau äußerst pousiret[32] wißen wollen, und daher der p. *Gerlach* zugleich nöthig findet, daß die Maurer die Rüststangen in den Heyden selbst aussuchen, so ist solches gleichfalls mit demselben zu reguliren und werden diese Bau Materialien alle ohnentgeltlich abgefolget und geliefert.
Potsdam, den 18. Febr. 1731. Fr. W.«[33]

Kabinettsordre Friedrich Wilhelms I. an Oberstleutnant Adam v. Weyher und Baurat Philipp Gerlach, 28. April 1731
»Obrist Lieut. v. Weyher und Geh. R. *Gerlach* Se. K. Maj. in Preußen p. haben mit dem Altenburgischen Schieferdecker *Bleyel* den hierbey liegenden Contract wegen Deckung der neuen Guarnison Kirche und Thurms, alhier in Potsdam errichten laßen, woraus erhellet, daß ihm aus der Albrechtschen Casse wegen der Schiefer Lieferung ingleichen wegen des Decker Lohnes aus der hiesigen Bau Casse und vor die Nagel soll bezahlet, auch sonst veranstaltet werden, und befehlen Sie demnach dero Obristlieut: v. Weyher und Geheimte Rath *Gerlach* hierdurch in Gnaden, sich gehorsamst darnach zu achten und weilen die Ecken und Einfassungen des Dachs ingl.[eichen] die Jahr Zahl mit Stanniol [= Zinnfolie] auf das Dach sollen gemacht werden, auf die Arth, wie Sie in beyfolgenden Riß angedeutet haben, so soll der p. *Gerlach* darnach eine Zeichnung fordersamst verfertigen und Sr. K. M. zur approbation einschicken. Potsdam den 28. April 1731 Fr. W.«[34]

Kabinettsordre Friedrich Wilhelms I. an den Herzog von Gotha, 28. April 1731
»Durchlauchtigster Herzog, freundlich geliebter Vetter.
Ich bin Ew. Durchl. obligiret, daß Sie dero Hoff Schieferdecker *Bleyel* haben, beurlauben wollen, anhero zu kommen, und weil ich gewillet bin, durch ihn einige Arbeit alhier verfertigen zu laßen, so hoffe Ich, es werden Ew. Durchl. ihm ferner permission darzu ertheilen, auch nicht ungütig nehmen, wenn derselbe etwas über seinen

Urlaub sollte ausgeblieben seyn, weil er sich hier nicht eher hat expediren können, Ich mache mir ein Plaisir wieder worinn zu dienen und werde jeder Zeit seyn
Ew. Durchl. freundwilliger Vetter Fr. W.
Potsdam den 28ten April 1731.«[35]

Kabinettsordre Friedrich Wilhelms I. an Oberstleutnant Adam v. Weyher und Baurat Philipp Gerlach, 1. Juni 1731

»Se. Königl. May. in Preußen, unser allergnädigster Herr haben die Potsdamsche Orgel, so in der Guarnison Kirche gewesen, zu der hiesigen Jerusalems Kirche allergnädigst geschencket, und befehlen demnach dero Obrist Lieutenant v. Weyher und Geheimte Rath *Gerlach* hierdurch in Gnaden, bemelte Orgel an die Jerusalems Kirche verabfolgen zu laßen. Berlin den 1. Juny 1731. Fr. W.«[36]

Kabinettsordre Friedrich Wilhelms I. an die Kurmärkische Krieges- und Domänen-Kammer, 16. Juni 1731

»S. K. M. in Preuß: unser allergnädigster Herr befehlen dero Chur Märckischen Krieges und Domainen Cammer hierdurch in Gnaden die Verfügung zu machen daß zu dem Fundament des Thurmes bey der hiesigen Potsdamschen Guarnison Kirche zwey Hundert und dreyßig Land Prahm [Fuhren, zusammen ca. 2.140 m^3] tüchtige große Kalcksteine und 800 Wispel [1.055.200 Liter] Kalck unverzüglich müssen anhero geliefert werden. Potsdam den 16ten Juny 1731. Fr. W.«[37]

Kabinettsordre Friedrich Wilhelms I. an die Kurmärkische Krieges- und Domänen-Kammer, 6. Oktober 1731

»S. K. My. seynd in Erfahrung gekommen, daß es in Potsdam an Kalck fehle, u. d. Bau dadurch aufgehalten werde; dannenhero befehlen Sie dero Churm. Cammer hierdurch allergnädigst doch ernstlich, die schleunige Veranstaltung zu machen, daß so viel Kalck als nur immer möglich nacher Potsdam abgelieffert, u. darunter nichts verabsäumet werde. Machenow d. 6. 8br. [Oktober] 1731.«[38]

Kabinettsordre Friedrich Wilhelms I. an Oberstleutnant Adam v. Weyher, 19. Oktober 1731

»Mein lieber p.
Weil die rechte Cantzel in der Guarnison-Kirche nicht gleich fertig werden kann, So will [ich] inzwischen eine gantz schlechte [= schlichte] Cantzel von Kiehnen Holtze ohne Leisten gemachet, u. mit alten Tapeten von dem dortigen Schloße behängt werden, zu der Fahne auf der Kirche habe Ich das beykommende deßein erwehlet, aber es muß oben eine rechte Fahne seyn, dem Schieffer-decker habe ich ordre gegeben, daß Er seine Arbeit beschleunig: soll. Ich bin p.
Wsths. d. 19. Oct. 1731«[39]

Kabinettsordre Friedrich Wilhelms I. an den Schieferdecker in Potsdam, 19. Oktober 1731

»An den Schieffer Decker in Potsdam.
Se. Kgl. Maj. seynd in Erfahrung gekommen, daß die Gipß Arbeit an der Potsdamschen Garnison Kirche durch den Schieffer Decker aufgehalten werde, weil es mit dem Decken so langsam umgehet. Damit aber solches nicht ferner geschehe, So wird bemeldter Schieffer Decker hierdurch angewiesen, die Arbeit an dem Dache zu beschleunigen und allenfalls mehr Leuthe anzustellen, doch muß Er dahin sehen, daß die Arbeit tüchtig und gut gemacht wird.
Wusterhausen, den 19. October 1731.
F. W.«[40]

Ansicht der Südseite, Historisch-kritisches Ausmaß, Architektürbüro Redließ, Potsdam, 2011

Kabinettsordre Friedrich Wilhelms I. an die Kurmärkische Kammer, 25. Oktober 1731

»An die Kurmärkische Kammer
Se. Kgl. Maj. ec. befehlen der Chur Märkischen Kammer hiedurch in Ganden, die Verfügung zu machen, daß die hierbei specificirten Bau Materialien zu dem Potsdamschen Garnison Kirchen Bau zu der verlangten Zeit geliefert werden und daran kein Mangel sey. Daher denn auch dieselbe mit dem Geheimden Rath *Gerlach* selbst mündlich Abrede von allem zu nehmen hätte, wie am Besten zu veranstalten.
Wusterhausen, den 25. October 1731.«[41]

Kabinettsordre Friedrich Wilhelms I. an Oberstleutnant Adam v. Weyher, 12. November 1731

»Mein lieber p. Ich communicire Euch hierbey die Vorstellung des Schiefer-Deckers auß altenburg und habe resolviret, Ihm auß angeführten Ursachen den Vogtlandschen Schieffer zu accordiren, welches Ihr Ihm zur resolution geben sollet: Potsdam, 12. Nov: 1731
FW:«[42]

Kabinettsordre Friedrich Wilhelms I. an Oberstleutnant Adam v. Weyher, 8. Dezember 1731

»An den Oberstlieutenant von Weyher.
Mein lieber Oberstlieutenant von Weyher. Ich habe ersehen, was Ihr unterm 6ten dieses wegen des Garnison Kirchen Baues und des dahin benöthigten Geldes berichtet und vorgestellet und wird Euch darnach zur Antwort daß, so lange die Witterung es zulassen will, mit dem Bau continuiret werden soll und werde ich künfftige Woche nach Potsdam überkommen, auch sodann wegen des benöthigten Geldes Weitere Ordre stellen und solches zahlen lassen. Ich bin Euer ec.
Berlin, den 8. December 1731. F. W.«[43]

Kabinettsordre Friedrich Wilhelms I. an Oberstleutnant Adam v. Weyher, 25. Dezember 1731

»Mein lieber Obrist Lieutenant von Weyher,
Ich habe ersehen, was ihr wegen des Schiefers aus dem Voigtlande berichtet, weilen nun nöthig ist, daß das Kirchen Dach bald gedecket werde, so bin ich zufrieden, daß der darzu annoch benöthigte Schiefer zu Lande biß Potsdam transportiret werde, ob solches gleich mehr kostet. Ihr könnet also deßhalb ferner das nöthige veranstalten, damit der Schiefer, so bald möglich geliefert werde, so soll zuförderst eine Zeichnung von Pappier von der Größe der Fahne gemachet werden, und sollen dieselben nicht verguldet seyn weil 1400 Thlr. zu viel Geld davor ist, Ich bin Ewr. Wohlaffectionirter König.
Berlin, den 25. Dec. 1731.
Fr. W.«[44]

Kabinettsordre Friedrich Wilhelms I. an die Kurmärkische Kammer, 23. Januar 1732

»S. Königl. Maj. in Preußen p. unser allergnädigster Herr befehlen der Churmärkischen Kr: und Domainen Cammer hierdurch in Gnaden, die Verfügung zu machen daß zu dem Potsdamschen Guarnison Kirchen und Thurm Bau auch neun Schock 25 Stück [= 565 Stück] lange Eichen, funfzehen Schock 42. Stück [= 942 Stück], eilf Schock [660] Carin [?] Bohlen, sechs Schock [= 360 Stück] Kiehnen Spund Bretter und zehen Schock [= 600 Stück] Tischer Bretter abgefolget und das Holtz dergestalt, wie es der Zimmermann Vogel, aussuchen wird in denen Zehdenickschen, Schönebeckschen und Rüdersdorffschen Heyden, fordersamst geschlagen und anhero geliefert werde, damit der Bau dadurch nicht aufgehalten werde.
Potsdam d. 23. Jan. 1732.
Fr. Wilhelm«[45]

Kabinettsordre Friedrich Wilhelms I. an die Kurmärkische Kammer, 3. Mai 1732

»An die Kurmärkische Cammer.
Se. Kgl. Maj. ec. Unser Allergnädigster Herr, befehlen der Chur Märkischen Kriegs- und Domainen Cammer hierdurch in Gnaden, die Verfügung zu machen, daß zu dem hiesigen Garnison Kirchen Bau zu Glindow eine Million Mauer Steine von solcher Größe gemacht werden müssen, wie die Rathenower sind, und daß damit sofort der Anfang gemacht werden müsse, damit es bei dem Bau an solchen Steinen nicht fehle. Es hat auch die K. D. Cammer mit dem p. *Gerlach* mündlich darüber zu sprechen und mit ihm deshalb völlig Abrede zu nehmen.
Potsdam, 3. Mai 1732.
F. W.«[46]

Kabinettsordre Friedrich Wilhelms I. an Oberstleutnant Adam v. Weyher, 1. Juni 1732

»Mein lieber p. Ich habe auf Eure Vorstellung v. 28. dieses die beyliegende ordre an die Churmärkische Cammer ergehen laßen, und werdet Ihr aus der Abschrifft den Inhalt ersehen. Ich bin p. Potsd. d. 1. Junii 1732.«[47]

Kabinettsordre Friedrich Wilhelms I. an die Kurmärkische Kammer, 1. Juni 1732

»S. K. M. befehlen Dero Churmärckischen p. Cammer in Gnaden, zum Behuff des Gerüstes vom Potsdamschen Guarnison-Kirchen-Thurm, 2 Schock [= 120 Stück] starcke Bohl-Bäume in denen hiesig. Heyden anweisen zulassen, dergestalt, daß solche von denen hiesigen Mauer Meistern selbst ausgesuchet werden sollen: Dabey wollen höchstdieselben, daß die zum Brennen derer Gipst-Steine alhier verbrauchte 12 Hauffen Brenn Holtz, von dem Holzschreiber Riecke in Berlin bezahlet werden sollen. Potsdam d. 1. Junii 1732.«[48]

Kabinettsordre Friedrich Wilhelms I. an Oberstleutnant Adam v. Weyher, 18. August 1732

»Ich habe euch das gebethene Holtz aus den Colbatzschen u. Freienwaldischen auch Neugardschen Heyden accordiret, u. schicke Euch zu dem Ende die ordre hiebey. Berl. d. 18. Aug. 1732.«[49]
(Betrifft u. U. nicht die Garnisonkirche)

Kabinettsordre Friedrich Wilhelms I. an Oberforstmeister Bock, 19. August 1732

»S. K. M. befehlen dero p. Bock hierdurch in Gnaden, dem Obrl. v. Weyher dero Rgts., zu einem gewissen Behuff 1 ½ Schock Schwell Eichen, ½ Schock Schneide Eichen, 3 Schock starck Kiehnen, und 1 Schock mittl. Kiehnen Bau Holtz aus der Colbatzschen u. Friedrichswaldischen, auch Naugardtschen Heyde, gantz frey u. ohnentgeltl. Mit den allerfordersamsten Verabfolgen zulassen. Berlin d. 19. Aug. 1732«[50]
(Betrifft u. U. nicht die Garnisonkirche)

Kabinettsordre Friedrich Wilhelms I. an Oberstleutnant Adam v. Weyher, 13. September 1732

»Mein lieber Obristl. von Weyher. Ich habe zu dem dortigen Guarnison Kirchen Bau vors erste noch 2000 rt. assigniret, ingleichen zu den neuen Stadtmauer 3000 rt. Und soll dieses Geld mit nächstem übersandt werden. Nächst diesem habe ich auch accordiret, daß die dortige Stadt Kirche nach des Geheim Raths *Gerlach*s Aufsatze in diesem Jahre noch reparirt werde. Ihr habet also mit dem p. *Gerlach* deshalb das nöthige zu veranstalten und muß dieser dahin sehen, daß alles tüchtig und gut gemacht werde, die Rechnunge von denen Kosten könnet Ihr mir sodann bey meiner Hinkunfft nach Potsdam übergeben, alsdan ich dieselbe bezahlen laßen will. Ich bin Ew. wohlaffectionirter König.
Wusterhausen d. 13. Sept. 1732.«[51]

Kabinettsordre Friedrich Wilhelms I. an die Kurmärkische Kammer, 23. September 1732

»... daß zu dem Potsdamschen Stadt Kirchen Bau zwanzig tausend Rathenauer Dachsteine 65 Wispel Kalck 16 Schock Tischer Bretter und 30 Stück rüstbretter und 4 Stück starck Kiehnen Bauholtz, zu dem Guarnison Kirchen Thurm Bau aber 10 Schock starck Rüst Stangen, welche von denen Mauer Meistern in denen Potsdamschen Heyden ausgesuchet werden, gehörig verabfolget werden sollen. Wusterhausen den 23. Sept. 1732. Fr. W.«[52]

Kabinettsordre Friedrich Wilhelms I. an die Kurmärkische Kammer, 2. Februar 1733

»S. K. M. in Pr. p. unser allergnädigster Herr befehlen dero Churm. Kr. u. D. Cammer hiedurch in Gnaden, die schleunige Verfügung zu machen, daß zu dem hiesigen Potsdamschen Guarnison Kirchthurmbau fordersamst und sobald das wasser offen ist, noch 100000 Rathenauer Mauer Steine anhero geliefert werden müssen. Potsdam d. 2. Febr. 1733.«[53]

Kabinettsordre Friedrich Wilhelms I. an Oberstleutnant Adam v. Weyher, 25. Februar 1735

»Mein p. Ich ersehe aus Eurem Schr. V. 23' dieses, daß ihr zu Guarnisons Kirchen Thurm, wieder Geld nöthig habet, wenn Ich Geld bezahle, sollet Ihr auch was haben. Potsd. d. 25. Febr. 1735.«[54]

Kabinettsordre Friedrich Wilhelms I. an Ingenieurkapitän Berger, 17. Mai 1737

»S. K. M. befehlen dero p. Berger hierdurch in Gnaden, vor die beyde Grenadier Compagnien des 2t. u. 2t. Battaill: auf der hiesigen Guarnison Kirche, vor jede Compagnie besonders eine Mondirungs Cammer aptiren zu laßen, und solche den Capitaine v. Rochow u. v. Schwerin anzuweisen.
Potsd. d. 17. May 1737.«[55]

Kabinettsordre Friedrich Wilhelms I. an Oberstleutnant Adam von Weyher, 10. Oktober 1737

Der König teilt v. Weyher mit, dass er den Dispositions-Kassen-Verwalter Gotthold Köppen Ordre gegeben habe, jährlich 200 Taler, die zur Reparatur der Potsdamer Garnisonkirche und ihres Turmes gebraucht werden, gegen Quittung an Weyher auszuzahlen.[56]

Kabinettsordre Friedrich Wilhelms I. an Oberstleutnant Adam von Weyher, 8. Oktober 1738

Durch v. Weyher ist zu veranlassen, dass der Kastellan des Potsdamer Stadtschlosses die Treppe der Garnisonkirche reparieren soll.[57]

Bericht des Bauführers Lohse über Instandsetzungsarbeiten, 20. August 1881

»Die Thurmspitze der Hof- und Garnisonkirche in Potsdam.

Die königliche Hof- und Garnisonkirche in Potsdam wurde im Jahre 1732 eingeweiht, während der Thurm derselben damals erst bis zur Höhe der untersten Säulenstellung aufgeführt war. Am 4. März 1734 ertheilte Friedrich Wilhelm I. dem Erbauer der Kirche, Baurath Gerlach, Befehl, den ›Riss‹ vom Oberbau des Thurmes vorzulegen. Dies geschah, und schon am 2. Und 3. August 1735 fand die feierliche Ersteigung des oberen Thurmumgangs durch den König und den Kronprinzen statt. Der Thurm war bis zur höchsten Spitze vollendet und zwischen den eichenen Säulenbündeln seines Obergeschosses ein umfangreiches holländisches Glockenspiel aufgehängt worden.

Der Thurm ist bis zur Höhe des neuen Aufbaues von oblonger Grundrissform und geht von dort ab, unter Vorstreckung zweier seitlichen Säulenpaare, ins Quadrat über; bis zum oberen Umgange ist selbiger massiv aus Ziegeln hergestellt, und zwar sind der damaligen zum Theil sehr gesunden Technik der Privatarchitektur Potsdams entsprechend alle stärker vortretenden und decorativen Bauglieder aus Werksteinen (Sandstein) gefertigt, während die Flächen mit Kalkmörtel geputzt sind.

Das Obergeschoß vom Umgang an bis zur Spitze ist dagegen aus Eichenholz construirt. Es ruht auf starken, doppelt neben einander stehenden, vielfach verriegelten eichenen Fachwerksgerüsten, welche sich – mit den Innenflächen des nächstniederen Geschosses bündig – auf einem Absatz der letzteren aufsetzen. Vier starke Bündelpfeiler tragen die ebenfalls eichene Construction der Kuppel mit dem oberhalb dieser sich entwickelnden, mächtigen Spitzenaufbau, während die vier Säulenpaare an den Seiten nur decorativen Zwecken dienen und die zugehörigen gekröpften Gebälke mit den kupfernen Vasen zu tragen haben.

Das gesamte Obergeschoss ist mit Kupfer in doppelter Falzung bekleidet, mit Ausschluss der in Blei hergestellten Capitelle. Die letzteren mussten bei der im vorigen Jahre erfolgten Restauration des Thurmes ersetzt werden, da die unmittelbare Berührung des Bleies mit dem eichenen Kerne eine Oxydirung desselben veranlasst hatte. Auch die eichenen Säulenschäfte bedurften hier und da der Erneuerung, da der Mangel an Ventilaion des zwischen Holz und Kupfer befindlichen Raumes eine Schwammbildung erzeugt hatte.

Von ganz besonderem Interesse dürfte ausser dem malerischen und fein empfundenen Gesamt-Aufbau des Obergeschosses die Entwickelung der Spitze mit der an Klolossalität wohl vereinzelt dastehenden, sinnreich construirten Wetterfahne sein.

Auf den vier diagonalen Voluten oberhalb der Kuppel ruht die in Kupfer getriebene, eisenverankerte Krone mit Kissen und Reichsapfel. Aus dem massiven Kern des eichenen Volutencomplexes erhebt sich eine schmiedeeiserne, etwa 10 m lange, im Mittel 14 cm im Durchmesser starke unbewegliche Eisenstange a (vgl. nebenst. Fig.). Dieselbe trägt auf ihrer obersten Spitze eine über einem Achatkügelchen schwebende bewegliche, verstählte Glocke b, und zwar mit dieser fest verbunden sind zwei starke, an der Stange herabhängende schmiedeeiserne Lappen c, welche unten – dicht über dem Reichsapfelkreuze – in horizontale Arme ausgeschmiedet sind. Diese umfassen wiederum die schmiedeeiserne Querstange g der Wetterfahne von beiden Seiten und sind mit derselben fest versplintet und verschraubt. Damit die feste Stange a des Systems durch die Querstange hindurchgeht ist letztere in der Mitte oval durchlocht. Die Querstange ist 5,50 m lang und 10 cm zu 7 cm stark. Sie trägt auf der einen Seite einen in Kupfer getriebenen Adler, mit innerer Eisenconstruction, auf der andern den mit dem Gewicht des Adlers scharf abbalancirten Namenszug Friedrich Wilhelms. Adler und Namenszug sind durch Strebeeisen mit der Querstange und einigen dieser angehefteten horizontalen Querbändern verankert und so gegen den Winddruck gesichert.

Um nun auch die aus Kupfer auf eisernem Gerippe contruirte Sonne von 2,40 m Durchmesser an der drehenden Bewegung des Adlers und des Namenszuges theilnehmen zu lassen, galt es, dieselbe mit der Glocke b fest zu verbinden. Dies ist erfolgt mittels der zwischen Lappen und Glocke b eingeschalteten zweiten Glocke d, die mit den ersteren fest verbunden ist. Dieselbe ist an ihrem oberen Ende in eine Gabel ausgeschmiedet, welche den engsten inneren Eisenring der Sonnenstrahlenscheiben trägt. Zur Bedeckung aller dieser obersten Constructionstheile ist auf die beiden Strahlenscheiben je ein Schild h aufgelegt, der durch die Schraube mitgehalten wird, welche auch die Glocken und Lappen fest mit einander verbindet. Damit endlich die ausserhalb der Schilde gelegenen peripherischen Theile der Sonnenscheiben an einander festgehalten wurden, ist auf jeder Seite ein Eisenring f angelegt worden.

Während die Strahlenscheiben sich an den obersten Punkten der Peripherie einander berühren, müssen sie unten die Stange mit den Lappen zwischen sich hindurchgehen lassen, und es entsteht so eine faltenartige Herumkröpfung der Scheiben und Schilde.

Das Gesamtgewicht des beweglichen Theiles beträgt 18 bis 20 Centner und dabei ist die Leichtigkeit der Bewegung so gross, dass schon ein leichter Stoss mit dem Finger genügt, um die ungeheure Masse zu drehen.

Zum Schlusse mag noch erwähnt werden, dass die künstlerische Detailirung der Spitze nicht den Gesetzen des optischen Massstabs entspricht und in dieser Beziehung als etwas verfehlt bezeichnet werden muss. Denn selbst von günstigen Standpunkten auf den Strassen neben der Kirche ist es nicht möglich, an der etwa in 82 m Höhe über der Strasse befindlichen Bekrönung wichtige Einzelheiten, wie zum Beispiel die Fittigbildung des Adlers, die Edelsteine der Krone, die Gestaltung der Sonnenstrahlen u. s. w. zu erkennen.

J. Lohse, Bauführer«[58]

Bericht des Bauführers Erich Daubitz über Instandsetzungsarbeiten, 1930

»DIE INSTANDSETZUNG DER GARNISONKIRCHE ZU POTSDAM

I. Instandsetzung des Turmes

Die Garnisonkirche, erbaut in den Jahren 1730 bis 1735 von Philipp Gerlach, stellt eine rein protestantische Predigtkirche dar. Der rechteckige Innenraum ist durch zwei Pfeilerreihen in drei Schiffe geteilt. In der Querachse stehen Kanzel und Altar, unter der Kanzel befindet sich die einfache Gruftkammer, in der *Friedrich Wilhelm I.* und *Friedrich der Große* ruhen. In den Seitenschiffen und an den Querfronten umziehen zwei Emporen den Raum. Die Kirche wurde gebaut als Hof- und Garnisonkirche. Der Hauptzweck war aber die Abhaltung von Militärgottesdiensten, worauf die früher vorhandene sehr einfache innere Ausgestaltung zurückzuführen ist. Die im Jahre 1898 unter Geheimrat Prof. Dr. *Laske* beendete Restaurierung in den Formen der Barockzeit hat den früher klaren architektonischen Eindruck ziemlich verändert.

Den Hauptschmuck der Kirche bildet, abgesehen von der sehr schönen Marmorkanzel, der im Jahre 1739 vollendete[59], gegen 90 m hohe Turm, der auf Wunsch *Friedrich Wilhelms I.* besonders prächtig ausgestaltet wurde. Die Anregung für die Gliederung des Turmes wird der König in Holland erhalten haben, von wo auch das erste Glockenspiel bezogen wurde, das durch in Berlin nachgegossene Glocken auf den jetzigen Stand gebracht worden ist.

Im Laufe der Zeit hatten sich trotz der wiederholten Ausbesserungen am Turm derartige Schäden gezeigt, daß eine umfassende Instandsetzung notwendig wurde. Der bildhauerische Schmuck und die Gesimse und Gliederungen aus Sandstein waren vom Wetter so sehr angegriffen, daß schon seit Jahren Teile sich loslösten und hinabstürzten.

Die Instandsetzungsarbeiten begannen im Sommer 1925. Da mit dem Transport größerer Werkstücke bis zu 5000 kg Gewicht zu rechnen war, wurde der Turm, vom Straßenpflaster beginnend, bis zum oberen Umgang unterhalb des Glockenspieles mit einer abgebundenen Rüstung berüstet. Bei Herstellung der Gerüstfundamente zeigte sich etwa 1 m unter Straßenpflaster eine in regelmäßigem Verbande aus besten Rathenower Steinen gemauerte Platte, die noch auf 10 m vom Turmsockel aus gemessen vorhanden war. Die Stärke der Platte ließ sich nicht feststellen, jedenfalls zeigte sich in 1 m Tiefe noch keine Änderung der Struktur oder des Materials. An einigen Stellen wurden in dieser Platte ca. 30 cm starke kieferne Rammpfähle gefunden; die gut erhalten waren. Diese außerordentlich gute Fundierung des Turmes erklärt sich daraus, daß *Friedrich Wilhelm I.* kurze Zeit vorher eine an gleicher Stelle errichtete Fachwerkskirche infolge Nachgebens des Untergrundes hatte abbrechen lassen müssen. Die von den Fundamenten aufzunehmende Last ist auch recht erheblich. Der Turm besteht zu ebener Erde aus vier Pfeilern von je rund 7 x 7 m und hat in Höhe von etwa 55 m noch immer eine Wandstärke von über 2,5 m. Während der Vorarbeiten zur Errichtung der großen Rüstung wurde der obere Turmteil vom Umgang bis zur Wetterfahne mit einer Leiterrüstung berüstet. Der höchste Punkt der Rüstung lag auf etwa 86 m Höhe über Straßenpflaster.

An der Wetterfahne wurde die völlig verrostete Tragekonstruktion von Sonne, Adler, Monogramm und Krone durch Teile aus Bronze oder Messing ersetzt und die Vergoldung erneuert. Näheres hierüber in einem von dem Unterzeichneten verfaßten Sonderbericht im »Archiv für Denkmalspflege«, Jahrgang 1926.

Bei Untersuchung des Holzwerkes der Turmhaube zeigten sich unter der Kupferblechverkleidung starke Faulschäden, so daß größere Auswechselungen nötig wurden. Weitere starke Faulschäden zeigten sich am Kuppelfuß und besonders an den Grundbalkenlagen in Höhe des Umganges. Hier waren fast sämtliche Balken, soweit sie auf dem Mauerwerk auflagen, stark angefault oder zum Teil so völlig verfallen, daß Einsturzgefahr bestand. Der nordwestliche Tragepfeiler der Turmhaube hatte sich bereits um 7 cm gesenkt. Es wurde daher zunächst die Last des ganzen Aufbaues einschließlich der allein rund 10.000 kg schweren Glocken auf gezimmerte Türme übertragen, die auf dem Turmmauerwerk errichtet wurden. Das nun folgende Auswechseln und Anschäften der Balken war wegen des sehr beschränkten Raumes und der vielen nötig werdenden örtlichen Absteifungen umständlich und zeitraubend.

Der Hauptgrund für die Entstehung dieser Schäden dürfte das Fehlen einer Entlüftung gewesen sein. Auf der Innenseite des Blechbelages, der die ganze Kuppel mit Tragepfeilern und Unterbau umhüllt, bildete sich Schwitzwasser, dazu kam das durch Undichtigkeiten eindringende Niederschlagswasser. Bei der jetzigen Instandsetzung wurden daher auf jeder Turmseite zwei Öffnungen unter dem obersten Sandsteingesims angelegt, die den Zutritt der Außenluft zu den Grundbalkenlagen ermöglichen. Ebenso wurden im obersten Kuppelaufsatz unter der Krone vier Öffnungen neu geschaffen. Die in den vier Tragepfeilern der Kuppel enthaltenen je zwei dreieckigen Schächte wirken besonders bei Windanfall als Lüftungsrohre.

Die zum großen Teil aus der Zeit der Erbauung noch vorhandene alte Eindeckung, kenntlich an der geringen Größe der Bleche, hat sich auf den ebenen Flächen gut erhalten. Dagegen zeigten sich an den Gesimsverkröpfungen und Kehlen zahlreiche Risse. Das Reißen des Kupferbleches ist anscheinend darauf zurückzuführen, daß es durch verdeckte Nagelung mit dem Holzwerk fest verbunden war, demnach also den bei starkem Windanfall auftretenden Bewegungen im Holzwerk nicht genügend folgen konnte. Hinzu kommt das Arbeiten der einzelnen Bleche unter dem Einfluß des Temperaturwechsels. Beweis für die Richtigkeit dieser Annahme ist das Ausreißen der Nagellöcher.

Bei der Neueindeckung wurde nur Falzung und Befestigung durch Hafter unter den Falzen angewendet, wodurch eine gewisse Bewegungsmöglichkeit für den Blechbelag erreicht wird. Die Gesimsprofile wurden nicht maschinell gezogen, sondern die Bleche über den sauber profilierten Holzgesimsen mit Holzhämmern in die richtige Form gebracht. Auf diese Weise blieb die alte weiche und interessante Form der Profile erhalten.

Die vier eichenen Zifferblätter mußten ebenfalls neu eingedeckt werden. Ihre Bleiverkleidung, die anscheinend erst im Jahre 1880 erneuert worden war, hatte an vielen Stellen Risse, was wohl zum Teil wieder auf die Art der Befestigung – verdeckte Nagelung – zurückzuführen sein wird. Das Blech hatte sich außerdem auf der dem Holz zugewandten Seite völlig zersetzt, wahrscheinlich unter dem Einfluß der im Eichenholz enthaltenen Säuren, die durch das Regenwasser freigeworden waren. Am Kupferblechbelag des Turmes dagegen wurden nirgends ähnliche Schäden festgestellt. Die Zifferblätter erhielten infolgedessen eine Kupferbekleidung.

Auch an den Steinmetz- und Bildhauerarbeiten zeigten sich große Schäden. Der Cottaer und Postelwitzer Sandstein war zum größten Teile stark verfallen, wozu auch die in früheren Jahren mehrfach aufgebrachten Ölfarbenanstriche beigetragen haben werden. An den beiden oberen Turmgesimsen, den oberen Pilasterkapitälen, den Zifferblattumrahmungen und Fensterstürzen waren viele Teile in den Neunzigerjahren des vorigen Jahrhunderts durch Zinkgußstücke ersetzt worden, wie dies ja auch sonst vielfach geschehen ist. Bei Abbau der alten Stücke, die vielfach schon lose waren, zeigte sich an den Zifferblattumrahmungen eine heute nicht mehr übliche Verwendung des Eisens. Die Sandsteinblätter und Palmenwedel banden nicht mit einem Bossen in das Mauerwerk ein, sondern hingen flach an der Wand auf eisernen Haken und teilweise auch auf schwachen Eisendübeln. Erstaunlicherweise hatte sich ein großer Teil dieser Haken, die allen Witterungseinflüssen ausgesetzt waren, verhältnismäßig gut erhalten. Ebenso sind die noch jetzt erhaltenen Anker an den Emblemen unter dem mittleren Turmgesims, im Giebeldreieck über dem Turmportal und an den Bekrönungen des Turmportals, die zweifellos aus der Zeit der Erbauung der Kirche stammen, zwar angerostet, aber doch so wenig zerstört, daß größtenteils die Kanten der Eisen noch tadellos erhalten sind. Diese Haltbarkeit des Eisens dürfte sich daraus erklären, daß es infolge der damaligen, nach heutigen Begriffen unvollkommenen, Herstellungsart verhältnismäßig viel Kohlenstoff enthält, der ja bekanntlich das Rosten einschränkt.

Interessant waren die Erneuerungsarbeiten an den zwölf Trophäengruppen, die auf den Ecken der oberen drei Turmgesimse stehen. Die vier obersten und die zwei Trophäen an der Westseite des Mittelgesimses waren besonders zerfallen. Zahlreiche Einzelteile fehlten, andere Teile waren in Zement ergänzt, die Fahnen mit Draht gegen das Abstürzen gesichert. Bis auf eine schon früher erneuerte wurden die alten Stücke sämtlich abgebaut und in monatelanger Arbeit unter ständigem Vergleichen und Kombinieren durch den Bildhauer Klazar (Berlin) in Gips ergänzt, um später für die Herstellung der neuen Stücke als Modell zu dienen. In gleicher Weise wurden auch die Flammenvasen auf den seitlichen Anbauten zum Modell ergänzt. Die vier obersten Trophäen, wurden der besseren Haltbarkeit wegen nicht wieder in Stein, sondern in Kupfertreibarbeit ausgeführt.

Erneuert wurden weiter die beiden oberen Turmgesimse einschließlich der Umgangsbrüstung, eine Anzahl von Pilasterkapitellen und -basen, die vier obersten Fensterbögen und Teile der Waffengehänge neben dem Turmportal. Außerdem waren zahlreiche kleinere Ausbesserungen notwendig. Als Material für die Ausführung sämtlicher Bildhauer- und Steinmetzarbeiten wurde schlesischer Sandstein verwendet.

Nach Beendigung der beschriebenen Arbeiten wurde der Turm neu geputzt und dann mit Keimscher Mineralfarbe gestrichen. Als Grundfarbe wurde ein bräunliches Gelb gewählt, von dem sich der Sandsteinton der Gliederungen gut abhebt. Der obere Turmteil vom Umgang ab aufwärts blieb ungestrichen, obgleich er früher einen Ölfarbenanstrich besessen hat. Der Unterbau, Tragepfeiler und Gesims der Kuppeln hatten einen grünlich-sandsteinfarbenen Ton, die Turmhaube selbst war anscheinend dunkelgrün gestrichen, an den vier Eckgraten, einem Streifen über dem Gesims und dem Kissen unter der Krone zeigen sich Spuren eines ehemals dunkelroten Anstriches[60]. Von einer Erneuerung dieses Anstriches wurde abgesehen.

II. Instandsetzungen am Kirchenschiff und Veränderungen im Innern

Außer am Turm zeigten sich auch am Kirchenschiff ziemlich erhebliche Schäden. Die Holzkonstruktion des Daches und die Deckenbalken waren durch Fäulnis und Schwammbildung angegriffen. Die Schäden zeigten sich fast ausschließlich unter den mit Zinkblech eingedeckten Kehlen und Abdeckungen der Vorbauten und Dachfenster. Das Blech war nicht nur auf mechanischem Wege durch vom Turm herabfallende Sandstein- und Putzbrocken beschädigt, sondern auch durch den Einfluß des vom Turmoberteil und den Gesimsen herunterkommenden Kupferwassers chemisch angegriffen. Einzelne Stellen des Blechbelages zeigten Hunderte von nadelstichähnlichen kleinen Löchern. Hier war jahrelang das Wasser ungehindert eingedrungen.

Ein großer Teil des Holzwerkes mußte daher erneuert werden. Die innere Mauerschwelle wurde durch gemauerte Pfeiler ersetzt und überall wurden Isolierungen aus Dachpappe eingebaut, so daß das Holzwerk jetzt gegen Nässe von unten gesichert ist. Der bei früheren Reparaturen angewandte allseitige Anstrich der Hölzer mit Kienteer hat sich nicht bewährt. Das Eindringen vom Schwamm war allerdings verhütet worden, statt dessen war aber das Holz infolge des vollkommenen Luftabschlusses größtenteils trockenfaul geworden, da es seinerzeit beim Einbau nicht vollkommen trocken gewesen war.

Die neu eingebauten Hölzer wurden daher mit dem bekannten Schwammschutzmittel Siccuid gestrichen, das keine luftdicht abschließende Haut bildet, vielmehr das Austrocknen des Holzes gestattet. Durch dieses Mittel wird lediglich der Inhalt der Holzzellen so »vergiftet«, daß er für Schwamm und Fäulnispilze nicht mehr als Nährboden dienen kann.

Die Schwammverseuchung erstreckte sich nicht nur auf die Holzkonstruktion, sondern auch auf das Mauerwerk. Die an den Ecken zwischen Kirchenschiffswand und Turmmauerwerk bestehenden Setzrisse zeigten ebenfalls ausgedehnte Schwammwucherungen. Das Mauerwerk wurde abgebrochen, soweit sich noch Schwammspuren zeigten. Dann wurde das alte Mauerwerk mehrmals mit Siccuid gestrichen und das neue Mauerwerk aus Hartbrandsteinen in verlängertem Zementmörtel aufgeführt.

Bei den vorstehend geschilderten Arbeiten wurde auch die Erneuerung des Voutengesimses des Kirchenschiffes notwendig. Es bestand früher aus einem an die Deckenbalken angehängten dreieckigen Balken, auf dem Rohrbündel als Putzträger befestigt waren. Statt dieser Konstruktion, die zur seitlichen Weiterverbreitung von Schwamm und Fäulnis erheblich beigetragen hatte, wurde bei der Erneuerung Spannarbeit auf verzinkten Eisendübeln gewählt. Die Luft hat jetzt also von allen Seiten Zutritt zu den Balkenköpfen.

Den Beschluß der Arbeiten am Hauptdach bildete das Eindecken der Kehlen, Vorbauten und Dachfenster mit Kupferblech. Auch Rinnen und Abfallrohre wurden in Kupfer erneuert, so daß Zinkblech jetzt nirgends mehr am Bau vorhanden ist.

Ausgeführt wurden die Arbeiten unter Aufsicht der zuständigen Stellen im Preußischen Finanzministerium und bei der Regierung in Potsdam durch das Preußische Hochbauamt II. Potsdam (Vorstand Regierungsbaurat *Reling*). Die örtliche Bauleitung lag in Händen des Regierungsbaumeisters *Daubitz*. Von Seiten der Bauleitung wurden genaue Messungen des Gebäudes in allen seinen Teilen aufgenommen, da zeichnerische Unterlagen von diesem architektonisch bedeutsamen Bauwerk fast ganz fehlten. Außerdem wurden vom Gerüst aus zahlreiche Lichtbildaufnahmen von den einzelnen Bauteilen gemacht, die für die Denkmalpfleue von großem Wert sein dürften. Die gesamten Baukosten werden sich nach Beendigung der Restarbeiten auf rund 790.000 RM stellen.«[61]

Bericht des Architekten Joachim Briesemann über Sicherungsarbeiten vom 5. Dezember 1966

Nachdem die Arbeiten zur Sicherung des Bestandes 1952 abgebrochen worden sind, ruht die Bautätigkeit 12 Jahre, da keine Baukapazität bereitgestellt und keine Baugenehmigung erteilt wird.

Im Zuge der Neuplanung des Zentrums von Potsdam wird auch die städtebauliche Frage der Heilig-Kreuz-Kirche untersucht, wobei sich die verantwortlichen staatlichen Stellen positiv zu einer vorgesehenen Sicherung äußern. In diesem Zusammenhang wird von dem Sachverständigen für Baudenkmäler der DDR ein Gutachten über den Zustand und die zu treffenden Sicherungsmaßnahmen angefordert und erarbeitet.

Im Jahre 1962 wird von der Kirchengemeinde in freiwilligen Arbeitseinsätzen der Schutt aus dem Kirchenschiff beseitigt. Gleichzeitig wird auf zwischenkirchlicher Ebene versucht, die für eine Sicherung des Gebäudes notwendige Stahlrohrrüstung zu erlangen.
Im Auftrage der Denkmalpflege über die Abteilung Kultur beim Rat des Bezirkes wird 1964 ein Sicherungsprojekt von einem Kollektiv erarbeitet und mit der Staatlichen Bauaufsicht beim Rat der Stadt abgestimmt.
Bereits im gleichen Jahr wird die PGH[62] Potsdam-West als Baubetrieb benannt. Zu konkreten Absprache kommt es allerdings erst nach einer erneuten Beauflagung für das Jahr 1965 durch Vermittlung der Staatlichen Bauaufsicht. Nachdem die Einfuhrgenehmigung für das Stahlrohrgerüst erteilt ist und die Firma *Klocke* für die Ausführung der Betonarbeiten gwonnen ist, sind die letzten Hindernisse in dieser Hinsicht überwunden.
Mitte 1965 wird nach einer Absprache mit der Staatlichen Bauaufsicht, der Feuerwehr, der Verkehrspolizei, dem Baubetrieb und der Kirchengemeinde von der Gemeinde ein Bauzaun errichtet. Um eine Koordinierung der verschiedenen an den Sicherungsarbeiten unmittelbar und mittelbar Beteiligten zu erreichen wird auf Anregung der Staatlichen Bauaufsicht der Unterzeichnete als Verbindungsmann eingesetzt und bestätigt. Dieser Bericht ist ein Teil der Verenbarung.
Die Stahlrohrrüstung wird im November 1965 antransportiert und im Kircheschiff eingelagert. Sie ist Eigentum der Berlin-Brandenburgischen Kirche und soll vorerst für die Sicherung der Heilig-Kreuz-Kirche, für die sie speziell ausgelegt ist, zur Verfügung stehen.
Am 30. 11. wird auf einer Baustellenbesprechung geklärt daß der VEB[63] Baureparaturen Potsdam fälschlicherweise mit dem Vorhaben beauflagt worden ist. Bauausführender Betrieb ist weiter die PGH Potsdam-West. Für 1965 ist dieser Betrieb mit 19 TMDN[64] für dieses Vorhaben beauflagt. Der Bauschein wird am 15. 12. 65 über diese Summe ausgestellt.
Am 8. 12. wird auf Anregung der beiden beteiligten Baubetriebe nach eingehender Beratung aus arbeitsschutztechnischen Gründen festgelegt, daß die Turmzwischendecken von unten nach oben eingebaut werden. Die Staatliche Bauaufsicht wird von dieser Änderung unterrichtet und bestätigt sie am 27. 12. 65. Seit Mitte Dezember wird das Gerüst für die erste Turmdecke gebaut.
Am 28. 12. findet mit dem Institut für Denkmalpflege, den Baubetrieben und Gemeindevertretern eine Besprechung auf der Baustelle statt, wobei die Auftragserteilung für 1966 behandelt wird. Es sind für 1966 für 40 TMDN Baukapazität eingeplant.
Am 3. 1. 1966 richtet die Firma *Klocke* die Baustelle ein.
Am 5. 1. wird bereits die Stahlbewehrung für die 1. Decke eingebaut. Wegen des einsetzenden Schneewetters müssen jedoch die Betonarbeiten verschoben werden. Die PGH baut indessen weitere Gerüste, um gefährlich überhängende Wandteile zu sichern (westliches Seitenschiff) und die Bereinigug der Mauerkronen vorzubereiten.
Am 11. 1. werden von der Arbeitsschutzinspektion, Kollegen *Sohf*, die bereits gfertiggestellten Gerüste inspiziert.
Am 18. 1. verläßt die PGH vorerst die Baustelle bis Ende März.
Am 1. 4. wird die Stahlbewehrung der 1. Decke durch die Staatliche Bauaufsicht, Kollege Budzinski, abgenommen.
Am 3. 4. betoniert die Firma *Klocke* die 1. Turmdecke.
Am 29. 4. beginnt die PGH mit dem Ausschalen der 1. Decke und baut die Rüstung und Schalung für die 2. Turmdecke.

Am 6. 5. sind diese Arbeiten beendet und die PGH zieht ihre Arbeiter sofort wieder ab.
Am 7. 6. ist die Bewehrung für die 2. Decke eingebaut und wird vom Koll. *Budzinski* (Staatl. Bauaufsicht) abgenommen.
Am 8. 6. wird die 2. Turmdecke von der Fa. *Klocke* betoniert. Koll. *Busch* von der PGH teilt mit, daß die Arbeiten in Kürze noch nicht wieder aufgenommen werden können.
Am 27. 6. entsteht bei einer Rückfrage bei der PGH der Eindruck daß die Bauarbeiten vom Stadtbauamt gebremst würden.
Am 28. 6. erfolgt daraufhin eine persönliche Rücksprache mit mit Koll. *Rönn* von der Staatlichen Bauaufsicht beim Stadtbauamt. Koll. Rönn stellt dabei fest, daß für 1966 40 TMDN Baukapazität vorhanden sind, aber eine Verlängerung des Bauscheins noch nicht erfolgt ist. Den Antrag dazu muß das Institut für Denkmalpflege stellen. Der Einbau der Turmdecken soll in schnellerem Tempo vorangetrieben werden damit die letzte Turmdecke noch in diesem jahr eingebaut werden kann und die unmittelbren Sicherungsarbeiten so schnell wie möglich erfolgen können. Dazu soll eine Turmzwischendecke ausgelassen werden.
Am 5.7. wird das Institut für Denkmalpflege veranlaßt, sofort die Baugenehmigung für 1966 über 40 TMDN zu beantragen. Am 12. 7. beginnt die PGH mit dem Ausschalen der 2. Decke.
Am 19. 7. rückt der Baubetrieb bereits wieder ab.
Am 26. 7. wird de Baustelle vom Stadtbaudirektor Koll. *Sander*, Koll. *May* vom Rat des Bezirkes und von den Kollegen *Kreuzmann* und *Budzinski* vom Stadtbauamt besichtigt. Sie werden über den bisherigen und weiteren Bauablauf informiert. Koll. Sander erwähnt Schwierigkeiten in der Bereitstellung von Baukapazität.
Am 15. 9. muß die Fa. *Klocke* auf Anweisung des Stadtbaudirektors den Betonmischer von der Baustelle abziehen.
Am 21. 9. ruft Koll. *Busch* von der PGH an, daß auf Anweisung des Stadtbauamtes die Arbeiten (das Einrüsten der vorletzten Decke wird inzwischen durchgeführt) sofort einzustellen sind. Eine telefonische Rückfrage bei Koll. Rönn ergibt, daß ›notwendige Sicherungsmaßnahmen‹ (ein 2. Zaun in Straßenmitte) bereits vom Rat der Stadt eingeleitet wurden. Genaueres könne er nicht sagen, da er nur für die bauaufsichtlichen Belange zuständig sei. Die Herren der Kirche werden noch informiert. (Die Mitteilung des Koll. *Rönn* bei der Baubesprechung am 4. 10. 1988 muß auf einem Irrtum beruhen).
Am 25. 10. findet an der Heilig-Kreuz-Kirche eine Besprechung mit Vertretern der Denkmalpflege, des Rates der Stadt und der Kirche statt. Der bei dieser Besprechung gemeinsam zu erarbeitende Vorschlag zur Sicherung des Verkehrs, der Bürger und des Bauwerkes mündet in der balidigen Wiederaufnahme der Sicherungsarbeiten. Auch der Zaun auf der Wilhelm-Külz-Straße[65] und die angekündigte Sperrung der Kapellennutzung sollen diesem Ziel dienen.
Mit dieser Besprechnung hat die 1. Phase der Sicherungsarbeiten nach dem vorliegenden Projekt ihren Abschluß gefunden.
J. Briesemann«[66]

Resolution an den Vorsitzenden der Stadtverordnetenversammlung am 26. April 1968 in Potsdam

Sehr geehrte Stadtverordnete der Stadt Potsdam!
Wir begrüßen, daß endlich der Aufbau des Potsdamer Stadtkernes großzügig in Angriff genommen wird. In diesem Zusammenhang ersuchen wir Sie als Vertreter der Bürger unserer Stadt, Ihre Entscheidungen in vollem Verantwortungsbewußtsein für unsere Kulturdenkmäler zu treffen, deren Verwalter wir alle sind. Wir unterstützen beim Ausbau der Verkehrsmagistra-

le Wilhelm-Külz-Straße [= heute wieder Breite Straße] und bei Errichtung des Rechenzentrums eine solche Lösung, die die Erhaltung der ehemaligen Garnisonkirche als eines der bedeutendsten Kulturdenkmäler unserer Stadt garantieren würde.

Nach den uns bekannten fachlichen Urteilen gibt es keinerlei triftige Gründe für einen Abriß:

1. Die Durchführung des Verkehrs in der Wilhelm-Külz-Straße ist vierspurig gewährleistet (gegenwärtige Breite 15,5 m).
2. Die Standfestigkeit des Bauwerks ist durch den Brand nicht beeinträchtigt.
3. Der Standort eines Rechenzentrums auf dem Grundstück der ehemaligen Garnisonkirche ist wegen des außerordentlich schlechten Baugrundes volkswirtschaftlich nicht vertretbar.

Für die Erhaltung der ehemaligen Garnisonkirche spricht:

1. Sie ist die Dominante im Ensemble der historischen Gebäude im Raum der Wilhelm-Külz-Straße [die zu jener Zeit fast komplett instandgesetzt waren, A. K.].
2. Sie gilt als die schönste Barockkirche Norddeutschlands und stellt ein progressives stilbildendes Kulturdenkmal für kirchenbauliche Entwicklungen in Nordeurope dar.
3. Der Turm ist ein wichtiger Bestandteil im typischen Panorama der Stadt.
4. Sie ist ein bevorzugtes Objekt im internationalen Fremdenverkehr.

Wir sind nicht der Meinung, daß ein Abriß der ehemaligen Garnisonkirche ein Mittel zur Bewältigung eines trüben Kapitels der deutschen Geschichte ist, sondern vielmehr, daß wir sie mit neuem, einem humanistischen Geist erfüllen sollten, der eines der höchsten ethischen Anliegen unseres Arbeiter-und-Bauernstaates ist.

Wir ersuchen Sie dringend, eine Expertengruppe mit der Prüfung des angeführten Problems zu beauftragen, und bitten Sie, eine letzte unwiderrufliche Entscheidung, die die Vernichtung des Bauwerks zur Folge haben würde, auszusetzen.

gez. Günter Vandenhertz
Dipl.-Ing.-Architekt

gez. Dr.-Ing. Joachim Rauhut
Vermessungsingenieur

gez. Dr. rer. nat. Jörg Byl
Geophysiker

gez. Dr. rer. nat. Ewald Gerth
Oberstufenlehrer

Potsdam, den 25. April 1968«[67]

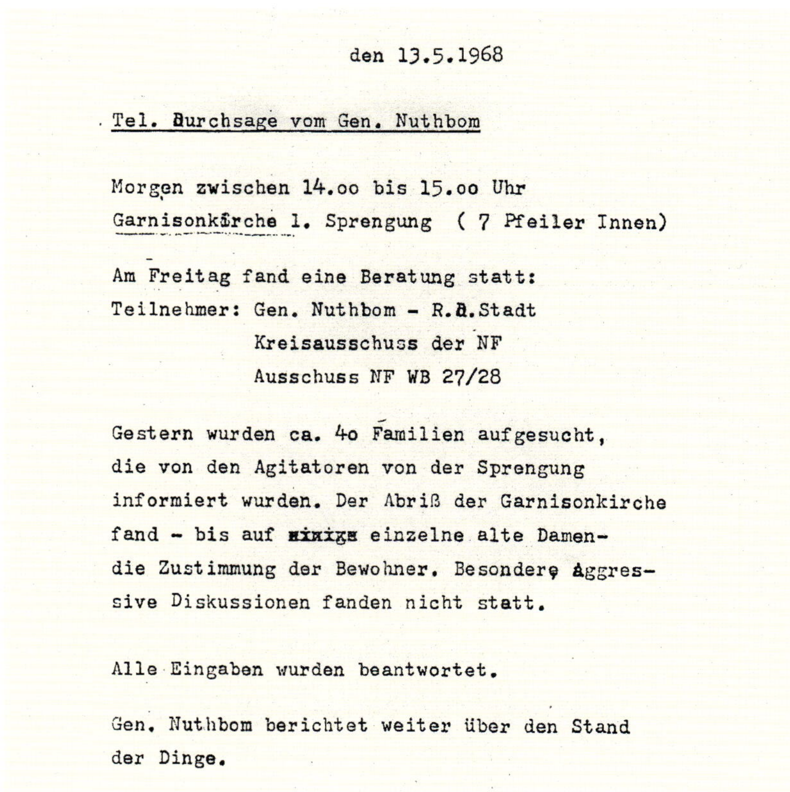

den 13.5.1968

Tel. Durchsage vom Gen. Nuthbom

Morgen zwischen 14.oo bis 15.oo Uhr
Garnisonkirche 1. Sprengung (7 Pfeiler Innen)

Am Freitag fand eine Beratung statt:
Teilnehmer: Gen. Nuthbom - R.d.Stadt
Kreisausschuss der NF
Ausschuss NF WB 27/28

Gestern wurden ca. 4o Familien aufgesucht, die von den Agitatoren von der Sprengung informiert wurden. Der Abriß der Garnisonkirche fand - bis auf ~~einige~~ einzelne alte Damen- die Zustimmung der Bewohner. Besondere Aggressive Diskussionen fanden nicht statt.

Alle Eingaben wurden beantwortet.

Gen. Nuthbom berichtet weiter über den Stand der Dinge.

Die Wagner-Orgel über dem »Königlichen Monument«, von der ehemaligen Königsloge gesehen. Auf dem Mittelturm, hinter dem Monogramm des FWR, befand sich das Glockenspiel, zu beiden Seiten sind die Putti mit den klingenden Pauken zu sehen, dazwischen die zu Sonne auffliegenden Adler, Aufnahme um 1930

Reparaturen und Umbauten der Orgel

1739 wurde eine erste Orgelreparatur notwendig. Da sich Wagner in Magdeburg aufhielt, wurde Johann Michael Röder (1670–1748) dazu aufgefordert. Als sich der Organist offenbar weigerte, diesem die Orgel anzuvertrauen, erließ der König am 20. Februar 1739 folgende Kabinettsordre: »S. K. M. befehlen dem Organisten bey der Guarnison Kirche Lossow allergnädigst dem Orgelmacher Roeder ohnweigerlich zu verstatten, die Stimme Vox humana genandt, nebst dem Stock worauf Sie stehet, heraus zu nehmen, um der Neuen Stimme Stelle und Platz zu verschaffen.«[68] Die Ausführung geht aus einer weiteren Ordre hervor: »Kr. R. Köppen soll an den Orgelmacher Roeder wegen der verbeßerten Stimme an der Guarnison Kirchen Orgel 36. rthlr. Bezahlen. Potsdam den 5. April 1739.«[69]

Eine gründliche Reparatur führte *Johann Wilhelm Grüneberg* (1751–1808) aus Brandenburg/Havel 1788 aus, was aus einer Mitteilung des Baurats *Heinrich Ludwig Manger* (1728–1790) vom 31. Mai 1788 an Feldpropst Kletschke (1747–1806) hervorgeht. Er berichtet, »wie auf immediate Anzeige des H. Organisten *Petzold* bey hiesiger Garnison Kirche, daß nehmlich die in derselben befindliche Orgel höchst schadhaft sey und einer baldigen Reparatur bedürfe, hohen Orts genehmigt worden, diese Ausbesserung aus der Königl. Hof Bau Casse zu bestreiten, dahero wie durch den Orgelbau Meister H. Grüneberg zu Brandenburg einen Anschlag anfertigen lassen, und mit demselben nunmehro auch dieserhalb contrahiret und ihn aufgefordert haben, sich bald anhero zu verfügen und gedachte Ausbesserung vorzunehmen, welches, wie er uns heute ermeldet, nächstens geschehen soll.«[70]

Zehn Jahre später zeigte der nunmehrige Organist *Johann Samuel Lange* (1757–1810) an, daß die Orgel schadhaft sei. Da Grüneberg eine 30-jährige Garantie für seine Arbeit übernommen hatte, stellte man ihn zur Rede. Darauf erklärte dieser: »Der Grund der jetzigen Schadhaftigkeit liegt blos darin daß sowohl Pfeifen als Windladen sehr voller Staub liegen und es kann dahero nicht fehlen, daß erstere Theils sehr verstimmt sind, Theils gar keinen Ton angeben. Ich hoffe, daß meine damals übernommene Verbindlichkeit gegenwärtig diese Abstäubung und Instandsetzung ex propriis [lat., von mir selbst] vorzunehmen, nicht ausgedehnt werden kann, denn dies gehört eigentlich zum Officio [lat. officium: Pflicht] des Organisten, der dafür sorgen muß, daß der Staub sich nicht anhäufe und dadurch die Orgel mit der Zeit unbrauchbar werde.« Nach seinem detaillierten Anschlag wollte Grüneberg für 302 Taler und 13 Groschen das gesamte Pfeifenwerk herausnehmen, das Orgelinnere reinigen und die Pfeifen nach dem Wiedereinbau neu intonieren und stimmen.[71] Es ist nicht überliefert, aber doch anzunehmen, daß er den Auftrag bekam.

Die nächste Hauptreparatur wurde am 23. Juli 1811 vom Garnisonbaumeister Carl Hampel auf 715 Taler 1 Groschen veranschlagt. Der ortsansässige Orgelbauer Johann Carl Hinneberg (1767–1841) bot an, die Arbeiten für 680 Taler zu übernehmen. Orgelrevisor Franz Anton Tschockert (1772–1822), Organist an St. Hedwig Berlin, sowie Carl Friedrich Zelter (1758–1832) empfahlen auf Anfrage hingegen den Luckenwalder Orgelbauer Johann Christoph Ehrhard Pinckert. Als Hinneberg davon erfuhr, richtete er sogleich am 6. Februar 1812 ein Schreiben an den Hofprediger und Bischof Eylert, in dem er fragte: »Sollte ein Auswärtiger Künstler mir Brodt und Ehre rauben?« Nach einer weiteren Bitte vom 9. April übertrug man schließlich doch Hinneberg die Reparatur. Nach dem Verhandlungsprotokoll vom 21. Mai und dem Kontrakt vom 10. Juni 1812 übernahm er die Arbeiten für 400 Taler. Die Fertigstellung wurde am 13. Januar 1813 bestätigt.[72] Für eine jährliche Summe von anfangs 20, später 30, dann 40 Talern und schließlich 120 Mark lag die Orgelpflege 1813 bis 1831 bei Hinneberg, ab 1. Januar 1832 bei dessen Nachfolger Gottlieb Heise (1785–1847), dem wiederum Ludwig Gesell ab 1848 folgte. Als Gesell 1856 starb, trat sein bisheriger Compagnon Carl Schultze († 1878) in den Vertrag ein, der nun eine eigene Werkstatt gründete. Carl Eduard Gesell (1845–1894), der die Werkstatt des Vaters übernahm, beschwerte sich, doch der Vertrag mit Schultze war bereits rechtskräftig. Erst als Schultze am 8. Mai 1878 starb, übernahm Eduard Gesell den Pflegevertrag, der dann 1894 auf dessen Nachfolger Alexander Schuke (1870–1933) überging.[73]

Ausführlich sind wir durch Ludwig Gesell (1809–1867) über die bis dahin noch unveränderte Disposition unterrichtet. Auf die Bitte des Organisten und Musikdirektors Johann Christian Schärtlich (1789–1859) war eine umfassende Instandsetzung der sechs Bälge und des kompletten Pfeifenwerks sowie der Austausch wurmstichiger Holzpfeifen, darunter des kompletten Violon 16' und Windkanäle vorgesehen. Der Reparaturanschlag Gesells vom 14. Juli 1849 weist hierfür 1200 Taler aus.[74]

In seinem Revisionsbericht vom 17. Oktober 1849 erinnerte *August Wilhelm Bach* (1796–1869) an die durch Samuel Halle (s. o.) überlieferte, ursprünglich von Wagner geplante Disposition und stellte fest: »es fehlen an gedachter Disposition acht höchst wichtige Stimmen, nämlich im Haupt-Manual: Principal 16', Viola di Gamba 8', Quinte 6', im Pedale: Fagott 16', Gemshorn 8', Nachthorn 4' Quinte 3', Contra Poaune 32'. Wenn hierdurch der Effect des Werks schon litt, mußte dies noch mehr der Fall sein, als man demselben den unvortheilhaftesten Platz hinter der Kanzel anwies [...].« *Bach* empfahl die Hinzufügung einer Pedalkoppel, einer Koppel Hauptwerk an Unterwerk und den Einbau von Gemshorn und Principal im Unterklavier für Terz 13/5' und Sifflöte 1' sowie im Pedal den Ersatz der Mixtur 6fach durch eine Baßflöte 8'.[75]

Als weiter nichts passierte, wandte sich Schärtlich am 29. Dezember 1851 erneut an die Potsdamer Regierung: »Seit 10–11 Jahren habe ich wiederholt die Instandsetzung der Orgel [...] beantragt; [...] geschieht nicht bald, recht bald etwas: so stehe ich nicht dafür; daß mit Nächstem in der Königl. Hof- und Garnisonkirche ohne Orgel gesungen werden muß [...]«

1½ Jahre später veranlaßte man wenigstens die Reparatur Bälge, deren mangelfreie Ausführung *Gesell* am 13. Juni 1853 durch Bauinspektor *Christian Heinrich Ziller* (1792–1868) bestätigt wurde. Doch noch am 5. Oktober mußte der Orgelbauer die Zahlung der vereinbarten 115 Taler anmahnen. Als 1855 aus dem Immediat-Baufonds der Residenzstadt Potsdam 1500 Taler bewilligt wurden, kam es endlich zur umfassenden Instandsetzung, die Gesell bis zum 3. Januar 1856 fertigstellte. Bei dieser Gelegenheit sind auch der bildhauerische Schmuck sowie die Vergoldungen ergänzt worden. Die Abnahme durch Schärtlich erfolgte am 2. April 1856.[76]

Erst während einer 1862 von *Carl Schultze* († 1878) durchgeführten Reparatur erfuhr das Instrument Dispositionsänderungen; nun aber gleich an 9 Registern. Das Hauptwerk erhielt eine Gambe 8' statt der Cimbel 4fach, aus dem Scharff 5fach wurde die Terzreihe entfernt und die Traversflöte 4' wurde in ein 8'-Register umgearbeitet. Im Oberwerk ersetzte Schultze die Waldflöte 2' durch eine Portunalflöte 4'. Im Freiwerk entfielen Terz 1 3/5', Sifflöte 1' und Vox humana 8' zugunsten von Gemshorn 8', Principal 4' und eine linguale Harmonika 8'. Im Pedal ersetzte fortan eine Baßflöte 8' die Mixtur 6fach und die offene Quinte 6' wurde zu einem gedeckten

Nassat 10 2/3'. Auch eine Pedalkoppel (wohl ins Hauptwerk) kam hinzu.[77]

Auf Bitten des Organisten *Hermann Baltin* (1829–1910) setzte man nach Jahren der Unbenutzbarkeit das »Räderwerk« des mechanische Figurenspiels wieder instand, während das Glockenspiel weiter stumm blieb. Am 24. Februar 1873 erhielten hierfür der Hofuhrmacher *Pieper* 25 und der Orgelbauer *Carl Schultze* 15 Taler.

Die nächste Dispositionsänderung der Orgel folgte 1882 anläßlich der 150-Jahrfeier der Garnisonkirche durch Carl Eduard Gesell für 2.881 Mark. Die Abstraktur, Registratur und Klaviaturen wurden dabei unter Einfügung des großen Cis erneuert. Die Hauptwerks-Windlade erhielt doppelte Ventile zur Erleichterung der Spielart. Im Oberwerk wurde die Quinte 1½' zu einer Terz 1 3/5' umgearbeitet. Das Unter- bzw. Freiwerk wurde mit einem Jalousieschweller versehen, die Cimbel 3fach durch Aeoline 8' und die erst 1862 eingesetzte Harmonica 8' gegen ein durchschlagendes Euphon 8' ersetzt. Gleichzeitig erhielt das Instrument eine Koppel Unterwerk an Hauptwerk.[78]

Im Zusammenhang mit einer neubarocken Umgestaltung des Inneraumes der Garnisonkirche ist auch die Orgel grundlegend erneuert worden. In einem Schreiben an das »Ministerium« der Garnisonkirche hofft der Organist *Hermann Baltin*, »daß bei der so umfangreichen Ausstattung aller sonstigen Theile des Gotteshauses die Orgel nicht ausgeschlossen bleibe« und bittet um

»1) die Erneuerung von 7 bis 8 Stimmregistern

2) eine neue Manualkoppel, die auch während des Spiels gehandhabt werden kann

3) die Erneuerung der Mechanik des Nebenwerks (bewegliche Adler, Cymbeln, Pauken, Glockenspiel). Der alte Mechanismus ist durchaus plump, auch unvzuverlässig und vom Organisten während des Spiels schwer zu regieren [...]«[79]

Die Hofprediger *Bernhard Rogge* (1831–1919) und *Johannes Keßler* (1865–1929) beantragten deshalb am 29. Dezember 1897 die »Verbesserung der Orgel« für 13.000 Mark[80] und fügen zur Begründung ein Schreiben des Organisten *Baltin* vom 30.12.1897 bei, in dem dieser die Orgel erläutert: »[...] Aber schon der berühmte Erbauer desselben, Joachim Wagner, hatte für den Kirchenraum ein bedeutend umfangreicheres Werk disponiert. Es wurden ihm jedoch – vielleicht aus der gebotenen Sparsamkeit des Königs Friedrich Wilhelm I. – 8 Orgelstimmen gestrichen und dadurch die Tonfülle auf 5/6 der beabsichtigten Kraft reduziert. [...]« *Baltin* verweist interessanterweise auf das Gutachten des Musikdirektors *Bach* vom 17. Oktober 1849 und Halles »Werkstätte der Künste Band III pag. 332«.[81]

Das Ministerium der geistlichen, Unterrichts- und Medizinalangelegenheiten teilt der Königlichen Regierung am 1. April 1898 mit, dass die Firmen Gebr. Dinse (Berlin), Sauer (Frankfurt/Oder) und Schlag & Söhne (Schweidnitz) aufgefordert worden seien, Angebote zur Instandsetzung der Orgel abzugeben.[82]

Schlag & Söhne aus Schweidnitz wollen eine Orgel mit 48 Registern für 12.972 Mark bauen (Anschlag vom 12. April 1898), dagegen verlangen für ein 50-stimmiges Werk die Gebrüder Dinse aus Berlin 16.960 Mark (12. April 1898), Wilhelm Sauer (1831–1916) aus Frankfurt/Oder 11.472 Mark (6. April 1898) und der ortsansässige Alexander Schuke (1870–1933) als Mindestbietender nur 10.510 Mark (9. April 1898).

Doch nicht der letztgenannte, sondern auf ausdrücklichen Erlaß Kaiser Wilhelm II. (1859–1941) vom 28. Juli 1898, der die Mehrkosten als »Gnadengeschenk« aus seiner Privatschatulle trug, bekam Hoforgelbauer Wilhelm Sauer (1831–1916) den Neubauauftrag. Von vornherein stand fest, daß das historische Orgelgehäuse bestehen blieb. Deshalb ist die Disposition schließlich auf

Kosten-Anschlag

ORGELBAU-ANSTALT

W. Sauer

Frankfurt a. d. Oder.

Potsdam

Das Angebot zum Umbau der Orgel durch Hoforgelbauer Wilhelm Sauer, Titelblatt, 1898

nur 46 Register festgelegt worden. Nachträglich wünschte der Kaiser die Wiederherstellung der barocken Firgurenspielereien des Glockenspiels. Zusammen mit weiteren Dispositionsänderungen betrugen die Gesamtkosten schließlich 14.534 Mark.

Auf das Engagement des damaligen Organisten *Hermann Baltin* (1829–1910) ist es zurückzuführen, daß immerhin 21 der Wagner-Register Wiederverwendung fanden. Doch kamen ausschließlich pneumatische Windladen zum Einsatz. Das »mechanische Beiwerk« erhielt einen pneumatischen Antrieb. Die Abnahme der neuen Orgel geschah durch den Organisten der Kaiser-Wilhelm-Gedächtnis-Kirche in Berlin, Professor Heinrich Reimann (1850–1906), am 12. März 1899. Die Orgel enthielt nun 46 Register.[83]

Wohl auf Druck der Potsdamer Regierung, vielleicht auch aus Verärgerung darüber, daß er bei der Auftragserteilung übergangen worden war, hatte sich Alexander Schuke »*bereit erklärt, von dem mit ihm unter dem 20. November 1894 abgeschlossenen Vertrag freiwillig zurückzutreten*« und man schloß am 30. September 1899 für jährlich 92 Mark einen Pflegevertrag mit Sauer. Ab 1. April 1908 wurde diese Aufgabe wieder Schuke übertragen, nun für 120 Mark.[84]

Der historische Prospekt blieb bestehen, bis 1917 die Prospektpfeifen beschlagnahmt wurden. Der Erlös wurde auf 3.304,70 Mark festgesetzt.[85] Erst 1925 kamen an die Stelle einer Tuchbespannung wieder Prospektpfeifen, nun jedoch aus Zink mit Aluminiumbronzeüberzug. Alexander Schuke, der beim Ausbau der Pfeifen genaue Aufzeichnungen angefertigt hatte, bemühte sich dabei, das alte Erscheinungsbild wiederherzustellen.

1928, also während der »orgelbewegten« Zeit, bat der Organist *Otto Becker* (1870–1954) um Erneuerung der Garnisonkirchen-Orgel »im Wagnerschen Sinne«. *Alexander Schuke* (1870–1933) reichte einen Umbauvorschlag ein, welcher die Dispositionserweiterung auf 52 Register, die Anlage eines zweiten Jalousieschwellers, Oktavkoppeln mit Höherführung der Pfeifen im III. Manual, weitere Nebenregister und Spielhilfen sowie elektropneumatische Traktur unter Beibehaltung der Kegelladen vorsah. Dieser Plan gelangte nicht zur Ausführung.

Offensichtlich unter dem Eindruck der politischen Stellung der staatseigenen Garnisonkirche im Dritten Reich entstand in der gleichen Firma, ausgearbeitet durch Karl und Hans-Joachim Schuke, 1938 der Plan zur Erweiterung des Instrumentes auf 63 klingende Stimmen durch Anlage eines vierten Manuals als Rückpositiv. Zugleich war aus akustischen Gründen die Umsetzung auf die westliche Schmalseite des Kirchenraumes vorgesehen.[86]

Durch den Kriegsausbruch gelangte auch dieses Vorhaben nicht zur Ausführung. Die Sauer-Wagner-Orgel ging nach dem großen britischen Bombenangriff am 14. April 1945 mit dem gesamten Kircheninterieur unter.[87]

Otto Becker am
Glockenspieltisch des
Glockenspiels, um 1930

Die Spielwalze, Aufnahme von Walter Eichgrün, um 1932

Glockenspiel-Contract mit Arnoldus Carsseboom, 4. Juni 1721

»Demnach der Klockenist von der Berlinischen Parochial-Kirche Arnoldus Cassebohm, übernommen das Carillon und die Horologe [lat. horologium – Uhr], so in Potßdamm aufgesetzet werden sollen, zu verfertigen, wenn Ihm die darzu nöthige Klocken in Potßdamm auf der Stelle geliefert werden, und Se. Königl. Mayst. allergnädigst befohlen deßhalb einen Contract zu schließen, so ist mit demselben wie folget geschloßen worden.

Es engagirt sich nehmlich Herr Cassebohm

1) das Carillon und die Horologe mit allem dem, was darzu gehöret, und alhier in Berlin gemachet werden soll, gut, tüchtig und dergestalt zu verfertigen, daß daran kein tadel oder mangel zu spüren, sondern selbiges vollkommen seyn solle, daß es vor Meister und Gesellen bestehen könne. Zu diesem hat er sich

/2tens anheischig gemacht, mit seinem Uhrmacher einem hiesigen Bürger nahmens Griese nach Amsterdamm zu reisen, daselbst den Regliers-Thurm mit diesem Carillon aufzunehmen, und das in Potßdamm zu verfertigende darauf einzurichten, welche Reise Er denn innerhalb 4. Wochen zu endigen gedencket.

/3. Das Klocken-Spiel nebst der Horologe will er längstens binnen 2. Jahren von der zeit dieses errichteten Contracts in Potßdamm fertig und in vollkommenen Stande liefern, wenn ihm die Klocken, mit welchen Er nichts zu schaffen hat, und so Ihm in Potßdamm geliefert werden müßen nicht aufhalten. Solte Er solches eher praestiren [lat. herstellen] können so wil Er an nichts ermangeln laßen.

Wenn nun Cassebohm das Carillon und die horologe mit allem dem was darzu gehöret auf seine Kosten nach dem Model wie das Klocken Spiel auf dem Regliers-Thurm in amsterdamm eingerichtet, verfertiget, und man auf dem Carillon wie es sich gehöret spielen kan auch im übrigen alles gut und tüchtig befunden wird, so wollen Se. Königl. Mayst. Davor eine Summe von 9./m [lat. mille = Tausend] Rthlr. [Reichstaler] hiesigen Geldes dergestalt zahlen laßen, daß Ihm so fort 4./m Rthlr. baar, nach drey viertel Jahren 3./m Rthlr., der Rest aber wenn alles volkommen imstande gebracht seyn wird, gezahlet werden solle. Überdem haben Se. Königl. Mayst. annoch allergnädigst resolviret [lat. sich entschließen] Ihm Ein Hundert Rthlr. zur Reise nach amsterdamm zahlen und darzu einen Paß wie auch ein Schreiben an den H. Geheimen Rath Varin ertheilen zu laßen.

Und da der Klockenist Cassebohm nicht vermögend ist, Caution [lat. Sicherheit] zu stellen, so ist Er zufrieden, daß das Geld dem Herrn Geheimen Rath Duhram als Vorsteher der Parochial-Kirche in Verwahrung gegeben werde, damit Er davon nach und nach so viel Er zu anschaffung desjenigen, was zu verfertigung des Carillons und der Horologe erfordert wird, haben könne.

Übrigens getröstet sich der Klockenist Cassebohm, daß Er das Werk so wohlfeil als möglich zu machen übernommen, Se. Königl. Mayt. die Gnade haben werden Ihm Ein oder 200 Rl. nachschießen zu laßen, wenn Er bey dem Klocken Spiele etwa zu kurtz kommen solte.

Uhrkundlich ist dieser Contract darüber gehörig ausgefertiget alß auf specialen befehl von Unß endes unterschriebenen gezeichnet auch ebenfalß von dem Klockenisten Arnoldus Cassebohm unterschrieben und besiegelt worden,

so geschehen Berl.[in] d. 4ten Junii 1721. FW.«[88]

Reisepass für Arnoldus Carsseboom, 11. Juni 1721

»Cassebohms Reise Paß nach Amsterdam, wegen des zu Potsdam neu anzulegenden Glocken Spiels p.

Seine Königl. Mayt. in Preußen p. Unser Allergnädigster Herr, laßen hiedurch aller auswärtigen Potentaten und Republiquen hohe und Niedere, Krieges- und Civil-Beamte, denen dieses vorzuzeigen nötig ist, nach jedtweden Standts erfordern, ersuchen, an dieselbe auch gesinnen und Begehren, dehnen Ihrigen aber Befehlen Sie in Gnaden und zugleich ernstlich, daß Sie gegenwärtigen Arnold Cassebohm, Klockenisten von der hiesigen Parochial-Kirche, welcher, von allerhöchstged.[achter] Seiner Königlichen May. gewißer Angelegenheiten halber, nacher Amsterdam abgefertiget ist, auf solcher Ihrer Reise, überall, frey, sicher und unaufgehalten, paß- und repassiren laßen wollen und sollen.
Mehr allerhöchsterwähnte Seine Königle. Mayt. sendet solches, umb die auswärtige in gleichmäßigen Begebenheiten, mit eben der Willfahrung zu erkennen geneigt, die Ihrige aber wollen bringen daran was dero ernster Wille und Befehl ist.
Sig.[natum] Berlin d 11. Junij 1721.
Ad mandatum Ilgen
Das Original hievon ist des H. von Creutz Excel. den 11. Juni umb 9½ Uhr gesandt«[89]

Schreiben an den Residenten in Amsterdam, Geheimrat Varin, 11. Juni 1721

»Friedrich Wilhelm König
Wir haben Überbringer dieses [Schreibens], Arnoldum Cassebohm, Klockenisten von der hiesig. Parochial-Kirche, nach Amsterdam abgefertiget, um daselbst, wegen eines, auf Unserm Schlos zu Potsdam anzulegenden Glocken-Spiels, das nötige zu besorgen und zu veranstalten.
Es ergehet auch derowegen hiedurch unser g[nä]d[ig]ster Befehl an Euch, gedn. Cassebohm, bey dieser Seiner von Uns angefohlenen Commission, zu deren guten und schleunigen Ausrichtung, alle diensame assistentz und Beforderung wiederfahren zu laßen. Sind [euch in Gnaden gewogen].
Berlin d. 11. Junij 1721.
ad Mandatum Ilgen.
Das Original hievon ist eod. [lat. eodem die – an ebendem Tag] umb 91/2 Uhr Abends an des Hn. Von Creutz Excell. gesand«[90]

Übergabeschreiben zu den Glockenspiel-Contractentwürfen durch Kabinettssekretär Elias Schumacher, November 1733

»1. Ewer Königl. Majestaet übergebe hierbey Allerunterthänigst die entworffene contracte wegen des Potsdammschen Klockenspiels.
2. Da Ich von dem Stückgießer Meurer erfahren, daß Ew. Königl. Majestaet das vollig quantum an Metall, so wohl zu denen 5 Klocken, alß die Waltze hätten, so gehen von der ersten

Summe der	13,243 Rthllr.
noch ab	1,261 "
Ist also nur zu bezahl.	11,982 Rthllr.

3. Noch muß nach meiner Pflicht anzeigen, daß ich von dem Rollet vernommen, wie der Meurer schwerlich die Klocken, nach denen accuraten Thönen, und Stimmen liefern würde. Er wiße nicht mehr alß sein Vorfahr Jacobi. Dieser hätte auch die Klocken zu dem hiesigen Klockenspiel gegoßen aber Sie wären falsch von Thön gewesen, und hätten in Holland, wo man die Sache recht verstünde wieder üngegoßen werden müßen.
4. Ew. Königl. Maj. geruhen auch zu befehlen auß welcher Casse die gelder bezahlet werden sollen.
E. Schumacher.«[91]

Immediatbericht des Glockenisten Arnoldus Carsseboom an Friedrich Wilhelm I., 25. November 1733

»Allerdurchlauchtigster Großmächtiger König, Allergnädigster Herr!
Ew. Königl. Maytt. Haben Allergnädigst befohlen, daß das Glocken-Spiel zu Potsdamm vergrößert werden solte. Da ich nun in allerunterthänigs-

ten Vorschlag gebracht, wie dazu noch 5 neue Glocken erfordert würden, und gegoßen werden müsten, solche aber damahls, durch Übereilung nur zu 13,000 Pfund angeschlagen, so dürfften nach genauerer Uberlegung nunmehro wohl 14,000 Pfd. dazu vonnöthen seyn. Was übrigens die benöthigte neüe Waltze betrifft, solche muß in diametro 6 Fuß, und in der länge, von 2 Fuß 9 Zoll seyn, welche gleichfalß nach gemachten ohngefehl. Uberschlag 26 Centner im Gewichte austragen würde; Und weile bekantermaßen, der neüe Thurm gegen den alten viel größer und breiter gebauet, so folget daraus, daß auch zu diesem großen Wercke, Viele und mancherley Materialien, alß Eisen, Bley, Drath, thauen, holtz, Bretter ec. Womit alles erweitert und starck befestiget werden muß in großer quantität anzuschaffen von nöthen ist, mithin viele Arbeits-Leüthe, welche das wichtige Werck ordentl. und accurat einzurichten wißen, erfordert werden.

Diesem nach bin ich allerunterthänigst resolviret, das gantze Werck überhaupt für 6000 Rthlr. zu übernehmen, und so bald möglich, in guten Stand zuliefern, doch dergestalt, daß die 5 neüe Glocken nicht mit gerechnet, sondern von Sr.Königl. Maytt. á parte bezahlet werden, hiernechst wird sich zeigen, daß dieses Glocken-Spiel einen gantzen thon tieffer, als das berl. klingen muß, ehe und bevor aber der thurm nicht gantz fertig, können keine Glocken darauf gebracht noch weniger befestiget werden.

Diesem nach bitte E. Königl. Maytt. allerunterthänigst, Sie wollen Allergnädigst geruhen zuverordnen, daß mir vorgeschlagener maßen, vors erste 1000 tal. assigniret, und in Abschlag ausgezahlet, auch hiernegst nach und nach, so offte ich Geld hierzu benöthiget bin allemahl der Vorschuß gereichet, und gegen quittung gezahlet, mithin in werenden Bau, weil ich ab- und zu reisen und alles selber ordiniren muß mir auch benöthigten Falls die freye Fuhre Allergnädigst accordiret, und gegeben werden möge.

Dafür ich mit allerunterthänigkeit Zeitlebens ersterbe

Berlin den 25. Nov. 1733.

Ew. Königl. Maytt.

Treügehorsambster Knecht

Arnoldus Carsseboom

klockenist.«[92]

Spezifikation der herzustellenden Teile des Glockenspiels, 27. November 1733

»Auf Sr. Königl. Majestät allergnädigste Ordre habe folgende Specification wegen des Glockenspiels allerunterthänigst überreichen sollen.

1) Die Metalne Waltze würde 26 C. schwer fallen das Pfundt zu 14 gl. Gerechnet	1676	Rthllr.	16 g.
2) Der Eyserne Weel baum 6 Cent. schwer zu 4 gl. Gerechnet	110	"	– "
3) Zwei Eyserne Creutze in der Waltze würde 10 Ctr. schwer à 4 gl. Paer Pfd.	184	"	8 "
4) Noch ein Eysern Weel baum so über der Waltze gehet mit ein groß Eysern Radt wird 4 Ctr. schwer à 4 gl.	73	"	8 "
5) 4 Metallne Pfannen worin die Ober und unter Welle gehet, werden 100 Pfd. schwer sein à 10 gl.	41	"	16 "
6) Zu einbohrung 6000 tact Locher, in der Met. Waltze werden erfordert 6 Gesellen à 5 gl. Tägl. Wochentl. 12 Rthlr. (?) würde in 6 Monath außtragen	288	"	– "
7) 12 Eyserne Pfeiler zum Gehäuse der Met. Waltze werden 36 Ctr. schwer zu 4 gl. Gerechnet	660	"	– "
8) 1000 stff. Nothen von Stahl nebst ihren Muttern à 6 gl.	250	"	– "

9) Der fuß Boden von Holtz mit Eyserne Boltzen und Bande verbunden, worauf das Eyserne Gehäuse und Waltze zu stehen komt	200	"	– "
10) Den Eysern Balcken da das Clavier an kommet mit seine zubehör würde an Eysen 2½ Ctr. schwer seyn à 4 gl.	45	"	20 "
11) 46 Stück Eysen zum Clavier mit Stahl vor eingelegt à 3 Rthlr.	138	"	– "
12) 48 Stück Eyserne Winkel Haaken zum Clavier mit allem zubehör	100	"	– "
13) noch eine Eyserne Waltze mit einen großen Eysern Rahde, worauf der Thau gehet, so die Met. Waltze treibet, würde 7 Ctr. schwer seyn à 4 gl	128	"	8 "
14) 3 Eyserne Gehäuse worin die Rollen vom Gewicht gehen so die Waltze treiben à 16 Rthlr.	48	"	– "
15) 10 Eyserne Well bäume zu die 5 neue Glocken, die die Hammer heben, würden 8 Ctr. schwer à 4 gl.	146	"	16 "
16) 6 Eyserne Hämmer 6 Eyserne Stiele und Schwäntze, und 6 Eyserne Fehdern würden wiegen 10 Ctr. à 4 gl.	183	"	8 "
17) Ein Neu Clavier so mit der Handt Gespielet wird mit den Glocken Stuhl und unterwerts mit ein Petal, benebst 40 stück Well Bäumgens	130	"	– "
18) Vor die 35 Glocken, das Eysen umbzuschmieden und zu vergrößern mit Neuen Eysen, welches geschiehet das der Thurm größer	200	"	– "
19) Neu Mess.[ing] und Eysern drath mit 48 Neuen Messingne Tüllen	100	"	– "
20) Das Eyserne Beschläge an die 5 Glocken	200	"	– "
21) Neu Bleyern Gewichte 7 Ctr. schwer	70	"	– "
22) Ein Groß Neu Thau zur Waltze	12	"	– "
23) 12 Gesellen zuhalten so lange das Werk währet, die so wohl hier alß in Potsdam daran Arbeiten würde 1½ Jahr außtragen à 24 Rthlr. Wochendlich	1872	"	– "
24) 18 Handtlanger so die Glocken helffen auf dem Thurm bringen 2 Wochen à 1 Rthlr. 6 gl. Wochentl.	45	"	– "
25) Wieder 12 Handtlanger 4 Wochen à 1 Rthlr. 6 gl.	60	"	– "
26) Wieder 6 Handtlanger 6 Wochen	45	"	– "
27) Die Glocken von hier ab nacher Potsdam zu transpotiren	40	"	– "
Summa	7447	Rthllr.	4 gl.
Wenn die 26 Ctr. Metall geliefert werden gehen davon ab à Ctr. 27 Rthlr. 12 gl.	715	"	– gl.
	6732	Rthllr.	– gl.

Die Kleinigkeiten so mir anitzo nicht bey fallen wollen, alß Kohlen, Bretter und Holtz zum Gerist, wie auch vor den Uhrmacher Meister Arbeits-Lohn, auch vor mir noch nichts gerechnet, habe nicht Specificiren können, welches mir allergst noch auß bitte, und kann ich solches nach genauer überlegung nicht eher alß in 1½ Jahr Verfertigen.

Berlin den 27. Novbr. 1733.

Arnoldus Carsseboom

klockenist.

Eine eigenhändige Bemerkung des Königs lautet: ›Den 14. November 1734 soll es gehen, an Gelde soll nit manquiren.‹ «[93]

Contract Friedrich Wilhelms I. mit Paul Meurer und Arnoldus Carsseboom, 31. Dezember 1733

Seine Königl. Mayt. In Preußen ec. Unser allergnädigster Herr, haben mit dero Stück-Gießer Meurer und Klockenist Carsseboom wegen Vergrößerung, besserer Einrichtung und vollkommener Perfectinirung des Klockenspiels auf dero Guarnisons-Kirchen-Thurm zu Potsdam nachfolgenden Contract in Gnaden zu schließen geruht.

Es nimmt der gedachte Stück-Gießer Meurer wohlbedächtig über sich, und verspricht allerunterthänigst, die zu obbesagtem Klockenspiel erforderte Fünff große Klocken nach denen Tonen und Stimmen, so wie sie der Klockenist Carsseboom angeben wird, gut und accurat, und ohne allem Tadel, in Zeit von Acht Monath zu gießen und zu liefern.

Dagegen versprechen Se. Königl. Mayt. denen selben nicht allein die dazu nöthige Ein Hundert und Sieben und Zwantzig Centner 30 Pfund, oder 14 m. Pfund Klocken-Guth oder Metall, durch dero General Major v. Linger reichen und anweisen zu laßen, sondern ihm auch für seine Arbeit, Kosten und Gefahr, wenn er alles gut und wohl liefern wird, von jedem Pfund, so diese Klocken wägen werden, Neun Groschen, welches nach dem ungefähr angeschlagenen Gewicht der 14 m. Pfd. die Summa von 5250 Rthlr. beträget, baar und richtig bezahlen zu laßen.

Der Klockenist Carsseboom übernimmt und verspricht hiedurch allerunterthänigst, in Zeit von Drey Viertel Jahre, oder wenn es noch eher geschehen kann, alles übrige, was zur Verfertigung, Einrichtung und Vollkommenheit des vorgedachten Potsdamschen Klockenspiehls, nach seiner übergebenen Rechnung und Anschlag erfordert wird, gut, schön und tüchtig zu machen, und zu liefern, und das Klockenspiehl in dem Thurm in perfecten und untadelichen Stand zu setzen, so, daß es noch einen Ton tieffer gehe, als das Berlinische; Und wenn sich finden sollte, daß an denen in der Rechnung angeschlagenen Eysernen und Metallenen Sachen weniger am Gewichte heraus kommen sollte, als angeschlagen worden, So will und soll er solches gewissenhaft anschlagenn, und sich von der Summa seiner Bezahlung abziehen laßen. Dagegen wollen Seine Königl. Mayt. demselben nicht allein zu der großen Waltze die verlangte 26 Centner Metall von dero General Major v. Linger frey und unentgeldlich liefern, sondern Ihm auch für das gantze Werk an Kosten, Mühe und Arbeit, wenn das in der Rechnung angeschlagene Eysen und Metall so viel als solches angeschlagen ist, importiren wird, die Summe von Sechs Tausend Sieben Hundert und Zwey und Dreyßig Thaler, in folgenden Terminen baar und richtig bezahlen laßen:

Zum Vorschuß anitzo	2000 Rthllr.
den 1. Marty 1734	2000 "
den 1. Juny	1000 "
Und wenn das gantze Werck vollig fertig ist	1732 Rthllr.
	6732 Rthllr.

So geschehen Berlin den 31. Decembr. 1733.

gez. Friedrich Wilhelm.
Arnoldus Carsseboom
Von den 1. febr. 1734
J. P. Meurer«[94]

Kabinettsordre Friedrich Wilhelms I. an Generalmajor Christian v. Linger, 4. März 1734

»Ich habe gerne aus eurem Schreiben v. 2. dieses ersehen, daß die Arbeit am Klockenspiel u. denen Klocken sehr gut vonstatten gehet. Ihr sollet ferner darauff acht haben, daß alles gegen die bestimmte Zeit fertig sey. In beykommender ordre habe Ich dem p. *Gerlach* befohlen, den Riß

vom hiesig. Guarnisons-Kirchen Thurm dem p. Cassebohm ohnweigerl. zu zeigen.
Potsd. d. 4. Martii 1734.«[95]

Kabinettsordre Friedrich Wilhelms I. an den Geheimen Baurat Gerlach, 4. März 1734

»S. K. M. befehlen dem *Gerlach* in Gnaden, dem Klockenisten Cassebohm den Riß vom hiesig. Guarnisons-Kirchen-Thurm ohnweigerl. zu weisen, damit Er wegen des Klockenspiels darnach seine Mensures nehmen könne. Potsd. d. 4. Martii 1734.«[96]

Rechnung des Stückgießers Johann Paul Meurer, 3. November 1734

»Berlin, den 3. Novbr. 1734
Habe auf Sr. Königl. Majestät allergnädigsten Befehl zur Vergrößerung des Potsdamschen Glockenspiels die 5 Größern Glocken Gegossen und Gelieffert, So gewogen; Alß,

Nr. 1 hat	Gewogen		5,115 Pfundt.
" 2 hat	Gewogen		2,805 "
" 3	Gewogen		1,990 "
" 4	Gewogen		1,550 "
" 5	Gewogen		1,100 "
		Summa	12,560 Pfundt.

Daß Pfundt zugießen, haben Sr. Königl. Majestät laut höchst Eigenhändig Unterschriebenen Contraqcts allergst. Mir Accordiret à 9 gr. Thut vor obige 12,560 Pfd. 4710 Rthllr.
Summa 4710 Rthllr.

Daß Obiges Gewichte von denen Fünff Klocken Obspecificirter maßen in allen richtig, würdt attestiret, Berlin den 3. October 1734.
Monyer. v. Zbikowsky.
D. E. Mentzell.
G. M. Küger.«[97]

Kabinettsordre Friedrich Wilhelms I. an Generalmajor Christian v. Linger, 24. November 1734

»Mein p. Ich habe gerne aus Eurem Schr. v. 21. dieses ersehen, daß das Gehe-Werck zu dem Potsd: Glockenspiel fertig ist, und morgen anhero gesand werden soll. Ich will daß solches zu meinen Augenschein in hiesig. großen Saal aufgesetzet werd. soll. Für Eure Compassion, vorbitte u. Christl. Gelübde bin ich obligiret. Potsd. d. 24. 9br. [November] 1734.«[98]

Spezifikation des Glockenisten Arnoldus Carsseboom, 29. April 1735

»Auf Sr. Königl. Majestät allergnädigsten Ordre, habe das Potsdamsche Klockenspiel Verfertigen müßen, und ist so wohl an Metall, alß Eysen, und Bley dazu angewand worden, Besage Raths Wage Zettel wie folget. Alß:

1) Die Metalne Waltze hat in Beyseyn derer Herren Artillerie-Officirer gewogen		26 Ctr.	6 Pfd.
2) 10 Stück Metal. Pfannen		1 "	4 ¾ "
3) Ein Bleyern Gewichte so wogen		9 "	12 "
4) Ein dicke stange Eysen		– "	51 "
1) Den 5. Marty 1734:	an 4 Stück Eyserne Pfeiller	13 "	– "
2) " 18. dito	an 14 stück Eysen	12 "	27½ "
3) " 19. do.	an 5 stück Eysen	5 "	70 "
4) " 29. do.	an 10 stück Eysen	6 "	82½ "
5) " 6. April	an 2 stück flache Seulen	1 "	97½ "
6) " 3. May	an 1 Ring so gewogen	– "	66 "

7)	" 4. do.	an 2 stangen so gewogen	1	"	62 "
8)	" 21. do.	an 10 Stück Eysen	11	"	96½ "
9)	" 24. do.	an 2 Stück Eysen	3	"	14 "
10)	" 27. do.	an 2 Stück Ringe	–	"	85½ "
11)	" 4. Juny	an 2 Stück Ringe	1	"	105 "
12)	" 23. do.	an 2 Stück Kreutzer und 1 Wellbaum	8	"	45 "
13)	" 22. July	an 1 Stück Eysern Waltze	5	"	6 "
	" do.	an 1 Stück Eysen Stuhl zum Clavier	3	"	57 "
14)	" 25. Aug.	an 4 Stück starck Eysen	2	"	82½ "
15)	" 25. Septbr.	an 3 Stück Eysen	–	"	96 "
16)	" 13. Octob.	an 24 Stück Eysen	3	"	35½ "
17)	" 4. Novbr.	an Eyserne Hammer, Klöpels, Fehdern, Hammer Stiehle und Schwänze	19	"	22 "
18)	" 29. Dcbr.	An 4 Stück Eysen	1	"	32½ "
19)	" 31. Jan. 1735:	an 3 Stück Eysen	–	"	57 "
20)	" 5. Febr.	An 1 Stück Kloben und Werbel.	1	"	11 "
		Summa des Eysens	105 Ctr.		102 Pfd.

Daß obiges Specificirte Eysen zu dem Glockenspiele am hiesigen neuen Guarnison Thurm neu verfertiget und gelieffert auch laut Wage Zettel richtig gewogen worden attestire hiermit.

Potsdam den 29. Aprill 1735 *C. F. Feldmann*

Arnoldus Carsseboom Conducteur.«[99]

Kabinettsordre Friedrichs des Großen zur Instandhaltung des Glockenspiels, 7. August 1742

»Seine Königliche Majestät in Preußen Unser allergnädigster Herr haben in Gnaden resolviret, daß, da das Glockenspiel auf der hiesigen Garnison-Kirche zum Lustre und Zierde der Stadt gereichet, zu dessen Unterhaltung aber nach beikommendem Anschlage 53 Rthlr. 12 Gr. Erfordert werden, daß diese Unterhaltungskosten aus der von des höchst seeligen Majest. So reichlich oferirten Cämmerey genommen, mithin an den Garnisonkirchen-Organisten und Glockenisten Lossow Quartaliter mit 13 Rthlr. 9 Gr. Vom 1. July dieses Jahres an zurechnen, aus der hiesigen Stadt-Cämmerey bezahlet werden sollen, imgleichen die jährl. 30 Rthlr., so zu Licht und Baumoehl auf das Glockenspiel verwandt werden müssen; selbige sollen ebenfalls an gedachten Lossow, vom 1.ten jetzt lauffenden Monaths angefangen am, aus den Potsdamschen Cämmerey-Revenues Monathlich mit 2 Rthlr. 12 Gr. Gegen seine Quitung gezahlet werden, wovor hingegen der *Lossow* alles in gutem und gangbahrem Stande erhalten muß.

Da aber mehrgedachter *Lossow* gedachte Unterhaltungs-Kosten vom 1. November 1739 an, aus seinem Vermögen vorgeschossen, und deshalb noch keine Vergütigung erhalten hat, mithin dieser sein Vorschuß sich bis zum 1. July dieses erstreckt; Als wollen S. K. M. daß nurgedachte Summe der Einhundert Drey und dreißig Rthlr. 18 Gr. Demselben auch aus der Potsdamschen Cämmerey, extraordinaire vergüthet und bezahlt werden solle. [...]

Potsdam, den 7. August 1742

Friedrich«[100]

Instandhaltung des Glockenspiels 1775

Aus einem Schreiben des Hofuhrmachers *Franz Joseph Claar* vom 24. Februar 1811 geht hervor, dass dieser bereits seit 36 Jahren Uhr- und Spielwerk der Garnisonkirche pflegt.[101]

Glockenspiel zur Landestrauer 1805

»Der Königl. Hof-Predigers Herrn *Pichon* Hochwürden und Wohlgebohren geben wir uns die Ehre auf die unterm heutigen Dato gefälligst gemachte Anzeige, daß es sich nothwendig mache, wegen der eingetretenen Landestrauer über den Tod der verwittweten Königin Majestät nunmehro die Lieder des Glockenspiels auf dem Garnison Kirchthurm in Trauerlieder umzusetzen, erwidern wir in ganz ergebenster Antwort, daß wir nie aus der Königl. Bau Casse dergleichen Ausgaben ohne allerhöchsten Königl. Befehl zu bestreiten hatten, sondern selbige immer unsers Wissens aus der König. Chatoulle directe bezahlt worden sind, wir mithin die deßfalsigen Ausgaben zu übernehmen nicht imstande sind.
Potsdam den 28 Febr. 1805
Königl. Hof Bau Amt
Krüger Richter Schadow«[102]

Instandsetzung des Glockenspiels, 1810/11

Kostenanschläge des Hofuhrmachers *Franz Joseph Claar* vom 18. Mai 1810 über 520 Taler und 10 Groschen für die Reparatur des Glockenspiels und über 225 Taler, 22 Groschen für die Reparatur der Turmuhr.[103]
Mit Kabinettsordre vom 2. November 1810 bewilligt *Friedrich Wilhelm III.* 1.236 Taler, 4 Groschen und 7 Pfennige für die Reparatur von Kirche, Turmuhr und Glockenspiel.[104]

Herstellung eines »Läute-Apparats«, 1857

Schlossermeister Hermann Dietrich erhält am 28. August 1857 200 Taler für die »Ausführung des auf Allerhöchsten Befehl aufgestellten Mechanismus zum Läuten der Glocken auf dem hiesigen Garnison-Kirchthurm.«[105]
»Auf Ihren Bericht vom 6. März d. Js. Will Ich hiermit genehmigen, die Kosten für Aufstellung zweier vergoldeter Kreuze auf dem Dache der Hof- und Garnison-Kirche zu Potsdam und Herstellung eines Mechanismus zum Läuten der drei den tiefsten Dreiklang bildenden Glocken des Glockenspiels der gedachten Kirche mit 330rt: 23sg: auf den Potsdamer Immediat-Bau-Fonds übernommen werden, und Sie, den Minister für Handel, zu deren Anweisung auf den genannten Fonds ermächtigen.
Berlin, den 15ten März 1858.
Im Allerhöchsten Auftrage Sr. Majestät des Königs:
Wilhelm
Prinz v. Preußen«[106]

Instandhaltung des Glockenspiels, 1857–1872

Mit dem Uhrmachermeister *M. A. Pieper* wird am 17. Dezember 1856 ein Pflegekontrakt geschlossen, der am 1. Januar 1857 in Kraft tritt. Pieper erhält für die Instandhaltung und das Aufziehen der Turmuhr sowie für das Glockenläuten ab 1857 jährlich 24 Taler. Eine Erhöhung auf 36 Taler ab 24. Dezember 1872 nimmt der »Königliche Hof-Uhrmacher« *Pieper* zum Anlass, 50 Taler zu erbitten. »... Das Läuten erfolgt jeden Sonntag vier mal, um 9 ½ und 10 Uhr vormittags, um 5 ½ und 6 Uhr Abends«.[107]

Inventar des Glockenspiels und der Turmuhr, 1860

»Inventarium von dem Geh- Schlag- und Spiel-Werke mit allem Zubehör, auf dem Thurm der hiesigen Hof- und Garnison-Kirche.
Das in den obersten Etagen des Thurms befindliche Uhr- und Spielwerk besteht aus folgenden Unterabtheilungen:
1) dem Gehwerke mit einem Gewicht von 4 Cent-

ner und einem Anhange von 1 Centner
2) dem Schlagwerke, und zwar
a) für ganze Stunden, mit zwei Gewichten à 6 Centner
b) für halbe, viertel pp. Stunden.
Diese vorgenannten Werke befinden sich sämmtlich in einer verschließbaren Kammer und stehen in unmittelbarem Zusammenhange mit dem darüber angebrachten Zeigerwerk, welches jedoch einen eigenen, 4 Fuß hohen Bodenraum einnimmt.
Über diesem Boden des Zeigerwerkes hat seinen Platz:
4) das Spielwerk, bestehend
a) aus einer großen metallenen Walze oder Notentrommel mit 384 Stiften, welche bei ihrer Umdrehung mit der Walze auf Arme treffen, die durch Drähte mit den Hämmern der Spielglocken in Verbindung stehen,
b) dem Herzrade
c) dem Windfangrade mit den Windflügeln
d) einem Vorgelege zum Aufziehen des zugehörigen großen 36 Centner schweren Gewichtes, und
e) der Winkelkammer. Diese enthält die Vorrichtung, welche von der Walze aus, das Anschlagen der Spielglocken vermittelt.
Zu dem Spielwerke gehören 40 Glocken, deren Töne, vom ungestrichenen c, bis zum dreigestrichenen f gehend, 3 Oktaven umfassen. Sämmtliche Glocken hängen frei im durchsichtigen Theile des Thurmes.
Über dem Spielwerke ist noch eine für sich bestehende Claviatur nebst Pedal in einer besonderen Kammer befindlich; dieselbe ist mit den Glocken ebenfalls durch Drähte verbunden, und dazu bestimmt, bei festlichen Gelegenheiten mit den Händen gespielt zu werden. Zu dem Spielwerke gehört ferner noch 1 Notenkasten mit folgendne einfachen und doppelten Noten:
20 Stück einfache 1/8 Noten
10 St. dgl. 2/8 dgl.
10 St. dgl. 3/8 dgl.
10 St. dgl. 4/8 dgl.
20 St. dgl. 5/8 dgl.
10 St. dgl. 6/8 dgl.
10 St. dgl. 7/8 dgl.
10 St. dgl. ganze Noten
an Doppelnoten:
3 Stück 4/8 Noten
3 St. dgl. 5/8 dgl.
3 St. dgl. 6/8 dgl.
3 St. dgl. 7/8 dgl.
Neben dem Spielwerke ist in neuerer Zeit ein Läutewerk von Eisen eingerichtet worden. Dasselbe enthält 3 Ruder und 1 Walze mit Kurbel auf besonderem Gestelle.
Ferner gehört noch zum Inventarium:
1 Schraubenschlüssel
1 Mutterschlüssel
1 hölzernes Notenlineal
1 eiserner Schlüssel zum Aufziehen des Schlag- und Zeigerwerkes
1 eiserner Hammer
1 Bund mit 9 Schlüsseln zu den Thüren der Verschläge
1 Bund mit 5 alten Schlüsseln
1 Tritt mit 6 Stufen von Holz
2 Leitern in der Gewichtekammer von resp. 12 und 9 Sprossen
1 kleine Leiter mit 6 Sprossen
1 alte Rolle zum Aufhängen
1 eicherne Kugel circa 25 Pfund schwer
die Richtigkeit hierdurch anerkannt
Potsdam am 2'' April 1860
Ziller *M. A. Pieper*
Bau-Rath Uhrmacher.«[108]

Instandhaltung des Glockenspiels, 1878–1911

Am 11. Januar 1878 erhält Pieper 320 Mark für die Herstellung von 320 Stück neuen Stahlstiften für die Glockenspielwalze.[109]

Der Stockenspieltisch, Aufnahme 1930

Uhrmacher *Albert Bölke* obliegt ab 1. April 1895 die Instandhaltung von Glockenspiel und Uhrwerk. Für die Reparatur des Handklaviers berechnet er 2.000 Mark.[110]

Umguss von 3 Spielglocken, 1911–1913

Wie Baurat Wichgraf am 18. September 1911 der Königlichen Regierung berichtet, »hat die Firma Collier die 3 umzugießenden Glocken unrein geliefert, sodaß dieselben nochmals umgegossen werden müssen«. Collier wird mehrmals gemahnt, am 20. Juli 1912 berichtet Wichgraf, dass er nunmehr »die wiederholt umzugießenden 3 Glocken« angeliefert habe. Professor *Becker* stellte fest, dass nur eine den richtigen Ton gab. Am 21. Sebtember 1912 schreibt Wichgraf, dass er nach Zehlendorf gereist sei, Collier aber nicht angetroffen habe. »Ich habe durch seinen Schwager persönlich bestellen lassen, daß mir endlich umgehend mitzuteilen sei, wann die 2 noch fehlenden Glocken richtig umgegossen sein würden – andernfalls würde ich den Umguß durch Schilling, Apolda besorgen lassen.« Am 25. Januar 1913 »berichte ich [= Wichgraf], daß A. Collier noch zweimal vergeblich Gußversuche gemacht und statt Dis und H Glocke solche mit Des und Cis geliefert hat, welche zurückgewiesen wurden. Die Lieferung ist daher mit Zustimmung von Collier der Firma Franz Schilling Söhne, Apolda in Thüringen übertragen [...]« Die Abnahme dieser von Schilling gelieferten Glocken geschah durch Professor *Becker* am 2. Juli 1913.[111]

Instandhaltung des Glockenspiels, 1913

Oberbürgermeister Vosberg teilt am 2. Dezember 1913 mit, dass nunmehr *Johannes Stibbe* »das Stellen und die Überwachung der Uhr und des Glockenspiels« übertragen wurde, da *Albert Bölke* verstorben sei. *Stibbe* erhält laut Vertrag vom 1. Dezember 1913 hierfür jährlich 900 Mark.[112]

Vorbereitung Glockenspiel-Instandsetzung, 1918

Otto Becker schlägt mit Schreiben vom 25. August 1918 vor, den Charlottenburger Studienrat *Eugen Thiele* mit der dringend notwendigen Generalinstandsetzung des Glockenspiels zu beauftragen, der kürzlich das Glockenspiel der Berliner Parochialkirche aufgearbeitet habe. Hierbei wurde die Firma *C. F. Rochlitz* einbezogen, die am 6. April 1922 2.487 Mark erhielt.[113]

Glockenspiel-Instandsetzung, 1932–1934

Im Sommer 1932 wurde eine große Instandsetzung des Glockenspiels, wobei u. a. 3 »unzulängliche« Glocken ausgewechselt wurden.[114]
Am 10. Juli 1933 bittet Regierungsbaurat Berger-Schaefer vom Preußischen Hochbauamt II, um Bereitstellung von 3.000 Mark, u. a. für die Auswechselung der Glocke mit dem Schlagton »Fis«, Durchmesser 35,5 cm, 19 kg Gewicht sowie die Auswechselung von Hammerzügen in der sogenannten Winkelkammer.[115]

Archivalia zum »Königlichen Monument«

Kabinettsordre Friedrich Wilhelms I. an Generalmajor v. Linger, 4. Mai 1731

»Mein lieber General Major v. Linger,
Ihr sollet mir etliche desseins von einer Kantzel, welche ich in der hiesigen Garnison Kirche haben will, verfertigen lassen. Sie müssen aber recht schön seyn und sollet Ihr mir dann dieselben annenhero senden. Ich bin pp. FW.
Potsdam, den 4. Mai 1731«[116]

Kabinettsordre Friedrich Wilhelms I. an Oberstleutnant Adam v. Weyher, 19. Oktober 1731

»Mein lieber p. Weil die rechte Cantzel in der Guarnison-Kirche nicht gleich fertig werden kann, So will inzwischen eine gantz schlechte [= schlichte] Cantzel von Kiehnen Holtze ohne Leisten gemachet, u. mit alten Tapeten von dem dortigen Schloße behängt werden, zu der Fahne auf der Kirche habe Ich das beykommende deßein erwehlet, aber es muß oben eine rechte Fahne seyn, dem Schieffer-decker habe ich ordre gegeben, daß Er seine Arbeit beschleunig: soll. Ich bin p.
Wsths. [Königs Wusterhausen] d. 19. Oct. 1731«[117]

Kostenanschlag des Ingenieurhauptmanns Andreas Berger (1698–1742) vom 30. Dezember 1734:

»[...] Bildhauer Arbeit.
Die Canzel, 2 Schilder mit Armaturen, auf eins das Königl. Wappen und das andere der Königl. Nahme, welche von Kupfer getrieben und in Feuer dann vergoldet werden, der Aufsatz und übrigen Zierathen am Canzeldeckel, auf dem Fronton, 2 große Tropheen mit Armaturen, und auf denen zurückstehenden runden Säulen, der Preuß. und Brandenb. Adler, acht Capitäler über die runden Säulen und Pilaster, an die Postamenter der Säulen und Statuen 16 Armaturen en Basrelief[118], item zu beyden Seyten der Canzel vor die Kirchen Pfeiler 2 Statuen über Lebensgröße [...] An die drey Seyten auswendig am Gewölbe in die Füllungen 3 Basrelief von allerley Armaturen [...]
Marmor Lieferung.
An weißen Ital. Marmor hat geliefert der Bildhauer Koch, 21 Cubic Fuß a Rthlr. 5 7/12 [...]
An rotbunten Marmor der Bildhauer *Glume* 147 Cubic Fuß 9 Zoll a Fuß 3 Rthlr. [...]
An weißen Ital. Marmor muß noch zu denen 2 Statuen verschrieben werden 102 Cubic Fuß a 5 7/12 Rthlr. [...]
95 Stück Schwarz und weißen Marmor Fließe, das Gewölbe auszupflastern a 1 Rthlr. [...]
Tischler Arbeit.
Eine Thüre von Nußbaum Holz mit 2 Flügel zum Eingang vom Gewölbe [...]
In den Füllungen 2 Bas-relief von Armaturen, von Bildhauer Arbeit a 8 Rthlr. [...]
Das Nußbaumen Holz zu dieser Thüre [...]
Eine Eichne Thüre inwendig im Gewölbe [...]
An Gold Schmidt Arbeit.
Das Gatter in der Thüre mit 2 Flügel vom Eingang zum Gewölbe, die Stäbe von geschlagenen Messing, die Zierathen aber getrieben und alles sauber polirt ingl. den Messing [...]
Die Gatter in die drey Luftlöcher[119] mit Laubwerk, inl. der Messing [...]
Die Gloria über den Canzeldeckel, doppelt von Kupfer und Sauber getrieben, forne im Feuer, hinten aber mit echten Blat-Golde zu Vergolden, ingl. Kupfer [...]
Die Crone über das Königl. Wapen von Kupfer getrieben, und in Feuer zu vergulden, ingl. Kupfer
Die Crone über den Königl. Nahmen desgl. [...]
Der Königl. Nahme auf dem Schilde desgl. [...]
Die Königl. Crone, der Zepter und Reichs-Apfel zum Preusch. Adler ingl. Kupfer [...]

Der Churhut, Zepter und Schwert zum Brandenburg. Adler, ingl. Kupfer [...]
Zwey Schwerter dem Marsch und Bellona desgl. [...]
Summa 19239 Rthlr. 18 Gr. [...]
Nota: Sollte die Treppe nebst den Geländer nach der Kantzel nur von Werkstücke gemacht werden, würde solche kosten 396 Rthlr. Und also erstere Summe wegen der Marmor-Treppe nebst den Eisern Geländer abgehen 1406 | wäre also die Summa 17833 Rthlr. 18 Gr«[120]

Kabinettsordre Friedrich Wilhelms I. an den Geheimen Baurat Philipp Gerlach und Kriegsrat Carl Stoltze, 21. Januar 1735

»Ordre an den *Gerlach* und
Stoltze daß sie mit dem *Berger*
die gesamte Bildhauer und Steinmetz
arbeit an der Marmornen Cantzel so
in der hiesigen Potsdamschen Garnison
Kirche kommen soll, auf das genaueste
bedungen und von denen gesamten
Unkosten einen Überschlag verfertigen
sollen.

Nachdem Se. Königl. Majest: in Preußen, Unser allergnädigster Herr von der Canzel so in der hiesigen Potsdamschen Garnison Kirche kommen und ganz von Marmor verfertigt werden soll, ein Model verfertigen laßen, welches Sie auch allergnädigst Approbiret haben, und mit der Arbeit bereits der Anfang gemacht worden, Als befehlen Sie dem Geheimten Rath *Gerlach* und Krieges Rath *Stoltze* hierdurch in Gnaden, sich mit dem Ingenieur-Capitain *Berger* welcher das Model bey sich hat, zusammen zuthun, sowohl dem Bildhauer als des Steinmez Angermann dabey vorkommenden Arbeit wohl zu Examiniren, solche aufs genaueste zu bedingen, mit jeden einen Accord zu schließen, die Zeit, wann die Arbeit fertig sein soll zu benennen, auch zugleich die übrigen Arbeiten so in den hierbeykommenden Anschlag mit angesetzet worden, durchzugehen, wegen denen gesamten Kosten einen accuraten Überschlag zu machen, und deshalb einen Schluß zu faßen, hernachmals aber davon zu berichten.
Potsdam d. 21. January 1735
F Wilhelm«[121]

Kabinettsordre Friedrich Wilhelms I. an den Geheimen Baurat Philipp Gerlach und Kriegsrat Carl Stoltze, 17. März 1736

»S. K. M. p. lassen dem Geh. R. *Gerlach* u. p. dem *Stolze* hierbey Abschriftlich zufertigen was dero G[eneral-] M[ajor] v. Kleist wegen der bey ihm geschehenen Anzeige berichtet, als ob nehmlich dem Bildhauer Anger[mann] ein mehreres an Marmor verabfolget sey, als würckl.[ich] zu fertigung der Canzel und des Gewölbes in der Guarnison Kirche zu Potsdam erfordert, und verabredet worden. Wie nun Höchstdieselben ungnädig vermercken, daß nicht nur von dero Marmor mehr ausgehoben worden als zu gedachter Arbeit nöthig gewesen, sondern auch daß nach dem jenigen, so übrig ist, bisher nicht weiter gefraget noch solche in so geraumer Zeit weder gehörigen Orths vergraben u. verwahret worden. So laßen Sie solches dero p. *Gerlach* u. *Stolzen* Verantwortung ausgestellet seyn. Befehlen aber denenselben so gnädig als ernstlich mit erwehntem Anger[mann] wegen des empfangenen Marmors richtige Rechnung zu [zu][122] legen, und wegen des übrigen zu besorgen, daß solcher wieder an Orth und Stelle geleget, auch beßer als wohl bisher geschehen ist, verwahret werde.
Potsdam 17. Mart. 1736.«[123]

Kabinettsordre Friedrich Wilhelms I. an den Geheimen Etats-Minister v. Massow, 3. Juli 1734

»Da Ich weiß, daß in Schweden oder der Insel Gottland eine Arth von Vestem schwartzen und Weißen Stein sich findet, der dem Marmor nicht ungleich ist, So sollet Ihr mir berichten, ob Ich nicht von dergleichen Stein 2 Särge, einen Weißen und einen Schwartzen, worin andere Zinnerne oder Silberne Särge gesetzet werden können, bekommen kann und was ohngefähr ein solcher steinerner Sarg kosten würde.
Berlin den 3. Juli 1734. F. W.«[124]

Kabinettsordre Friedrich Wilhelms I. an den Geheimen Etats-Minister v. Massow, 17. Juli 1734

»Ich ersehe aus Eurem Schreiben vom 8. dieses Eure Reflexiones und Wünsche über Mein künftiges Ruhe Beth, so Ich machen lassen will. Ich weiß, daß Ihr es aufrichtig gut meinet, aber indessen habe Ich einmahl die Verfertigung Meines Begräbnisses ordinirt; also sollet Ihr Mir durch Eure Kauff Leuthe oder Correspondenten 2 Weiße oder Schwartze Steinerne Särge in Gottland oder Oeland bestellen und verschreiben. Ich schicke Euch hiebey den Riß, Wie groß und von was Form die hölzernen Särge, so in die oben gedachten steinernen gesetzet werden sollen, seyn. Es müßten also die steinernen Etwas größer sein, damit die anderen darin Raum haben. Es sollen auch keine Zierrathen daran seyn, sondern gantz schlicht und eben und oben kommt ein Deckel, der ganz platt sein soll. Ihr sollet diese Sache äußerst pressiren und Mir melden, Wie bald sie in Stettin seyn können. Sonsten bin Ich hierselbst glücklich angekommen und genieße eine erwünschte Gesundheit. Ich wünsche Euch desgleichen. Ich bin pp.
Im Lager bei Wiesenthal den 17. Juli 1734.
F. W.«[125]

Kabinettsordre Friedrich Wilhelms I. an den Geheimen Etats-Minister v. Massow, 19. August 1734

»Ich habe Euch vor Meiner Abreise von Wiesenthal wegen der 2 Schwartzen oder Weißen steinernen Särger, welche Ich haben will, geschrieben, auch den Riß der inwendigen Särge, wornach die auswendigen steinernen proportioniret seyn müssen, gesand. Ob nun wohl von Euch keine Antwort bekommen, so zweifle Ich dennoch nicht, daß Ihr das nöthige, wegen prompter Verschreibung so thaner Särge besorget haben werdet. Ich recommandire Euch solches nochmahls auf das Angelegentlichste und will gerne die Särge noch vor dem Winter haben. Ihr sollet auch mit Meinem Residenten Meinertshagen darüber correspondiren.
Wesel, 19. August 1734. F. W.«[126]

Kabinettsordre Friedrich Wilhelms I. an den Residenten Abraham Georg Luiscius, 27. August 1734

»Hochgelahrter Rath, Lieber Getreuer. Ich will gerne zwei große Ausgehauene Särge von schwartzem Marmor haben mit einem gantz Platten Deckel und ohne Zierrathen. In diese großen Särge sollen Andere gesetzet werden, wovon Ich Euch beykommend die Zeichnung sende, damit Ihr die proportion der größeren daraus ersehen könnt, denn diejenigen, so Ihr Mir verschaffen sollet, müssen so groß seyn, daß die gezeichneten Särger, so Ich zu Berlin machen lasse, darin gesetzet werden können; Also sollet Ihr Euch alle Mühe anthun, daß Ihr Mir dergleichen größere marmorne schwartze Särger in Holland verschaffet. Wenn sie gantz aus einem Stück bis auf den Deckel seyn könnten, wäre es am Besten. Ihr sollet besorgen, daß Ich sie noch

Die Königsgruft, Aufnahme Max Hochgeladen, 1930

vor dem Winter bekomme und wenn Ihr jemand gefunden, der liefern will, müsset Ihr Mir den Werth oder die Kosten berichten. Diese Sache ist Mir sehr angelegen, und wird Mir Eure promptitude in Besorgung derselben zum Gnädigen Gefallen gereichen. Ich bin pp.
Moyland den 27. August 1734. F. W.«[127]

Kabinettsordre Friedrich Wilhelms I. an den Geheimen Etats-Minister v. Massow, 16. September 1734

»Ich habe Euer Schreiben vom 29. August nebst den 3 Proben von Schwedischem Marmor erhalten, und ersehe, was Ihr bereits wegen der steinernen Särge veranstaltet. Ich will Nr. 1 dazu haben, und weil ich eben von dem Tode des Residenten Meinertshagen Nachricht bekomme, so müßt Ihr Alles durch die Correspondence des Mauen ferner bestens betreiben, damit die Särgers noch vor Winter ankommen. Sie sollen gantz schlecht, ohne Ornaments seyn, wie Ich bereits geschrieben, und muß die Größe aus dem Abriß von denen inwendigen Särgen, so Ihr erhalten, proportioniret werden, damit diese bequem in die marmornen gesetzt werden können. Für Euren guten Wunsch bin Ich obligiret. Ich finde Mich Gottlob hiernach besser, und muß Alles auf Gottes Willen ankommen lassen.
Potsdam, den 16. September 1734. Fr. W.«[128]

Kabinettsordre Friedrich Wilhelms I. an den Residenten Abraham Georg Luiscius, 21. September 1734

»Hochgelahrter pp. Ihr wißt, daß Ich Euch die Commission gegeben, die 2 schwartzen Marmornen Särger machen zu lassen. Ihr sollet bey leibe nicht die Geringste Zeit verliehren, sondern ohnfehlbar machen, daß Ich diese Särge noch vor Winters bekomme. Ich erwarte Eure Antwort p.
Potsdam, den 21. Sept. 1734. F. W.«[129]

Kabinettsordre Friedrich Wilhelms I. an den Residenten Abraham Georg Luiscius, 25. September 1734

»Hochgelahrter pp. Ich habe sehr gerne aus Eurem Schreiben vom 17. d. ersehen, daß Ihr endlich einen Bildhauer aus dem Haag bekommen, der die beyden schwartzen Marmornen Särge für 1000 fl. Zusammen machen will. Ich approbire den Preyß und sollet Ihr ohnverzüglich den Contract mit ihm machen. Ihr sollet aber die Arbeit auf das Aeußerste pressiren und suchen, es dahin zu bringen, daß der größeste Sarg gegen Ende October fertig sey, alsdann Ihr solchen wohl eingepackt an den Destinon nach Hamburg absenden sollet. Sobald der andere Sarg fertig ist, sollt Ihr ihn gleich nachsenden. Pp.
Potsdam, 25. Septbr. 1734. F. W.«[130]

Kabinettsordre Friedrich Wilhelms I. an den Residenten Abraham Georg Luiscius, 16. Oktober 1734

»Hochgelahrter pp. Ich habe Eure 2 Schreiben vom 8. dieses erhalten, den Contract mit dem Stein Metzen approbire Ich und habe Ihr beygehend durch einen Wechsel von Splittgerber und Daun die vorgeschossenen 400 Thaler zu empfangen. Die Euch gegebene Zeichnung von der Größe der Särge ist suffiziret, weil die einwendigen Särger erst gemacht werden sollen, wenn die Marmornen hier sind. Ihr sollet diese Commission so viel Euch möglich poussiren. Sonsten ist Mir lieb, daß Ihr die andere Commission wegen der Schiffs Leuthe baldigst ausrichten wollet. Wenn Ihr die Leuthe angenommen, so wäre guth, wenn Ihr sie sofort zur See mit Schiffs Gelegenheit nach Stettin abschicken könnet und sollet Ihr sie solchenfalls nur an den General Lieutenant Prinzen von Anhalt Zerbst adressiren.
Potsdam 16. October 1734. F. W.«[131]

Kabinettsordre Friedrich Wilhelms I. an den Residenten Destinon, 4. Dezember 1734

»Hochgelahrter Raht, lieber getreuer. Ich habe in Holland 2. schwarze marmorne Särge machen laßen, welche der Geh. Rath Luiscius auf Hamburg senden wird, weil nun dieselben von da zu mahlen nicht können anhero gebracht werden wegen des jetzigen winter wetters, so sollet ihr dieselben sobald als sie ankommen zu lande auf Wagens anhero senden und dazu besondere Fuhre miethen, ihr müsset aber die Veranstaltung machen, daß vorsichtig damit umgegangen und dieselben unterwegens nicht beschädiget werden. Ich bin
Potsdam den 4. Dec. 1734.«[132]

Kabinettsordre Friedrich Wilhelms I. an den Residenten Abraham Georg Luiscius, 6. Dezember 1734

»Hochgelahrter pp. Da Ich mit letzter Post keinen Bericht von Euch erhalten, so habe ich hierdurch nochmahls wegen der Särger Erinnerung thun wollen. Ihr sollet machen, daß der große marmorne Sarg je eher je lieber nach Hamburg komme, er muß aber wohl eingepackt werden, weil er zu Wagen von Hamburg hierher geführt werden soll, damit der Marmor keinen Schaden nehme. Sonsten habe Ich seit dem Tode des p. v. Masch keine Französischen oder Holländischen Gazetten bekommen. Ihr sollet Mir alle, die dort zu haben sind, posttäglich einsenden.
Potsdam den 6. Decbr. 1734. F. W.« [133]

Kabinettsordre Friedrich Wilhelms I. an den Residenten Abraham Georg Luiscius, 4. Januar 1735

»Hochgelahrter pp. Ich ersehe aus Eurem Schreiben vom 28. Dezbr., daß nun endlich der größeste Sarg nach Hamburg abgehen werde. Es hat sehr lange gedauert und muß der holländische Stein Metzen wenig von der Parole halten,

Die zerstörte Gruft, 1955

oder nirgends anders als in dem freyen Holland gearbeitet haben. Ihr sollet indessen machen, daß der andere Sarg auch bald nachkomme, ingleichen, daß die verlangten See-Leuthe bald nach Stettin gesandt werden. Es hat Euch auch der pp. v. Borck vor 3 Wochen aus London ein Paar Englische Soldatenschuhe addressiret. Ihr sollet Euch auf das Sorgfältigste erkundigen, wo sie bleiben, und machen, daß sie je eher je lieber herkommen. Die Historie von dem p. Welderer ist für die Familie betrübt. Es geht allemahl auf Desperation loß, wenn man durch eine unordentliche und gar zu kostbahre Oeconomie sich erschöpffet. Ich erwarte von Euch posttäglich was Neues und was Interessantes. Ich bin pp.

Potsdam, den 4. Januar 1735. F. W.«[134]

Kabinettsordre Friedrich Wilhelms I. an den Residenten Destinon, 7. April 1735

»Hochgelahrter pp. Da nunmehro die 2 Marmornen Särger, so der Luiscius an Euch abschicket, negstens ankommen müssen, so sollet Ihr dahin sehen, daß wenn dieselben aus dem Schiff gebracht werden, sie nicht zu schaden kommen, wes wegen Ihr einen sicheren Menschen bey der Löschung bestellen müsset, weil die See Leuthe sonsten sehr ungeschickt damit zu verfahren pflegen. Ihr sollet auch so dann die Särger zu Wasser anhero senden. Pp.

Potsdam, den 7. April 1735. F. W.«[135]

Kabinettsordre Friedrich Wilhelms I. an den Residenten Destinon, 7. Juni 1735

»Hochgelahrter pp. Ich gebe Euch auf Euer Schreiben vom 24. Mai zur Antwort, daß der Chester Käse und die 3 Kasten mit denen Marmornen Särgen zu Potsdam angekommen sind. Die 17 Thaler wegen der Käse ist der Kriegs Rath Koppe [= Friedrich Gotthold Köppen] an Euch zu bezahlen beordert. Anlangend die sämmtlichen Unkosten wegen Transport der Särger werde Ich selbige auch richtig machen lassen, so bald Ich von dem Luiscius die Rechnung von seinen Ausgaben erhalten.

Berlin, den 7. Juny 1735. F. W.«[136]

Ausschreibungstext zur Wiederaufbauplanung, 2011

»Im Zuge der 1. Phase des Wiederaufbaus der 1968 gesprengten Garnisonkirche soll die Planung für den Wiederaufbau des Turms vorgenommen werden.
Der Wiederaufbau der Garnisonkirche hat zum Ziel, die historische Gestalt der herausragenden Barockkirche in Potsdam wiederherzustellen und somit unserer und den nachfolgenden Generationen als bauliches Dokument wieder zugänglich und im Stadtraum erfahrbar zu machen. Das architektonisch getreu wieder errichtete Gebäude soll als Kirche sowie als Bildung- und Erinnerungsstätte genutzt werden.
Auch in Konstruktion und Innengestaltung folgt der Wiederaufbau dem ursprünglichen Erscheinungsbild, was die nutzungsorientierte Verwendung zeitgemäßer Techniken einschließt.
Die Finanzierung der Planungsleistungen erfolgt aus Fördermitteln (PMO- Mitteln) des Landes Brandenburg.
Anzubieten ist die Erbringung der Leistungsphasen 1 bis 9 gemäß § 33, § 38, § 49 und § 53 HOAI sowie eine Auswahl von Beratungsleistungen nach Anlage 1 HOAI. Es ist vorerst eine stufenweise Beauftragung der Leistungsphasen 1–3 vorgesehen. Der Auftraggeber behält sich außerdem die stufenweise Beauftragung (auch einzelner Leistungsabschnitte) für die nachfolgenden Leistungsphasen 4–9 als Option vor. Da die Finanzierung für die Leistungsphasen 4–9 noch nicht sichergestellt ist besteht jedoch ausdrücklich kein Anrecht auf eine Weiterbeauftragung.
Weiterhin sollen die Grundlagen und Schnittstellen zum zukünftige Kirchenschiff durch eine Definition der Planungsparameter anhand der Bestandsplanung ermittelt werden. Diese Leistungen müssen optional angeboten werden.
Für die Nutzung des Turms sind gem. Raum- und Nutzungsprogramm die nachfolgenden Funktionen sicherzustellen: — Beten, d.h. Räumlichkeiten für Gottesdienste (mit Andachtsraum, Büro- u. Nebenräumen), — Erinnern, d.h. Räumlichkeiten für die Austellung (mit Austellungsraum, Büro- und Nebenräumen), — Bilden, d.h. Räumlichkeiten für die Fortbildung (mit Seminarräumen, Bibliothek, Büro- und Nebenräumen), — Sehen, d.h. Räumlichkeiten für den Tourismus (mit Plattform zur Turmbesteigung, Rundgang, Kassen-und Verkaufsraum sowie Cafe u. Merchandising).
Weiterhin sind alle notwendigen Funktionen für: — eine gemeinsame Nutzung, d.h. Räumlichkeiten für Zentale Einheiten (WCs, Gaderoben, Teeküchen, Kopierund Aufenthaltsräume), — die Erschließung, d.h. Zentraler Eingang, Wartezone, Verteiler, Aufzüge, Treppenhäuser und Erschließungsflure, — die Haustechnik, d.h. Räumlichkeiten für Hausanschluss, Heizung, Lüftung, Sanitär, Elektroverteiler, BMZ usw. Sicherzustellen.
Der Bruttorauminhalt des Turmes mit Treppenhäusern beträgt ca. 16.864 m^3.
Bis zum Abschluß der Leistungsphase 2 Vorentwurf sind unter Berücksichtigung aller technischen, rechtlichen und wirtschaftlichen Belange Varianten der Wandaufbauten zu untersuchen und für die Weiterplanung ab der Leistungsphase 3 Entwurfsplanung zu bewerten.
Grundsätzlich ist bei der Planung zu beachten, dass der Turm auch als eigenständiges Bauwerk funktionieren muss, jedoch die Erweiterbarkeit um das Kirchenschiff sicherzustellen ist.
Die städtebauliche Funktion der Garnisonkirche erfordert eine Verortung auf den zumindest teilweise noch bestehenden Fundamenten und die Dimensionierung nach dem Vorbild des ehemaligen Kirchenbaus. Die vollständige zeichnerische Rekonstruktion des Turms wurde bereits

LEITBAUTEN BZW. GEBÄUDE MIT LEITFASSADE

GEBÄUDE MIT GESTALTUNGSVORGABEN

GEPLANTE GEBÄUDE OHNE LEITFUNKTION

ERWEITERTETE ERDGESCHOSSZONE

FUGENBEBAUUNG

REMISENZONE

HISTORISCHE BAUFELDER

HISTORISCHE, NICHT MEHR BESTEHENDE GEBÄUDE

BESTANDSGEBÄUDE

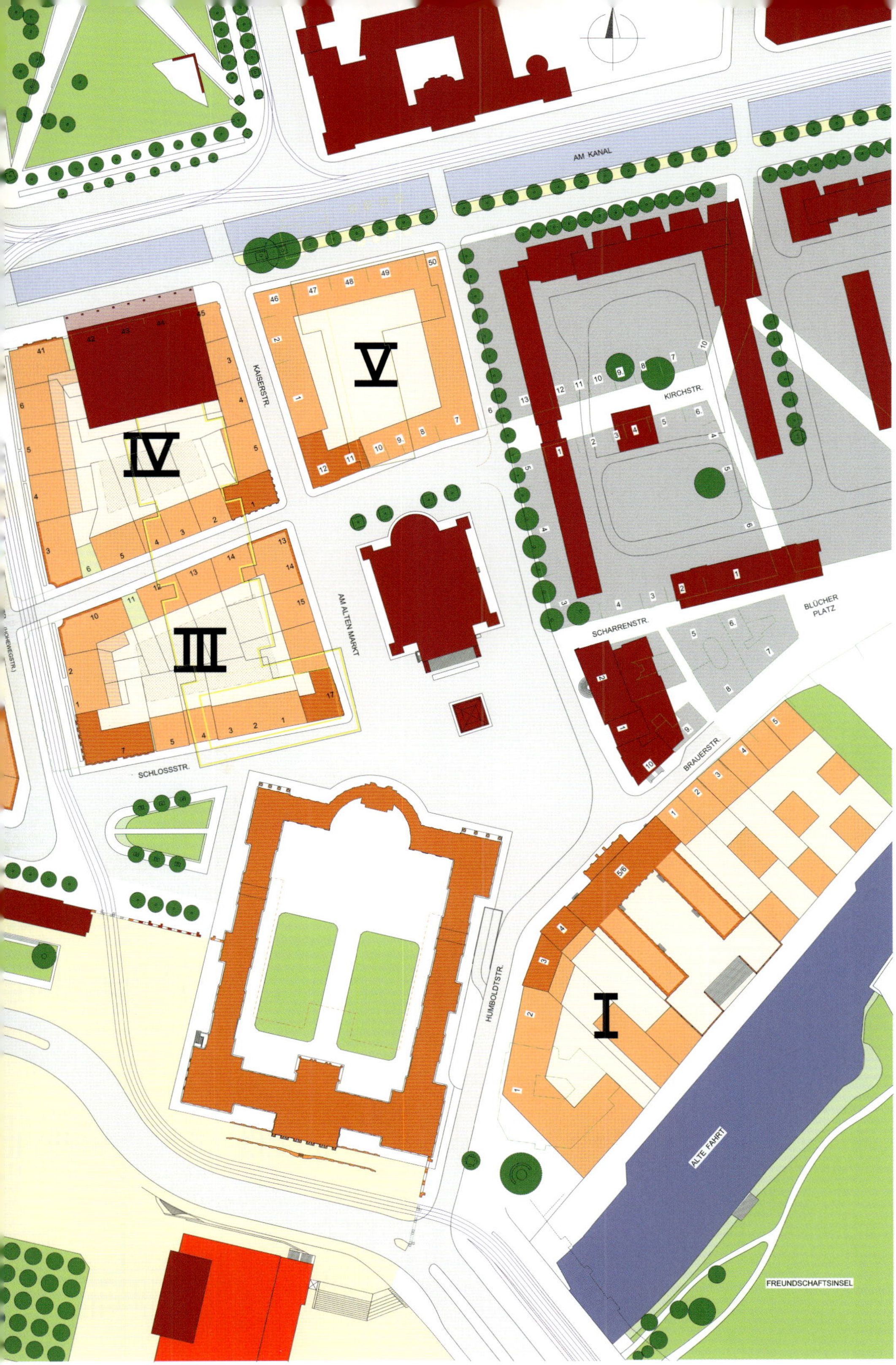

Plan zur Wiedergewinnung der Potsdamer Mitte mit den organge markierten Leitbauten, zu denen auch die Garnisonkirche gehört (links am unteren Rand der Plantage mit den sich kreuzenden Wegen), Zeichnung des Architeklturbüros Bernd Redlich, Potsdam

vorgenommen und steht als Grundlage für die ausgeschriebene Planungsleistung ab der Angebotsphase zur Verfügung.
Die Wirtschaftsteilnehmer, welche für die Teilnahme am Verhandlungsverfahren ausgewählt wurden, werden mit der Angebotsabgabe aufgefordert, in ihren Angeboten Arbeitsproben einzureichen.
Mit den Arbeitsproben sollen skizzenhaft Lösungen für die Erschließung des Turms (mit Warte- und Verteilerzone) und des Wandaufbaus unter Berücksichtigung der Fachplanung dargestellt werden.
Die Vergütungsregelung erfolgt mit der Aufforderung zur Angebotsabgabe.
Leistungsumfang: Bis zur Beendigung der Leistungsphase 3 sind alle nachfolgenden Teilleistungen gem. HOAI zu erbringen: — § 33 Gebäude gem. Anlage 11, — § 38 Freianlagen gem. Anlage 11, — § 49 Tragwerksplanung gem. Anlage 13, — § 53 Technische Ausrüstung gem. Anlage 14. Gem. Anlage 1: 1.2 Leistungen für Thermische Bauphysik inkl. EnEV-Nachweis; 1.3 Leistungen für Schallschutz und Raumakustik; 1.4 Leistungen für Bodenmechanik, Erd- und Grundbau; 1.5 Vermessungstechnische Leistungen.«

Abkürzungen/Siglen

ADB: Allgemeine Deutsche Biographie
BLDAM: Brandenburgisches Landesamt für Denkmalpflege und Archäologisches Landesmuseum
BLHA: Brandenburgisches Landeshauptarchiv Potsdam
DHM: Deutsches Historisches Museum
DstAB: Domstiftsarchiv Brandenburg
ELAB: Evangelisches Landesarchiv Berlin
EZAB: Evangelisches Zentralarchiv Berlin
GAA: Gemeendearchief Amsterdam
GStA PK: Geheimes Staatsarchiv Preußischer Kulturbesitz Berlin-Dahlem
LAB: Landesarchiv Berlin
MVGP: Mitteilungen des Vereins für die Geschichte Potsdams
SBB PK: Staatsbibliothek Berlin Preußischer Kulturbesitz
SLUB: Sächsische Landesbibliothek – Staats- und Universitätsbibliothek Dresden
SM PK: Staatliche Museen Preußischer Kulturbesitz Berlin
SPSG: Stiftung Preußische Schlösser und Gärten Berlin-Brandenburg
StAM: Stadtarchiv Magdeburg
StAP: Stadtarchiv Potsdam
UDBP: Stadtverwaltung Potsdam, Untere Denkmalschutzbehörde

Anmerkungen

Vorwort (S. 7–21)

1 Hof- und Garnisonkirche. Vor gut 10 Jahren wurde ihre Ruine abgetragen, in: Brandenburgische Neueste Nachrichten 28 (1978–11–24) = 278, S. 4.
2 Kathe 1978; Mittenzwei 1979.
3 Kitschke 1983, S. 27–31, 32–35, 65 f., 70–72.
4 Nikolaikirche Potsdam 2000, S. 44.
5 Den hierzu erforderlichen Bauantrag erarbeitete Dr.-Ing. *Lothar Kuhn*, die Tragwerksplanung Dr.-Ing. *Jörg Brandt*. Das Raumgerüst wurde vom Unternehmer *Michael Hoffmann* zu günstigen Konditionen erstellt und durch seitlich angebrachte Werbung mitfinanziert.
6 Praeludium, Fuge und Basso ostinato e-Moll op. 69 Nr. 1–3.
7 Hierfür waren die Erarbeitung des Bauantrages und die Baukontrolle vom Architekturbüro Redlich, die Tragwerksplanung unter Berücksichtigung der gesamten Turmlast durch das Büro Dr. Wolfgang Stich und die Vermessungsarbeiten durch Jürgen Fritsche kostenlos erbracht worden.
8 Dieses Segment fällt allerdings der Entscheidung, beim Wiederaufbau eine größere Turmkapelle einzurichten, zum Opfer, da es nun mitten im Raum BUstehen würde.
9 U.a. 2000–02 das Fortunaportal des Stadtschlosses Potsdam, 2014/15 Barockfassaden der Humboldtstraße 3 und 4 in Potsdam.!
10 www.christen-brauchen-keine-garnisonkirche.de (aufgerufen am 15.11.2015)

Potsdam und seine bekannteste Kirche (S. 23–43)

1 Zitiert nach Hoeftmann/Noack 1992, S. 218.
2 Ausgelöst wurde der Erste Weltkrieg durch die Kriegserklärung Österreichs an Serbien vom 28. Juli 1914. Deutsche Kriegserklärungen folgten am 1. August an Russland, am 2. an Luxemburg, am 3. an Frankreich und am 4. August an Belgien. Schlussendlich waren etwa 40 Staaten in den Konflikt involviert und 70 Millionen Männer standen unter Waffen.
3 Zitat nach: Glockenspiel 1987, S. 69.
4 Hoeftmann/Noack 1992, S. 124.
5 Buchtitel von Gass 1999.
6 Schneider 1993, S. 321.
7 Schmidt 1825, S. 87 f.
8 DstAB, Po-G 167/41 (unfol.).
9 DstAB, Po-G 167/41 (unfol.).
10 Bährecke 1938, S. 193 (frdl. Hinweis v. Dr. Peter Bahl, Berlin).
11 Wie vor.
12 Ebenda.
13 Gerlach 1883, S. 203.
14 DstAB, Po-G 167/41 (unfol., KO mit beigefügter Namensliste); vgl. Ostmann 1862, S. 11. Die Behauptung in Bamberg 2006, S. 30, dass diese 24 Männer und 14 Frauen erst 1726 zur Garnisonkirche eingepfarrt werden sollten und erst in diesem Zusammenhang die Umbenennung in »Garnison- und reformierte Stadtkirche« erfolgt sei, ist somit unrichtig.
15 BHLA Rep. 2 A II Potsdam Nr. 132, fol. 93 (Bericht des Hofpredigers Rogge vom 9. Mai 1885).
16 Beglaubigte Abschrift in: BLHA Rep. 2 A II Potsdam Nr. 154 (unfol.).
17 DstAB, Po-G 69/188 (unfol.); vgl. Rogge 1882, S. 11.
18 Rogge 1882, S. 11; Wolff 1920, S. 34 f.
19 Abschrift aus einer Akte der Garnisonkirche im Archiv der Firma Alexander Schuke Potsdam Orgelbau GmbH.
20 Eugen Thiele in: Garnisonkirche 1932, S. 27.
21 Wolff 1920, S. 35.
22 Rogge 1882, S. 28–36.
23 Grützner 1992, S. 107.
24 Gerber 1814, Bd. 4, Sp. 80 f.
25 Grützner 1992, S. 107.
26 Marie Heinze in: Haeckel 1912, S. 235 f.
27 Grützner 2004, S. 224.
28 Marie Heinze in: Haeckel 1912, S. 235 f.
29 Allgemeine Musikalische Zeitung 34 (1832), Sp. 363.
30 Caecilia Mainz. Eine zeitschrift für die musikalische Welt 13 (1830), S. 63 f.
31 Allgemeine Musikalische Zeitung 32 (1830), Sp. 677 und 33 (1831), Sp. 396
32 Grützner 1992, S. 115 (es handelte sich ausschließlich um Männerstimmen!).
33 Allgemeine Musikalische Zeitung 35 (1833), Sp. 718.
34 Allgemeine Musikalische Zeitung 36 (1834), Sp. 434.
35 Allgemeine Musikalische Zeitung 36 (1834), Sp. 434–436.

36 Allgemeine Musikalische Zeitung 37 (1835), Sp. 435.
37 Allgemeine Musikalische Zeitung 41 (1839), Sp. 926.
38 DstAB, Po-G 312/33.
39 Heinrich Welti in: Allgemeine Deutsche Biographie, Bd. 30 (1890), S. 614.
40 Berliner Musikalische Zeitung 1 (1844), Ausg. v. 16.11.1844.
41 Berliner Musikalische Zeitung 5 (1851), Ausg. v. 18.6.1851.
42 Neue Berliner Musikzeitung 11 (1857), S. 213.
43 Neue Berliner Musikzeitung 13 (1859), S. 318.
44 Grützner 2004, S. 14f.
45 BLHA Rep. 2 A II Osthavelland Nr. 796.
46 Aufzeichnungen von Else Maas, Archiv des Oratorienchores Potsdam (frdl. Mitteilung von KMD Matthias Jacob).
47 Programmheft im Besitz des Verfassers.
48 Aufzeichnungen von Else Maas, Archiv des Oratorienchores Potsdam (frdl. Mitteilung von KMD Matthias Jacob).
49 DstAB, Po-G 312/33 (unfol), Kabinettsordre Wilhelms II. (beglaubigte Abschrift).
50 DstAB, Po-G 313/434 (unfol).
51 Max-Reger-Institut Karlsruhe, Abschriften der Briefe Regers an Becker nach den Originalen in den Meininger Museen, 035/1 Ep. As. 345; freundlich übermittelt von Sonja Schilling und Tobias Pfleger, 28.8.2004 (Unterstreichungen im Original).
52 Wie vor, 035/2 Ep. As. 344.
53 Ebd., 035/3 Ep. As. 345 (Unterstreichungen im Original).
54 Ebd., 035/4 Ep. As. 346.
55 Ebd., 035/5 Ep. As. 347.
56 Ebd., 035/6 Ep. As. 348.
57 Ebd., 035/7 Ep. As. 349.
58 Ebd., 035/8 Ep. As. 350.
59 Ebd., 035/9 Ep. As. 351.
60 Ebd., 035/11 Ep. As. 353.
61 Ebd., 035/12 Ep. As. 354.
62 Ebd., 035/14 Ep. As. 356.
63 Ebd., 035/15 Ep. As. 357.
64 Ebd., 035/16 Ep. As. 358.
65 Ebd., 035/17 Ep. As. 359.
66 Ebd., 035/18 Ep. As. 360.
67 Programmzettel im Besitz d. Verf. (die Jahresangabe fehlt darauf, ließ sich aber anhand des angegebenen Wochentags errechnen).
68 Klaus Arlt in: Schoeps 1993, S. 230.
69 Wirth 2000, S. 137 (nach einer biographischen Skizze von Caroline Lorenz).
70 Potsdamer Tageszeitung vom 26. April 1933, Nr. 98 (frdl. Hinweis von Klaus Arlt); ähnlich: Buckower Lokalanzeiger vom 27.4.1933.
71 DstAB, Po-G 313/434 (unfol).
72 BLHA, Rep. 2 A II Potsdam Nr. 154: Sonderakten betreffend das Glockengeläut und Spielwerk auf dem Turm der Garnisonkirche in Potsdam 1931–1944 (unfol.).
73 DstAB, Po-G 313/434 (unfol).
74 Rohr 1992.
75 Hans Zappe: Otto Becker 80 Jahre, in: Sonntagsblatt für evangelische Gemeinden in der Mark Brandenburg vom 19. 02. 1950; vgl. Schilling 1992, S. 194f.
76 Ausführlich siehe Andreas Kitschke: Otto Becker zum Gedenken, in: Beiträge 3, S. 83–88.
77 Bethge 1995, Anhang, Dokument 4.
78 DstAB, E Po-E 9/10 (unfol.); zitiert nach Bethge 1995, S. 16.
79 Bethge 1995, S. 32.
80 Faksimileabdruck in: Bethge 1995, S. 30.
81 Bundesarchiv Berlin, Sign. R5101/21877 (Bd. 13), fol. 28–32 (hier: fol. 32). Für wertvolle Hinweise auf die Quellen danke ich Frau Maria Luise Damrath.
82 Wie vor, fol. 6vs.
83 Bezeichnung Österreichs 1938–1945.
84 Der Quedlinburger Dom wurde aus Anlass des 1000. Todestages von Heinrich I. (876 – 2. Juli 936) durch Heinrich Himmler, der sich als Wiedergeburt König Heinrichs sah, 1936 zur »Weihestätte der SS« stilisiert.
85 Bundesarchiv Berlin, Sign. R5101/21877 (Bd. 13), fol. 7–9 (hier: fol. 8vs.).
86 Ebenda.
87 Bundesarchiv Berlin, Sign. R5101/21877 (Bd. 13), fol. 9.
88 Ebenda, fol. 20vs.
89 Ebenda, fol. 36, 37.
90 DstAB, Po-G 313/434 (unfol.).
91 Wie vor, zitiert nach Silomon 2014, S. 101.
92 DstAB, Po-G 252/306 (unfol.), zitiert nach Silomon 2014, S. 102.
93 Angaben aus der Personalübersicht (kirchl. Erfassungsblatt); Kopie frdl. überlassen von Maria Luise Damrath.

94 Die Bruderschaft Christi. Vortrag von Heerespfarrer Damrath, Glogau. Herausgegeben von Fritz Schwarz, Glogau 1935 (hier: S. 8, 9, 10 und 13).
95 Bücheler 1989, S. 299 f.
96 Bargatzky 1987, S. 152.
97 Schramm 1978, S. 34 f.
98 Zitat nach Bücheler 1989, S. 291.

Der städtebauliche Kontext (S. 45–69)

1 Gülzow/Herrmann 1997.
2 Brüstungsfelder 1800 durch schmiedeeiserne Geländer ersetzt.
3 Gülzow/Herrmann 1997, S. 92 f.
4 Andreas Meinecke in: Persius 2003, S. 230 (mit Quellennachweis).
5 Zitiert nach Wimmer 2004, S. 33 (nach Bielfeld, 16.10.1739, Lettres fam. Den Haag 1763, I, fol. 47–51; Übersetzung: Dorothea Kitschke).
6 Gerlach 1883, S. 59; Wacker/Tiede 2002, S. 131 f.
7 Kitschke 2010, S. 25.
8 Manger 1789, S. 446.
9 StAP, Sign. 1–9/1250, Acta spec. Breite Straße 8, fol. 18, 64–119 sowie frdl. Mitteilung des Sohnes, Eckhard v. Tresckow.
10 Eine marmorne Replik befindet sich vor dem Gartendirektionsgebäude im Park von Sanssouci.
11 Bauer/Knitter/Ruppert 1993, S. 138; Wacker/Tiede 2002, S. 132.
12 Wie vor, S. 153.
13 Manger 1789, S. 200 f., Bauer/Knitter/Ruppert 1993, S. 93.
14 Vgl. Thiede/Wacker 2007, S. 592, 596.
15 Manger 1789, S. 338 f., Kania I, S. 134–140.
16 Sander 2008 und Dähmlow 2008.
17 Zarnack 1824, S. 15.
18 Wie vor, S. 14 (nach den Akten des Administrators Klinthe).
19 GstA PK Pr. Br. Rep. 92, Nachlass Bekmann, V C Nr. 30 (Potsdam), fol. 208. Man hatte Stegmann des Diebstahls überführt; † 20.1.1730 (DstAB, Po-N Nr. 4b [Kirchenbuchkopie Nikolai Potsdam], fol. 288).
20 Lehmann 1995, S. 151 (nach AFSt/H A 179, 1, fol. 19, Pkt. 11).
21 Wie vor, S. 156 (nach AFSt/H A 179, 43, fol. 1v.).
22 Rekonstruktion 2004 durch Rudolf Böhm.
23 Beschluss StVV Potsdam am 24.10.1990 – DS 060/2/90.
24 Sello 1888, S. 186, 196; GStA PK, I. HA, Rep. 47 P 3, Bl.≈690–697.
25 DstAB, Po-G 493/42, 494/43, 495/382.
26 DstAB, Po-G 496/376.
27 Kania in: Garnisonkirche 1932, S. 94–96.
28 Schleiermacher 1816, S. 44–65 und 90–112.
29 Bau- und Kunstdenkmale 1978, S. 293.
30 Wie vor, S. 292 f.
31 Bauer/Knitter/Ruppert 1993, S. 137.
32 Ostmann 1862, S. 92.
33 1784 nach einem Bewohner, einem Königlichen Kämmerer, in Hoditz, 1947 nach dem sozialdemokratischen Reichstagsabgeordneten und Potsdamer Stadtrat Wilhelm Staab in Wilhelm-Staab-Straße umbenannt.
34 DstAB, Po-G 512/46; vgl. Ostmann 1862, S. 93.
35 Bau- und Kunstdenkmale 1978, S. 293 (Das Fachwerk des Hauses wurde 1938 durch massives Mauerwerk ersetzt).
36 Rogge 1899, S. 25 f.
37 Johanna Neuperdt in: Hübener 2001, S. 49.
38 Dorothea Zöbl in: Hübener 2001, S. 158.
39 Rogge 1899, S. 26 f.
40 DstAB, Po-G 594/371, 505/372, 171/339.
41 UDBP, Plankammer, Acta specialia Kiezstraße 10, fol. 1–33, 69. Vgl. Kitschke in: Persius 2003, S. 236.
42 Hürlimann/Rave 1933, S. 62.
43 Kotsch, 1992, S. 24.
44 Appel/Kitschke 2006, S. 128.
45 Gerlach 1883, S. 193 f.
46 Manger 1789, S. 16 und Rauh 1872, S. 217.
47 Gerlach 1883, S. 195.
48 Kitschke 1983, S. 32–35; vgl. Bergelt 2012, S. 242–247.
49 Kitschke 1983, S. 17–26.

Die Kirchenbauten der Potsdamer Garnison (S. 71–81)

1 Kloosterhuis 2003, S. 206–221.
2 Schmidt 1825, S. 88; vgl. Kopisch 1854, S. 67.
3 Kopisch 1854, S. 67.
4 Sello 1888, S. 353; vgl. Gerlach 1883, S. 214.
5 Seidel 1904, S. 155 (nach GStA, Rep. 21, Nr. 123).
6 Wie vor, S. 152.
7 Ebd., S. 153 (nach GStA, Preuß. Hausarchiv, Rep. XIV).
8 Nach Julianischem Kalender.
9 GstA PK, VIII. HA, L (MKB), Nr. 570, S. 119; 27 (frdl. Mitt. v. Peter Bahl, Berlin).

10 Seidel 1904, S. 165.
11 GStA PK, Pr. Br. HA I, Rep. 92 Nachlass Bekmann V C Nr. 30 (Potsdam), fol. 22.
12 Wie vor.
13 GStA PK, I. HA, Geh. Rat, Rep. 9 Allgemeine Verwaltung, EE 16, 1703–1740 (unfol), Schreiben des Ministers v. Ilgen vom 11. Juni 1721.
14 GStA PK, Pr. Br. HA I Rep. 36 Hofverwaltung Nr. 3458; Rep. 92 Nachlass Bekmann V C Nr. 30 (Potsdam), fol. 23; SPSG, Plankammer, Akte 370.
15 Kamp 2004, S. 70 (nach Archiv des Französischen Doms Berlin, Sign. 5984, fol. 61 und 5968, Vol. I, fol. 148).
16 Kopisch 1854, S. 62; vgl. GStA PK, HA I, Rep. 92 Nachlass Bekmann V C Nr. 30, fol. 22.
17 Im Eintrag vom 1. Januar 1722 ist in gleicher Schrift der Zusatz »und Reformirten Stadt«zwischen den Begriffen »Garnison« und »Kirche« eingefügt. GStA PK, HA VIII, MKB, Fiche-Nr. 1175 (Taufen 1662–1750), fol. 277r, 278v.
18 GStA PK, I. HA, Geh. Rat, Rep. 9 Allgemeine Verwaltung, EE 16, 1703–1740 (unfol). Griese (auch Grieser und Krüser) war ein aus Heidelberg zugewanderter Uhrmacher, der 1711 das Berliner Bürgerrecht erwarb.
19 Diese und eine zweite, 1732 geschaffene Altardecke im DHM, Inventar-Nr. KT 2004/26 und KT 2004/27.
20 Bibliothèque Nationale Paris, Silbermann-Archiv II R, 11671, S. 54.
21 Wie vor, S. 54; vgl. Bergelt 2012, S. 146–153.
22 GStA PK, VIII. HA, MKB, No. 465 (Fiche-Nr. 1175); vgl. Bamberg 2006, S. 174 (Faksimile).
23 GStA PK, I. HA Rep. 96 B Geheimes Zivilkabinett äP Minüten Nr. 1, fol. 229.
24 Wie vor, Nr. 5, fol. 132. Im Zusammenhang mit dem Umbau der Jerusalemer Kirche folgte 1879 dort ein Orgelneubau durch Wilhelm Sauer aus Frankfurt/Oder, dem das historische Orgelgehäuse Wagners zum Opfer fiel.
25 Zarnack 1824, S. 14 (nach den Akten des Administrators Klinthe).
26 GStA PK, Pr. Br. Rep. 92, Nachlaß Bekmann, V C Nr. 30 (Potsdam), fol. 208.
27 BLHA, Rep. 2, 2 Bau-Register B 1683, fol. 230, 266, 284; B 1684, fol. 339–349.
28 Gerlach 1883, S. 193.
29 Zarnack 1824, S. 38 f.
30 Archiv der Franckeschen Stiftungen Halle, Sign. AFSt/H C 468, fol. 56.
31 Vgl. Bergelt 2012, S. 422–429.
32 Zarnack 1824, S. 223.
33 Zur Wagner-Orgel siehe Kitschke 1993, S. 218–222 (mit detaillierten Quellenangaben).
34 UDBP, Acta speciala Neustaedter Communication Nr. 12 (= Schopenhauerstraße 5/8); Ausf. Baumeister mitgeteilt durch Walther Behrend, Potsdam.
35 Heute Liège in Belgien.
36 BLHA, Rep. 2, 2 Bau-Register B 1683, fol. 374 f.; Krix 1915, S. 12, 18, 21, 22.
37 Rogg/Winter 2012, S. 108; vgl. Hürlimann/Rave 1933, S. 62.
38 GStA PK, I. HA Rep. 96 B Geheimes Zivilkabinett äP Minüten Nr. 5 fol. 128, No. 415.
39 Rogg/Winter 2012, S. 111.
40 Rogg/Winter 2012, S. 112.
41 Gerlach 1883, S. 193.
42 Hürlimann/Rave 1933, S. 65 f.; vgl. Rogg/Winter 2012, S. 52.
43 Rogg/Winter 2012, S. 107.
44 Boeck 1938, S. 72: »Die Orgel selbst baute angeblich 1706 ein gewisser Lampertus«, wie der Orgelbauer Nette mitteilt. Hiermit ist Lambert Daniel Karstens gemeint, der im Auftrag seines am 1. September 1708 zum kgl. preuß. Hoforgelbauer ernannten Meisters Arp Schnitger desöfteren im Berliner Raum tätig geworden war.
45 Schäfer 1929.
46 BLHA, Rep. 2, 2 Bau-Register B 1686; Gerlach 1883, S. 197.
47 Gerlach 1883, S. 91.
48 Ostmann 1863, S. 1–8.
49 DstAB, Po-G 174/47 (unfol.).
50 Puttkammer 1867, S. 97 f.

Die Hof- und Garnisonkirche und ihre Ausstattung (S. 83–143)

1 Schneider 1869, Nr. 162, S. 333.
2 Vgl. die Aufsätze des Verf. über Gerlach und Graël in: BBL 2002, S. 141, 150.
3 GStA PK, I. HA Rep. 96 B Geheimes Zivilkabinett äP Minüten Nr. 1 fol. 217.
4 Manger 1789, S. 16.
5 GStA PK, I. HA Rep. 96 B Geheimes Zivilkabinett äP Minüten Nr. 1 fol. 260vs, 261; vgl. Kloosterhuis 2003, S. 221.
6 Gerlach 1883, S. 191.

7 Bamberg 2006, S. 32 f., weist darauf hin, dass die Grundsteininschrift auf den Salomonischen Tempel in Jerusalem anspielt, der auf einer gewaltigen Substruktion errichtet worden war.

8 GStA PK, I. HA Rep. 96 B Geheimes Zivilkabinett äP Minüten Nr. 5 fol. 135 f.

9 Daubitz 1930, S. 117: »Bei Herstellung der Gerüstfundamente zeigte sich etwa 1 m unter Straßenpflaster eine in regelmäßigem Verbande aus besten Rathenower Steinen gemauerte Platte, die noch auf 10 m vom Turmsockel aus gemessen vorhanden war. Die Stärke der Platte ließ sich nicht feststellen, jedenfalls zeigte sich in 1 m Tiefe noch keine Änderung der Struktur oder des Materials. An einigen Stellen wurden in dieser Platte ca. 30 cm starke kieferne Rammpfähle gefunden; die gut erhalten waren.«

10 Vollfugiges Mauerwerk mit Ziegelschichten, die im 45 Grad-Winkel zu den übrigen verlaufen. Suchschachtungen zur Fundamentfreilegung im März 2005 förderten dies zutage.

11 Wie vor.

12 Dies belegt das Foto eines nach der Sprengung am 23. Juni 1968 zusammenhängend abgespaltenen Trümmerstücks.

13 Gerlach 1883, S. 191.

14 BLHA, Pr. Br. Rep. 2 A Regierung Potsdam II Potsdam Nr. 193, fol. 15.

15 Für die Übersetzung habe ich Herrn Dr. Wolfgang Krogel herzlich zu danken.

16 Ostmann 1862, S. 16 f.

17 GStA PK, I. HA Rep. 96 B Geheimes Zivilkabinett äP Minüten Nr. 5 fol. 40, 109, 132, 135 f., 202, 211, 223, 281.

18 Auf dem zeitgenössischen Kupferstich von Alexander Gläßer ist ein wellenförmiges Ornament angedeutet.

19 GStA PK, I. HA Rep. 96 B Geheimes Zivilkabinett äP Minüten Nr. 5 fol. 108 (KO vom 28. April 1731).

20 Morgenstern 1793, S. 97.

21 Ostmann 1862, S. 18.

22 Bamberg 2006, S. 35 gibt ein Jahr Bauzeit und den 17. August 1731 als Einweihungstag an – dies war jedoch ein Freitag; vgl. Franke 1996, S. 28. Laut Kabinettsordre war das Dach am 25. Dezember 1731 noch nicht gedeckt; vgl. GStA PK, I. HA Rep. 96 B Geheimes Zivilkabinett äP Minüten Nr. 5 fol. 264.

23 Gerlach, 1883., S. 191 f.

24 Ostmann 1862, S. 19 f.

25 GStA PK, I. HA Rep. 96 B Geheimes Zivilkabinett äP Minüten Nr. 5, fol. 370, Nr. 6, fol. 402, Nr. 7, fol. 22, 112.

26 Rogge 1882, S. 12 f.

27 Kunzendorf 1992, insbesondere S. 111–114.

28 Sturm 1718, Taf. 10.

29 Anfangs waren beide Treppenhäuser nur vom Turmportal aus zugänglich (bis sie 1880 auf der West- bzw. Ostseite direkte Ausgänge ins Freie erhielten). Auf der Westseite des Kirchenschiffes gab es zwei Eingänge. Der unter dem ersten Fenster von Norden führte zur »Schurre«, während derjenige unter dem vierten Fenster den Zivilisten im Parterre des Kirchenschiffs vorbehalten war. Der unter dem nördlichen Fenster der Ostseite gelegene führte zur nordöstlichen Emporentreppe. Ein weiterer Eingang befand sich links neben dem nördlichen Risalit und diente ausschließlich als Zugang zur Damenloge. (Abweichend zeigt der zeitgenössische Kupferstich insgesamt sechs Portale).

30 Die von Bamberg 2006, S. 38 und 149, nachgewiesene hölzerne Sprengwerk-Konstruktion dieser Korbbögen ist weniger den Baukosten, als der Verkürzung der Bauzeit geschuldet.

31 Gerlach 1883, S. 192.

32 Rogge 1899, Bd. 2, S. 6, berichtet: »Die auf ihnen befindlichen Blumentöpfe erinnern an Malereien, wie man sie wohl auf alten bäuerlichen Truhen und hausgeräten findet.«

33 GStA PK, I. HA Rep. 96 B Geheimes Zivilkabinett äP Minüten Nr. 17 fol. 334, No. 67, 67vs.

34 BLHA, Rep. 2 A Reg. Potsdam II Potsdam Nr. 142, fol. 3.

35 In einem Bericht vom 4. Juli 1810 in: BLHA Rep. 2 A II Potsdam Nr. 128, fol. 6, heißt es: »[…] der große Adler, der in der Mitte der Decke gerade über dem Königlichen Chore angebracht ist, hat seit kurzem eine so schiefe Neigung, daß er den Sturtz dräuet, wie wahrscheinlich der Kranz, worin er gelegt ist, verfault ist.« Manger 1789, S. 529, spricht von dem durch 4.900 Lampen zur Bestattungsfeier Friedrichs II., deren »Dampf« »durch Eröffnung der Fenster uund der Thüren, aber auchdurch das runde Loch in der Mitte der Decke möglichst gemildert wurde«.

36 Vgl. Kania I, S. 164–169.

37 BLHA, Rep. 16 Nachlass Berghaus, Nr. 23, fol. 301.

38 Hans Junecke, zitiert in Mielke 1981, S. 32.

39 Lohse 1881, S. 184.

40 Schneider 1953, S. 121; vgl. Bamberg 2006, S. 85 f.
41 Vgl. Hans-Joachim Giersberg: Turmbekrönungen auf Berliner und Potsdamer Kirchen in der Regierungszeit Friedrich Wilhelms I. von 1713 bis 1740, in: Beiträge 3, S. 72–78.
42 Vgl. Karl Andreas Hecker: Unten Suppe – oben Fanfare, in: Beiträge 1, S. 38 f.
43 Treu 1981, S. 15–18 (hier: S. 16).
44 z.B. in: http://de.wikipedia.org/wiki/Non_soli_cedit; http://de.wikipedia.org/wiki/Nec_pluribus_impar (5.6.2015).
45 Kathe 1978, S. 23.
46 Lehmann 1902, S. 115, 131.
47 Vgl. Kania (1941) in: Kania III, S. 227.
48 Diese und eine zweite, 1732 geschaffene Altardecke im DHM, Inventar-Nr. KT 2004/26 und KT 2004/27.
49 DHM, Inventar-Nr. KT 2004/26 (1722) und KT 2004/27 (1732).
50 Eigentum der Heilig-Kreuz-Gemeinde Potsdam, Leihgabe an die Stiftung Garnisonkirche Potsdam.
51 Lehmann 1924, S. 132.
52 Garnisonkirche 1932, S. 36 f.
53 DstAB, Po-G 167/41 (unfol.); vgl. BLHA Rep. 2 A II Potsdam Nr. 128, fol. 167, 168.
54 BLHA, Rep. 2 A II Potsdam Nr. 128, fol. 176.
55 SPSG, Planslg. 9655.
56 Laske 1911, S. 47.
57 StAM, Rep. A I T57, fol. 8r,v
58 ADB, Bd. 40, Leipzig 1896, S. 506 f.
59 Halle 1764, S. 332–334.
60 Bibliothèque Nationale Paris, a.a.O., S. 50.
61 GStA PK, Pr. Br. I. HA Rep. 47 P 3, fol. 337.
62 Gerlach 1883, S. 192 f.
63 Mund 1926, S. 275 f.; vgl. Bergelt 2012, S. 314–325.
64 GStA PK, I. HA, Geh. Rat, Rep. 9 Allgemeine Verwaltung, EE 16, 1703–1740 (unfol).
65 Wie vor.
66 http://nl.wikipedia.org./wiki/Munttoren_(Amsterdam). Im Wachtgebäude des Regulierstors war schon 1672 das Münzhaus eingerichtet worden, doch hielt sich der alte Name offenbar weiter. Das Glockenspiel umfasste anfangs nur 27 Glocken, wurde jedoch 1668 von Pierre Hemony um sechs Bassglocken erweitert, von denen die größte (Ton cis) fast 2.000 kg wiegt. Ab 1873 war nur noch das mechanische Spiel möglich, denn das Stockenklavier war verschlissen. Während einer umfangreichen Reparatur, die auch den Ersatz einiger schadhafter Hemony-Glocken umfasste, wurde 1959 der Tonumfang auf 38 Glocken erweitert und ein neuer Stockenspieltisch gebaut.
67 GStA PK, I. HA, Geh. Rat, Rep. 9 Allgemeine Verwaltung, EE 16, 1703–1740 (unfol).
68 Laske 1930.
69 GAA, Ams 5075 = NA 5828 (unfol.), Nots David Walschaart (frdl. Mitteilung von Frau Dr. Laura Meilink-Hoedemaker, Rotterdam).
70 Übersetzung: Sophie Kitschke.
71 GAA, DTB 1056, fol. 180 f. (frdl. Mitteilung von Frau Dr. Laura Meilink-Hoedemaker, Rotterdam).
72 GAA, klapper DTB 1057, fol. 71v, 72 (frdl. Mitteilung von Frau Dr. Laura Meilink-Hoedemaker, Rotterdam).
73 GAA, Ams 5039, Resolutie van de tresorier deel 9, 1696–1703, fol. 54; notarielle Bestätigung durch Nicolaas Brouwer vom 1. Mai 1699: GAA, Ams NA 3964, Nr. 320, fol. 974 (frdl. Mitteilung von Frau Dr. Laura Meilink-Hoedemaker, Rotterdam).
74 GAA, Ams 5001 Nr. 530, fol. 266. Darin wird Grave als »van Sel« (= Celle) und sein Alter mit 33 Jahren angebgeben; Kirchenbucheintrag: Ams DTB 992, Neue Kirche, fol. 437 (frdl. Mitteilung von Frau Dr. Laura Meilink-Hoedemaker, Rotterdam).
75 GAA, Ams arch 5033 dl 9, fol. 528, poorterboek (frdl. Mitteilung von Frau Dr. Laura Meilink-Hoedemaker, Rotterdam).
76 Frdl. mitgeteilt aus den Akten des Gemeendearchiefs Amsterdam von Frau Dr. Laura Meilink-Hoedemaker, Rotterdam.
77 GAA, Ams klapper DTB 1057, fol. 99v. (frdl. Mitteilung von Frau Dr. Laura Meilink-Hoedemaker, Rotterdam).
78 GAA, Ams Nr. 5001 DTB 707, fol. 275; Ams arch 5004, fol. 41. (frdl. Mitteilung von Frau Dr. Laura Meilink-Hoedemaker, Rotterdam).
79 GAA, Ams Nr. 5039 Resolutie van de tresorier deel 10, 1704–1711, fol. 122v, 123 (frdl. Mitteilung von Frau Dr. Laura Meilink-Hoedemaker, Rotterdam); vgl. Thiele 1915, S. 38.
80 GAA, klapper DTB 1140, fol. 71v, (frdl. Mitteilung von Frau Dr. Laura Meilink-Hoedemaker, Rotterdam).
81 Vortrag von Frau Dr. Laura Meilink-Hoedemaker, Rotterdam, auf dem Kongress der Word Carillon Forderation in Michigan, USA, am 22.06.2011.
82 GAA, DTB 207, fol. 6; 209, fol. 49; 212, fol. 20 – *Anna Elisabeth* get. am 23. September 1723, *Jan Albert* get. am 27. Dezember 1727; *Dorothea Maria* get 19.

Oktober 1729 (frdl. Mitteilung von Frau Dr. Laura Meilink-Hoedemaker, Rotterdam).

83 GAA, Ams arch 5001 DTB 1140, fol. 110 und 5004, DTB 41 (frdl. Mitteilung von Dr. Laura J. Meilink-Hoedemaker, Rotterdam).

84 GAA, Ams 5039, Resolutie van de tresorier deel 12, fol. 56v. (frdl. Mitteilung von Dr. Laura J. Meilink-Hoedemaker, Rotterdam).

85 Baltin 1863, S. 1. Dem überlieferten Gesamtgewicht von 987 kg für die Herstellung von Eisenteilen zufolge hat erst Meurer 1734 alle Klöppel für das dann 40-stimmige Spiel hergestellt (frdl. Mitteilung von Jeffrey Bossin, 19.09.2015).

86 Bellamintes 1727, S. 43–45.

87 GStA PK, I. HA Rep. 96 B Geheimes Zivilkabinett äP Minüten Nr. 1, fol. 229.

88 Laske 1930.

89 Baltin 1863, S. 3 f.

90 Zitate aus Baltin 1864, S. 5.

91 GStA PK, I. HA Rep. 96 B Geheimes Zivilkabinett äP Minüten Nr. 10 fol. 111v.

92 Baltin 1863, S. 4 f.; Binder-Isenbeck 1882, S. 630.

93 Baltin 1864, S. 5 f.

94 Geyer 1935, S. 87, Anm. 58 (hier wird für diese Glocke fälschlich ein Ø von 2,80 m angegeben. Dieses Maß hatte jedoch die 1537 von Andreas Kepfel gegossene größte Glocke, das »Lange Stück« des Domgeläuts. Sie wurde 1754 zerschlagen und nach Holland verkauft (frdl. Hinweis von Hansjürgen Vahldiek, Berlin).

95 Wolff 1920, S. 187 (frdl. Hinweis von Hansjürgen Vahldiek, dem auch die Korrektur des Glocken-Mündungsdurchmessers zu verdanken ist; vgl. www.hansjuergen.vahldiek.info/533/die-glocken-des-einstigen-berliner-glockenturms/ [12.02.2014]).

96 GStA PK, I. HA Rep. 96 B Geheimes Zivilkabinett äP Minüten Nr. 10 fol. 537vs.

97 Laske 1930.

98 Ostmann 1862, S. 6.

99 Wie vor, S. 7.

100 SLUB Dresden, Mscr. Dresd. App. 3091 (Digitalisat), S. 267 (Silbermann-Tgb. fol. 73).

101 SLUB Dresden, Mscr. Dresd. App. 3091 (Digitalisat), S. 274 f. (Silbermann-Tgb. fol. 79, 80).

102 BLHA, Rep. 2 A II Potsdam Nr. 142, fol. 16 f.

103 Rogge 1882, S. 12 f.

104 Halle 1764, S. 354, 357.

105 Beglaubigte Abschrift in: BLHA Rep. 2 A II Potsdam Nr. 154 (unfol.).

106 BLHA Rep. 2 A II Potsdam Nr. 119/1 (unfol.)

107 Thiele in Berlin 1765: dis'', 1787: c'' und cis'', 1789 d'' und fis'', 1797: h'; Collier in Zehlendorf 1912: f''; Schilling in Apolda 1913: e'' und h'' – Wolff 1920, S. 34; vgl. Laske 1930. Im Sommer 1932 wechselte die Firma Schilling in Apolda nochmals 3 »unzulängliche« Glocken aus – vgl. BLHA Rep. 2 A II Potsdam Nr. 154: Sonderakten betreffend das Glockengeläut und Spielwerk auf dem Turm der Garnisonkirche in Potsdam 1931–1944 (unfol.).

108 Glockenspiel 1926, S. 414, 416.

109 Schilling 1992, S. 188.

110 Die Tagespost, Potsdam, 14.4.1950.

111 Zit. nach Ostmann 1863, S. 22 f.

112 GStA PK, I. HA Rep. 96 B Geheimes Zivilkabinett äP Minüten Nr. 5 fol. 211.

113 Schneider 1869, S. 332.

114 Ebenda.

115 Ostmann 1863, S. 32.

116 Wie vor, S. 33–39.

117 GStA PK, I. HA Rep. 96 B Geheimes Zivilkabinett äP Minüten Nr. 7 fol. 498.

118 Ostmann 1863, S. 38.

119 Wie vor, S. 39 f.

120 Ebd., S. 41.

121 SPSG, Planslg. 9649.

122 Bamberg 2006, S. 54 f.

123 Manger 1789, S. 16.

124 Kania 1938.

125 Die Kanzel in Altfriedland ist erhalten.

126 Köllmann 1936, S. 9.

127 SBB PK Kartenabteilung, Sign. Y 35090, zeigt einen in der Dramatik eher süddeutsch anmutenden Entwurf, auf dem unterhalb der Kanzel allzudeutlich die Symbole des Todes (Gerippe und Totenkopf) zu erkennen sind. Zwischen flankierenden Säulenpaaren sind schlanke Obelisken mit den Bildnissen des Königs und der Königin zu erkennen; Mars und Bellona flankieren den in ausladenden Barockformen gehaltenen Kanzelaufbau.

128 Kania 1938.

129 Schwarzenberg 1872.

130 StAP, Film 449, fol. 268vs.; gleichlautend: GStA PK, I. HA Rep. 96 B Geheimes Zivilkabinett äP Minüten Nr. 7 fol. 507 und Schwarzenberg 1872, S. 14.

131 Im Original steht hier versehendlich zweimal »zu«.

132 GStA PK, I. HA Rep. 96 B Geheimes Zivilkabinett äP Minüten Nr. 11, fol. 551, Nr. 235 (vgl. Ostmann 1863, S. 25 – dort fälschlich auf 17. Mai 1736 datiert).
133 Von lat. Versinnbildlichung.
134 Von lat. Bewaffnung.
135 Bamberg 2006, S. 47 f., bemerkt erstmals die unterschiedlichen Attribute (linker Adler mit Kurhut, Zepter und Reichsapfel = Brandenburg; rechter mit Krone, Zepter und Schwert = Preußen).
136 Bericht H. Wichgraf vom 8.4.1909, BLHA, Rep. 2 A II Nr. 136, fol. 322.
137 BLHA, Rep. 2 A II Potsdam Nr. 142, fol. 6.
138 Schwarzenberg 1872.
139 In der römischen Mythologie galt Mars als Kriegsgott und Bellona als seine Ehefrau oder Wagenlenkerin (Anspielung an das Königspaar, das in der Gruft ruhen sollte). Die häufige Gleichsetzung der letzteren mit Minerva (Göttin der Wissenschaft) dürfte wegen deren Jungfräulichkeit unrichtig sein.
140 Thieme-Becker: Künstler-Lexikon, Bd. 21, S. 80.
141 Mit Handschreiben vom 14. Februar 1814 äußerte der König den Wunsch, »die im Felde erbeuteten Trophäen an Stelle der bis dahin neben der Kanzel stehenden Statuen des Mars und der Minerva neben der Gruft seiner Ahnen anbringen zu lassen.« Aus Eylerts Antwortschreiben geht hervor, dass im gleichen Jahr die Überführung der Statuen in das Stadtschloss erfolgte; Rogge 1882, S. 48.
142 BLHA, Pr. Br. Rep. 2 A II Potsdam Nr. 177, fol. 244.
143 Ebd., fol. 248.
144 Bamberg 2006, S. 49–52.
145 Mai 1969, S. 62; Bamberg 2006, S.43.
146 Lehmann 1898, S. 31.
147 In Rogge 1882, S. 48, ist dagegen von 24 französischen Adlern und zwei Fahnen die Rede.
148 Garnisonkirche 1932, S. 40.
149 Wie vor, S. 41; vgl. Provincial-Correspondenz 11. Jg. Nr. 4 vom 22. Januar 1873.
150 Lehmann 1898, S. 130 f.
151 Garnisonkirche 1932, S. 87.
152 DHM, Inv.-Nr. Fa 68/18 (vgl. Farben der Geschichte 2007, S.36).
153 Garnisonkirche 1932, S. 46 und Anlage (Skizze der Fahnen-Anordnung mit Einzelangaben).
154 Schobeß 1995; vgl. Redlin 1982 und Redlin 1986 (frdl. Hinweis v. Thomas Weißbrich, DHM).
155 Friedhild den Toom in: Königliche Visionen 2004, S. 152.
156 Wie vor (Zuschreibung).
157 Kitschke 1983, S. 153.
158 SPSG, Aquarellslg. 2905; vgl. Jonas 1998, S. 221.
159 SM PK, Inv. SM 37 a 70; vgl. Jonas 1998, Abb. S. 222. Die radial angeordneten Säulen zwischen den Figurengruppen wurden allderdings nicht ausgeführt, wohl aber der hier gezeichnete, godronierte Zierrand (dagegen ist bei Jonas 1998, Abb. S. 223, ein glatter Rand zu sehen).
160 Katalog der Akademie-Ausstellung 1836, Nr. 1190; Zitat nach Jonas 1998, S. 220.
161 Jonas 1998, S. 226–230 (hieraus die Zitate).
162 Jonas 1998, S. 226. Das hierzu benötigte Original ließ Hossauer am 14. Dezember 1855 dem Garnison- und Hofküster Geim (Jonas schreibt versehentlich ›Heim‹) zurückbringen.
163 Jonas 1998, S. 219.
164 Vgl. Kitschke 2014, S. 12 (mit Abbildung).
165 Vgl. Kitschke 1983, S. 159, 161.
166 Huis Doorn, Inventar Inventar der »Kleinen Silberkammer«, Eintrag am 11. März 1921: »Taufbecken (1832, Hossauer nach Schinkel) und Taufkanne (1855, Kullrich und Hossauer nach v. Cornelius und Stüler) revidiert und besichtigt«; im Verzeichnis von 1945 gestrichen (frdl. Mitt. v. Ulrich Feldhahn M. A. und Dr. Burkhardt Göres); vgl. Garnisonkirche 1932, S. 87.
167 Rogge 1882, S. 15–17; Garnisonkirche 1932, S. 15.
168 Hohenzollern-Geschichten. Des Hofrats Verdienste, in: Der Spiegel vom 7.4.1954 sowie frdl. Mitt. v. Ulrich Feldhahn M. A. aus den Unterlagen des Hauses Hohenzollern.

Geschichtliche Ereignisse in der Garnisonkirche
(S. 145–197)

1 Luck 1872, S. 136 f., ebenso: Hoeftmann/Noack 1992, S. 36.
2 Ostmann 1862, S. 42 f.
3 Rogge 1882, S. 25.
4 Wie vor.
5 Mennicke 1906, S. 457.
6 Bach 1975, S. 190 f.
7 Bach 1975, S. 145.
8 Forkel 1802, S. 29.
9 Rödenbeck 1840, S. 294 f.
10 Wie vor, S. 295.
11 Externbrink 2010.
12 Pallas 1763, S.48.

13 Manger 1789, S. 270. Dieser Sarkophag mit der Königin gebindet sich noch heute in der Berliner Domgruft.
14 Wie vor, S. 27.
15 Ebd., S. 28 f.
16 Rogge 1882, S. 28–36.
17 Reichardt 1810, S. 438.
18 Haffner 1990, S. 218.
19 Ostmann 1862, S. 48.
20 Backschat 1932, S. 107.
21 Wie vor.
22 Kircheisen 1908, S. 331, zitiert nach Mieck 2004, S. 137 f.
23 Der Garnisonschullehrer Geim, Schwiegersohn des Hofküsters Stolcke II, ist erst 1808 zum Nachfolger des frühverstorbenen Hofküsters Stolcke III ernannt worden, doch kann er diesen während des Napoleon-Besuches vertreten haben.
24 Backschat 1932, S. 108.
25 Voranstehende Zitate: Ostmann 1862, S. 78 f.; vgl. Mieck 2004, S. 137 (nach LAB, Rep. 241, Acc. 3932, Nr. 1: [Tamanti:] Erinnerungen an Kaiser Napoleon aus den Tagen seiner Aufenthalte in Potsdam und Berlin im Jahre 1806, handschr. Ms.).
26 Nur dort (nicht im Kirchenraum) befanden sich vor den Befreiungskriegen einige Fahnentrophäen.
27 Granier 1905, S. 10.
28 Haeckel 1909, Nr. 302, S. 32 f.
29 Wie vor.
30 Adami 1876, S. 178.
31 Ostmann 1862, S. 96.
32 Vgl. Garnisonkirche 1932, S. 39.
33 Ostmann 1862, S. 98 f.
34 Wie vor, S. 99.
35 Ebd., S. 101.
36 Rogge 1882, S. 42.
37 Potsdamer Tageszeitung vom 19.7.1935.
38 Vgl. DstAB, Po-G 391/81, 392/80, 393/408, 394/84, 395/317, 396/82, 397/87, 398/83, 399/86, 400/316 sowie Alfred Rittner in: Garnisonkirche 1932, S. 58 f.; Potsdamer Tageszeitung vom 20.7.1934 und 19.07.1935.
39 Brecht 1875, S. 475 f.; Paech 2011, S. 39–41.
40 Potsdam 1993, S. 53 f.
41 Lonny Neumann in: 1000 Jahre Potsdam 1993, S. 97–100.
42 Rogge 1882, S. 48.
43 Spiker 1832, S. 132 (frdl. Hinweis von Arne Benkendorf, Waren/Müritz).
44 Haffner 1990, S. 293/296.
45 Henrici 1923, S. 74, Nr. 370 (frdl. Hinweis von Arne Benkendorf (Waren/Müritz).
46 Spiker 1832, S. 132; vgl. Schobeß 2015, S. 101.
47 Rogge 1882, S. 50.
48 Garnisonkirche 1932, S. 38.
49 Rogge 1882, S. 69.
50 DstAB, Po-G 328/60 (Einführung einer neuen Liturgie).
51 Müller-Bohn 1901, S. 201 f., 212; Voigt 1925, S. 62.
52 Rogge 1882, S. 56–57; vgl. Garnisonkirche 1932, S. 40 f.
53 Lindenberg 1931.
54 Lepp 2008, S. 92.
55 Fischer/Senkel/Tanner 2010, S. 16–20 (Zitat nach Toeche-Mittler 1896, S. 32); vgl. Lepp 2008, S. 90–95.
56 Lindenberg 1931.
57 DHM, KT 2003/137 – Rechteckig, 240 Zentimeter breit, 215 Zentimeter hoch, violette Seide mit appliziertem Eisernen Kreuz aus braungrünem Seidensamt, mit cremefarbener Borte eingefasst, Rand mit breiter und schmaler cremefarbener Borte besetzt, Unterseite mit naturfarbenem Leinen abgefüttert. (In: Garnisonkirche 1932, S. 48, abgebildet, aber falsch beschriftet mit »Altardecke aus dem Großen Hauptquartier 1914–1918«.)
58 Leipziger Illustrierte Zeitung, 4. September 1886, S. 240 f.
59 Neueste Mittheilungen, hg. v. Dr. jur. Hamann, V. Jg., No. 83, Berlin, 17. August 1886.
60 Baller 2000, S. 20.
61 Vgl. Siegel 2002, S. 90–92.
62 Garnisonkirche 1932, S. 83; Richter-Reichhelm 1936, S. 86 f.
63 Richter-Reichhelm 1936, S. 87 f.
64 DstAB, Po-G 168/179 (unfol.).
65 Mit kaiserlichem Erlass vom 3.4.1918 wurde der Regierungspräsident in Potsdam Adolf v. Massenbach, zum Patronatsvertreter bestimmt (BLHA, Rep. 2 A II Potsdam Nr. 125). Nach dem Ende des Kaiserreichs fiel diese Aufgabe weiter dessen Amtnachfolgern zu.
66 BLHA, Rep. 2 A II Potsdam Nr. 139, fol 169.
67 Wie vor, fol. 169.
68 BLHA, Rep. 2 A II Potsdam Nr. 138, fol. 192, 194.
69 DstAB, Po-G 283/100 (Protokollbuch des GKR 1908–1943).
70 BLHA, Rep. 2 A II Potsdam Nr. 138, fol. 97.
71 Frankfurth 1924, S. 210.
72 Scheel 1996, S. 19.

73 www.hermann-historica.de, Los Nr. 6068 (22.05.2015).
74 Bestehorn 1937, S. 220.
75 Wie vor, S. 221.
76 Ebd., S. 220.
77 Ebd., S. 220.
78 Ebd., S. 221.
79 DstAB, Po-G 283/100 (Protokollbuch des GKR 1908–1943).
80 EZAB, 7/12 708 (unfol.); zitiert nach Bethge 1995, S. 14.
81 DstAB, Po-G 84/329 (unfol.).
82 Zitiert nach Hoeftmann/Noack 1992, S. 217–220.
83 Haffner 1990, S. 493/498; vgl. Scheel 1996 (ausführlich) und Hartmut Ludwig: Der »Tag von Potsdam« und die Konsequenzen für Christen- und Bürgergemeinde, in: Beiträge 2, S. 43–57 sowie Martin Sabrow: Der »Tag von Potsdam«. Zur Karriere eines politischen Symbols, in: Beiträge 2, S. 91–104.
84 Filmsequenz in Joachim Castan: Geheimnisvolle Orte – Die Potsdamer Garnisonkirche – Ein preußisches Wahrzeichen, gesendet am 14.04.2015 im Rundfunk Berlin-Brandenburg.
85 DstAB, Po-G 333/331.
86 Wie vor.
87 Lange 2004, S. 34; vgl. Bruppacher 2009, S. 509.
88 Tobis-Wochenschau 36/1938.
89 Vgl. Wikipedia: Dreimächtepakt.
90 Vgl. Text zu: Bildarchiv PK, Bildnr.50075342.
91 Schröder 1997, S. 3, 47.
92 Wie vor, S. 50f.
93 Stybos mit Frau, Schwester und Schwager wurden vom Verf. zu den Erinnerungsstätten begleitet. Vgl. Andreas Kitschke, Gelebte Ökumene. Nach fünfzig Jahren kam der Holländer Adriaan Strybos nach Potsdam zurück, in: Potsdamer Neueste Nachrichten vom 3.6.1995.
94 Lebensdaten frdl. mitgeteilt vom Schwager, Simon Muis, Leersum (NL), vom 22.12.2005.
95 U.a. in: Mitteilungsblatt ehemaliger Potsdamer Realgymnasiasten von 1984, S. 20f.; Schwipps 1991, S. 100–107; Bentzien 1991, S. 11–24.
96 Bericht aus dem Jahre 1952 im Hausarchiv des vormals Regierenden Preußischen Königshauses, Burg Hohenzollern, zitiert nach Giersberg 1991, S. 60–63.
97 Otto 2001, Abb 30.
98 Schobeß 1993.
99 Die Passage mit freundlicher Genehmigung des Autors übernommen aus: Kraske 1999, S. 621–624.
100 Giersberg 1991, S. 62–64.
101 Testament vom 22. Dezember 1768, in: Volz 1913, S. 287–291 (zitiert nach Giersberg 1991, S. 47).
102 Lange 1999, S. 9.
103 Aus dem Tagebuch von Martha Thilo (†).
104 DstAB, Po-G 414/379 (unfol.).
105 BLHA, Rep. 401 Bezirkstag und Rat des Bezirkes Potsdam Nr. 6295 (unfol.). Kurt Grünbaum war 1935–45 Ministerialrat im Reichskirchenministerium, 1945–52 Regierungsdirektor im Brandenburgischen Finanzministerium, 1953 Oberkonsistorialrat in Berlin-Brandenburg, 1954–58 Konsistorialpräsident in Magdeburg.
106 DstAB, Po-E I 419/54 (zitiert nach Silomon 2014, S. 122).
107 DstAB, Po-G 256/439.
108 BLHA, Rep. 401 Bezirkstag und Rat des Bezirkes Potsdam Nr. 6295 (unfol.).
109 Persönliche Mitteilung von Winfried Wendland (†) an den Verf. im Jahr 1980.
110 BLHA, Rep. 401 Bezirkstag und Rat des Bezirkes Potsdam Nr. 6295 (unfol.).
111 Frdl. Mitt. v. Siegfried Fischer, damals Mitarbeiter der Hoffbauerstiftung.
112 BLHA, Rep. 401 Bezirkstag und Rat des Bezirkes Potsdam Nr. 6295 (unfol.).
113 BLHA, Rep. 530 SED-Bezirksleitung Potsdam Nr. 3023 (unfol.).
114 Nicht am 13. August, wie Bamberg 2006, S. 161 und (vor dert übernommen) Preuschen 2011, S. 90–94, behaupten (vgl. Faksimile in Bamberg 2006, S. 196f.).
115 DstAB, Po-G 484/389, 487/390 (unfol.) sowie Kopie des handschriftlichen Berichts von Joachim Briesemann im Besitz des Verf.
116 BLHA, Rep. 401 Bezirkstag und Rat des Bezirkes Potsdam Nr. 6295 (unfol.); vgl. DStAB, Po-G 487/390 (unfol.).
117 Wie vor.
118 Wortlaut des Appells siehe Silomon 2014, S. 165f. [nach BLHA Potsdam, Rep. 401 Rat des Bezirkes Potsdam Nr. 11896 (unfol)],
119 Der in Wernicke 1999, S. 184, versehentlich erwähnte Siegfried Lachmann hatte durch Nicht-Erscheinen die Abstimmung vermieden (frdl. Mitt. von Gebhard Falk).

120 BLHA, Rep. 401 Bezirkstag und Rat des Bezirkes Potsdam Nr. 6295 (unfol.).

121 Mark der DDR (in dem hierfür benutzten Formular ist allerdings die Bezeichnung »DM« vorgedruckt, was auf ein Druckdatum vor dem 31.7.1964 schließen lässt, denn bis dahin hieß die Ost-Währung noch »DM«).

122 DstAB, Po-G 487/390 (unfol.).

123 BLHA, Rep. 401 Bezirkstag und Rat des Bezirkes Potsdam Nr. 6295 (unfol.) – Schreiben an den Rat des Bezirkes Potsdam vom 2. Mai 1968.

124 Wie vor – undatierte Abschrift.

125 Ebd. – Schreiben vom 28. Juni 1968.

126 Der Schriftwechsel liegt dem Verf. in Kopie vor.

127 Emmerich-Focke 1999, S. 143–146.

128 Kopie des Schreibens liegt dem Verf. vor.

129 Erhart Hohenstein: Wie die Garnisonkirche fiel ... 1968. Heute vor 40 Jahren erlebte die Barockkirche mit der Sprengung des Turms ihre letzte Stunde – Ein Erinnerungsbericht, in: Potsdamer Neueste Nachrichten vom 26.6.2008.

130 Tetzlaff 1992, ab Minute 14:54; vgl. Emmerich-Focke 1999, S. 160.

131 Tetzlaff 1992, Minute 16:02 bis 16:30 und 17:29 bis 17:40.

132 Tetzlaff 1992, Minute 16:30 bis 17:27, 30:34 bis 31:00.

133 DstAB, Po-G 339/391 (2 Bänder).

134 BLHA, Rep. 401 Bezirkstag und Rat des Bezirkes Potsdam Nr. 6295 (unfol.) – Abschrift (vgl. Silomon 2014, S. 167f. – nach: ELAB, 35/IVa – Potsdam i IV – 31, K 331 – dort versehentlich 4.5.1968 angegeben).

135 Märkische Volksstimme vom 9.5.1968.

136 BLHA, Rep. 401, Nr. 5009 (unfol.).

137 Architekturführer 1980, S. 35.

138 Architekturführer 1980, S. 20.

Instandsetzungen und Umgestaltungen der Kirche (S. 199–265)

1 GStA PK, I. HA Rep. 96 B Geheimes Zivilkabinett äP Minüten Nr. 14, fol. 470vs., Nr. 227.

2 GStA PK, I. HA Rep. 96 B Geheimes Zivilkabinett äP Minüten Nr. 15, fol. 380; vgl. Kloosterhuis 2003, S. 223.

3 GStA PK, I. HA Geheimer Rat Rep. 36 Hof- und Güterverwaltung, Nr. 3172 (unfol.).

4 Schmidt 1825, S. 215.

5 BLHA, Rep. 2 A II Potsdam Nr. 128, fol. 6.

6 Wie vor, fol. 107–110.

7 Ebd., fol. 42.

8 Ebd., fol. 143.

9 DstAB, Po-G 167/41 (unfol.); vgl. BLHA Rep. 2 A II Potsdam Nr. 128, fol. 167, 168.

10 Letztere in den 1950er Jahren aus dem Gemeindehaus gestohlen.

11 DstAB, Po-G 283/100 – Protokollbuch der Zivilgemeinde 1908–1943, Eintrag vom 31.01.1920).

12 SMPK, Kupferstichkabinett, Slg. der Zeichnungen, SM 23 a. 16.

13 DstAB, Po-G 167/41 (unfol.); vgl. BLHA Rep. 2 A II Potsdam Nr. 128, fol. 167, 168.

14 Ebd.

15 Rogge 1882, S. 4.

16 Ostmann 1865, Nr. 32, S. 1.

17 GStA PK HA VI, NL Altenstein, A Vib Nr. 7, fol. 3, 8ff. (vgl. Börsch-Supan 2011, S. 28, Anm. 60).

18 Übergabeschreiben vom 3./4.1.1899: DstAB, Po-G 169/40 (unfoliiert), Danksagung des Militärwaisenhauses: Po-G 167/41 (unfol.).

19 SPSG, Gemäldeslg. (ohne Inv.-Nr.; sämtlich Hochformate): Evangelist Matthäus: Ernst Friedrich Bussler [ca. 1,00 × 1,40 m] • Evangelist Markus: August Grahl [ca. 1,00 × 1,40 m] • Evangelist Lukas: Johann Gottlieb Puhlmann [ca. 1,00 × 1,40 m] • Evangelist Johannes: Heinrich Schönfeld [ca. 1,00 × 1,40 m] • Geburt Jesu: Wilhelm von Schadow [ca. 1,60 × 2,50 m] • Taufe Jesu: Carl Begas [ca. 1,60 × 2,50 m] • Einsetzung des Abendmahls: Johann Erdmann Hummel [ca. 1,60 × 2,50 m] • Kreuzabnahme: Heinrich Anton Dähling [ca. 1,60 × 2,50 m] • Der ungläubige Thomas: Peter Rittig [ca. 1,60 × 2,50 m] • Himmelfahrt: Carl Wilhelm Kolbe [ca. 1,60 × 2,50 m] • Apostel Petrus: Franz Joseph Gotthard [ca. 1,15 × 2,00 m] • Apostel Paulus: Eduard Daege [ca. 1,15 × 2,00 m] (frdl. Mitteilung von Gerd Bartoschek, Kustos der Gemäldeslg. i.R.).

20 Meinecke 2010 sowie v.a. Kommentare zu den einzelnen Inventarnummern des online-Bestandskatalogs.

21 »Am 1ten Osterfesttage 1822, predigt um 10 Uhr der Feldpropst *Offelsmeyer*, um 2 Uhr der Prediger *Berhardi*. Am 2ten Osterfesttage 1822, predigt um 10 Uhr der Bischof *Eylert*, um 2 Uhr der Prediger *Berhardi*«.

22 SPSG, GK II (12) II-1-Ba-1 und II-1-Ba-1 Rs.

23 SPSG, GK II (12) II-1-Ba-6.

24 SPSG, GK II (12) II-1-Ba-17.

25 SPSG, GK II (12) II-1-Ba-9 Rs.
26 SPSG, GK II (12) II-1-Ba-9.
27 SPSG, GK II (12) II-1-Ba-5.
28 SPSG, GK II (12) II-1-Ba-11; II-1-Ba-12; I-1-D-11 Rs.; II-1-Ba-13; II-1-Ba-5 Rs.; II-1-Ba-24 Rs.; II-1-Ba-16.
29 SPSG, GK II (12) II-2-B-43.
30 SPSG, GK II (12) II-1-Ba-24 und II-1-Ba-19.
31 BLHA, Rep. 2 A II Potsdam Nr. 129, fol. 32.
32 Orig.: GStA PK BPH Rep. 50 J Nr. 1040, fol. 1, Kopien: I. HA Rep. 93 B, Nr. 2551, fol. 55; BLHA Rep. 2 A II Potsdam Nr. 129, fol. 33.
33 BLHA, Rep. 2 A II Potsdam Nr. 129, fol. 146.
34 Wie vor, fol. 150.
35 Ebd., fol. 148.
36 SPSG, GK II (12) III-2-B-45 Rs.
37 SPSG, GK II (12) I-2-B-25.
38 SPSG, GK II (12) I-2-D-9 Rs.
39 SPSG, GK II (12) II-1-Ba-3.
40 SPSG, GK II (12) I-2-D-10 Rs.
41 SPSG, GK II (12) I-2-D-11; I-2-D-7; II-1-Bb-12 Rs. und I-2-D-10.
42 SPSG, GK II (12) II-1-Cg-58 Rs. und I-2-E-1.
43 Planslg. 9667.
44 BLDAM, MBA Nr. 85 l 27/Z 1119.1, 85 l 28/Z 1119.2.
45 Planslg. 9666, 9668.
46 StAP, Rep. 1–9/29 (Immediat-Bauten Potsdam 1839), fol. 6; Rep. 1–9/30 (Immediat-Bauten Potsdam 1841), fol. 7; Rep. 1–9/31 (Immediat-Bauten Potsdam 1842), fol. 8; Rep. 1–9/32 (Immediat-Bauten Potsdam 1843), fol. 47; Rep. 1–9/32 (Immediat-Bauten Potsdam 1844), fol. 69; Rep. 1–9/33 (Immediat-Bauten Potsdam 1845), fol. 14; Rep. 1–9/33 (Immediat-Bauten Potsdam 1846), fol. 53; Rep. 1–9/33 (Immediat-Bauten Potsdam 1847), fol. 67; (Immediat-Bauten Potsdam 1848), fol. 130 usw.
47 BLHA, Rep. 2 A II Potsdam Nr. 129, fol. 202–204vs.; Er veranschlagt »[…] a) zur Aufstellung eines Gerüstes Behufs der Untersuchung der schadhaften Thurm-Kuppel 950/24/6 Thl. b) Zur Instandsetzung der oben gedachten Thurm-Kuppel in der Kupferbedeckung und im Zimmerwerk, so wie zu den übrigen, im Laufe des Jahres vorfallenden Reparaturen, zur speciellen Berechnung und Nachweisung 2.982/18/6 Thl. […]«; StA Potsdam Rep. 1–9/31 (Immediat-Bauten Potsdam 1842), fol. 8.
48 BLHA, Rep. 2 A II Potsdam Nr. 129, fol. 202.
49 KO vom 8. Dezember 1845 und vom 19. Oktober 1846; BLHA Rep. 2 A II Potsdam Nr. 130, fol. 25, 66.
50 BLHA, Rep. 2 A II Potsdam Nr. 130, fol. 71.
51 Wie vor, fol. 135–142.
52 Ebd., fol. 273.
53 Ebd., fol. 282.
54 Garnisonkirche 1932, S. 36.
55 BLHA, Rep. 2 A II Potsdam Nr. 131, fol. 80–85vs.; Eugen Thiele in: Garnisonkirche 1932, S. 15, nennt Stüler als Entwurfsurheber.
56 BLHA, Rep. 2 A II Potsdam Nr. 142, fol. 14 (Baubestandsbuch).
57 DStAB, Po-G 167/41 (unfol.).
58 BLHA Rep. 2 A II Potsdam Nr. 131, fol. 115–130.
59 BLHA, Rep. 2 A II Potsdam Nr. 132, fol. 59, 68, 70v., 105.
60 BLHA, Rep. 2. A II Potsdam Nr. 152, Acta betreffend die Einrichtung eines Glockengeläutes auf dem Thurm der Garnison-Kirche 1856–1922 (unfol.)
61 GStA PK, I. HA Rep. 93 B Nr. 1775 (nicht foliiert).
62 Rogge 1882, S. 14; DstAB, Po-G 167/41 (unfol.).
63 Hierath 1997, S. 54–7.
64 Rogge 1882, S. 14.
65 SPSG, GK I 1899 (frdl. Hinweis von Jörg Meiner).
66 Stillfried 1868, S. 52 (nach Meiner 2008, S. 148, Anm. 4).
67 SPSG, Inv.-Nr. IV 2461; vgl. Meiner 2008, S. 146 f.
68 Meiner 2008, S.148, vermutet Alberty.
69 D. B. in: Märkische Allgemeine Zeitung vom 11.3.1991, S. 10.
70 Domarchiv Berlin, Bestand 1, Nr. 7834, fol. 27 (frdl. mitgeteilt von Domarchivar Yves Pillep).
71 Wie vor, Nr. 7834, fol. 29 f.
72 Ebd., Nr. 8292, fol. 357 (Bericht v. 27.05.1905).
73 Ebd., Nr. 3475, fol. 3 (Bericht v. 15.08.1905).
74 Lohse 1881, S. 184 f.
75 Firma für Heizungs- und Lüftungsanlagen, 1872 gegründet von Rudolf Henneberg und Hermann Rietschel, einem Sohn des Bildhauers Ernst Rietschel, der 1885 auf den weltweit ersten Lehrstuhl für Ventilations- und Heizungswesen an der Technischen Hochschule Charlottenburg berufen und 1893 zu deren Rektor ernannt wurde.
76 Rogge 1882, S. 14.
77 Garnisonkirche 1932, S. 47.
78 BLHA, Rep. 2 A II Potsdam Nr. 132, fol. 128 f.
79 Wie vor, fol. 175.
80 Ebd., fol. 174.
81 Ebd., fol. 191 f.
82 Ebd., fol. 219, 221, 234, 235, 248.
83 BLHA, Rep. 2 A II Potsdam Nr. 133, fol. 1.
84 Wie vor, fol. 6–10 [hier: 8].

85 DstAB, Po-G 167/41 (unfol.); vgl. BLHA, Rep. 2 A II Potsdam Nr. 133, fol. 13.
86 BLHA, Rep. 2 A II Potsdam Nr. 133, fol. 68.
87 Wie vor, fol. 121.
88 Ebd., fol. 148.
89 Saal 1893.
90 BLHA, Rep. 2 A II Potsdam Nr. 133, fol. 168.
91 Wie vor, fol. 283–287, 308.
92 Ebd., fol. 232.
93 Ebd., fol. 332–333vs.
94 Ebd., fol. 314.
95 BLHA, Rep. 2 A II Potsdam Nr. 142, fol. 3.
96 Geprüft am 26. Januar 1898 im Ministerium der öffentlichen Arbeiten durch Holz; BLHA Rep. 2 A II Potsdam Nr. 134, fol. 31–34.
97 BLHA, Rep. 2 A II Potsdam Nr. 134, fol. 64.
98 Wie vor, fol. 179.
99 Ebd., fol. 185.
100 Ebd., fol. 299.
101 Ebd., fol. 199vs.
102 Entwurfszeichnungen im BLDAM, Mappe Garnisonkirche Potsdam.
103 BLHA, Rep. 2 A II Potsdam Nr. 142 (Baubestandsbuch).
104 BLHA, Rep. 2 A II Potsdam Nr. 135, fol. 77 (vgl. Kania I, S. 164–169).
105 Detaillierte Akten zur Umbaumaßnahme: BLHA Rep. 2 A RHK Nr. 46, 47, 48 (unfol.).
106 Silomon 2014, S. 56–58.
107 BLHA, Rep. 2 A II Potsdam Nr. 133, fol. 315.
108 Wie vor, fol. 316 f.
109 BLHA, Rep. 2 A II Potsdam Nr. 134, fol. 18.
110 BLHA, Rep. 2 A II Potsdam Nr. 144 (unfol.); RHK Nr. 47 (unfol.).
111 Hermann Mund, a.a.O, S. 277 und: Christlieb Albrecht: Bestandsaufnahme von 21 Potsdamer Orgeln, Babelsberg 1939 (unveröffentlichtes Typoskript).
112 BLHA, Pr. Br. Rep. 2 A II Potsdam Nr. 145 (unpaginiert).
113 BLHA, Rep. 2 A II Potsdam Nr. 135, fol. 199.
114 Wie vor, fol. 203.
115 Ebd., fol. 222.
116 Ebd., fol. 241.
117 Ebd., fol. 242.
118 Ebd., fol. 261 f.
119 Ebd., fol. 247.
120 Ebd., fol. 258.
121 Ebd., fol. 274, 276; vgl. DstAB, Po-G 335/66.
122 Ebd., fol. 282, 292, 307.
123 Ebd., fol. 295.
124 Ebd., fol. 324.
125 Ebd., fol. 328–330.
126 Ebd., fol. 341.
127 BLHA, Rep. 2 A II Potsdam Nr. 137, fol. 43.
128 Wie vor, fol. 27.
129 Laske 1911, S. 47.
130 Zeitungsbericht vom 26. Juli 1941, im Besitz des Verf. (Die schmiedeeiserne innere Tragkonstruktion fertigte der Potsdamer Kunstschmiedemeister Ferdinand Jahn).
131 Daubitz 1930, S. 117.
132 BLHA, Rep. 2 A II Potsdam Nr. 156 (unfol.).
133 Potsdamer Tageszeitung vom 9.10.1928, frdl. Hinweis von Siegfried Jahn; vgl. BLHA, Rep. 2 A II Potsdam Nr. 177, fol. 80–84, 116.
134 Jahn 1997; Jahn 2013, S. 49 und 99 f.
135 BLHA, Rep. 2 A II Potsdam Nr. 139, fol. 99.
136 DstA, Po-G 171/339 – Vorgeschlagene Tonfolge: as – c' – es' – f' (Nikolaikirche: des' – f' – as' – des'; Heiligengeistkirche: b – des' – f').
137 Der 1896 von August Bonness sen. und Robert Hachfeld gegründete Verlag hat u. a. die Broschüre zur Zweihundertjahrfeier der Garnisonkirche 1932 herausgegeben. August Bonness jun., von einem Verlagsmitarbeiter denunziert, wurde am 4. Dezember 1944 mit dem Fallbeil hingerichtet. Er hatte »wiederholt durch defaitistische Reden den deutschen Selbstbehauptungswillen zu zersetzen gesucht«, war »für die Beseitigung der nationalsozialistischen Regierung« eingetreten und hatte somit »den Feind begünstigt«, wie es im Urteil hieß.
138 BLHA, Rep. 2 A II Potsdam Nr. 154: Sonderakten betreffend das Glockengeläut und Spielwerk auf dem Turm der Garnisonkirche in Potsdam 1931–1944 (unfol.).
139 Wie vor.
140 Ebd.; vgl. Schilling 1992, S. 193.
141 Thiele 1939, S. 8.
142 Wie vor, S. 9 f.
143 Ebd., S. 17.
144 Predigt abgedruckt in Thiele 1939, S. 17–22.
145 Thiele 1939, S. 23.
146 BLHA, Rep. 2 A II Potsdam Nr. 154: Sonderakten betreffend das Glockengeläut und Spielwerk auf dem Turm der Garnisonkirche in Potsdam 1931–1944 (unfol.).
147 Wie vor.

148 DstAB, Po-G 182/343 (unfol.); vgl. Schilling 1992, S. 192f.
149 DstAB, Po-G 182/343 (unfol.).
150 DstAB, Po-G 477/394; vgl. Kitschke 1998, S. 24f.
151 Gerhard J. Lindner in: Sonderausgabe der Potsdamer Tageszeitung vom 21.3.1933, vierte Beilage.
152 Für die Überlassung von Kopien der Schreiben danke ich Frau Jutta Wildau, Tochter des Regierungsoberbauinspektors Krawczack.
153 DHM, Inv.-Nr. KT 2004/26 (von 1722), KT 2004/27 (von 1732), KT 2003/136 (von 1914), KT 2003/137 (von 1871), KT 2003/138 (rot) – frdl. Hinweis von Dr. Regine Falkenberg.
154 Diesen Begriff prägte Hans-Werner Mihan mit seinem 1997 erschienenen Buch dieses Titels.
155 Ausführlich siehe: Mihan 1997.
156 Wortlaut siehe: Mihan 1997, S. 177–179.
157 Brinckmeier 1945, S. 12.
158 DstAB, Po-E-I 419/54.
159 ELAB 35/IV a – Potsdam i IV – 31, K20 (zitiert nach Silomon 2014, S. 125).
160 DstAB, Po-G 479/387 und mdl. Auskunft von Winfried Wendland (†).
161 Frdl. Hinweis von Christian Wendland.
162 Dieses Instrument, Meisterstück von Martin Seidel, einem Mitarbeiter der Potsdamer Orgelbauanstalt Schuke, befindet sich heute in der Wunderblutkapelle der Marienkirche Beelitz.
163 DstAB, Po-G 476/393.
164 Wie vor.
165 Wernicke 1999, S. 174 (nach Stadtarchiv Potsdam, Sign. 0.2.44–0 bis 0.2.26).
166 DstAB, Po-G 487/387 (unfol.), Bericht Pfr. Schröder v. 6.11.1952.
167 Kopie im Besitz des Verfassers (frdl. überlassen von Joachim Briesemann).
168 Handakte im Besitz des Verfassers (frdl. überlassen von Joachim Briesemann).
169 Nicht am 13. August, wie Bamberg 2006, S. 161 und (vor dort übernommen) Preuschen 2011, S. 90–94, behaupten (vgl. Faksimile in Bamberg 2006, S. 196f.).
170 DstAB, Po-G 484/389, 487/390 (unfol.) sowie Kopie des handschriftlichen Berichts von Joachim Briesemann im Besitz des Verf.
171 BLHA, Rep. 401 Bezirkstag und Rat des Bezirkes Potsdam Nr. 6295 (unfol.).
172 Wie vor.
173 BLHA, Rep. 531 Potsdam, Nr. 1645, fol. 65–67, gleichlautend: BLHA, Rep. 401 Bezirkstag und Rat des Bezirkes Potsdam Nr. 6295 (unfol.) – streng vertrauliche Mitteilung an Oberbürgermeisterin Brunhilde Hanke vom 5. März 1968; vgl. Bamberg 2006, S. 198–200 (Faksimile-Abdruck).
174 BLHA, Rep. 401 Bezirkstag und Rat des Bezirkes Potsdam Nr. 6295 (unfol.).
175 BLHA, Rep. 531 Potsdam, Nr. 1645, fol. 89–93.
176 Wie vor, fol. 99.
177 Brandenburgische Neueste Nachrichten (Potsdam-Stadt) vom 25. Mai 1868.
178 Glockenspiel 1987; Max Klaar: Die Geschichte des Iserlohner Glockenspiels, in: Glockenspiel 1991, S. 22–25.
179 Das Potsdamer Glockenspiel in Iserlohn, Iserlohn 1987, S. 23.
180 Die helle Farbe verrät einen höheren Zinngehalt.
181 Kronenlos, mittels Bohrungen durch die Glockenhaube mit dem Gestell verschraubt.
182 Das beweisen die Tonaufnahmen des historischen Spiels im Deutschen Rundfunkarchiv.
183 Die Inschriften lauteten bis 1991: Königsberg (Glocke d«), Ostpreußen (dis‘), Breslau (e‘), Schlesien (f‘), Stettin (fis«), Pommern (g«), Westpreußen (gis«).
184 Kamecke 1991.
185 Goerd Peschken: Darf, kann oder muß man gäzlich zerstörte Bauwerke wieder aufbauen?, in: Glockenspiel 1991, S. 26–29.
186 Studie liegt dem Verf. in Kopie vor.
187 So sollten bspw. Schwulensegnung, Kirchenasyl für rückkehrunwillige Asylbewerber, die »feministische Irrlehre von Jesa Christa« und die Beratung von Wehrdienstverweigerern (die ohnehin nie zur Debatte standen) vertraglich ausgeschlossen werden.

Epilog: Die neue Potsdamer Mitte (S. 267–271)

1 Emmerich-Focke 1999, S. 53, 96, 131, 142.
2 Planungsbeteiligte waren: Prof. Urs Kohlbrenner, Ulrike Lange, Dirk Spender (Koordination), Bernd Redlich, Andreas Kitschke, Christian Wendland (Architektrurhistorische Recherche), Prof. Dr.-Ing. Herbert Staadt (Verkehrsuntersuchung) und Dr. Rainer Ehmenlauer (Nutzungskonzeption/Vermarktung).
3 Vgl. Borgelt 2012, S. 107–110.

Anhang (S. 273–400)

1 Benutzte Quellen: Otto Fischer: Evangelisches Pfarrerbuch für die Mark Brandenburg, Berlin 1941 (3 Bände), Hering 1785, S. 256–267, Gerlach 1883, S. 214–219, Ostmann 1862, S. 47–55, Rogge 1882, S. 83–102, Thadden 1959, Biographisch-Bibliographisches Kirchenlexikon (www.bautz.de).
2 Wer ist wer XVIII, S. 971.
3 Wer ist wer XVII, S. 185.
4 Schärtlich gab zahlreiche Veröffentlichungen heraus, u.a. 1830: »Leitfaden für den ersten Unterricht im Gesange« und »Sieben Gesänge für 3 und 4 Männerstimmen«, 1832: »Sammlung von 500 Uebungs-Stücken beim Gesang-Unterricht«, 1835: »Umfassende Gesangschule enthaltend Canons, Uebungen, Choräle, Lieder und andere Gesänge für zwei- und dreistimmigen Schulgesang und Männerchor«, 1838: »Handbuch der Harmonie-Lehre für Seminarien: höhere Lehranstalten und zum Selbstunterricht«, 1839: »Der liturgische Chor nach seiner äußeren und inneren Einrichtung nebst einer Sammlung liturgischer Gesänge«, 1855: »Evangelisches Choralbuch mit Vor- und Zwischenspielen, zum Gebrauch bei dem öffentlichen Gottesdienste und bei häuslichen Andachten, nebst einer Anleitung, aus den gegebenen Vor- und Zwischenspielen neue zu gestalten und einer Anweisung, die am häufigsten vorkommenden Modulationen zu vollziehen« (gemeinsam mit Rudolph Lange aus Köpenick).
5 Vgl. hierzu Detlef Graf von Schwerin: Die Motivation zum Widerstand, in: Beiträge 3, S. 29–39, Ernst von Schröder: Das Potsdamer Infanterie-Regimant 9 (1921–1945) Semper talis!, Potsdam o.J. [2001] und: Winfried Heinemann: Widerstand im Schatten der Garnisonkirche, in: Beiträge 3, S. 41–50.
6 DStA Brandenburg, Po-G 303/27 (unfol.).
7 Zit. nach: Kloosterhuis 2003, S. 209.
8 GStA PK, I. HA Rep. 96 B Geheimes Zivilkabinett äP Minüten Nr. 2, fol. 38f., Nr. 253.
9 GStA PK, I. HA Rep. 96 B Geheimes Zivilkabinett äP Minüten Nr. 2, fol. 178vs., Nr. 1159 (es folgt auf fol. 179, Nr. 1160 die entsprechende KO an den Etatsminister von Cnyphausen).
10 GStA PK, I. HA Rep. 96 B Geheimes Zivilkabinett äP Minüten Nr. 4, fol. 79f., Nr. 550.
11 GStA PK, I. HA Rep. 96 B Geheimes Zivilkabinett äP Minüten Nr. 9, fol. 108, Nr. 4 (weitere KO an Noltenius: fol. 241vs. und 255).
12 DStA Brandenburg, Sign. PoG 1a 14.
13 GStA PK, I. HA Rep. 96 B Geheimes Zivilkabinett äP Minüten Nr. 10, fol. 268, Nr. 401.
14 GStA PK, I. HA Rep. 96 B Geheimes Zivilkabinett äP Minüten Nr. 12, fol. 528vs., Nr. 268.
15 GStA PK, I. HA Rep. 96 B Geheimes Zivilkabinett äP Minüten Nr. 12, fol. 556, Nr. 268.
16 GStA PK, I. HA Rep. 96 B Geheimes Zivilkabinett äP Minüten Nr. 12, fol. 560vs., Nr. 312.
17 GStA PK, I. HA Rep. 96 B Geheimes Zivilkabinett äP Minüten Nr. 12, fol. 560vs., Nr. 314.
18 GStA PK, I. HA Rep. 96 B Geheimes Zivilkabinett äP Minüten Nr. 13, fol. 115, Nr. 333.
19 GStA PK, I. HA Rep. 96 B Geheimes Zivilkabinett äP Minüten Nr. 13, fol. 297vs., Nr. 275.
20 GStA PK, I. HA Rep. 96 B Geheimes Zivilkabinett äP Minüten Nr. 15, fol. 284, Nr. 107.
21 GStA PK, I. HA Rep. 96 B Geheimes Zivilkabinett äP Minüten Nr. 15, fol. 323, Nr. 327.
22 GStA PK, I. HA Rep. 96 B Geheimes Zivilkabinett äP Minüten Nr. 17, fol. 73vs., Nr. 424.
23 GStA PK, I. HA Rep. 96 B Geheimes Zivilkabinett äP Minüten Nr. 19, fol. 146vs., Nr. 190.
24 GStA PK, I. HA Rep. 96 B Geheimes Zivilkabinett äP Minüten Nr. 19, fol. 291vs., Nr. 31.
25 GStA PK, I. HA Rep. 96 B Geheimes Zivilkabinett äP Minüten Nr. 19, fol. 436, Nr. 274.
26 GStA PK, I. HA Rep. 96 B Geheimes Zivilkabinett äP Minüten Nr. 1, fol. 217.
27 GStA PK, I. HA Rep. 96 B Geheimes Zivilkabinett äP Minüten Nr. 1, fol. 229: vgl. Bernhard Rogge: Die Königliche Hof- und Garnisonkirche zu Potsdam, Potsdam 1882, S. 2: vgl. Kloosterhuis 2003, S. 221.
28 GStA PK, I. HA Rep. 96 B Geheimes Zivilkabinett äP Minüten Nr. 1, fol. 260vs, 261; vgl. Kloosterhuis 2003, S. 221: »Da laut Weyhers Bericht die zum Garnisonkirchenbau angewiesenen 5.000 RTl mittlerweile zum größten Teil ausgegeben sind, erfolgt eine erneute Überweisung von 2.000 RTl. Da allerdings der bisherige Abriss nicht so viel gekostet haben dürfte, und sonst noch nicht viel aufgeführt worden ist, will der König eine genaue Abrechnung der bisherigen und monatlich über alle künftigen Ausgaben haben.«
29 GStA PK, I. HA Rep. 96 B Geheimes Zivilkabinett äP Minüten Nr. 4, fol. 54v.; vgl. hierzu Kloosterhuis 2003, S. 221: »Auf Weyhers Bericht vom 8. d. M.

haben die [Kabinettsekretäre] Geheimrat [August Friedrich] Boden und Kriegsrat [Elias] Schumacher Ordre erhalten, an Weyher 2.000 RTl zur Fortsetzung des Garnisonkirchen-Baues auszuzahlen.«

30 GStA PK, I. HA Rep. 96 B Geheimes Zivilkabinett äP Minüten Nr. 4, fol. 176, Nr. 1374.

31 Prahm: Fuhre von 21 Fuß Länge, 7 Fuß Breite und 2 Fuß Höhe.

32 Von frz. pousser: antreiben.

33 GStA PK, I. HA Rep. 96 B Geheimes Zivilkabinett äP Minüten Nr. 5, fol. 40; vgl. Ostmann 1862, S. 17.

34 GStA PK, I. HA Rep. 96 B Geheimes Zivilkabinett äP Minüten Nr. 5, fol. 108.

35 GStA PK, I. HA Rep. 96 B Geheimes Zivilkabinett äP Minüten Nr. 5, fol. 109.

36 GStA PK, I. HA Rep. 96 B Geheimes Zivilkabinett äP Minüten Nr. 5, fol. 132.

37 GStA PK, I. HA Rep. 96 B Geheimes Zivilkabinett äP Minüten Nr. 5, fol. 135 f.

38 GStA PK, I. HA Rep. 96 B Geheimes Zivilkabinett äP Minüten Nr. 5, fol. 202.

39 GStA PK, I. HA Rep. 96 B Geheimes Zivilkabinett äP Minüten Nr. 5, fol. 211.

40 Zit. nach Ostmann 1862, S. 17 f. (GStA PK, I. HA Rep. 96 B Geheimes Zivilkabinett äP Minüten Nr. 5, fol. 212).

41 Zit. nach Ostmann 1862, S. 18. (GStA PK, I. HA Rep. 96 B Geheimes Zivilkabinett äP Minüten Nr. 5, fol. 223).

42 GStA PK, I. HA Rep. 96 B Geheimes Zivilkabinett äP Minüten Nr. 6, fol. 125vs.

43 Zit. nach Ostmann 1862, S. 18. (GStA PK, I. HA Rep. 96 B Geheimes Zivilkabinett äP Minüten Nr. 5, fol. 255).

44 GStA PK, I. HA Rep. 96 B Geheimes Zivilkabinett äP Minüten Nr. 5, fol. 264.

45 GStA PK, I. HA Rep. 96 B Geheimes Zivilkabinett äP Minüten Nr. 5, fol. 281, No. 950.

46 Zit. nach Ostmann 1862, S. 18 f. (GStA PK, I. HA Rep. 96 B Geheimes Zivilkabinett äP Minüten Nr. 5, fol. 370).

47 GStA PK, I. HA Rep. 96 B Geheimes Zivilkabinett äP Minüten Nr. 6, fol. 402.

48 GStA PK, I. HA Rep. 96 B Geheimes Zivilkabinett äP Minüten Nr. 6, fol. 402.

49 GStA PK, I. HA Rep. 96 B Geheimes Zivilkabinett äP Minüten Nr. 6, fol. 504vs.

50 GStA PK, I. HA Rep. 96 B Geheimes Zivilkabinett äP Minüten Nr. 6, fol. 402.

51 GStA PK, I. HA Rep. 96 B Geheimes Zivilkabinett äP Minüten Nr. 7, fol. 10.

52 GStA PK, I. HA Rep. 96 B Geheimes Zivilkabinett äP Minüten Nr. 7, fol. 22.

53 GStA PK, I. HA Rep. 96 B Geheimes Zivilkabinett äP Minüten Nr. 7, fol. 112.

54 GStA PK, I. HA Rep. 96 B Geheimes Zivilkabinett äP Minüten Nr. 11, fol. 118, Nr. 379.

55 GStA PK, I. HA Rep. 96 B Geheimes Zivilkabinett äP Minüten Nr. 14, fol. 470vs., Nr. 227.

56 GStA PK, I. HA Rep. 96 B Geheimes Zivilkabinett äP Minüten Nr. 15, fol. 380; vgl. Kloosterhuis 2003, S. 223.

57 GStA PK, I. HA Rep. 96 B Geheimes Zivilkabinett äP Minüten Nr. 17, fol. 343vs.; vgl. Kloosterhuis 2003, S. 225.

58 Centralblatt der Bauverwaltung Nr. 21, 20. August 1881, S. 184 f.

59 Richtig: 1735.

60 Hierbei handelte es sich sehr wahrscheinlich um den Bolus-Untergrund für Vergoldungen.

61 Daubitz, Erich: Die Instandsetzung der Garnisonkirche zu Potsdam, in: Die Denkmalpflege. Zeitschrift für Denkmalpflege und Heimatschutz 32, 1930, S. 116–120.

62 Produktionsgenossenschaft des Handwerks.

63 Volkseigener Betrieb.

64 Tausend Mark der Deutschen Notenbank (DDR-Währung).

65 Name der Breiten Straße zwischen 1948 und 1992. Dr. Wilhelm Külz (1875–1948) war Vorsitzender der Liberaldemokratischen Partei Deutschlands (Blockpartei in der DDR).

66 Kopie des handschriftlichen Berichts im Besitz des Verf.

67 Kopie im Besitz des Verf. (Das Schreiben ist vermutlich nie an die Adressaten weitergeleitet worden.).

68 GStA PK, I. HA Rep. 96 B Geheimes Zivilkabinett äP Minüten Nr. 18, fol. 176, Nr. 342.

69 GStA PK, I. HA Rep. 96 B Geheimes Zivilkabinett äP Minüten Nr. 18, fol. 256 vs., Nr. 64.

70 DStA Brandenburg, Dep. Potsdam, Garnisonkirche Rep. II Nr. 50 (unpaginiert).

71 DStA Brandenburg, Dep. Potsdam, Garnisonkirche Rep. II Nr. 50 (unpaginiert).

72 BLHA, Pr. Br. Rep. 2 A II Potsdam Nr. 143 (unpaginiert).

73 BLHA, Pr. Br. Rep. 2 A II Potsdam Nr. 144 (unpaginiert).

74 BLHA, Pr. Br. Rep. 2 A II Potsdam Nr. 143 (unpaginiert); voller Wortlaut des Anschlages siehe Anhang, S. XXX.
75 Archiv der Firma Schuke, Potsdam, Akte Garnisonkirche Potsdam.
76 BLHA, Pr. Br. Rep. 2 A II Potsdam Nr. 143 (unpaginiert).
77 Mund 1926, S. 276f.
78 Mund 1926, S. 276f.
79 BLHA Rep. 2 A II Potsdam Nr. 134, fol. 104f.
80 BLHA Rep. 2 A II Potsdam Nr. 133, fol. 315.
81 BLHA Rep. 2 A II Potsdam Nr. 133, fol. 316f.
82 BLHA Rep. 2 A II Potsdam Nr. 134, fol. 18.
83 BLHA, Pr. Br. Rep. 2 A II Potsdam Nr. 144 (unpaginiert).
84 BLHA, Pr. Br. Rep. 2 A II Potsdam Nr. 144 (unpaginiert).
85 BLHA, Pr. Br. Rep. 2 A II Potsdam Nr. 145 (unpaginiert).
86 DStA Brandenburg, Po-G 180/52, Po-G 181/178; Archiv der Alexander Schuke Potsdam Orgelbau GmbH, Akte Garnisonkirche.
87 Vgl. Kitschke 1991, S. 72, 98–104.
88 GStA PK, I. HA, Reh. Rat, Rep. 9 Allgemeine Verwaltung, EE 16, 1703-1740 (unfol).
89 GStA PK, I. HA, Reh. Rat, Rep. 9 Allgemeine Verwaltung, EE 16, 1703-1740 (unfol).
90 GStA PK, I. HA, Reh. Rat, Rep. 9 Allgemeine Verwaltung, EE 16, 1703-1740 (unfol).
91 Zit. nach Hermann Baltin: In Sachen des Glockenspiels auf dem hiesigen Garnisonthurme, in: MVGP 1, 1863, Nr. 16 (7. Sitzung am 31. März 1863), S. 8.
92 Zit. nach Hermann Baltin: In Sachen des Glockenspiels auf dem hiesigen Garnisonthurme, in: MVGP 1, 1863, Nr. 16 (7. Sitzung am 31. März 1863), S. 2.
93 Zit. nach Hermann Baltin: In Sachen des Glockenspiels auf dem hiesigen Garnisonthurme, in: MVGP 1, 1863, Nr. 16 (7. Sitzung am 31. März 1863), S. 3f.
94 Zit. nach Hermann Baltin: In Sachen des Glockenspiels auf dem hiesigen Garnisonthurme, in: MVGP 1, 1863, Nr. 16 (7. Sitzung am 31. März 1863), S. 4f.; vgl. Binder-Isenbeck: Das Glockenspiel auf dem Thurme der Garnisonkirche zu Potsdam, in: Der Bär 8, 1882, S. 630.
95 GStA PK, I. HA Rep. 96 B Geheimes Zivilkabinett äP Minüten Nr. 10, fol. 111vs.
96 GStA PK, I. HA Rep. 96 B Geheimes Zivilkabinett äP Minüten Nr. 10, fol. 111vs.
97 Zit. nach Hermann Baltin: In Sachen des Glockenspiels auf dem hiesigen Garnisonthurme, in: MVGP 1, 1863, Nr. 16 (7. Sitzung am 31. März 1863), S. 5f.
98 GStA PK, I. HA Rep. 96 B Geheimes Zivilkabinett äP Minüten Nr. 10, fol. 537vs.
99 Zit. nach Hermann Baltin: In Sachen des Glockenspiels auf dem hiesigen Garnisonthurme, in: MVGP 1, 1863, Nr. 16 (7. Sitzung am 31. März 1863), S. 6f.
100 Beglaubigte Abschrift in: BLHA Rep. 2 A II Potsdam Nr. 154 (unfol.); vgl. Rogge 1882, S. 12f.
101 BLHA Rep. 2 A II Potsdam Nr. 128, fol. 63.
102 DStA Brandenburg, Po-G 304/28 (unfol.).
103 BLHA Rep. 2 A II Potsdam Nr. 128, fol. 32–33, 34–34vs.
104 BLHA Rep. 2 A II Potsdam Nr. 128, fol. 30.
105 BLHA, Rep. 2. A II Potsdam Nr. 152, Acta betreffend die Einrichtung eines Glockengeläutes auf dem Thurm der Garnison-Kirche 1856–1922 (unfol.)
106 GStA PK I. HA Rep. 93 B Nr. 1775 (unfol.).
107 BLHA, Rep. 2. A II Potsdam Nr. 152, Acta betreffend die Einrichtung eines Glockengeläutes auf dem Thurm der Garnison-Kirche 1856–1922 (unfol.)
108 BLHA Rep. 2 A II Potsdam Nr. 119/1 (unfol.)
109 BLHA, Rep. 2. A II Potsdam Nr. 152, Acta betreffend die Einrichtung eines Glockengeläutes auf dem Thurm der Garnison-Kirche 1856–1922 (unfol.)
110 BLHA, Rep. 2. A II Potsdam Nr. 152, Acta betreffend die Einrichtung eines Glockengeläutes auf dem Thurm der Garnison-Kirche 1856–1922 (unfol.)
111 BLHA, Rep. 2. A II Potsdam Nr. 152, Acta betreffend die Einrichtung eines Glockengeläutes auf dem Thurm der Garnison-Kirche 1856–1922 (unfol.)
112 BLHA, Rep. 2. A II Potsdam Nr. 152, Acta betreffend die Einrichtung eines Glockengeläutes auf dem Thurm der Garnison-Kirche 1856–1922 (unfol.)
113 BLHA, Rep. 2. A II Potsdam Nr. 152, Acta betreffend die Einrichtung eines Glockengeläutes auf dem Thurm der Garnison-Kirche 1856–1922 (unfol.)
114 BLHA Rep. 2 A II Potsdam Nr. 154: Sonderakten betreffend das Glockengeläut und Spielwerk auf dem Turm der Garnisonkirche in Potsdam 1931–1944 (unfol.).

115 BLHA Rep. 2 A II Potsdam Nr. 154: Sonderakten betreffend das Glockengeläut und Spielwerk auf dem Turm der Garnisonkirche in Potsdam 1931–1944 (unfol.).

116 GStA PK, I. HA Rep. 96 B Geheimes Zivilkabinett äP Minüten Nr. 5, fol. 111 No. 354 (vgl. Ostmann 1862, S. 22 f.).

117 GStA PK, I. HA Rep. 96 B Geheimes Zivilkabinett äP Minüten Nr. 5, fol. 211.

118 Je drei Reliefs an den Postamenten der inneren, je zwei an jenen der äußeren Säulen und je drei an den Postamenten der beiden Statuen, die unmittelbar vor den Emporenpfeilern standen.

119 An den beiden seitlichen Wänden und der Rückwand befanden sich runde Lüftungsöffnungen.

120 Schwarzenberg 1872.

121 StA Potsdam, Film 449, fol. 268vs.; gleichlautend: GStA PK, I. HA Rep. 96 B Geheimes Zivilkabinett äP Minüten Nr. 7, fol. 507 und Schwarzenberg: Kostenanschlag der Kanzel in der Königl. Hof- und Garnisonkirche, in: MVGP, 5, 1872, S. 14.

122 Im Original steht hier versehentlich zweimal »zu«.

123 GStA PK, I. HA Rep. 96 B Geheimes Zivilkabinett äP Minüten Nr. 11, fol. 551, Nr. 235 (vgl. Ostmann 1862, S. 25 – dort fälschlich auf 17. Mai 1736 datiert).

124 Zit. nach Ostmann 1862, S. 32.

125 Zit. nach Ostmann 1862, S. 33.

126 Zit. nach Ostmann 1862, S. 34.

127 Zit. nach Ostmann 1862, S. 36.

128 Zit. nach Ostmann 1862, S. 34 f.

129 Zit. nach Ostmann 1862, S. 36 f.

130 Zit. nach Ostmann 1862, S. 37.

131 Zit. nach Ostmann 1862, S. 39.

132 GStA PK, I. HA Rep. 96 B Geheimes Zivilkabinett äP Minüten Nr. 7, fol. 498.

133 Zit. nach Ostmann 1862, S. 38.

134 Zit. nach Ostmann 1862, S. 39 f.

135 Zit. nach Ostmann 1862, S. 40.

136 Zit. nach Ostmann 1862, S. 41.

Literatur zur Garnisonkirche

Adami 1876: Friedrich Adami, Luise, Königin von Preußen, Berlin 1876.

AKat 2003: »Königliche Visionen«, Ausstellungkatalog, Potsdam 2003, S. 150–154, 232–235.

Appel/Kitschke 2006: Reinhard Appel/Andreas Kitschke (Hg.), Der Wiederaufbau der Potsdamer Garnisonkirche, Köln 2006; darin baugeschichtliche Beiträge von A. Kitschke mit Quellennachweisen: S. 8–13 (**Gerlach-Bau**), 48 (**Kirchenunion 1817**), 57f. (**Särge in der Gruft**), 75f. (**NS-Zeit**), 86f. (**schwingendes Geläut**), 91–93 (**Wagner-Orgel**), 97 (**Die Fahnen**), 100–102 (**Ein Zwangsarbeiter an der Orgel**), 103–105 (**Glockenspiel**), 123f. (**Altartisch**), 125–127 (**Königliches Monument/Kanzel und Gruft**), 146–157 (**Instandsetzungen und Umbauten**); Beitrag von Saskia Hünecke: S. 114–127 (**Das barocke Bildprogramm**) und Christian Wendland: S. 128–131 (**Die Garnisonkirche im Potsdamer Stadtbild**).

Architekturführer 1980: Ingrid Bartmann-Kompa, Aribert Kutschmar, Heinz Karn, Architekturführer DDR – Bezirk Potsdam, Berlin 1980.

Bach 1975: Johann Sebastian Bach – Leben und Werk in Dokumenten, Leipzig 1975.

Backschat 1932: Friedrich Backschat, Napoleon in Potsdam. Nach den Aufzeichnungen Tamantis, in: MVGP 11, N.F. 6, 1932, Nr. 329, S. 105–112.

Bährecke 1938: Ernst Bährecke, Die Kirchenbücher der Garnisonkirche zu Potsdam. In: Der deutsche Roland 26 (1938), S. 191–194.

Baier 2012: Frank Baier, »Die Garnisonkirche braucht niemand«, Berlin 2012.

Baller 2000: Kurt Baller, Potsdamer Daten des 20. Jahrhunderts, Potsdam 2000.

Baltin 1864: Hermann Baltin, In Sachen des Glockenspiels auf dem hiesigen Garnisonthurme, in: MVGP 1, 1864, Nr. 16.

Bamberg 2006: Ludwig Bamberg, Die Potsdamer Garnisonkirche. Baugeschichte – Ausstattung – Bedeutung, Berlin 2006.

Bargatzky 1987: Walter Bargartzky, Hotel Majestic. Ein Deutscher im besetzten Frankreich, Freiburg 1987.

Bassewitz 1851: Anonymus [Magnus Friedrich von Bassewitz], Die Kurmark Brandenburg im Zusammenhang mit den Schicksalen des Gesamtstaats Preußen vom 22. Oktober 1806 bis Ende 1808, zwei Bände, Leipzig 1851/52 (hier Band 1).

Bau- und Kunstdenkmale 1978: Die Bau- und Kunstdenkmale in der DDR – Bezirk Potsdam, Berlin 1978.

Bauer/Frank/Knitter 1993: Frank Bauer, Hartmut Knitter und Heinz Ruppert, Vernichtet – Vergessen – Verdrängt. Militärbauten und militärische Denkmäler in Potsdam, Berlin/Bonn/Herford 1993.

Baur 1968: Die Garnisonkirche zu Potsdam. Bildmappe in 300 numerierten Exemplaren, Text Friedrich Mielke, Fotos Max Baur, Frankfurt am Main 1968 (8 Fotodrucke in Passepartout und Textheft im Schuber).

BBL 2002: Brandenburgisches Biographisches Lexikon, hg. v. Friedrich Beck und Eckart Hennin, Potsdam 2002.

Becker 1935: Choralbuch Zu den Liedern der Deutschen Evangelischen Kirche für Militär-Musik sowie für Bläser- und Posaunenchöre von Professor Otto Becker Organist an der Potsdamer Garnisonkirche, Berlin 1935.

Beiträge 1: Lutz Borgmann, Peter Leinemann und Martin Vogel (Hrsg.): Die Garnisonkirche. Beiträge zu ihrem Wiederaufbau, Heft 1, Potsdam 2002.

- Andreas Kitschke: Die Potsdamer Garnisonkirche – S. 9–18
- Martin Vogel: Überholtes Wahrzeichen oder neue Mitte? – S. 19–27
- Hans-Ulrich Schulz: Ein exponierter Lernort – S. 28–30
- Michael Meyer-Blanck: Geschichte und Zeichen – S. 31–38
- Karl Andreas Hecker: Unten Suppe – oben Fanfare – S. 38–40
- Paul Oestreicher: Die Geschichte des Nagelkreuzes – S. 41–45
- Hartmut Knitter: Zur Geschichte des Glockenspiels – S. 46–48
- Das Iserlohner Glockenspiel – S. 49–52
- Der besondere Blick. Der Maler und Grafiker Olaf Thiede im Gespräch – S. 53–59.

Beiträge 2: Landtag Brandenburg in Zusammenarbeit mit Lutz Borgmann, Peter Leinemann und Martin Vogel (Hrsg.): Die Garnisonkirche. Beiträge zu ihrem Wiederaufbau, Heft 2: Der Tag von Potsdam, Potsdam 2002 Beiträge:

- Herbert Knoblich: Vorwort – S. 7–8
- Wolfgang Thierse: Grußwort – S. 9–10
- Steffen Reiche: Grußwort – S. 11–13
- Günter Schenke: Geschichte(n) erfahren. Detlef von Schwerin und Ulrich Sam, Botschafter a.D., im Gespräch – S. 14–16

– Heidi Jäger: Die Garnisonkirche, Protokoll einer Zerstörung – S. 17–18
– Wolfgang Grünberg: »Zeugnis ablegen bis zum letzten.« Die Schriftsteller Victor Klemperer und Jochen Klepper in ihren Tagebüchern – S. 19–36
– Martin Vogel: Die Kirchen von Potsdam 1933–1945 – S. 37–40
– Martin Vogel: Archivstudium für Schülerinnen und Schüler – S. 41–42
– Hartmut Ludwig: Der 21. März 1933 und die Konsequenzen für Christen- und Bürgergemeinde – S. 43–58
– Ildiko Röd: Massenmedien im Dienst der Diktatur – Presse und Rundfunk – S. 59–60
– Thomas Wernicke: Machtergreifung auf städtischer Ebene und Durchsetzung des Führerprinzips – S. 61–66
– Nicola Klusemann: Der »gute Geist von Potsdam« heute. Engagierte für unsere Gesellschaft – Heutiges und Heilendes – S. 67–68
– Lutz Borgmann: Diskussion: Zur Zukunft der Garnisonkirche – S. 69–71
– Winfried Heinemann: Nationalsozialismus, Widerstand und Militär in Preußen – S. 72–82
– Ildiko Röd: Stadtspuren: Nikolaikirche, Fortunaportal, Standort der ehemaligen Garnisonkirche – S. 83–84
– Barbara Richstein: Wer hütet unsere Verfassung? – S. 85–90
– Martin Sabrow: Der »Tag von Potsdam« – zur Karriere eines politischen Symbols – S. 91–104
– Günter Schenke: Das falsche Bild. Abschluss-Forum – S. 105–107
– Ildiko Röd: Bildungsforum und Schülerprojekt – ein Fazit – S. 108–109.

Beiträge 3: Lutz Borgmann und Peter Leinemann (Hrsg.): Die Garnisonkirche. Beiträge zu ihrem Wiederaufbau, Heft 3, Potsdam 2005. Beiträge:
– Markus Schütte: Ein Nagelkreuz für die Garnisonkirche – S. 13–14
– Hans-Ulrich Schulz: Freude, Ehre, Verpflichtung – Predigt am 20. Juli 2004 – S. 15–16
– Paul Oestreicher: Eine neue Garnisonkirche – wozu? Predigt am 20. Juli 2004 – S. 17–20
– Peter C. Bloth: Zum Wiederaufbau der Hof- und Garnisonkirche zu Potsdam – einem Zeichen der Versöhnung – S. 21–2
– Stephanie von Hochberg: 20. Juli 1944 – 20. Juli 2004. Die Ausstellung »Menschen in der Verantwortung« – S. 25–26
– Richard von Weizsäcker: Zur Eröffmumg der Ausstellung »Menschen in der Verantwortung« – S. 27–28
– Detlef Graf von Schwerin: Die Motivation zum Widerstand – S. 29–40
– Winfried Heinemann: Widerstand im Schatten der garnisonkirche – S. 41–52 – Ruf aus Potsdam – S. 53–54
– Burkhart Franck: Die Fördergesellschaft für den Wiederaufbau der Ganrisonkirche – S. 55–57
– Dieter Wendland: »Potsdamer Spitze« – Das Logo der Fördergesellschaft – S. 58
– Lothar Kuhn: Die räumliche Installation zur Garnisonkirche – S. 59
– Andreas Kitschke: Die Ausstellung zur Ganisonkirche – S. 60–72
– Hans-Joachim Giersberg: Turmbekrönungen auf Berliner und Potsdamer Kirchen – S. 73–78
– Andreas Kitschke: Otto Becker zum Gedenken – S. 83–89
– Dokumentation: Beschlüsse zum Wiederaufbau der Garnisonkirche – S. 90–95.

Bellamintes 1727: [Georg Belitz], Das Itzt-blühende Potsdam. Mit poëtischer Feder entworffen, von Bellamintes. Nebst einer Beylage verschiedener Anmerckungen und Nachrichten. POTSDAM, Verlegts Johann Andreas Rüdiger, Königl. privilegirter Buchhändler. 1727; auch abgedruckt in: MVGP, 3, 1867, S. 378–411; Nachdruck der Originalausgabe, eingeleitet und kommentiert von Heinz-Dieter Heimann, Potsdam 2001.

Bentzien 1991: Hans Bentzien, Ich, Friedrich II. Das Leben des großen Preußenkönigs nacherzählt, Berlin 1991.

Bergelt 2012: Wolf Bergelt, Joachim Wagner (1690–1749) – Orgelmacher, Regensburg 2012.

Bestehorn 1937: Friedrich Bestehorn, Der Tag von Potsdam und seine Vorgeschichte. Das Werden des 21. III, 1933, in: MVGP 12, N.F. 7, 1937, Heft 4, Nr. 353.

Bethge 1995: Werner Bethge, Evangelische Christen zwischen Anpassung und Opposition (Reihe Brandenburgigsche historische Hefte), Band 1, Potsdam 1995.

Binder-Isenbeck 1882: Binder-Isenbeck, Das Glockenspiel auf dem Thurme der Garnisonkirche zu Potsdam, in: Der Bär, Berlin 1882, S. 628–631.

BNN 1968: Turm fiel, in: Brandenburgische Neueste Nachrichten (Potsdam-Stadt) vom 25.5.1968.

Boeck 1942: Wilhelm Boeck, Die Garnisonkirche in Potsdam. Erbaut 1731–35 von Philipp Gerlach d. J., in: Deutsche Kunst, 8, 1942.

Boeck/Richartz 1937: W.[ilhelm] Boeck und H. Richartz (Bearb.): Alte Berliner Kirchen, Berlin 1937.

Borgelt 2012: Christiane Borgelt, Potsdam. Der Weg zur neuen Mitte, Berlin 2012.

Börsch-Supan 2011: Eva Börsch-Supan, Karl Friedrich Schinkel. Arbeiten für König Friedrich Wilhelm III. von Preußen und Kronprinz Friedrich Wilhelm (IV.), Berlin München 2011.

Bossin 1991: Jeffrey Bossin, Die Carillons von Berlin und Potsdam. Fünf Jahrhunderte Turmglockenspiel in der Alten und Neuen Welt, Berlin 1991, S. 26, 41, 68, 73–79, 82 f., 86 f., 97, 99–101, 182–184.

Bossin 2009: Jeffrey Bossin, Otto Becker, der letzte Carillonneur der Potsdamer Garnisonkirche. Erinnerungen, erzählt von seiner Witwe Elisabeth Becker am 14. Juli 1993, in: Deutsches Glockenmuseum auf Burg Greifenstein – Varia Campanologiae Studia Cyclica. 25 Jahre Deutsches Glockenmuseum auf Burg Greifenstern, herausgegeben von Konrad Bund und Rüdiger Pfeiffer-Rupp mit Unterstützung durch Jan Hendrik Stens, Greifenstein 2009, S. 197–205.

Brandrupp 1855: A. H. Brandrupp, Das Glockenspiel auf der Garnisonkirche zu Potsdam. Historischer Roman aus der zeit Friedrichs des Großen, Berlin 1855.

Brecht 1875: C. Brecht, Die Organisation der Landwehr in Potsdam im Jahre 1813, in: Mitteilungen des Vereins für die Geschichte Potsdams 2 (1866), LXXXIII, S. 469–496.

Brinckmeier 1945: Rudolf Brinckmeier, Mein Tagebuch vom Kriegsende in Potsdam (Abschrift als Typoskript von 1980), freundlicherweise der FWG überlassen von dessen Tochter, Frau Maria Gronostay.

Bruppacher 2009: Paul Bruppacher, Adolf Hitler und die Geschichte der NSDAP. Eine Chronik, Teil 1 1889–1937, Norderstedt 2009.

Bücheler 1989: Heinrich Bücheler, Carl Heinrich von Stülpnagel. Soldat – Philosoph – Verschwörer, Frankfurt am Main 1989.

Büsching 1785: Anton Friederich Büsching, Beyträge zu der Lebensgeschichte denkwürdiger Personen, insonderheit gelehrter Männer. Dritter Theil, Halle 1785.

Carstedt 1768: Neues Vollständiges Gesang-Buch, Für die Königlich-Preußische, auch Churfürstlich-Brandenburgische und andere Lande, In welchem 1062. der auserlesendsten alten und neuen, in beiderseits Evangelischen Kirchen üblichen Geistlichen Lieder enthalten [...] Achte verbesserte Auflage, Mit einer Vorrede von Johann Caspar Carstedt, damaligen Regiments- und Guarnison-Prediger in Potsdam, weyl. Königlich-preußischen Feld-Probst in Berlin Nebst einem geistreichen Gebet-Büchlein, [...] Mit Königl. allergnädigstem Privilegio. BERLIN, zu finden bey Christian Ludwig Kunst, 1768. (Titelkupfer: Stadtansicht von Potsdam unter den Porträts Friedrichs des Großen und seiner Gemahlin).

Dähmlow 2008: Silke Dähmlow, Potsdam. Das neue Predigerwitwenhaus von 1826/27. Barocke Tradition und soziales Leben, in: Brandenburgische Denkmalpflege 17 (2008), Heft 2, S. 43–62.

Daubitz 1927: Erich Daubitz, Die Wetterfahne der Garnisonkirche in Potsdam, in: Denkmalpflege und Heimatschutz 29, 1927, S. 1–5.

Daubitz 1930: Erich Daubitz, Die Instandsetzung der Garnisonkirche zu Potsdam, in: Die Denkmalpflege 32, 1930, S. 116–120.

Dehio 2001: Ludwig Dehio, Friedrich Wilhelm IV. von Preußen. Ein Baukünstler der Romantik, hg. von Hans-Herbert Möller, mit einem Nachwort von Goerd Peschken, Berlin 2001.

Dietrich 1986: Richard Dietrich (Bearb.), Die politischen Testamente der Hohenzollern, in: Veröffentlichungen aus den Archiven Preußischer Kulturbesitz, Köln, Wien 1986.

Dohme 1886: Robert Dohme, Geschichte der Deutschen Baukunst, Berlin 1886.

Eckardt 1978: Götz Eckardt (Hrsg.), Schicksale deutscher Baudenkmale im zweiten Weltkrieg, Berlin 1978, Bd. 1, S. 148 f.

Emmerich-Focke 1999: Christina Emmerich-Focke, Stadtplanung in Potsdam 1945–1990 (Diss. TU Berlin), Potsdam 1999.

Epkenhans/Winkel 2013: Michael Epkenhans und Carmen Winkel (Hg.): Die Garnisonkirche Potsdam. Zwischen Mythos und Erinnerung, Freiburg i. Br. 2013.

Externbrink 2010: Sven Externbrink (Hrsg.), Der Siebenjährige Krieg (1756–1763): Ein europäischer Weltkrieg im Zeitalter der Aufklärung, Berlin 2010

Eylert 1832: Eylert, Rulemann Friedrich: Die fromme Feyer des ersten Secular-Festes der Königl. Hof- und Garnisonkirche zu Potsdam. Predigt, gehalten den 17ten August 1832 in Gegenwart Seiner Majestät des Königs und Seines Hauses, und auf allerhöchsten Befehl dem Druck übergeben. – Decker (1832).

Fischer/Senkel/Tanner 2010: Michael Fischer, Christian Senkel, Klaus Tanner (Hg.): Reichsgründung 1871. Ereignis, Beschreibung, Inszenierung, Münster 2010.

Forkel 1802: Johann Nikolaus Forkel, Über Johann Sebastian Bachs Leben, Kunst und Kunstwerke, Leipzig 1802.

Franke 1996: Lothar Franke, Kalender der Jahre 1000–2100 zur Zeitrechnung im deutschen Sprachraum, Wiedemar 1996.

Frankfurth 1924: Hermann Frankfurth, Berlin und Potsdam in der Sprache ihrer Kirchen und Friedhöfe, Berlin 1924.

Fritsch 1893: Karl Emil Otto Fritsch, Der Kirchenbau des Protestantismus, hg. von der Vereinigung Berliner Architekten, Berlin 1893.

Garnisonkirche 1932: Die Hof- und Garnisonkirche zu Potsdam, hg. v. Gemeindekirchenrat, Potsdam o. J. [1932].

Gass 1999: Karl Gass, Der Militärtempel der Hohenzollern. Aus der Geschichte »unserer lieben« Garnisonkirche zu Potsdam, Berlin 1999 (vgl. Rezension: Jb. Für Brandenburgische Landesgeschichte 51, 2000, S. 199–201).

Geisler 1984: Kurt Geisler, »Semper talis Bund« will einstiges Wahrzeichen Potsdams nachbauen. Turm der Garnisonkirche soll Bundeswehrkaserne schmücken, in: Berliner Morgenpost am 18. März 1984, S. 7.

Gerber 1814: Ernst Ludwig Gerber, Neues historisch-biographisches Lexikon der Tonkünstler, Leipzig 1814.

Gerlach 1883: Samuel Gerlach, Collectaneen (verfasst 1750–80), in: MVGP 8, 1883, S. 33–282.

Geyer 1935: Albert Geyer, Geschichte des Schlosses zu Berlin, Berlin 1935

Giersberg 1981: Hans-Joachim Giersberg, Entwürfe für Potsdamer Kirchen. Dekoration der Kanzelwand in der Garnisonkirche, in: AKat. Schinkel in Potsdam. Ausstellung zum 200. Geburtstag, Potsdam 1981, S. 52 f.

Giersberg 1991: Hans-Joachim Giersberg, Die Ruhestätte Friedrichs des Großen zu Sanssouci, Berlin 1991.

Glockengeläut 1939: Das Glockengeläut der Garnisonkirche zu Potsdam, Potsdam o. J. [1939].

Glockenspiel 1926: Das neue Glockenspiel der Garnisonkirche Potsdam, in: Deutsche Uhrmacher-Zeitung vom 22. Mai 1926, Nr. 21, S. 414–416.

Glockenspiel 1987: Das Potsdamer Glockenspiel in Iserlohn, Iserlohn 1987.

Glockenspiel 1991: Das Potsdamer Glockenspiel, hrsg. v. Kulturdezernat des Magistrats der Landeshauptstadt Potsdam, Potsdam 1991.

Glockenstimmen 1900: Die Glockenstimmen zu Potsdam, Gedicht eines unbekannten Dichters, in: Die Provinz Brandenburg in Wort und Bild, Berlin 1900 [Bd. 1], S. 118 f.

Granier 1905: Hermann Granier, Die Franzosen in Berlin 1806–1808, in: Hohenzollern-Jahrbuch 9 (1905), S. 1–43.

Grützner 1993: Vera Grützner, Potsdamer Musikgeschichte, Berlin 1993.

Grützner 2004: Vera Grützner, Musiker in Brandenburg vom 16. Jahrhundert bis zur Gegenwart, Berlin 2004.

Gülzow/Herrmann 1997: Albrecht Gülzow und Peter Herrmann, Der Potsdamer Stadtkanal, Potsdam 1997.

Haeckel 1909: Haeckel, Julius, Die Einführung der neuen Städteordnung vom 19. November 1808 in Potsdam, in: MVGP 10, N.F. 5, 1909, Nr. 302.

Haeckel 1912: Julius Haeckel, Geschichte der Stadt Potsdam, Potsdam 1912.

Haffner 1990: Sebastian Haffner, Preußen ohne Legende, Taschenbuchausgabe Hamburg 1990.

Halle 1764: Johann Samuel Halle, Werkstätte der heutigen Künste, Bd. 3, Brandenburg/Leipzig 1764.

Haumann 1956: A. K. Haumann, Lobgesang der Glocken, Leipzig/Heiligenstadt 1956, S. 60 f.

Heckmann 1998: Hermann Heckmann, Baumeister des Barock und Rokoko in Brandenburg-Preußen, Berlin 1998, S. 265 f.

Heidkamp 1933: Karl Heidkampg, Symbol und Allegorie. Potsdam, Potsdam 1933.

Henrici 1923: Karl Ernst Henrici (Hg.), Autographen aus allen Gebieten [...], Versteigerung: 8. und 9. Mai 1923 (Katalog Nr. 83), Berlin 1923 (Heidelberger historische Bestände digital).

Hering 1785: Daniel Heinrich Hering, beiträge zur Geschichte der Evangelisch-Reformirten Kirche in den Preußisch-Brandenburgischen Ländern, Zweeter Theil, Breslau 1785 (S. 256–267: reformierte Hofprediger in Potsdam).

Hierath 1997: Sabine Hierath, Material und Möglichkeit. Zinkguß des 19. Jahrhunderts in Potsdam (AKat), Potsdam 1997.

Hoeftmann/Noack 1992: Inge Hoeftmann und Waltraud Noack, Potsdam in alten und neuen Reisebeschriebungen, Düsseldorf 1992.

Hübener 2001: Kristina Hübener (Hg.): Preußische Verwaltungen und ihre bauten 1800 bis 1945, Potsdam 2001.

Hürlimann/Rave 1933: Martin Hürlimann und Paul Ortwin Rave, Die Residenzstadt Potsdam, Berlin 1933.

Jahn 1997: Siegfried Jahn, Opferstock der Künstlergilde, in: Potsdamer Neueste Nachrichten vom 20.6.1997.

Jahn 2013: Siegfried Jahn, Ernst Richard Otto. Bildhauer und 1. Gildemeister der Potsdamer Künstlergilde, Potsdam 2013.

Jonas 1998: Melitta Jonas, Gold und Silber für den König. Johann George Hossauer (1794–1874) Goldschmied Sr. Majestät des Königs (AKat.), Potsdam/Berlin 1998.

Kaelter 1903: Robert Kaelter: Geschichte der jüdischen Gemeinde zu Potsdam, Potsdam 1903.

Kamecke 1991: Ernst-Ulrich von Kamecke, »Üb' immer Treu und Redlichkeit«, in: Deutsches Adelsblatt 1991, S. 103–106.

Kamp 2004: Silke Kamp, »So bin ich eines Refugirten Sohn aus Franckreich«. Ein französischer Lichtzieher im Streit mit dem Seifensiedergewerk. Ein Beitrag zu den Hugenotten in Potsdam, in: Mitteilungen der Studiengemeinschaft Sanssouci e.V. 9 (2004), Heft 2, S. 56–78.

Kania 1926: Hans Kania, Potsdamer Baukunst. Eine Darstellung ihrer geschichtlichen Entwicklung, Berlin 1926.

Kania 1938: Hans Kania, Das Königsgrabmal in der Garnisonkirche. Ein Fund im Dorfgotteshaus. Entdeckungen über Johann Georg Glume, Potsdamer Tageszeitung vom 26. Januar 1938.

Kania I bis III: Kurt Baller und Marlies Reinholz (Hg.), Das alte Potsdam des Prof. Dr. Hans Kania. Historische Beiträge Kanias in der »Potsdamer Tageszeitung«, Magdeburg, Band I: 2006, Band II und III: 2007.

Karg 1993: Detlef Karg, Stadtschloß und Garnisonkirche. Zur Rekonstruktion von Baudenkmalen, in: Brandenburgische Denkmalpflege 2, 1993, H. 1, S. 14–24.

Kathe 1976: Heinz Kathe, Der »Soldatenkönig« Friedrich Wilhelm I. (1688–1740 König in Preußen – Eine Biographie, Berlin 1976.

Kellermann 1968: Kellermann, Ich sah Friedrich den Großen und seinen Vater, in: Semper Talis Nachrichtenblatt Nr. 31, Köln 1968, S. 351 f.

Kircheisen 1908: Friedrich Max Kircheisen, Die Erinnerungen des Generals Grafen Paul Philipp von Ségur, Adjutanten Napoleons I., Hamburg 1908.

Kitschke 1983: Andreas Kitschke, Kirchen in Potsdam, Berlin 1983, S. 27–31: Die ehemalige Garnisonkirche und die Heilig-Kreuz-Gemeinde (siehe auch: S. 12 und 153).

Kitschke 1985: Andreas Kitschke, »Lange Kerls« und hohe Türme, in: Potsdamer Kirche 34, 1985.

Kitschke 1991: Andreas Kitschke, Die Potsdamer Garnisonkirche »Nec soli cedit«, Potsdam 1991 (Rezension: Jb. für Brandenburgische Landesgeschichte 42, 1991, S. 165 f.).

Kitschke 1993: Andreas Kitschke, Die Orgelbauten von Joachim Wagner (1690–1749) in Potsdam, in: Acta Organologica 23, 1993, S. 197–240 (darin Garnisonkirche: S. 204–207, 212–219).

Kitschke 1998: Andreas Kitschke, Erlöserkirche Potsdam (Peda-Kunstführer Nr. 431), Passau 1998.

Kitschke 2001: Andreas Kitschke, Die Potsdamer Kirchen, Passau 2001.

Kitschke 2006: Andreas Kitschke, Wiederaufbau der Garnisonkirche Potsdam. Katalog der Fassaden-Schmuckelemente, Potsdam 2006.

Kitschke 2010: Andreas Kitschke, Italien in Potsdam. Ein Spaziergang durch Potsdam und den Park von Sanssouci (2. Aufl.), Potsdam 2010.

Kitschke 2011: Andreas Kitschke, Kirchen des Havellandes, hg. von Werner Bader und Ingrid Bargel, Berlin 2011.

Kitschke 2014: Andreas Kitschke, Kunstführer der Evangelischen Kirche Caputh, Potsdam 2014.

Klaus 2002: Ulrich J. Klaus, Deutsche Tonfilme, Band 13, Berlin 2002.

Kloosterhuis 2003: Jürgen Kloosterhuis, Legendäre »Lange Kerls«. Quellen zur Regimentskultur der Königsgrenadiere Friedrich Wilhelms I. 1713–1740, Berlin 2003.

Klünner 1975: Hans-Werner Klünner, Potsdam so wie es war, Düsseldorf 1975, S. 20–24.

Knitter 1988: Hartmut Knitter, Zur Geschichte der Hof- und Garnisonkirche, in: Von der kurfürstlichen Landschaftsallee zur sozialistischen Magistrale – die Wilhelm-Külz-Straße, Potsdam 1988, S. 45–54.

Knitter 1992: Hartmut Knitter, Zur Ehre Gottes, in: 1000 Jahre Potsdam, Frankfurt/Main und Berlin 1992, S. 55–57.

Köllmann 1936: Erich Köllmann, Friedrich Christian Glume. Hofbildhauer Friedrichs des Großen 1714–1752, Berlin 1936.

Koenig 1898: Robert Koenig, Deutsche Litteraturgeschichte I. Bd., Bielefeld Leipzig 1898.

Königliche Visionen 2003: Königliche Visionen. Potsdam – eine Stadt in der Mitte Europas (AKat), hrsg. von der Landeshauptstadt Potsdam, Potsdam 2003.

Kopisch 1854: August Kopisch, Die Königlichen Schlösser und Gärten zu Potsdam, Berlin 1854.

Kotsch 1992: Detlef Kotsch, Potsdam Die Preußische Garnisonstadt, Braunschweig 1992, S. 30–33.

Kraske 1999: Peter Kraske, Die Wurzel trägt dich. Jugend- und Kriegserinnerungen 1923–1946, Berlin 1999 (Selbstverlag).

Kraze 1965: Hanna Heide Kraze, Üb immer Treu und Redlichkeit, Berlin 1965.

Kroener 1993: Bernhard R. Kroener, Potsdam. Staat, Armee, Residenz, Frankfurt am Main und Berlin 1993, u.a. S. 203–229, 345–360, 434–449, 493–495.

Kunzendorf 1992: Jörg Ulrich Kunzendorf, Querkirchen in Berlin-Brandenburg (Dissertation an der Theologischen Fakultät der Universität Oslo), Oslo 1992.

Lange 1999: Heinrich Lange, Der Schatz des Hauses »An der Schleue 13«. Wo der Refugié Jeremie Michaut den Zinnsarg Friedrichs des Großen schuf, in: Edition Luisenstadt, 1999, S. 4–13 (www.luise-berlin.de; Jan. 2013).

Lange 2004: Markus Lange, Die »gewaltigste politisch-militärische Ausstattungsrevue« der NS-Zeit – Der Staatsbesuch Mussolinis in Deutschland 1937, Norderstedt 2004.

Laske 1911: Friedrich Laske, Zum 200. Geburtstage Friedrichs des Großen. Der neue Marmoraltar vor dem Kanzelaufbau mit der Gruft in der Garnisonkirche zu Potsdam, in: Blätter für Architektur und Kunsthandwerk XXIV, Berlin 1911, S. 46–50 (auch als Sonderdruck erschienen).

Laske 1912: Friedrich Laske, Die Trauerfeierlichkeiten für Friedrich den Großem, Berlin 1912.

Laske 1927: Die Renaissance der Garnisonkirche. Aus der Zeit des Umbaues vor 30 Jahren (nach Aufzeichnungen von Friedrich Laske postum zusammengestellt von Eugen Thiele), in: Potsdamer Tageszeitung vom 4. März 1927, Dritte Beilage.

Laske 1930: Friedrich Laske, Das Glockenspiel auf dem Turm der Hof- und Garnisonkirche zu Potsdam (Tabelle), postum hg. v. Eugen Thiele, Potsdam 1930.

[Friedrich Laske, Die Baugeschichte der Hof- und Garnisonkirche zu Potsdam (1932 bereits in Subskription befindlich), postum hrsg. v. Eugen Thiele, angekündigt in: Garnisonkirche 1932, S.30, Anm., ist offenbar nicht erschienen]

Lehmann 1899: Gustav Lehmann, Die Trophäen des preußischen Heeres in der Königl. Hof- und Garnisonkirche zu Potsdam, Berlin 1899.

Lehmann 1924: Ludwig Lehmann, Bilder aus der Kirchengeschichte der Mark Brandenburg, Berlin 1924.

Lehmann 1995: Hannelore Lehmann, August Hermann Franckes Potsdambesuch im März 1725, in: Peter-Michael Hahn, Kristina Hübener und Julius H. Schoeps, Potsdam. Märkische Kleinstadt – europäische Residenz, Berlin 1995, S. 145–157.

Lepp 2008: Summus episcopus. Das Protestantische im Zeremoniell der Hohenzollern, in: Andreas Biefang, Michael Epkenhans, Klaus Tenfelde (Hg.): Das politische Zeremoniell im Deutschen Kaiserreich 1871–1918, Düsseldorf 2008, S. 77–114.

Lewien 1992 A: Ulrich Lewien, Das Potsdamer Glockenspiel, Potsdam 1992 (Selbstverlag).

Lewien 1992 B: Ulrich Lewien, Die Hof- und Garnisonkirche zu Potsdam. Die bewegte Geschichte eines Bauwerks, Potsdam o.J. [um 1992] (Selbstverlag).

Lewien 1992 C: Ulrich Lewien, The Court and Garrison Church in Potsdam: the eventful history of a building, Potsdam o.J. [um 1992] (Selbstverlag).

Lindenberg 1931: Paul Lindenberg, Das Deutsche Reich feiert Geburtstag, in: Potsdamer Tageszeitung vom 18. Januar 1931.

Lohse 1881: J. [Julius] Lohse, Die Thurmspitze der Hof- und Garnisonkirche in Potsdam, in: Centralblatt der Bauverwaltung 21 (1881), S. 184–185.

Luck 1872: v. Luck, Was Morgenstern von Potsdam erzählt, in: Mitteilungen des Vereins für die Geschichte Potsdams Teil V, 1872, S. 136–143.

Mai 1969: Hartmut Mai: Der evangelische Kanzelaltar. Geschichte und Bedeutung, Halle (Saale), 1969.

Manger 1789: Heinrich Ludwig Manger, Baugeschichte von Potsdam, Berlin/Stettin 1789 (3 Bände).

Matthaei 1910: A.Matthaei, Deutsche Baukunst seit dem Mittelalter bis zum Ausgang des 18. Jahrhunderts, Leipzig 1910.

Meinecke 2010: Andreas Meinecke: Die Umbau- und Erweiterungspläne Friedrich Wilhelms IV. für die

Potsdamer Hof- und Garnisonkirche, in: Zeichnungen König Friedrich Wilhelms IV. von Preußen (1795–1861). Bestandskatalog der Kunstsammlungen der Stiftung Preußische Schlösser und Gärten Berlin-Brandenburg (Online-Katalog): bestandskataloge.spsg.de (24.03.2014).

Mennicke 1906: Carl Mennicke, Hasse und die Brüder graun als Symphoniker, Leipzig 1906.

Mertens 1875: Otto Mertens, Illustrierte Weltgeschichte, Berlin o. J. [um 1875].

Mieck 2004: Ilja Mieck, Napoleon in Potsdam, in: Francia. Forschungen zur westeuropäischen Geschichte, hg. vom Deutschen Historischen Institut Paris, 31/2 (2004), S. 121–146.

Mielke 1991: Friedrich Mielke, Potsdamer Baukunst. Das klassische Potsdam, Frankfurt/Main 1991, S. 30–33, 364–366.

Mihan 1997: Werner Mihan, Die Nacht von Potsdam, Berg am Starnberger See 1997, hier insbes. S. 177–179 (Bericht des Pfarrers Gerhard Schröder vom Brand der Garnisonkirche 1945).

Mittenzwei 1979: Ingrid Mittenzwei, Friedrich II. von Preußen. Eine Biographie, Berlin 1979.

Morgenstern 1793: Ueber Friedrich Wilhelm I. Ein nachgelassenes Werck vom Hofrath und Professor Morgenstern, Mitglied des Tabaks-Kollegii Friedrich Wilhelm I., o. O. 1793 (verfasst um 1778).

Müller-Bohn 1895: Hermann Müller-Bohn, Graf Moltke. Ein Bild seines Lebens und seiner Zeit (4. Aufl.), Berlin o. J. [um 1895].

Müller-Bohn 1901: Hermann Müller-Bohn, Kaiser Friedrich der Gütige. Vaterländisches Ehrenbuch, herausgegeben von Paul Kittel, Berlin 1901.

Mund 1926: Hermann Mund, Orgel- und Glockenspiel der Kgl. Hof- und Garnisonkirche in Potsdam, in: Zeitschrift für Instrumentenbau 46, 1925/26, S. 275 f.

MV 1968: Erklärung eines bebauten Grundstücks zum Aufbaugebiet der Stadt Potsdam, in: Märkische Volksstimme (Potsdam-Stadt) vom 4.5.1968.

Neumann 1993: Hans-Joachim Neumann, Friedrich Wilhelm I. Leben und Leiden des Soldatenkönigs, Berlin 1993.

Neumann-Strehla 1898: Karl Neumann-Strehla, Deutschlands Helden in Krieg und Frieden, Hannover/Berlin 1898.

Nikolaikirche Potsdam 2000: St. Nikolai Potsdam. 150 Jahre unter der Kuppel, Festschrift, hg. v. Gemeindekirchenrat, Potsdam 2000.

Ostmann 1862: Robert Ostmann, Geschichte der Königlichen Hof- und Garnisonkirche zu Potsdam, Potsdam o. J. [1862].

Ostmann 1863: Robert Ostmann, Die Königliche Hof- und Garnisonkirche zu Potsdam. Auszug aus dem größeren Werke: »Geschichte der Königlichen Hof- und Garnisonkirche zu Potsdam, Potsdam o. J. [um 1863].

Ostmann 1865: Robert Ostmann, In Sachen der Gemälde in der hiesigen Hof- und Garnisonkirche, in: MVGP 2, 1865, Nr. 32.

Ostmann 1866: Robert Ostmann, Potsdam während der Französischen Invasion, I: Das Jahr 1806, in: MVGP 2 (1866), S. 77–91.

Otto 2001: Balthasar D. Otto, Ihr Brautkleid war aus Fallschirmseide. Die Stadt Werder und ihr Fliegerhorst 1934–1945, Werder/Havel 2001.

Pallas 1763: Peter Simon Pallas, Tagebuch-Auszug von 1763, in: Inge Hoeftmann und Waltraud Noack, Potsdam in alten und neuen Reisebeschriebungen, Düsseldorf 1992, S. 47–49.

Persius 2003: Ludwig Persius. Architekt des Königs, AKat., bearb. von Stefan Gehlen, Potsdam 2003.

Pflugk-Harttung 1895: J. v. Pflugk-Harttung (Hg.), Krieg und Sieg 1870–71. Ein Gedenkbuch, Berlin 1895.

Potsdam 1993: Potsdam. Daten und Ansichten zur Geschichte der Stadt, hg. vom Potsdam-Museum, Potsdam 1993.

Preuschen 2011: Henriette von Preuschen, Der Griff nach den Kirchen. Ideologischer und denkmalpflegerischer Umgang mit kriegszerstörten Kirchenbauten in der DDR, Worms 2011.

Preuß 1992: Erich R. Preuß, Glockenläuten aus Potsdam. Das Potsdamer Glockenspiel – Die Potsdamer Garnisonkirche, Berlin 1992

Rauh 1872: Rauh, Wie man Kirchen baut!, in: Mitteilungen des Vereins für die Geschichte Potsdams 5, 1872, S. 213–222.

Rave 1933: Paul Ortwin Rave, Die früheren Gemälde in der Potsdamer Garnisonkirche, in: Kunst und Kirche, 10, H. 2/3, Berlin 1933, S. 63–70.

Redlin 182: Reinhold Redlin (Bearb.), Die Sammlungen des Wehrgeschichtlichen Museums Schloss Rastatt, Reihe 3 Feldzeichen, Teil I: Das Königlich Preußische Gardekorps, Freiburg i. B. 1982.

Redlin 1986: Reinhold Redlin (Bearb.), Die Sammlungen des Wehrgeschichtlichen Museums Schloss Rastatt, Reihe 3 Feldzeichen, Teil II: Grenadierfahnen des Königlich Preußischen I. und III. Armeekorps, Freiburg i. B. 1986.

Reichardt 1810: Johann Friedrich Reichardt, Vertraute Briefe geschrieben auf einer reise nach Wien und den Oesterreichischen Staaten zu Ende des Jahres 1808 und zu Anfang 1809, Band 1, Amsterdam 1810.

Reinbeck 1736: Gustav Reinbeck, Eine Paßions-Predigt, Von der Armuth CHristi bey seinem Leiden am Sonntage Palmarum 1736 über Matth. XXVII, 33–36 in der Potsdammischen Guarnison-Kirche Auf allergnädigsten Königlichen Befehl gehalten und hernach zum Druck befordert, Berlin [1736].

Richter-Reichhelm 1936: Walter Richter-Reichhelm, Unter den Adlerflügeln. Erinnerungen aus meinem Leben, Berlin 1936.

Riess 1957: Curt Riess, Üb immer Treu und Redlichkeit. Ein deutsches Schicksal zwischen Schwarz und Weiß. Ein Potsdam-Roman, Hamburg 1957.

Rödenbeck 1840: Karl Heinrich Siegfried Rödenbeck, Tagebuch oder Geschichtskalender aus Friedrich's des Großen Regentenleben (1740–1786), Band 1, Zweite Abtheilung, enthaltend die Jahre 1750–1759, Berlin 1840.

Rogge 1867: Bernhard Rogge, Immanuel, Gott mit uns! Predigt über Matth. 1, 23 am Neujahrstage 1867 gehalten in der königl. Hof- und Garnisonkirche zu Potsdam.

Rogge 1880: Bernhard Rogge, Historische Erinnerungen aus der Königlichen Hof- und Garnisonkirche zu Potsdam, in: Daheim 16, 1880, S. 396–399.

Rogge 1882: Bernhard Rogge, Die Königliche Hof- und Garnisonkirche zu Potsdam, Potsdam 1882.

Rogge 1895: Bernhard Rogge, Die Kaiser-Proklamation zu Versailles am 18. Januar 1871, Hannover 1895.

Rogge 1899: Bernhard Rogge, Aus sieben Jahrzehnten. Erinnerungen aus meinem Leben, Bd. 2, Hannover, Berlin 1899.

Rogge 1911: Bernhard Rogge, Die Hohenzollernstätten Potsdams und seiner Umgebung, Potsdam 1911.

Rogge 1913: Bernhard Rogge, Predigt beim Festgottesdienst zur kirchlichen Weihe der Hundertjahrfeier in der Königl, Hof- und Garnisonkirche zu Potsdam am 5. Januar 1913, Berlin 1913.

Rogg/Winter 2012: Matthias Rogg und Martin Winter (Hg.): Raymundus Bruns. Erinnerungen an katholisches Ordensleben und Militärseelsorge in Preußen im 18. Jahrhundert, Freiburg im Breisgau 2012.

Rohr 1992: Sigrid von Rohr, Ein Gottesgeschenk, in: 1000 Jahre Potsdam, Frankfurt/Main und Berlin 1992, S. 193.

Rudolph 1993: Hartmut Rudolph, Die Potsdamer Hof- und Garnisongemeinde, in: Potsdam. Staat, Armee, Residenz in der preußischen Militärgeschichte, Berlin 1993, S. 203–209.

Saal 1893: [Eduard] Saal, Instandsetzung der Hof- und Garnisonkirche, in: Centralblatt der Bauverwaltung XIII (1893), S. 167.

Sander 2008: Thomas Sander, Potsdam. Das alte Predigerwitwenhaus, in: Brandenburgischen Denkmalpflege 17 (2008), Heft 1, S. 79–94.

Schäche 1997: Wolfgang Schäche, Zum Bauwerk und Standort der Garnisonkirche in Potsdam – eine bauhistorische Expertise mit Bilddokumentation, Berlin 1997.

Schärtlich 1835: Umfassende Gesangschule enthaltend Canons, Uebungen, Choräle, Lieder und andere Gesänge für zwei- und dreistimmigen Schulgesang und Männerchor von J.[ohann] C.[hristian] Schärtlich, Lehrer am Königl. Schullehrer-Seminar zu Potsdam, Potsdam 1835.

Scheel 1996: Klaus Scheel, 1933. Der Tag von Potsdam, Berlin 1996.

Schilling 1992: Margarethe Schilling, Kunst • Erz und Klang. Die Werke der Glockengießerfamilie Ulrich/Schilling vom 17. Jahrhundert bis zur Gegenwart, Berlin 1992, S. 188–195.

Schleiermacher 1816: F.[riedrich] Schleiermacher, Predigten. Erste Sammlung, Dritte Auflage, Berlin 1816.

Schleiermacher 1846: Friedrich Schleiermacher, Ueber die Liturgie für die Hof- und Garnison-Gemeinde zu Potsdam und für die Garnisonkirche in Berlin, in: Sämtliche Werke, Abt. 1, Bd. 5, Berlin 1846, S. 189–216.

Schmidt 1825: H. C. P. Schmidt, Geschichte und Topographie der Königl. Preußischen Residenzstadt Potsdam, Potsdam 1825.

Schneider 1869: Louis Schneider, Aus einer alten Chronik, Potsdam betreffend, in: MVGP, 4, 1869, S. 326–335.

Schneider 1953: Reinhold Schneider, Die Hohenzollern, Köln und Olten 1953 (Erstausgabe 1933).

Schneider 1993: Thomas Martin Schneider, Reichsbischof Ludwig Müller. Eine Untersuchung zu Leben, Werk und Persönlichkeit, Göttingen 1993.

Schniewind 1905: Carl Schniewind, Der Dom zu Berlin, Berlin 1905.

Schramm 1978: Wilhelm von Schramm, Aufstand der Generale. Der 20. Juli 1944 in Paris, München 1978.

Schwarzenberg 1872: Schwarzenberg, Kostenanschlag der Kanzel in der Königl. Hof- und Garnisonkirche, in: MVGP, 5, 1872, S. 14–17.

Schäche 1997: Wolfgang Schäche mit Christine Becker und Hans J. Reichardt, Zum Bauwerk und Standort der Garnisonkirche in Potsdam. Eine bauhistorische Expertise mit Bilddokumenten, Berlin 1997.

Schobeß 1993: Volker Schobeß, Sie sahen den »Soldatenkönig«. Potsdamer Offiziere brachten Königssärge in den Bunker von Wildpark-West, in: Potsdamer Neueste Nachrichten vom 31.12.1993.

Schobeß 1995: Volker Schobeß, Kriegsruhm in der Gruft. Fahnen der Potsdamer Garnisonkirche befinden sich heute in Rastatt, in: Brandenburger Blätter (Beilage der Märkischen Oderzeitung) vom 16. 09. 1995, S. 13.

Schobeß 2015: Volker Schobeß, Das Kriegshandwerk der Deutschen. Preußen und Potsdam 1717–1945, Berlin 2015.

Schoeps 1993: Julius H. Schoeps, Geschichte der jüdischen Gemeinde zu Potsdam, Reprint, ergänzt durch Beiträge von Klaus Arlt, Michael Brocke, Martina Strehlen und Erika Herzfeld, Berlin 1993

Schröder 1947: Gerhard Schröder, ... aber von innen gesehen, Berlin 1947.

Schwarzenberg 1872: Schwarzenberg, Kostenanschlag der Kanzel in der Königl. Hof- und Garnisonkirche, in: MVGP, 5, 1872

Schwipps 1964: Werner Schwipps, Die Garnisonkirchen von Berlin und Potsdam, Berlin 1964.

Schwipps 1991: Werner Schwipps, Die Königl. Hof- und Garnisonkirche zu Potsdam, Berlin 1991. (Rezension: Jb. für Brandenburgische Landesgeschichte 42, 1991, S. 165 f.).

Seidel/Ohff 1991: Martin Seidel und Heinz Ohff, Elegie auf Potsdam, Berlin 1991.

Siegel 2002: Jennifer Siegel, Endgame: Britain, Russia and the Final Struggle for Central Asia, London 2002.

Silomon 2014: Anke Silomen, Pflugscharen zu Schwertern – Schwerter zu Pflugscharen. Die Potsdamer Garnisonkirche im 20. Jahrhundert, Berlin 2014.

Spiker 1832: Samuel Heinrich Spiker, Berlin und seine Umgebungen im neunzehnten Jahrhundert [...], Berlin 1832.

Steinbacher 1904: E. Steinbacher, Die Uhr der Garnisonkirche, in: MVGP 9, N.F. 4, 1904, S. 51–53.

Stillfried 1868: Rudolf Graf Stillfried-Rattonitz, Die Kroenung Ihrer Majestäten des Koenigs Wilhelm und der Koenigin Augusta von Preußen zu Koenigsberg am 18. October 1861, Berlin 1868.

Sturm 1718: Leonhard Christoph Sturm, Vollstaendige Anweisung alle Arten von Kirchen wohl anzugeben [...], Augsburg 1718.

Tag von Potsdam 1933: Den Vertretern des deutschen Volkes zur feierlichen Reichstagseröffnung in der Potsdamer Garnisonkirche am 21. März 1933. Ueberreicht von A. W. Hayn's Erben, Potsdam und Berlin (darin u.a. Potsdamer Jahresschau. Havelland-Kalender 1933).

1000 Jahre Potsdam 1993: Sigrid Grabner und Kurt Kiesant (Hg.), 1000 Jahre Potsdam. Das Buch zum Stadtjubiläum, Frankfurt/Main und Berlin 1992.

Tetzlaff 1992: Kurt Tetzlaff, »Die Garnisonkirche – Protokoll einer Zerstörung«, Dokumentarfilm der ›Filmart Potsdam‹, Potsdam 1992.

Thadden 1959: Rudolf von Thadden, Die Brandenburgisch-Preußischen Hofprediger im 17. und 18. Jahrhundert, Berlin 1959.

Thiede/Wacker 2007: Olaf Thiede und Jörg Wacker, Chronologie Potsdam und Umgebung. Die Kulturlanschaft von 800 bis 1918 – Brandenburg • Potsdam • Berlin (3 Bände), Potsdam 2007.

Thiele 1915: Eugen Thiele, Das Glockenspiel der Parochialkirche zu Berlin, Berlin 1915.

Thiele 1927: Eugen Thiele, Die Renaissance der Garnisonkirche. Aus der Zeit des Umbaues vor 30 Jahren (nach einem Manuskript von Friedrich Laske), in: Potsdamer Tageszeitung vom 4. März 1927.

Thiele 1939: Eugen Thiele, Das Glockengeläut der Garnisonkirche zu Potsdam, Potsdam o. J. [1939].

Toeche-Mittler 1896: Theodor Toeche-Mittler, Die Kaiserproklamation in Versailles am 18. Januar 1871, Berlin 1896.

Treu 1981: Physiologus. Frühchristliche Tiersymbolik. Aus dem Griechischen übersetzt und herausgegeben von Ursula Treu, Berlin 1981.

Vernohr 1988: Wolfgang Vernohr, Der Soldatenkönig. Revolutionär auf dem Thron, Franfurt/Main, Berlin 1938.

Vogel 1708: Johann Vogel, Die moderne Bau-Kunst/ mit Vorstellung Accurater Modellen [...] von Herrlichen Palais, schönen Kirchen/Bibliotheken und Thürmen/auch bequemen Raht- und Wohn-Häusern [...] Hamburg 1708.

Voigt 1925: Chr. Voigt, Die Garnisonkirche zu Potsdam, in: »Brandenburgia«, Monatsschrift der Gesellschaft für Heimatkunde der Provinz Brandenburg zu Berlin, Jg. 34, 1925, S. 53–63.

Volz 1913: Gustav Berthold Volz (Hg.), Die Werke Friedrichs des Großen, Berlin 1913.

Wacker/Thiede 2002: Jörg Wacker und Olaf Thiede, Grün in Potsdam. Ein Spaziergang auf historischen Straßen und Plätzen der Stadt mit Gemälden, seltenen Farbfotografien und farbigen Postkarten, Potsdam 2002.

Wendland 2005: Christian Wendland, Die Potsdamer Hof- und Garnisonkirche – Stationen eines wiederholt missbrauchten Kirchenbaus, in: Dieter Bingen und Hans-Martin Hinz, Die Schleifung: Zerstörung und Wiederaufbau historischer Bauten in Deutschland und Polen, Wiesbaden 2005, S. 152–164.

Wernicke 1999: Thomas Wernicke: Potsdam 1949–1989. Stationen einer gescheiterten Gesellschaftsutopie, in: Sigrid Grabner, Hendrik Röder, Thomas Wernicke (Hg.): Potsdam 1945–1989. Zwischen Anpassung und Aufbegehren (Veröffentlichung der Brandenburgischen Landeszentrale für politische Bildung), Potsdam 1999, S. 167–192.

Wernicke 2012: Thomas Wernicke, Der Handschlag am »Tag von Potsdam«. Hintergründe eines Mythos, in: Mitteilungen des Vereins für Kultur und Geschichte Potsdams 17 (2012), S. 7–49.

Wiesenhütter 1936: Alfred Wiesenhütter, Protestantischer Kirchenbau des deutschen Ostens, Leipzig 1936 (hier: S. 98–101).

Wimmer 2004: Clemens Alexander Wimmer, Der Potsdamer Lustgarten, Berlin 2004.

Wirth 2000: Günter Wirth, Der andere Geist von Potsdam, Frankfurt/Main 2000, S. 17–45 u.a.

Wolff 1920: F. [Felix] Wolff, Die Glocken der Provinz Brandenburg und ihre Gießer (Reihe Denkmalarchiv der Provinz Brandenburg), Berlin 1920.

Zappe 1925: Hans Zappe, Das Lied über der Stadt. Roman eines Potsdamer Glockenspielers, Berlin o.J. [um 1925].

Zarnack 1824: [August Zarnack,] Geschichte des Königlichen Potsdamschen Militärwaisenhauses, von seiner Entstehung bis auf die jetzige Zeit. Hg. zur hundertjährigen Stiftungsfeier der Anstalt, Berlin/Posen 1824.

Personenregister

Abbildungsnachweis

akg images 33 (AKG8431), 131 (AKG64405), 132 (AKG282231), 149 (AKG1041), 150 (AKG3228), 156 (AKG80423), 177 o. (AKG1126774), 179 u. (AKG1049018), 185 (AKG63178); **Archiv Damrath** 41; **Archiv FWG** 9 o., 18, 19, 30, 36, 37, 38 li., 47, 50, 52 u., 57 o., 58 u., 62 o., 75 o., 76, 87, 90 o., 90 u., 93 u. (Bearb. Dieter Wendland), 99, 100 li. + re., 101 o li., 104 u., 106 o., 106 u., 107, 108 li. (Sammlung W. Schwarz), 113 re. (NL Damrath), 116, 123 o., 126 re., 127 u., 128 li., 133 re., 152 u., 171 li., 180 (NL Damrath), 183, 193, 194, 195, 196 u. (2), 198, 222 re. u., 226(NL Damrath), 231, 236 (NL Damrath), 237 (NL Damrath), 238 (NL Damrath), 241 re., 243 re., 248, 251 u., 252 o., 252 u. (2), 253, 256, 258 o., 259, 262, 263, 264f., 285, 335 (Slg. Becker), 346 (Slg. Becker), 352 (NL Damrath); Umschlag hinten 2.v.re. (Martin Seidel), Umschlag hinten re.; **Archiv Kitschke** 7, 8 li., 8 re., 9 u., 10 o., 10 u., 11 o., 11 u., 12 o., 12 u. li., 12 u. re., 13, 14, 15 u., 16, 17, 20, 21, 25 re., 32, 38 re., 46 o., 46 u., 48 li., 54, 56 o., 56 u., 58 o., 59, 60 o., 60 u., 61, 62 u., 65, 68 li., 78 (Bearb. Marcus Kitschke), 85 re., 86, 94 u., 95, 103 li., 104 o., 104 (2 Abb.), 109 (2 Abb.), 110, 117, 121, 126 li. o., 128 re., 140, 141, 143, 147, 148, 151 re., 167 o., 174, 189, 197, 201, 213, 216 li., 216 re., 222 li., 222 re o., 223, 227 re., 229 li., 238 (Sammlung W. Schwarz), 240 li., 243 li., 245 (2 Abb.), 246 o. li., 246 re. o., 246 u., 247, 249, 250, 251 o., 254, 255, 258 u., 260, 261, 266, 269, 270, 271, 275 (Privatbesitz), 302, 307, 318, 350, 354f.; **Archiv Oratorienchor Potsdam** 34; **Archiv Peter Rogge** 111; **Berliner Lokalanzeiger** 178 li. (25.1.1939); **Bildarchiv Preußischer Kulturbesitz** 26 (00005799), 94 o. (bpk/Staatsbibliothek zu Berlin Y 35094), 133 li. (bpk/Staatsbibliothek zu Berlin Y 35090), 142 (bpk / Kupferstichkabinett, SMB SM 37a.70), 178 re. (bpk/Bayerische Staatsbibliothek/Heinrich Hoffmann 50055678), 179 o. (00012526), 214 (bpk/Kunstbibliothek, SMB, Photothek Willy Römer/Willy Römer 20039474); **BNN** 129; **Boeck/Richartz 1937** 118 (S. 54), 125 (S. 41); **Brandenburgisches Landesamt für Denkmalpflege und Archäologisches Landesmuseum** 22/Umschlag vorn (22 k 20/1676.2), 70 (42 i 11/6543.1), 96, 101 o re., 101 u., 102 (4 Abb.), 124 u., 130 li., 210 o. (85 l 27 / Z. 1119.1), 211 o. (85 l 28 / Z. 1119.2), 212, 219, 221, 228, 314; **Bundesarchiv** 25 li. (Bild 146-1976-130-53), 49 u. (Bild 170-291/Foto: Max Baur), 52 o. (B 145 Bild-P015353/Foto: A. Frankl), 64 u. (Bild 170-340/Foto: Max Baur), 113 li. (Bild 170-139/Foto: Max Baur), 161 (Bild 183-2012-0312-508), 173 u. (B 145 Bild-P015352/Foto: A. Frankl), 230 (Bild 102-09409/Foto: Georg Pahl), 241 li. (Bild 183-J31423a), 242 li. (Bild 183-J31422), 242 re. (Bild 183-S74162), 244 (Bild 183-W0412-0014), 330 (Bild 183-2012-0312-509); **Der Bär** 158 re. (8, 1882); **Der Tag** 175 u. (19.3.1933), 176 o. (21.3.1933), 176 u. (21.3.1933); **Deutsches Historisches Museum Berlin** 75 u. (KT 2004/26), 82 (KT 2004/27), 138 (Fa 2001/2), 139 re. (Fa 68/18), 160 (Inventar-Nr. 2008/24), 166 li. (KT 2003/136), 184 (Fa 2000/5), 240 re. (KT 2003/137); Die Kunstwelt 53 (1912, S. 283), 66 (1912, S. 282); **Die Woche** 272 (15.4.1933); **Dohme 1886** 68 re. (S. 410, Fig. 32); **Domstiftsarchiv Brandenburg** 29 (Po-G 69/188 (unfol.)), S. 95 u., 108 re., 122 (2 Abb.), 127 o., 134 re., 164, 175 o., 188, 192, 220, 232, 235, 239 re., 308, 312, 313, 334; **Dt. Uhrmacherzeitung** 123 u. (Jg. 21, S. 414); **Fritsch 1889** 213 li. (S. 112); **Geheimes Staatsarchiv Preußischer Kulturbesitz Berlin-Dahlem** 77 (GstA PK IX. HA SPAE I Nr. 1362), 91 (VIHA NL Mielke Nr. 208 1), 124 o.; **Hannemann, Lutz** 190; **Heidkamp 1933** 63 (Abb. 21), 64 o. (Abb. 20); **Hermann Historica Online** 173 o. (Katalog Lot Nr. 6068); **Herz 1928** 84 (Abb. 42), 85 li. (Abb. 44); **Illustrierte Zeitung** 144 (4.9.1886); **Katholische Kirchengemeinde St. Peter und Paul** 79 o.; **König 1898** 31 (S. 389); **Kunsthandel Leo Spik** 134 o. (Katalog Nr. 1413); **Landesarchiv Berlin** 72 (F Rep 250-02 alt 001 III S), 154 li. (F Rep 250-02 alt 039-041 III S 18 Fasch), 154 re. (F Rep 250-02 alt 039-041 III S 18 Reichardt), 286 (F Rep 250-02 592-594 II S 28); **Laske 1911** 93 o. (Abb. 32), 134 u., 136 (2 Abb.), 152 o., 229 re.; **Lehmann 1899** 139 li. (Taf. 2); **Lehmann, Ludwig: Bilder aus der Kirchengeschichte der Mark Brandenburg, Berlin 1924** 276 (nach S. 144); **Märkische Volksstimme** 191 (27.11.1966); **Max-Reger-Institut / Elsa-Reger-Stiftung Karlsruhe** 35; **Mertens 1875** 24 re. (S. 586), 27 o. (S. 496), 27 u. (S. 511); **Neumann-Strehla 1898** 24 li. (S. 280), 55 (S. 265); **Pflugk-Harttung 1895** 167 u. (nach S. 664); **Potsdam Museum** 6 (81-1475-K3), 15 o. (FS 15192), 43 (FS 5972), 44 (81-1486-K3), 48 re. (FS 15523), 51 (83-1254-K), 69 (FS 6019), 79 u. (FS16632), 80 (79-100-K2), 81 (FS 124), 97 (81-195-K3), 98 (81-195-K3), 112 (FS 15490), 126 li. u. (FS 3012), 135 (FS 1653), 153 (FS14634), 158 li. (FS16189), 170 li. (FS 15490), 215 (FS 1690), 234 (FS 16162), 239 li. (FS 3303), 336 (FS 16193), Umschlag hinten 2.v.li. (FS6071); **Potsdamer Neueste Nachrichten** 181 (3.6.1995); **Potsdamer Tageszeitung** 171 re. (1.8.1932), 233 (9.10.1928); **Privatbesitz Eduard Paul Eylert** 163; **Richter-Reichhelm 1936** 169 (nach S. 89), 170 re. (Vorsatzblatt); **Rogge 1899, Bd. 2** 166re. (Vorsatz); **Rogge 1911** 157 S. 27; **Sammlung Olaf Thiede** 196 o. (2); **Schobeß 2015** 162 (S. 103); **Staatliche Museen Preuß**ischer Kulturbesitz Berlin 146, 203, 268; **Stiftung Preußische Schlösser und Gärten Berlin-Brandenburg** 73 li. (F0028766), 88–89 (4 Abb./Umschlag hinten li.), 92, 130 re., 137 (F0028989), 155 (F0014928), 165, 186 (F0020183), 187 li. (F0020181), 187 re. (F0032409), 200 (20-3252), 202 (F0019940), 205, 206, 207 (GK II (12) II-1-Ba-6), 208 li. (GK II (12) II-1-Ba-9), 208 re. (GK II (12) I-2-Ba-43), 209 (GK II (12) I-E-1), 210 u. (GK II (1) 9668), 211 u. (GK II (1) 9666), 218 (20-3303), 227 li.; **Süddeutsche Zeitung Photo** 40 (00364954), 57 u. (00292597); **ullstein bild** 159 re. (6901528021), 177 u. (00070534), 119 (80198854); **Verlagsarchiv** 172; **Vogel 1708** 73 re. (Taf. 28/29); **Zieler 1912** 49 o.; **Zobelitz 1910** 151 li. (S. 78), 159 li. (nach S. 248)

Dank

Für Hinweise, die in Vergessenheit geratene Einzelheiten zur Baugeschichte der Garnisonkirche zutage fördern halfen, bin ich insbesondere *Maria Luise Damrath* (Berlin), *Astrid Henske* (Berlin), *Saskia Hüneke* (Potsdam), Dr. *Laura Meilink-Hoedemaker* (Rotterdam), Dr. *Anke Silomon* (Berlin), *Ursula Stein* geb. Becker (Göttingen), *Jutta Wildau* geb. Krawczack (Potsdam), *Ludwig Bamberg* (Goslar), *Arne Benkendorf* (Waren/Müritz), *Jeffrey Bossin* (Berlin), *Joachim Briesemann* (Potsdam), Dr. *Gebhard Falk* (Potsdam), Pfarrer i.R. *Karl-Andreas Hecker* (Berlin), Bischof a.D. Prof. *Wolfgang Huber* (Berlin), KMD *Matthias Jacob* (Potsdam), Prof. *Jürgen Kloosterhuis* (Berlin), *Hartmut Knitter* (Potsdam), Pfarrer i.R. *Peter Kraske* (Berlin), Dr. *Jörg Meiner*, Superintendent i.R. *Eginhart Schmiechen* † (Potsdam), *Volker Schobeß* (Potsdam), Kirchenbaurat *Winfried Wendland* † (Potsdam), *Thomas Wernicke* (Potsdam), Prof. *Günter Wirth* † (Berlin) und *Hannes Wittenberg* (Potsdam) zu großem Dank verpflichtet.

In uneigennütziger Weise stellten *Herbert Andreß, Ingrid Andriessen-Beck, Ivo Dressler, Horst Fritzsche, Rüdiger Lenz, Christoph Monecke †, Peter Rogge, Wolfgang Rennebarth, Dietmar Saretz, Wolfgang Schwarz †, Martin Seidel, Olaf Thiede* und *Peter Volkmann* Bildbeiträge zur Verfügung. Für die Unterstützung und tatkräftige Begleitung des Buchprojektes danke ich den aufeinander folgenden Vorsitzenden der Fördergesellschaft für den Wiederaufbau der Garnisonkirche Potsdam e.V., Dr. *Hans-Peter Rheinheimer* (Potsdam), *Johann-Peter Bauer* (Potsdam) und *Burkhart Franck* (Caputh) sowie *Regine* und *Christian Rüss* (Potsdam) sehr herzlich. Last but not least danke ich dem be.bra verlag, insbesondere Matthias Zimmermann, und den Mitarbeitern von typegerecht berlin für die vertrauensvolle und gedeihliche Zusammenarbeit.

Für die finanzielle Unterstützung dieses Buchprojektes habe ich folgenden Personen zu danken: *W. Boehm-Tettelbach, Charlotte Dorner, Bernhard Enseling, Dr. Frank Fischer, Karsten Foertsch, Gunther Hagemeister, Renata v. Halem, Verena Heiling, Dr. Hans Georg v. Heydebreck, Martin Hübecker, Dr. Wilhelm Hüffmeier, Roswitha Karlsson, Frank Kiesant, Steffen v. Krosigk, Johannes Laarmann, Martin Lahr-Eigen, Wolfram Maede, Rainer Manertz, Erna Moskal, Helga Müller-Latsch, Jürgen Radtke, A. Redner, Dr. Hans-Peter Rheinheimer, Jean Schellekens, Werner v. Scheven, Gertrud Schmack, Dieter Schmidt, Ulrich Spanier III, Cornelia Tschirschwitz, Dr. Werner Upmeier, Florian Weiss, Jutta Wildau, Andreas Witte und Dr. Antje Ziehr.*

Mein besonderer Dank gilt meiner Frau *Anke* und meinen vier inzwischen erwachsenen Kindern *Marcus, Dorothea, Sophie* und *Ludwig* für das geduldige Ertragen meiner Abwesenheit während der Forschungen und meiner ›Introversion‹ während des Strukturierens und Formulierens der Texte, die der Familie viel gemeinsame Zeit raubten.

Andreas Kitschke

Der Autor

Der Autor während einer Kirchenführung. Aufnahme Hans-Jürgen Krackher 2014

1955 in Potsdam geboren; als Hochbau-Diplomingenieur seit 1976 in der Bauerhaltung, Denkmalpflege und Bauforschung sowie als Projektsteuerer tätig. Im Nebenberuf genealogische, organologische und bauhistorische Forschungen und Fachberatungen. Initiativen zum Wiederaufbau der Klein-Glienicker Kapelle (1990–1999) und weiterer Sakralbauten sowie zu Orgelbauten. Daneben Orgelsachverständiger in der Evangelischen Kirche Berlin-Brandenburg – schlesische Oberlausitz (EKBO). Sachbuchautor mit den Themenschwerpunkten Kirchen- und Orgelbau, Stadtgeschichte und Baumeister in Potsdam; u.a. der Bücher: Kirchen in Potsdam (Berlin, 1983), Italien in Potsdam (Potsdam, 2001); Ludwig Ferdinand Hesse (1795–1876). Hofarchitekt unter drei preußischen Königen (Hrsg.; München, 2006); zahlreicher monographischer Darstellungen von Kirchen in Berlin, Brandenburg, Sachsen-Anhalt und Mecklenburg-Vorpommern, wissenschaftlicher Beiträge im Brandenburgischen Biographischen Lexikon (Potsdam, 2002), im Katalog zur Ludwig-Persius-Ausstellung (Potsdam, 2003) sowie weiterer Veröffentlichungen in der Fach- und Tagespresse. Für sein vielseitiges ehrenamtliches Engagement wurde Kitschke 2004 mit dem Bundesverdienstkreuz am Bande ausgezeichnet. Zum Thema Garnisonkirche Potsdam hat er seit 1978 mehrfach Beiträge in der Lokalpresse, 1983 in einem Buch veröffentlicht. 1991 erschien seine Monographie »Die Potsdamer Garnisonkirche ›Nec soli cedit‹«, 2006 war er Mitherausgeber einer Beitragssammlung »Der Wiederaufbau der Potsdamer Garnisonkirche«.

Die Themenvielfalt des vorliegenden Bandes ist wissenschaftlich fundiert ausgearbeitet und überwiegend mit Primärquellen und zeitgenössischen Sekundärquellen belegt, um die kontroverse Diskussion über diesen wohl bekanntesten Kirchenbau in Deutschland zu versachlichen. Dabei hat der Autor darauf geachtet, die Texte knapp und allgemeinverständlich abzufassen, um sie allen Interessierten zugänglich zu machen. Unter den zahlreichen Abbildungen befinden sich viele erstmals veröffentlichte.